PLC
电气控制技术
——CPM1A系列和S7-200

夏田 陈婵娟 祁广利 编

化学工业出版社

·北京·

图书在版编目（CIP）数据

PLC 电气控制技术：CPM1A 系列和 S7-200/夏田，陈婵娟，祁广利编. —北京：化学工业出版社，2007.12（2014.1重印）
ISBN 978-7-122-01663-8

Ⅰ. P… Ⅱ. ①夏…②陈…③祁… Ⅲ. 可编程序控制器 Ⅳ. TP332.3

中国版本图书馆 CIP 数据核字（2007）第 191122 号

责任编辑：刘 哲 宋 辉　　文字编辑：高 震
责任校对：蒋 宇　　装帧设计：尹琳琳

出版发行：化学工业出版社（北京市东城区青年湖南街 13 号 邮政编码 100011）
印 装：三河市万龙印装有限公司
787mm×1092mm 1/16 印张 15¼ 字数 406 千字 2014 年 1 月北京第 1 版第 7 次印刷

购书咨询：010－64518888（传真：010－64519686） 售后服务：010－64518899
网 址：http://www.cip.com.cn
凡购买本书，如有缺损质量问题，本社销售中心负责调换。

定 价：33.00 元

前　言

近年来，随着科学技术尤其是微电子技术的迅猛发展，可编程序控制器（简称 PLC）技术已广泛应用于自动化控制领域。它以微处理器为核心，有机地将微型计算机技术、自动化控制技术及通信技术融为一体。PLC 具有控制能力强、可靠性高、配置灵活、编程简单、使用方便、易于扩展等优点，使用 PLC 进行控制已经形成了一种工业控制趋势。目前，可编程序控制器、计算机辅助设计/计算机辅助制造（CAD/CAM）、机器人和数控技术已发展成为工业自动化的四大支柱技术。

本书从工程应用的角度出发，突出应用性和实践性，首先介绍了电气控制的基础知识，重点讲述 OMRON 小型机 CPM1A 及 SIEMENS 公司小型机 S7-200 的基本结构、工作原理和编程规则，并详细介绍其基本组成原理、工作方式、系统配置、PLC 指令系统与编程、PLC 控制系统的设计方法和应用；简要介绍了 CX-P 编程软件、PLC 的网络通信知识；并结合工程实例对工程上常用的 PLC 控制系统的设计思想、设计步骤、设计及调试方法等进行了详细介绍。

本书第 1 章、第 4 章、第 8 章由陈婵娟编写，第 2 章、第 3 章的 3.1～3.6 节、第 5 章、第 7 章由夏田编写，第 3 章的 3.7～3.10 节由夏田、祁广利编写，第 6 章由祁广利编写，并由张晓朋、邢海龙、舒蕾、吴鹏、薛恺、边娟鸽、陈参等同志对本书的部分文稿、图稿进行了校对或绘制。

本书可作为高等学校工业自动化、电气工程及其自动化、机电一体化、机械设计制造及其自动化等本科专业教材，也可供相关工程技术人员参考。

由于编者水平和时间有限，书中欠妥之处在所难免，恳请读者批评指正。

编　者

目　录

第 1 章　电气控制基础

电气控制技术在生产过程、科学研究及其他各个领域中的应用十分广泛。电气控制技术涉及面很广，各种电气控制设备种类繁多，功能各异，但就其控制原理、基本线路、设计基础而言是类似的。本章首先介绍常用低压电器，再以电动机和其他执行电器为控制对象，介绍电气控制的基本原理、线路及设计方法，从应用角度出发，培养对电气控制系统的分析和设计能力。

1.1　常用低压电器

低压电器是电力拖动自动控制系统的基本组成元件。随着电子技术、自动控制技术和计算机应用的迅猛发展，一些电气元件可能被电子线路所取代，但是由于电气元件本身也朝着新的领域扩展（表现在提高元件的性能，生产新型的元件，实现机、电、仪一体化，扩展元件的应用范围等），且有些电气元件有其特殊性，所以不可能完全被取代的。另一方面可编程序控制器（PLC）是计算机技术与继电接触器控制技术相结合的产物，而且 PLC 的输入、输出仍然与低压电器密切相关，因此应熟悉常用低压电器的原理、结构、型号、规格和用途，并能正确选择、使用与维护。掌握继电接触器控制技术是学习和掌握 PLC 应用技术所必需的基础。

低压电器通常是指工作在交流电压小于 1200V、直流电压小于 1500V 的电路中起通断、保护、控制或调节作用的电气设备，以及利用电能来控制、保护和调节非电过程和非电装置的用电设备。低压电器的用途广，品种规格繁多，为了系统地掌握，必须加以分类。

（1）按动作原理分

① 手动电器　人手操作发出动作指令的电器，例如刀开关、按钮等。

② 自动电器　产生电磁吸力而自动完成动作指令的电器，例如接触器、继电器、电磁阀等。

（2）按用途或所控制的对象分

① 控制电器　用于各种控制电路和控制系统的电器，例如接触器、继电器、电动机启动器等。

② 配电电器　主要用于低压配电系统中，这类电器包括刀开关、转换开关、熔断器和自动开关。

③ 主令电器　用于自动控制系统中发送动作指令的电器，例如按钮、转换开关等。

④ 保护电器　用于保护电路及用电设备的电器，例如熔断器、热继电器等。

⑤ 执行电器　用于完成某种动作或传送功能的电器，例如电磁铁、电磁离合器等。

本章主要从应用的角度介绍电气控制系统中常用低压电器的结构、工作原理和技术规格，不涉及元件的设计。

1.1.1　接触器

接触器是电力拖动和自动控制系统中使用量大、涉及面广的一种低压控制电器，用来频繁地接通和分断交直流主回路和大容量控制电路。主要控制对象是电动机，能实现远距离控制，并具有欠（零）电压保护。

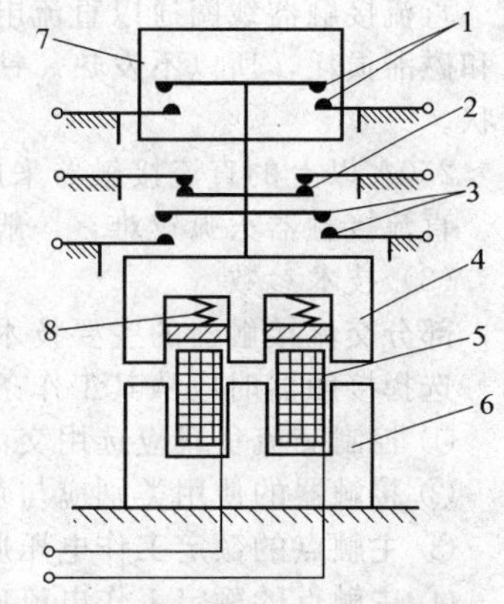

图 1-1　接触器结构简图

1—主触点；2—常闭辅助触点；3—常开辅助触点；4—动铁芯；5—电磁线圈；6—静铁芯；7—灭弧罩；8—弹簧

1.1.1.1 结构和工作原理

(1) 结构

接触器主要由电磁系统、触点系统和灭弧装置组成，结构简图如图 1-1 所示。

① 电磁系统 电磁系统包括衔铁（动铁芯）、静铁芯和电磁线圈三部分，其作用是将电磁能转换成机械能，产生电磁吸力带动触点动作。

② 触点系统 触点又称为触头，是接触器的执行元件，用来接通或断开控制电路。触点的结构形式很多，按其所控制的电路可分为主触点和辅助触点。主触点用于接通或断开主电路，允许通过较大的电流；辅助触点用于接通或断开控制电路，只能通过较小的电流。

触点按其原始状态可分为常开触点（动合触点）和常闭触点（动断触点）。原始状态时（即线圈未通电）断开，线圈通电后闭合的触点叫常开触点；原始状态时闭合，线圈通电后断开的触点叫常闭触点。线圈断电后所有触点复位，即回复到原始状态。

③ 灭弧装置 触点在分断电流瞬间，在触点间的气隙中会产生电弧，电弧的高温会烧损触点，并可能造成其他事故。因此，应采用适当措施快速熄灭电弧。常采用灭弧罩、灭弧栅和磁吹灭弧装置。

(2) 工作原理

接触器根据电磁原理工作：当电磁线圈通电后，线圈电流产生磁场，使静铁芯产生电磁吸力吸引衔铁，并带动触点动作，使常闭触点断开，常开触点闭合，两者是联动的。当线圈断电时，电磁力消失，衔铁在释放弹簧的作用下释放，使触点复原，即常开触点断开，常闭触点闭合。

接触器的图形、文字符号如图 1-2 所示。

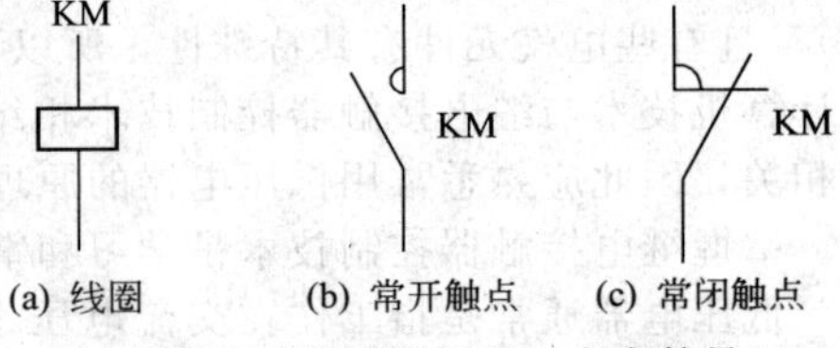

图 1-2 接触器的图形、文字符号

1.1.1.2 交、直流接触器的特点

接触器按其主触点所控制主电路电流的种类可分为交流接触器和直流接触器。

(1) 交流接触器

交流接触器线圈通以交流电，主触点接通、切断交流主电路。

当交变磁通穿过铁芯时，将产生涡流和磁滞损耗，使铁芯发热。为减少铁损，铁芯用硅钢片冲压制成。为便于散热，线圈做成短而粗的圆筒状绕在骨架上。为防止交变磁通使衔铁产生强烈振动和噪声，交流接触器铁芯端面上都安装一个铜制的短路环。

交流接触器的灭弧装置通常采用灭弧罩和灭弧栅。

(2) 直流接触器

直流接触器线圈通以直流电流，主触点接通、切断直流主电路。直流接触器铁芯中不产生涡流和磁滞损耗，所以不发热。铁芯可用整块钢制成。为散热良好，通常将线圈绕制成长而薄的圆筒状。

250A 以上的直流接触器采用串联双绕组线圈。

直流接触器灭弧较难，一般采用灭弧能力较强的磁吹灭弧装置。

(3) 技术参数

部分交流接触器的主要技术参数见表 1-1 和表 1-2。

选择接触器时应从其工作条件出发，主要考虑下列因素。

① 控制交流负载应选用交流接触器，控制直流负载则选用直流接触器。

② 接触器的使用类别应与负载性质相一致。

③ 主触点的额定工作电压应大于或等于负载电路的电压。

④ 主触点的额定工作电流应大于或等于负载电路的电流。还要注意的是接触器主触点的额定工作电流是在规定条件下（额定工作电压、使用类别、操作频率等）能够正常工作的电流值，当实际使用条件不同时，这个电流值也将随之改变。

⑤ 吸引线圈的额定电压应与控制回路电压相一致，接触器在线圈额定电压 85%及以上时应能可靠地吸合。

表 1-1 CJ20 系列交流接触器主要技术参数

型 号	频率/Hz	辅助触点额定电流/A	吸引线圈电压/V	主触点额定电流/A	额定电压/V	可控制电动机最大功率/kW
CJ20-10	50	5	AC36、AC127 AC220、AC380	10	380/220	4/2.2
CJ20-16				16	380/220	7.5/4.5
CJ20-25				25	380/220	11/5.5
CJ20-40				40	380/220	22/11
CJ20-63				63	380/220	30/18
CJ20-100				100	380/220	50/28
CJ20-160				160	380/220	85/48
CJ20-250				250	380/220	132/80
CJ20-400				400	380/220	220/115

表 1-2 CJ12 系列交流接触器主要技术参数

型 号	额定电流/A	极 数	额定电压/V	辅助触点		线 圈
				容量	对数	额定电压/V
CJ12-100	100	1、3、4、5	AC380	交流 1000V·A/380V 直流 90W/220V	6 对常开与常闭点可任意组合	AC36、AC127、AC220、AC380
CJ12-150	150					
CJ12-250	250					
CJ12-400	400					
CJ12-600	600					

⑥ 主触点和辅助触点的数量应能满足控制系统的需要。

1.1.2 继电器

继电器是一种根据外界输入信号（电的或非电的）来控制电路中电流“通”与“断”的自动切换电器。它主要用来反应各种控制信号，其触点通常接在控制电路中。由输入电路（又称感应元件）和输出电路（又称执行元件）组成，当感应元件中的输入量（如电流、电压、温度、压力等）变化到一定值时继电器动作，执行元件便接通或断开控制回路。控制继电器种类繁多，常用的有电流继电器、电压继电器、中间继电器、时间继电器、热继电器以及温度、压力、计数、频率继电器等。

电压、电流继电器和中间继电器属于电磁式继电器。其结构、工作原理与接触器相似，由电磁系统、触点系统和释放弹簧等组成。由于继电器用于控制电路，流过触点的电流小，故不需要灭弧装置。

电磁式继电器的主要特性是输入-输出特性，又称继电特性，继电特性曲线如图 1-3 所示。

继电器输入量 x 由零增至 x_2 以前，输出量 y 为零。当输入量增加到 x_2 时，继电器吸合，输出量为 y_1，若 x 再增大，y_1 值保持不变。当 x 减小到 x_1 时，继电器释放。输出量由 y_1 降到零。x 再减小，y 值均为零。

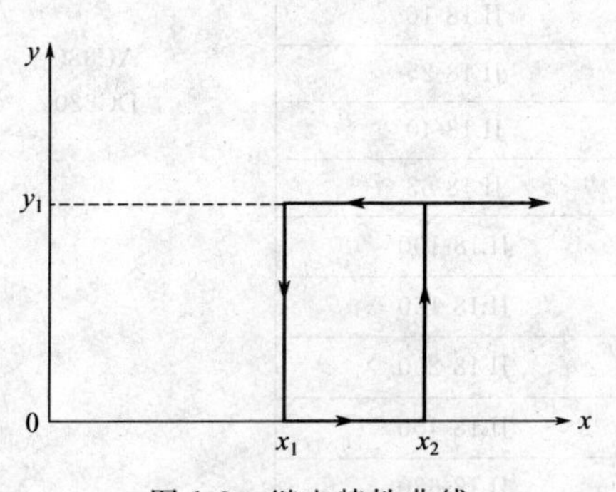

图 1-3 继电特性曲线

图 1-3 中，x_2 称为继电器吸合值，欲使继电器吸合，输入量必须等于或大于 x_2；x_1 称为继电器释放值，欲使继电器释放，输入量必须等于或小于 x_1。

$k=x_1/x_2$ 称为继电器的返回系数．它是继电器重要参数之一。k 值是可以调节的，可通过调节释放弹簧的松紧程度（拧紧时，k 增大；放松时，k 减小）或调整铁芯与衔铁间非磁性垫片的厚薄（增厚时 x_1 增大，k 增大）来达到。在不同场合要求不同的 k 值。例如，一般继电器要求低的返回系数，k 值应在 0.1～0.4 之间，这样当继电器吸合后，输入量波动较大时不致引起误动作；欠电压继电器则要求高的返回系数，k 值应在 0.6 以上。如某继电器 $k=0.66$，吸合电压为额定电压的 90%，当电压低于额定电压的 60%时，继电器释放，起到欠电压保护作用。

另一个重要参数是吸合时间和释放时间。吸合时间是指从线圈接受电信号到衔铁完全吸合所需的时间；释放时间是指从线圈失电到衔铁完全释放所需的时间。一般继电器的吸合时间与释放时间为 0.05～0.15s，快速继电器为 0.005～0.05s。

电磁式继电器的图形、文字符号如图 1-4 所示。

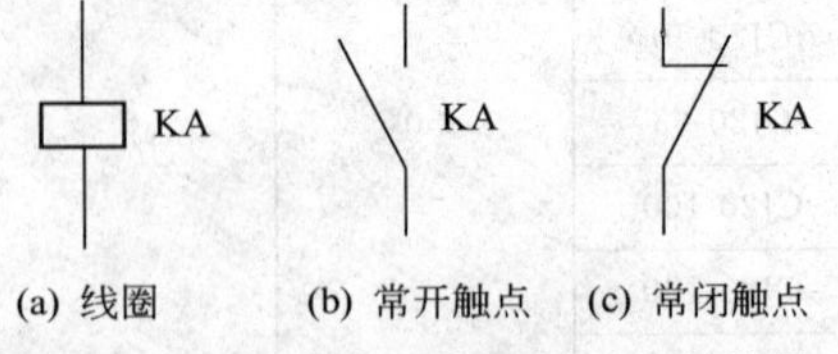

图 1-4 电磁式继电器图形、文字符号

1.1.2.1 电压、电流继电器

根据输入（线圈）电流大小而动作的继电器称为电流继电器。按用途还可分为过电流继电器和欠电流继电器。过电流继电器的任务是当电路发生短路及过流时立即将电路切断，因此当过电流继电器线圈通过小于整定电流时继电器不动作，只有超过整定电流时，继电器才动作。过电流继电器的动作电流整定范围，交流为（110%～350%）I_N，直流为（70%～300%）I_N。欠电流继电器的任务是当电路电流过低时立即将电路切断，因此欠电流继电器线圈通过的电流大于或等于整定电流时，继电器吸合，只有电流低于整定电流时，继电器才释放。欠电流继电器动作电流整定范围，吸合电流为（30%～50%）I_N，释放电流为（10%～20%）I_N，欠电流继电器一般是自动复位的。

电压继电器是根据输入电压大小而动作的继电器，过电压继电器动作电压整定范围为（105%～120%）U_N，欠电压继电器吸合电压调整范围为（30%～50%）U_N，释放电压调整范围为（7%～20%）U_N。

电流继电器、电压继电器的文字符号分别为 KI 和 KV。

表 1-3 所示为 JL18 系列电流继电器的主要技术参数。

表 1-3 JL18 系列电流继电器的主要技术参数

型　号	线圈额定值		结构特征
	工作电压/V	工作电流/A	
JL18-1.0	AC380 DC220	1.0	触点工作电压：AC380 DC220 发热电流 10A 可自动及手动复位
JL18-1.6		1.6	
JL18-2.5		2.5	
JL18-4.0		4.0	
JL18-6.3		6.3	
JL18-10		10	
JL18-16		16	
JL18-25		25	
JL18-40		40	
JL18-63		63	
JL18-100		100	
JL18-160		160	
JL18-250		250	
JL18-400		400	
JL18-630		630	

1.1.2.2 中间继电器

中间继电器是用来将一个输入信号变成多个输出信号或将信号放大（即增大触点容量）的继电器。

常用的中间继电器有 JZ7 系列。以 JZ7-62 为例，JZ 为中间继电器的代号，7 为设计序号，有 6 对常开触点，2 对常闭触点。表 1-4 所示为 JZ7 系列中间继电器技术数据。

表 1-4 JZ7 系列中间继电器技术参数

型 号	触点额定电压 /V	触点额定电流 /A	触点对数		吸引线圈电压 /V	额定操作频率 /次·h^{-1}
			常开	常闭		
JZ7-44	500	5	4	4	交流 50Hz 时 12、36、127、220、380	1200
JZ7-62			6	2		
JZ7-80			8	0		

新型中间继电器触点闭合过程中动、静触点间有一段滑擦、滚压过程，可以有效地清除触点表面的各种生成膜及尘埃，使接触电阻减小，提高了接触可靠性。有些继电器安装防尘罩或采用密封结构，也是提高可靠性的措施。有些中间继电器还可安装在形式多样的插座上或直接安装在导轨上，给安装和拆卸带来很大方便。常用的中间继电器有 JZ18、MA、K、HH5、RT11 等系列。

1.1.2.3 时间继电器

时间继电器有空气式、电动式、电子式等，是一种按照时间原则进行控制的继电器。

(1) 空气式时间继电器

它由电磁机构、工作触点及气室三部分组成，它的延时是靠空气的阻尼作用来实现的。常见的型号有 JS7-A 系列，按其控制原理有通电延时和断电延时两种类型。

图 1-5 为 JS7-A 系列空气阻尼式时间继电器的工作原理图。

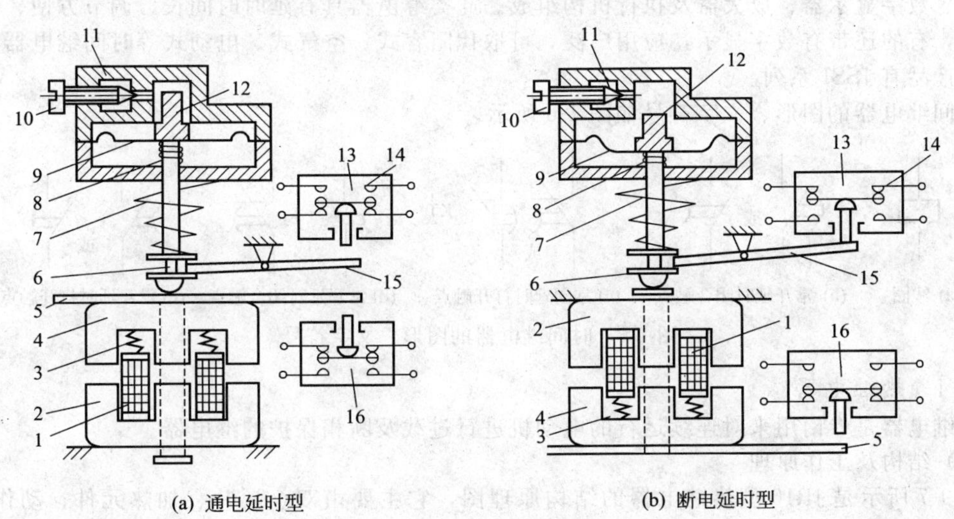

图 1-5 JS7-A 系列空气阻尼式时间继电器的工作原理图

1—线圈；2—静铁芯；3,7,8—弹簧；4—衔铁；5—推板；6—顶杆；9—橡皮膜；10—螺钉；11—进气孔；12—活塞；13,16—微动开关；14—延时触点；15—杠杆

当通电延时型时间继电器电磁铁线圈 1 通电后，将衔铁吸下，于是顶杆 6 与衔铁间出现一个空隙，当与顶杆相连的活塞在弹簧 7 作用下由上向下移动时，在橡皮膜上面形成空气稀薄的空间（气室），空气由进气孔逐渐进入气室，活塞因受到空气的阻力，不能迅速下降，在降到一定位置

时，杠杆15使触点14动作（常开触点闭合，常闭触点断开）。线圈断电时，弹簧使衔铁和活塞等复位，空气经橡皮膜与顶杆6之间推开的气隙迅速排出，触点瞬时复位。

断电延时型时间继电器与通电延时型时间继电器的原理与结构相同，只是将其电磁机构翻转180°安装。

空气阻尼式时间继电器延时时间有0.4～180s和0.4～60s两种规格，它的延时范围较宽，且结构简单、工作可靠、价格低廉、寿命长，是机床交流控制线路中常用的时间继电器。

表1-5为JS7-A系列空气阻尼式时间继电器技术数据，其中JS7-2A型和JS7-4A型既带有延时动作触点，又带有瞬时动作触点。

表1-5 JS7-A系列空气阻尼式时间继电器技术参数

型号	触点额定容量		延时触点对数				瞬时动作触点数量		线圈电压/V	延时范围/s
			线圈通电延时		断电延时					
	电压/V	电流/A	常开	常闭	常开	常闭	常开	常闭		
JS7-1A	AC380	5	1	1					AC36、AC127、AC220、AC380	0.4～60及0.4～180
JS7-2A			1	1			1	1		
JS7-3A					1	1				
JS7-4A					1	1	1	1		

（2）电动式时间继电器

它由同步电动机、减速齿轮机构、电磁离合系统及执行机构构成。电动式时间继电器延时时间长，可达数十小时，延时精度高，但结构复杂，体积较大，常用的有JS10系列、JS11系列和7PR系列。

（3）电子式时间继电器

早期产品多为阻容式，近期开发的产品多为数字式，又称计数式，其结构是由脉冲发生器、计数器、数字显示器、放大器及执行机构组成。此类继电器具有延时时间长、调节方便、精度高的优点，有的还带有数字显示，应用广泛，可取代阻容式、空气式、电动式等时间继电器。我国生产的产品有JSS1系列。

时间继电器的图形、文字符号如图1-6所示。

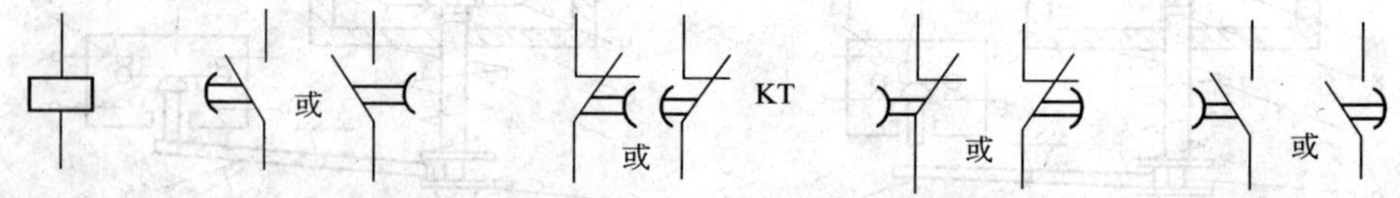

(a) 线圈　(b) 常开延时闭合触点　(c) 常闭延时打开触点　(d) 常开延时闭合触点　(e) 常开延时打开触点

图1-6 时间继电器的图形、文字符号

1.1.2.4 热继电器

热继电器是专门用来对连续运行的电动机进行过载及断相保护的继电器。

（1）结构及工作原理

图1-7所示是JR16型热继电器的结构原理图，它主要由双金属片、加热元件、动作机构、触点系统、整定调整装置及手动复位装置等组成。

双金属片作为温度检测元件，由膨胀系数不同的两种金属片压焊而成，它被加热元件加热后，因两层金属片伸长率不同而弯曲。加热元件串接在电动机定子绕组中，在电动机正常运行时，热元件产生的热量不会使触点系统动作；当电动机过载，流过热元件的电流增大，经过一定的时间，热元件产生的热量使双金属片的弯曲程度超过一定值，通过导板推动热继电器的触点动作（常开触点闭合，常闭触点断开）。通常用其串接在接触器线圈电路的常闭触点来切断线圈电流，使电动机主电路失电。故障排除后，按手动复位按钮，热继电器触点复位，可以重新接通控制电路。

(2) 热继电器主要参数及常用型号

热继电器主要参数有额定电流、相数、热元件额定电流、整定电流及调节范围等。

热继电器的额定电流是指热继电器中可以安装的热元件的最大整定电流值。

热元件的额定电流是指热元件的最大整定电流值。

热继电器的整定电流是指热元件能够长期通过的并不致引起热继电器动作的最大电流值。通常热继电器的整定电流是按电动机的额定电流整定的。对于某一热元件的热继电器，可手动调节整定电流旋钮，通过偏心轮机构调整双金属片与导板之间的距离，能在一定范围内调节其电流的整定值，使热继电器更好地保护电动机。

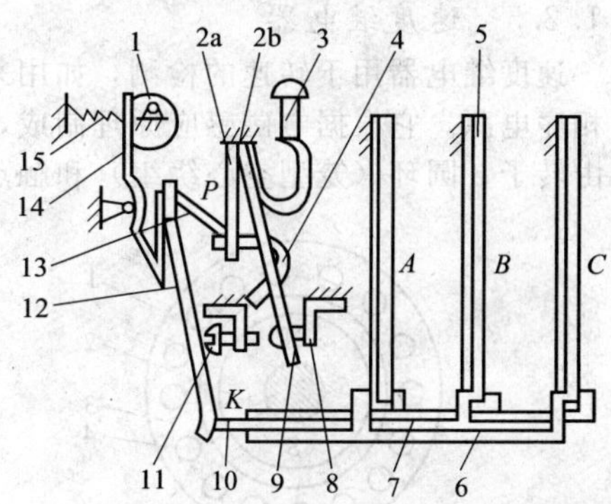

图 1-7 JR16 型系列热继电器结构原理图

1—电流调节凸轮；2a,2b—簧片；3—手动复位按钮；4—弓簧；5—主双金属片；6—外导板；7—内导板；8—常闭静触点；9—动触点；10—杠杆；11—复位调节螺钉；12—补偿双金属片；13—推杆；14—连杆；15—压簧

JR16、JR20 系列是目前广泛应用的热继电器，表 1-6 为 JR16 系列热继电器的主要参数。热继电器的图形、文字符号如图 1-8 所示。

表 1-6 JR16 系列热继电器的主要参数

型号	额定电流/A	热元件规格	
		额定电流/A	电流调节范围/A
JR16-20/3 JR16-20/3D	20	0.35 0.5 0.72 1.1 1.6 2.4 3.5 5.0 7.2 11.0 16.0 22	0.25～0.35 0.32～0.5 0.45～0.72 0.68～1.1 1.0～1.6 1.5～2.4 2.2～3.5 3.2～5.0 4.5～7.2 6.8～11 10.0～16 14～22
JR16-60/3 JR16-60/3D	60	22 32 45 63	14～22 20～32 28～45 45～63
JR16-150/3D JR16-150/3D	150	63 85 120 160	40～63 53～85 75～120 100～160

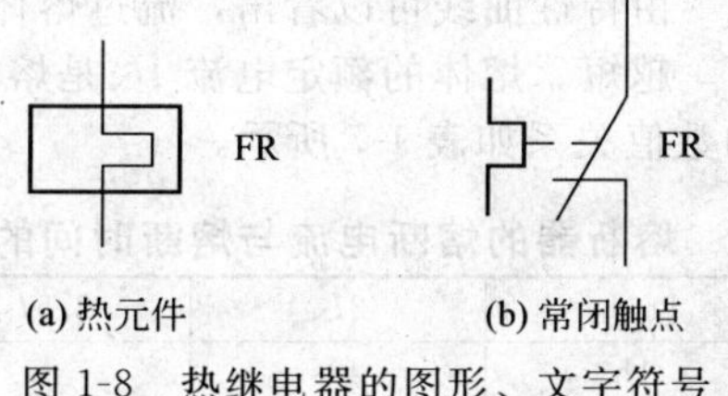

图 1-8 热继电器的图形、文字符号

1.1.2.5 速度继电器

速度继电器用于转速的检测，如用来在三相交流异步电动机反接制动转速过零时，自动切除反相序电源。它根据电磁感应原理制成，图 1-9 所示为其结构原理图。由图可知，速度继电器主要由转子、圆环（笼型空心绕组）和触点三部分组成。

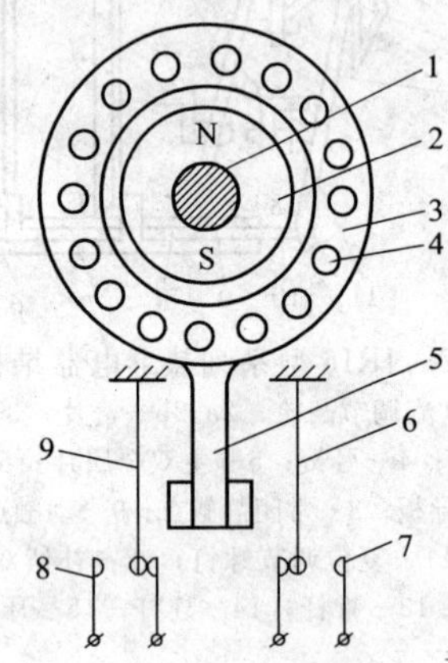

图 1-9 速度继电器结构原理图

1—转轴；2—转子；3—定子；4—绕组；5—摆锤；6,9—簧片；7,8—静触点

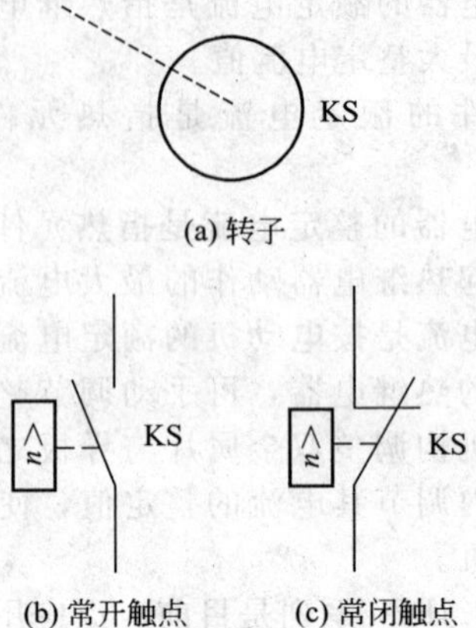

图 1-10 速度继电器的图形、文字符号

转子由一块永久磁铁制成，与电动机同轴相连，用以接受转动信号。当转子（磁铁）旋转时，笼型绕组切割转子磁场产生感应电动势，形成环内电流，此电流与磁铁磁场相作用，产生电磁转矩，圆环在此力矩的作用下带动摆杆，使其克服弹簧力而顺转子转动的方向摆动，并拨动触点改变其通断状态（在摆杆左右各设一组切换触点，分别在速度继电器正转和反转时动作）。当调节弹簧弹力时，可使速度继电器在不同转速时切换触点，以便改变通断状态。

速度继电器的动作转速一般不低于 120r/min，复位转速约在 100r/min 以下。工作时，允许的转速高达 1000～3600r/min。由速度继电器的正转和反转切换触点的动作，来反映电动机转向和速度的变化。常用的型号有 JY_1 型和 JFZ_0 型。速度继电器的图形、文字符号如图 1-10 所示。

1.1.3 熔断器

（1）熔断器的工作原理

熔断器是一种结构简单、使用方便、价格低廉的保护电器，广泛用于供电线路和电气设备的短路保护。熔断器由熔体和安装熔体的外壳两部分组成。熔体是熔断器的核心，通常用低熔点的铅锡合金、锌、铜、银的丝状或片状材料制成，新型的熔体通常设计成灭弧栅状并具有变截面片状结构。当通过熔断器的电流超过一定数值并经过一定时间时，熔体发热使某处熔化而切断电路，从而保护了电路和设备。

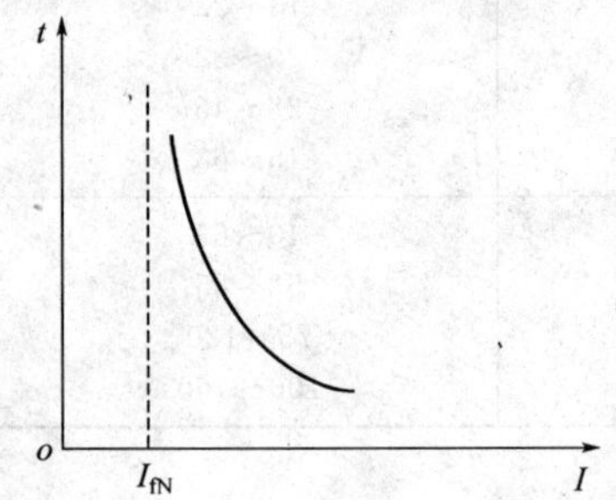

图 1-11 熔断器的保护特性曲线

使熔断器熔体熔断的电流值与熔断时间的关系称为熔断器的保护特性曲线，也称为熔断器的安-秒特性，如图 1-11 所示。由特性曲线可以看出，流过熔体的电流越大，熔断所需的时间越短。熔体的额定电流 I_{fN} 是熔体长期工作而不致熔断的电流。熔断器的熔断电流与熔断时间的数值关系如表 1-7 所示。

表 1-7 熔断器的熔断电流与熔断时间的关系

熔断电流	$(1.25\sim1.3)I_N$	$1.6I_N$	$2I_N$	$2.5I_N$	$3I_N$	$4I_N$
熔断时间	∞	1h	40s	8s	4.5s	2.5s

（2）常用熔断器的种类及技术数据

熔断器按其结构形式分为插入式、螺旋式、有填料密封管式、无填料密封管式等，品种规格很多。在电气控制系统中经常选用螺旋式熔断器，它有明显的分断指示，不用任何工具就可取下或更换熔体。新产品有 RL6、RL7 系列，可以取代老产品 RL1、RL2 系列。RLS2 系列是快速熔断器，用以保护半导体硅整流元件及晶闸管，可取代老产品 RLS1 系列。RT12、RT15、NGT 等系列是有填料密封管式熔断器，瓷管两端铜帽上焊有连接板，可直接安装在母线排上，RT12、RT15 系列带有熔断指示器，熔断时红色指示器弹出。RT14 系列熔断器带有撞击器，熔断时撞击器弹出，既可作熔断信号指示，也可触动微动开关以切断接触器线圈电路，使接触器断电，实现三相电动机的断相保护。

表 1-8 列出了 RL6 系列、RLS2 系列、RT14 系列、RT16 系列等常用熔断器的技术数据。

表 1-8　常用熔断器技术数据

型　号	额定电压/V	额定电流/A		分断能力/kA
		熔断器	熔断体	
RL6-25	AC500	25	2,4,6,10,16,20,25	50
RL6-63		63	35,50,63	
RL6-100		100	80,100	
RL6-200		200	125,160,200	
RLS2-30	AC500	30	16,20,25,30	50
RLS2-60		63	35,(45),50,63	
RLS2-100		100	(75),80,(90),100	
RT12-20	AC415	20	2,4,6,10,16,20	80
RT12-32		32	20,25,32	
RT12-63		63	32,40,50,63	
RT12-100		100	63,80,100	
RT14-20	AC380	20	2,4,6,10,16,20	100
RT14-32		32	2,4,6,10,16,20,25,32	
RT14-63		63	10,16,20,25,32,40,50,63	
NT00 (RT16)	AC500 AC660	160	4,6,10,16,20,25,32,35,40,50,63,80,100	
	AC500		125,160	
NT0 (RT16)	AC500 AC660	160	4,10,16,20,25,32,35,40,50,63,80,100	
	AC500		125,160	
NT1 (RT16)	AC500 AC660	250	80,100,125,160,200	500V 120kA
	AC500		224,250	
NT2 (RT16)	AC500 AC660	400	125,160,200,224,250,300,315	660V 50kA
	AC500		335,400	
NT3 (RT16)	AC500 AC660	630	315,335,400,425	
	AC500		500,630	
NT4 (RT17)	AC380	1000	800,1000	

（3）熔断器的选择

熔断器的选择主要是选择熔断器的种类、额定电压、熔断器额定电流和熔体额定电流等。种类选择主要由电控系统总体设计确定，熔断器的额定电压应大于或等于实际电路的工作电压。确定熔体电流是选择熔断器的主要任务，可遵循下列几条原则。

① 电路上、下两级都装设熔断器时，为使两级保护相互配合良好，两级熔体额定电流的比值不小于1.6∶1。

② 对于照明线路或电阻炉等没有冲击性电流的负载，熔体的额定电流应大于或等于电路的工作电流，即 $I_{fN} \geqslant I_1$，式中，I_{fN} 为熔体的额定电流；I_1 为电路的工作电流。

图 1-12 熔断器的图形、文字符号

③ 保护一台异步电动机时，考虑电动机冲击电流的影响，熔体的额定电流按 $I_{fN} \geqslant (1.5 \sim 2.5) I_N$ 计算。式中，I_N 为电动机的额定电流。

④ 保护多台异步电动机时，若各台电动机不同时启动，则应按下式计算：

$$I_{fN} \geqslant (1.5 \sim 2.5) I_{Nmax} + \sum I_N$$

式中，I_{Nmax} 为容量最大的一台电动机的额定电流；$\sum I_N$ 为其余电动机额定电流的总和。

熔断器的图形、文字符号如图 1-12 所示。

1.1.4 低压隔离器

低压隔离器也称刀开关。低压隔离器是低压电器中结构简单、应用广泛的一种手动控制电器。品种主要有低压刀开关、熔断器式刀开关和组合开关三种。

隔离器主要是在电源切除后，将线路与电源明显地隔开，以保护检修人员的安全。熔断器式刀开关由刀开关和熔断器组合而成，故兼有两者的功能，即电源隔离和电路保护功能，可分断一定的负载电流。

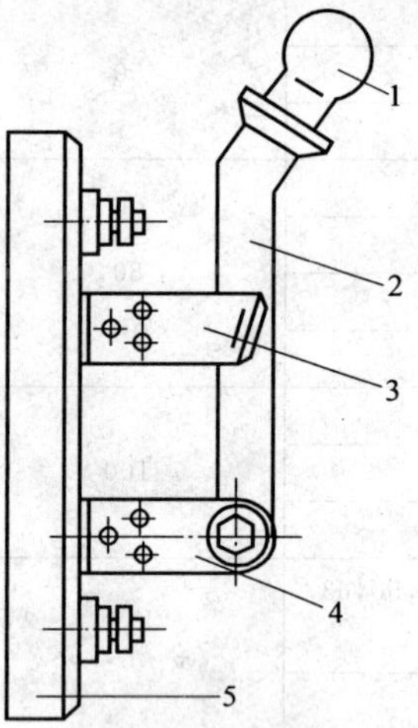

（1）刀开关

低压刀开关由操纵手柄、触刀、触刀插座和绝缘底板等组成，图 1-13 为其结构简图。

图 1-13 低压隔离器结构简图

1—静插座；2—操纵手柄；3—触刀；4—支座；5—纸缘底板

刀开关的主要类型有：带灭弧装置的大容量刀开关、带熔断器的开启式负荷开关（胶盖开关）、带灭弧装置和熔断器的封闭式负荷开关（铁壳开关）等。常用的产品有：HD11～HD14 和 HS11～HS13 系列刀开关，HK1、KH2 系列胶盖开关，HH3、HH4 系列铁壳开关。

刀开关的主要技术参数有长期工作所承受的最大电压——额定电压，长期通过的最大允许电流——额定电流以及分断等能力。表 1-9 列出 HK1 系列胶盖开关的技术参数。

近年来我国研制的新产品有 HD18、HD17、HS17 等系列刀形隔离器，HG1 系列熔断器式隔离器等。

选用刀开关时，刀的极数要与电源进线相数相等；刀开关的额定电压应大于所控制的线路额定电压；刀开关的额定电流应大于负载的额定电流。

刀开关的图形、文字符号如图 1-14 所示。

（2）组合开关

组合开关也是一种刀开关，不过它的刀片是转动式的，操作比较轻巧，它的动触点（刀片）和静触点装在封闭的绝缘件内，采用叠装式结构，其层数由动触点数量决定，动触点装在操作手柄的转轴上，随转轴旋转而改变各对触点的通断状态。

由于采用了扭簧储能，可使开关快速接通及分断电路，而且与手柄旋转速度无关。因此它不仅可用做不频繁地接通、分断及转换交-直流电阻性负载电路，而且降低容量使用时可直接启动和分断运转中的小型异步电动机。

表 1-9 HK1 系列胶盖开关的技术参数

额定电流值/A	极数	额定电压值/V	可控制电动机最大容量值/kW		触刀极限分断能力/A	熔丝极限分断能力/A	配用熔丝规格			
							熔丝成分			熔丝直径/mm
			220V	380V	($\cos\varphi=0.6$)		W_{Pb}	W_{Sn}	W_{Sb}	
15	2	220	—	—	30	500	98%	1%	1%	1.45～1.59
30	2	220	—	—	60	1000				2.30～2.52
60	2	220	—	—	90	1500				3.36～4.00
15	3	380	1.5	2.2	30	500				1.45～1.59
30	3	380	3.0	4.0	60	1000				2.30～2.52
60	3	380	4.4	5.5	90	1500				3.36～4.00

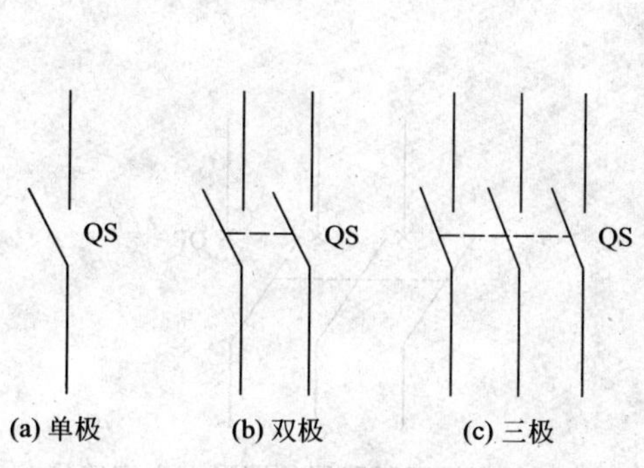
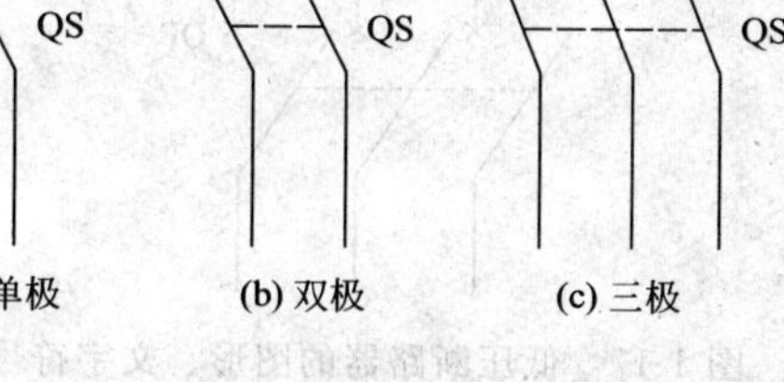

图 1-14 刀开关的图形、文字符号

图 1-15 组合开关结构和图形、文字符号

组合开关的主要参数有额定电压、额定电流、极数等。其中额定电流有 10A、25A、60A 等几级。全国统一设计的常用产品有 HZ5、HZ10 系列和新型组合开关 HZ15 等系列。HZ10 系列组合开关的技术数据见表 1-10。

表 1-10 HZ10 系列组合开关的技术数据

型 号	额定电压/A	额定电流/A	极 数	极限操作电流/A		可控制电动机最大容量和额定电流①		额定电压及额定电流下的通断次数			
								AC $\cos\varphi$		直流时间常数/s	
				接通	分断	容量/kW	额定电流/A	≥0.8	≥0.3	≤0.0025	≤0.01
HZ10-10	DC220 AC380	6	单极	94	62	3	7	20000	10000	20000	10000
		10	2,3								
HZ10-25		25		155	108	5.5	12				
HZ10-60		60									
HZ10-100		100						10000	5000	10000	5000

① 均指三极组合开关。

组合开关的结构和图形、文字符号如图 1-15 所示。

1.1.5 低压断路器

低压断路器曾称为自动开关，为了和 IEC（国际电工委员会）标准一致，故改用此名。

低压断路器可用来分配电能，不频繁地启动异步电动机，对电源线路及电动机等进行保护。当发生严重的过载或短路及欠电压等故障时能自动切断电路，其功能相当于熔断器式断路器与过流、欠压、热继电器等的组合，而且在分断故障电流后一般不需要更换零部件，因而获得了广泛的应用。

断路器的结构有框架式（又称万能式）和塑料外壳式（又称装置式）两大类。框架式断路器为敞开式结构，适用于大容量配电装置；塑料外壳式断路器的外壳用绝缘材料制作，具有良好的安全性，广泛用于电气控制设备、电动机过载和短路保护及建筑物内作电源线路保护用。

低压断路器主要由触点和灭弧装置、各种可供选择的脱扣器与操作机构、自由脱扣机构三部分组成。各种脱扣器包括过流、欠压（失压）脱扣器和热脱扣器等。工作原理如图 1-16 所示，图中选用了过载和欠压两种脱扣器。开关的主触点靠操作机构手动或电动合闸，在正常工作状态下能接通和分断工作电流，当电路发生短路或过流故障时，过流脱扣器 4 的衔铁被吸合，使自由脱扣机构的钩子脱开，自动开关触点分离，及时有效地切除高达数十倍额定电流的故障电流。若电网电压过低或为零时，失压脱扣器 5 的衔铁被释放，自由脱扣机构动作，使断路器触点分离，从而在过流与零压、欠压时保证了电路及设备的安全。

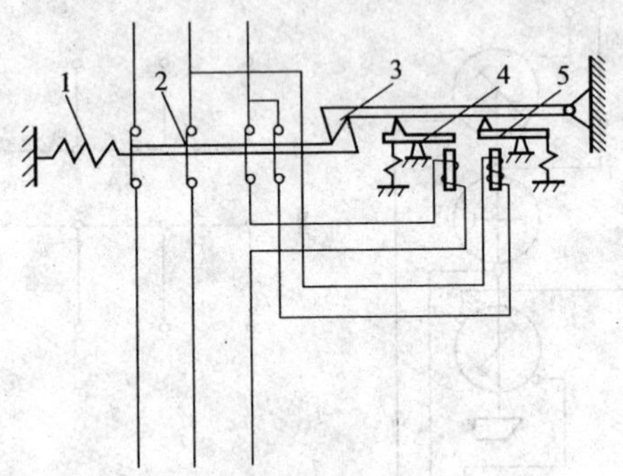

图 1-16 低压断路器工作原理图
1—释放弹簧；2—主触点；3—钩子；
4—过流脱扣器；5—失压脱扣器

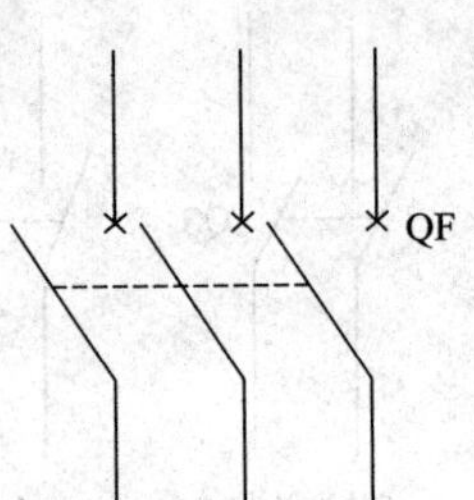

图 1-17 低压断路器的图形、文字符号

塑料外壳断路器的主要参数有额定电压、壳架额定电流等级、极数、脱扣器类型及额定电流、短路分断能力等。主要产品有 DZ15、DZ20 系列及 DZ5、DZ10、DZX10、DZX19 等系列，其中 DZ5 的壳架电流为 10～50A、DZ10 为 100～600A。

我国新研制的 DZ20 系列断路器按其极限分断故障电流的能力分为一般型（Y 型）、较高型（J 型）、最高型（G 型）。J 型是利用短路电流的巨大电动斥力将触点分开，紧接着脱扣器动作，故分断时间在 14ms 以内，G 型可在 8～10ms 以内分断短路电流。近年来引进生产的低压断路器有 3VE 系列、C45N 系列等产品，我国生产带漏电保护功能的低压断路器有 DZL25 系列漏电断路器等。各系列断路器的技术数据见表 1-11～表 1-13。

表 1-11 DZ15 系列塑料外壳式断路器技术数据

型 号	壳架额定电流/A	额定电压/V	极 数	脱扣器额定电流/A	额定短路通断能力/kA	电气、机械寿命/次
DZ15-40/1901	40	220	1	6, 10, 16, 20, 25,32,40	3 ($\cos\varphi=0.9$)	15000
DZ15-40/2901		380	2			
DZ15−40/$^{3901}_{3902}$			3			
DZ15-40/4901			4			
DZ15-63/1901	63	200	1	10, 16, 20, 25, 32,40,50,63	5	10000
DZ15-63/2901		380	2			
DZ15−63/$^{3901}_{3902}$			3			
DZ15-63/4901			4			

表 1-12 DZX10 系列断路器的技术数据

型号	极数	脱扣器额定电流/A	附件	
			欠电压(或分励)脱扣器	辅助触点
DZX10-100/22	2	63,80,100	欠电压:AC220,AC380 分　励:AC220,AC380,DC24,DC48,DC110,DC220	一开一闭 二开二闭
DZX10-100/23	2			
DZX10-100/32	3			
DZX10-100/33	3			
DZX10-200/22	2	100,120,140,170,200		二开二闭 四开四闭
DZX10-200/23	2			
DZX10-200/32	3			
DZX10-200/33	3			
DZX10-630/22	2	200, 250, 300, 350, 400, 500,630		
DZX10-630/23	2			
DZX10-630/32	3			
DZX10-630/33	3			

表 1-13 DZ20 系列塑料外壳式断路器技术数据

型号	额定工作电压/V	壳架等级额定电流/A	断路器额定电流 I_N/A	额定电源电压/V	瞬间脱扣器电流整定值/A
DZ20Y-100	AC380 DC220	100	16,20,32,40,50,63,80,100		配电用 $10I_N$ 保护电动机用 $12I_N$
DZ20J-100					
DZ20YG-100					
DZ20Y200		200	100,125,160,180,200,225	电磁脱扣器、复式脱扣器、分励脱扣器额定控制电源电压 AC220,AC380,DC110,DC220 欠电压脱扣器额定工作电压AC220,AC380 电动机操作机构额定控制电源电压 AC220,AC380,DC220	配电用 $5I_N$、$10I_N$ 保护电动机用 $8I_N$、$12I_N$
DZ20J-100					
DZ20G-100					
DZ20Y-400		400	200,250,315,350,400		配电用 $5I_N$、$10I_N$ 电动机用 $12I_N$
DZ20J-400					
DZ20G-400					
DZ20Y-630		630	500,630		配电用 $5I_N$、$10I_N$
DZ20J-630					
DZ20Y-1250		1250	630,700,800,1000,1250		配电用 $4I_N$、$7I_N$

低压断路器的图形、文字符号如图 1-17 所示。

1.1.6 主令电器

主令电器是用来发布命令、改变控制系统工作状态的电器，它可以直接作用于控制电路，也可以通过电磁式电器的转换对电路实现控制，其主要类型有按钮、行程开关、万能转换开关、主令控制器、脚踏开关等。

1.1.6.1 按钮

按钮是最常用的主令电器，其典型结构如图 1-18 所示。它既有常开触点，也有常闭触点。常态时在复位弹簧的作用下，由桥式动触点将静触点 1、2 闭合，静触点 3、4 断开，当按下按钮时，桥式动触点将 1、2 分断，3、4 闭合。1、2 被称为常闭触点或动断触点，3、4 被称为常开触点或动合触点。

按钮的结构形式很多，如表 1-14 所示。

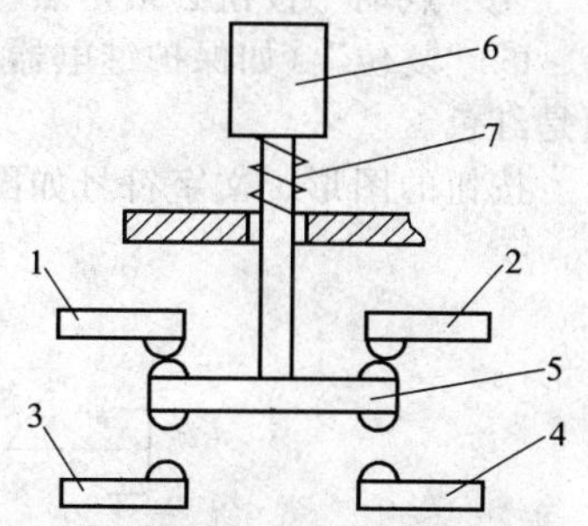

图 1-18 按钮开关结构示意图
1,2—常闭触点；3,4—常开触点；5—桥式触点；6—复位弹簧；7—按钮帽

表 1-14 按钮主要结构形式

分类			代号	特点
安装方式	面板安装按钮			供开关板，控制台上安装固定用
	固定安装按钮			底部有安装固定孔
防护式	开启式按钮		K	五防护外壳，适于嵌装在柜，台面板上
	保护式按钮		H	有防护外壳，可防止偶然触及带电部分
	防水式按钮		S	具有密封外壳，可防止雨水的侵入
	防腐式按钮		F	具有密封外壳，可防止腐蚀性气体侵入
操作方式	按压操作			按压操作
	旋转操作	手柄式	X	用手柄操作按钮，有两位置或三位置
		钥匙式	Y	用钥匙插入旋钮进行操作，可防护误操作
	拉式		L	用拉杆进行操作，有自锁和自动复位两种
	万向操纵杆式		W	操纵杆能以任何方向进行操作
复位性	自复按钮			外力释放后，按钮依靠弹簧作用恢复原位
	自持按钮			按钮内装有自持电磁机构或机械机构，主要用做互通信号，一般为面板安装式
结构特征	一般式按钮			一般结构
	带灯按钮		D	按钮内装有信号灯，兼作信号指示
	紧急式按钮		J	一般有蘑菇头突出于外面，做紧急时切断电源用

常用的按钮型号有 LA2 系列、LA18 系列、LA19 系列、LA20 系列及新型号 LA25 等系列。引进生产的有瑞士 EAO 系列、德国 LAZ 系列等产品。其中 LA2 系列有一对常开和一对常闭触点，具有结构简单、动作可靠、坚固耐用的优点。LA18 系列按钮采用积木式结构，触点数量可按需要进行拼装。LA19 系列为按钮开关与信号灯的组合，按钮兼作信号灯灯罩，用透明塑料制成。

为标明按钮的作用，避免误操作，通常将按钮帽做成红、绿、黑、黄、蓝、白、灰等颜色。国标 GB 5226—1985 对按钮颜色作了如下规定。

①“停止”和“急停”按钮必须是红色。当按下红色按钮时，必须使设备停止工作或断电。

②“启动”按钮的颜色是绿色。

③“启动”与“停止”交替动作的按钮必须是黑白、白色或灰色，不得用红色和绿色。

④“点动”按钮必须是黑色。

⑤“复位”（如保护继电器的复位按钮）必须是蓝色，当复位按钮还有停止的作用时，则必须是红色。

按钮的图形、文字符号如图 1-19 所示。

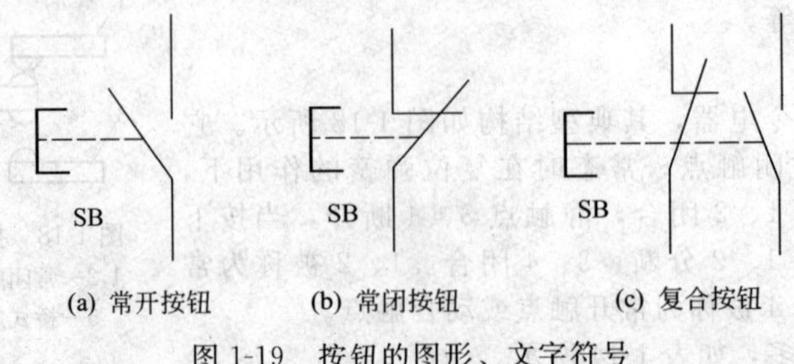

(a) 常开按钮　(b) 常闭按钮　(c) 复合按钮

图 1-19 按钮的图形、文字符号

LA-25 系列按钮的技术数据见表 1-15。

表 1-15 LA-25 系列按钮的技术数据

型号	触点组合	按钮颜色	型号	触点组合	按钮颜色
LA25-10	一常开	白 绿 黄 蓝 橙 黑 红	LA25-33	三常开三常闭	白 绿 黄 蓝 橙 黑 红
LA25-01	一常闭		LA25-40	四常开	
LA25-11	一常开一常闭		LA25-04	四常闭	
LA25-20	二常开		LA25-41	四常开一常闭	
LA25-02	二常闭		LA25-14	一常开四常闭	
LA25-21	二常开一常闭		LA25-42	四常开二常闭	
LA25-12	一常开二常闭		LA25-24	二常开四常闭	
LA25-22	二常开二常闭		LA25-50	五常开	
LA25-30	三常开		LA25-05	五常闭	
LA25-03	三常闭		LA25-51	五常开一常闭	
LA25-31	三常开一常闭		LA25-15	一常开五常闭	
LA25-13	一常开三常闭		LA25-60	六常开	
LA25-32	三常开二常闭		LA25-06	六常闭	
LA25-23	二常开三常闭				

1.1.6.2 行程开关

行程开关主要用于检测工作机械的位置，发出命令以控制工作机械的运动方向或行程，行程开关也称位置开关。

行程开关可分为机械结构的接触式有触点行程开关和电气结构的非接触式接近开关。

接触式行程开关靠移动物体碰撞行程开关的操动头而使行程开关的常开触点接通和常闭触点断开，从而实现对电路的控制作用，其结构如图 1-20 所示。

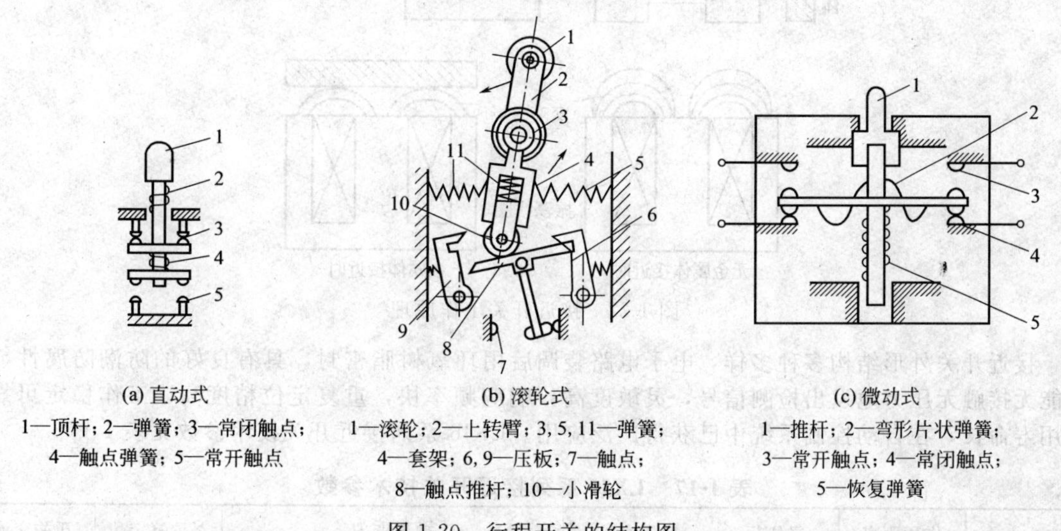

(a) 直动式
1—顶杆；2—弹簧；3—常闭触点；4—触点弹簧；5—常开触点

(b) 滚轮式
1—滚轮；2—上转臂；3, 5, 11—弹簧；4—套架；6, 9—压板；7—触点；8—触点推杆；10—小滑轮

(c) 微动式
1—推杆；2—弯形片状弹簧；3—常开触点；4—常闭触点；5—恢复弹簧

图 1-20 行程开关的结构图

行程开关按外壳防护形式分为开启式、防护式及防尘式；按动作速度分为瞬动和慢动（蠕动）；按复位方式分为自动复位和非自动复位；按接线方式分为螺钉式、焊接式及插入式；按操作形式分为直杆式（柱塞式）、直杆液轮式（滚轮柱塞式）、转臂式、方向式、叉式、铰链杠杆式

等；按用途分为一般用途行程开关、起重设备用行程开关及微动开关等多种。常用的行程开关有 LX10、LX21、JLXK1 等系列，JLXK1 系列行程开关技术数据如表 1-16 所示。行程开关的图形、文字符号如图 1-21 所示。

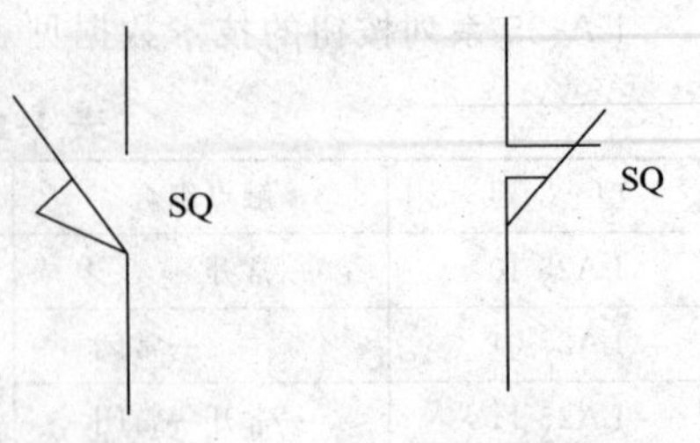

图 1-21 行程开关的图形、文字符号

1.1.6.3 接近开关

为了克服有触点行程开关可靠性较差、使用寿命短和操作频率低的缺点，可采用无触点式行程开关，也叫接近开关。目前小功率晶体管和大功率晶闸管无触点电子开关正获得越来越广泛的应用。

表 1-16 JLXK1 系列行程开关技术数据

型号	额定电压/V		额定电流/A	触点数量		结构形式
	交流	直流		常开	常闭	
JLXK1-11	500	440	5	1	1	单轮防护式
JLXK1-211	500	440	5	1	1	双轮防护式
JLXK1-111M	500	440	5	1	1	单轮密封式
JLXK1-211M	500	440	5	1	1	双轮密封式
JLXK1-311	500	440	5	1	1	直动防护式
JLXK1-311M	500	440	5	1	1	直动密封式
JLXK1-411	500	440	5	1	1	直动滚轮防护式
JLXK1-411M	500	440	5	1	1	直动滚轮密封式

接近开关大多由一个高频振荡器和一个整形放大器组成，工作原理如图 1-22 所示。振荡器振荡后，在开关的感应面上产生交变磁场，当金属物体接近感应面时，金属体产生涡流，吸收了振荡器的能量，使振荡减弱以致停振。振荡与停振两种不同的状态，由整形放大器转换成二进制的开关信号，从而达到检测位置的目的。

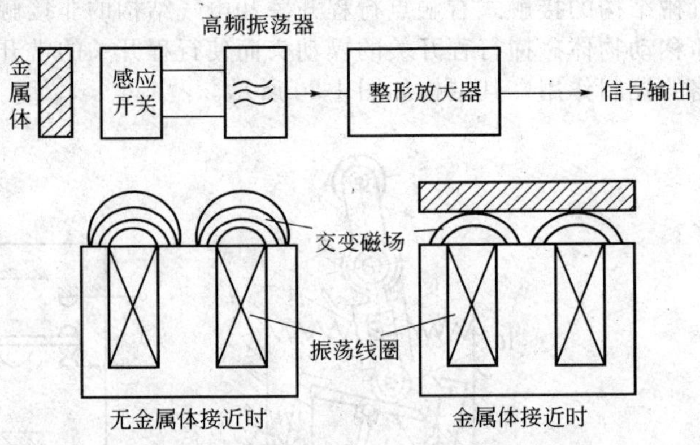

图 1-22 接近开关工作原理

接近开关外形结构多种多样，电子电路装调后用环氧树脂密封，具有良好的防潮防腐性能。它能无接触无压力地发出检测信号，灵敏度高，响应频率快，重复定位精度高，工作稳定可靠、使用寿命长，在自动控制系统中已获得广泛应用。LXJ6 系列接近开关技术参数见表 1-17。

表 1-17 LXJ6 系列接近开关技术参数

型号	作用距离/mm	复位行程差/A	额定交流工作电压/V	输出能力		重复定位精度	开关交流压降/V
				长期	瞬时		
LXJ6-4/22	4±1	≤2	100～200	30～200mA	1A(t<20ms)	≤±0.15	≤9
LXJ6-6/22	6±1	≤2					

1.1.6.4 凸轮控制器与主令控制器

(1) 凸轮控制器

凸轮控制器用于起重设备和其他电力拖动装置，以控制电动机的启动、正反转、调速和制动。它主要由手柄、定位机构、转轴、凸轮和触点组成，如图 1-23 所示。

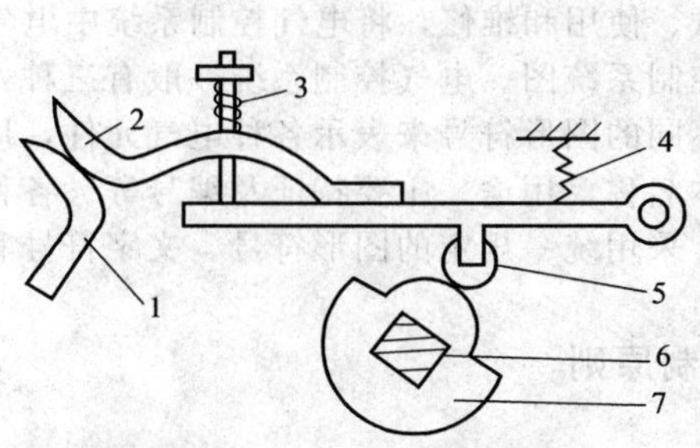

图 1-23 凸轮控制器结构图

1—静触点；2—动触点；3—触点弹簧；4—弹簧；5—滚子；6—方轴；7—凸轮

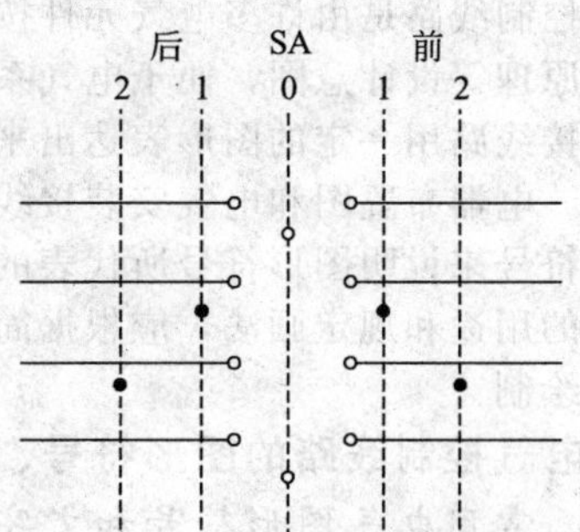

图 1-24 凸轮控制器的图形、文字符号

转动手柄时，转轴带动凸轮一起转动，转到某一位置时，凸轮顶动滚子克服弹簧压力使动触点顺时针方向转动，脱离静触点从而分断电路。在转轴上叠装不同形状的凸轮，可以使若干个触点组按规定的顺序接通或分断。

国内生产的有 KT10、KT14 等系列交流凸轮控制器和 KTZ2 系列直流凸轮控制器。KT14 系列凸轮控制器的技术数据如表 1-18 所示。凸轮控制器的图形、文字符号如图 1-24 所示。

表 1-18 KT14 系列凸轮控制器的技术数据

型号	额定电流/A	位置数		转子最大电流/A	最大功率/kW	额定操作频率/次·h^{-1}	最大工作周期/min
		左	右				
KT14-25J/1	25	5	5	32	11	600	10
KT14-25J/2		5	5	2×32	2×5.5		
KT14-25J/3		1	1	32	5.5		
KT14-60J/1	60	5	5	80	30	600	10
KT14-60J/2		5	5	2×32	2×11		
KT14-60J/4		5	5	2×80	2×30		

(2) 主令控制器

当电动机容量大、负载重、操作频繁、调速性能要求较高时，往往采用主令控制器操作。由主令控制器的触点来控制接触器，再由接触器控制电动机。这样，触点的容量可大大减小。

主令控制器是按照预定程序转换控制电路的主令电器，其结构和凸轮控制器相似，只是触点的额定电流较小。

目前，国内生产的有 LK14～LK16 系列的主令控制器。LK14 系列主令控制器的技术数据见表 1-19。

表 1-19 LK14 系列主令控制器的技术数据

型号	额定电压/V	额定电流/A	控制电路数	外形尺寸/mm
LK14-12/90 LK14-12/96 LK14-12/97	380	15	12	227×220×300

1.2 电气控制线路设计基础

电气控制线路是由许多电气元件按一定的要求连接而成的。为了表达生产机械电气控制系统的结构、原理等设计意图，便于电气系统的安装、调试、使用和维修，将电气控制系统中电气元件及其连接线路用一定的图形表达出来，这就是电气控制系统图。电气控制系统一般有三种：电气原理图、电器布置图和电气安装接线图。在图上用不同的图形符号来表示各种电气元件，用不同的文字符号来说明图形符号所代表的电气元件的基本名称、用途、主要特征及编号等。各种图有其不同的用途和规定画法，应根据简明易懂的原则，采用统一规定的图形符号、文字符号和标准画法来绘制。

1.2.1 电气控制线路的图形符号、文字符号及绘制原则

1.2.1.1 常用电气图形符号和文字符号

电气控制系统图、电气元件的图形符号和文字符号必须符合国家标准规定。国家标准局参照国际电工委员会（IEC）颁布的标准，制定了我国电气设备有关国家标准：GB 4728—1996～2000《电气图用图形符号》及 GB 6988—1987《电气制图》和 GB 7159—1987《电气技术中的文字符号制订通则》。规定从 1990 年 1 月 1 日起，电气控制线路中的图形和文字符号必须符合最新的国家标准。一些常用电气图形符号和文字符号如表 1-20 所示。

表 1-20 电气控制线路中常用图形符号和文字符号

名 称	图形符号 (GB 4728—1996～2000)	文字符号 (GB 7159—1987)	名 称	图形符号 (GB 4728—1996～2000)	文字符号 (GB 7159—1987)
交流发电机	G ~	GA	直流测速发动机	TG	TG
交流电动机	M ~	MA	交流测速发动机	TG ~	TG
三相笼型异步电动机	M 3～	MC	步进电动机	TG	M
三相绕线型异步电动机	M 3～	MW	接地的一般符号		E
直流发电机	G	GD	保护接地		PE
直流电动机	M	MD	接机壳或接地板	或	PU
直流伺服电动机	SM	SM	单极控制开关		SA
交流伺服电动机	SM ~	SM	三极控制开关		SA

续表

名　称	图形符号 (GB 4728—1996～2000)	文字符号 (GB 7159—1987)	名　称	图形符号 (GB 4728—1996～2000)	文字符号 (GB 7159—1987)
隔离开关		QS	压敏电阻		RV
三极隔离开关		QS	电容器一般符号		C
负荷开关		QS	电铃		HA
三极负荷开关		QS	电磁铁	或	YA
断路器		QF	电磁制动器		YB
三极断路器		QF	电磁离合器		YC
			照明灯		EL
			信号灯		HL
中间继电器常开触点		KA	二极管		V
中间继电器常闭触点		KA	NPN 晶体管		V
			PNP 晶体管		V
过流继电器线圈	I>	KI	端子		X
电流表	A	PA	控制电路用电源整流器		VC
电压表	V	PV	电抗器	或	L
电度表	kWh	PJ	极性电容器		C
晶闸管		V	蜂鸣器		HZ
可拆卸端子		X			
电流互感器	或	TA	双绕组变压器	或	T
电阻器		R	位置开关常开触点		SQ
电位器		RP			

续表

名　称	图形符号 (GB 4728—1996～2000)	文字符号 (GB 7159—1987)	名　称	图形符号 (GB 4728—1996～2000)	文字符号 (GB 7159—1987)
位置开关常闭触点		SQ	欠压继电器线圈	U<	KV
作双向机械操作的位置开关		SQ	通电延时(缓吸)线圈		KT
常开按钮		SB	断电延时(缓放)线圈		KT
常闭按钮		SB	延时闭合常开触点	或	KT
复合按钮		SB	延时断开常开触点	或	KT
交流接触器线圈		KM	延时闭合常闭触点	或	KT
接触器常开触点		KM	延时断开常闭触点	或	KT
接触器常闭触点		KM	热继电器热元件		FR
中间继电器线圈		KA	热继电器常闭触点		FR
电压互感器	或	TV	熔断器		FU

1.2.1.2　电气图的绘制原则和基本方法

由于电气控制系统描述的对象复杂，表达形式多种多样，因此表示一项电气工程或一种电气装置的电气控制系统图有多种，有时需要对照起来阅读。电气控制系统图一般包括电气原理图、电器布置图和电气安装接线图三种。

(1) 电气原理图

电气原理图是用图形和文字符号，表示电路中各个电气元件的连接关系和电气工作原理，它并不反映电气元件的实际大小和安装位置。现以如图 1-25 所示的 CW6132 型卧式车床的电气原理图为例来说明绘制电气原理图应遵循的一些基本原则。

① 电气原理图一般分为主电路、控制电路和辅助电路。主电路包括从电源到电机的电路，是大电流通过的部分，画在图的左边（如图 1-25 中的 1，2，3 区）。控制电路和辅助电路通过的电流相对较小，控制电路一般为继电器、接触器的线圈电路，包括各种主令电器、继电器、接触器的触点（如图 1-25 中的 4 区）；辅助电路一般指照明、信号指示、检测等电路（如图 1-25 中的 5，6，7 区）。各电路均应尽可能按动作顺序由上至下、由左至右画出。

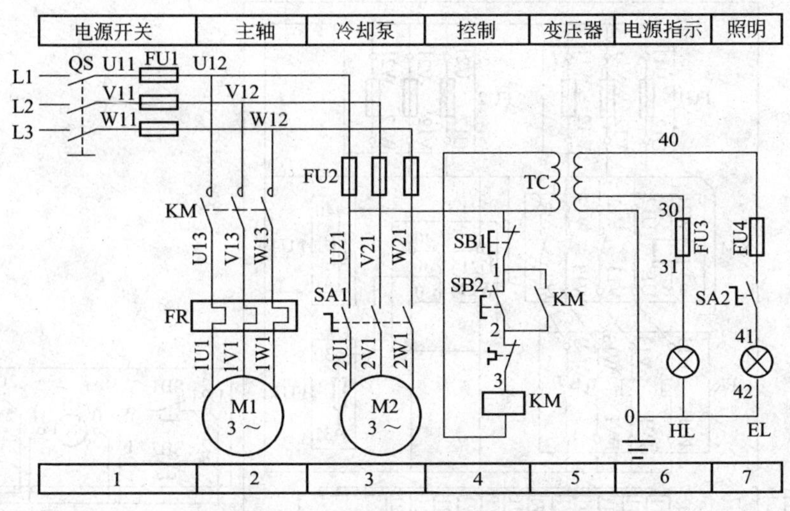

图 1-25　CW6132 型卧式车床的电气原理图

② 电气原理图中所有电气元件的图形和文字符号必须采用国家规定的统一标准。在图中，电气元件采用分离画法，即同一电器的各个部件可以不画在一起，但必须用同一文字符号标注。对于同类电器，应在文字符号后加数字序号以示区别（如图 1-25 中的 SB1 和 SB2）。

③ 在电气原理图中，所有电器的可动部分均按原始状态画出，即对于继电器、接触器的触点，应按其线圈不通电时的状态画出；对于控制器，应按其手柄处于零位时的状态画出；对于按钮、行程开关等主令电器，应按其未受外力作用时的状态画出。

④ 动力电路的电源线应水平画出；主电路应垂直于电源线画出；控制电路和辅助电路应垂直于水平电源线；耗能元件（如线圈、电磁阀、指示灯等）应接在下面一条电源线一侧，而各种控制触点应接在另一条电源线上。

⑤ 应尽量减少线条数量和避免线条交叉。各导线之间有电联系时，应在导线交叉处画实心圆点。根据图面布置需要，可以将图形符号旋转绘制，一般按逆时针方向旋转 90°，但其文字符号不可倒置。

⑥ 在电气原理图上应标出各个电源电路的电压、极性、频率及相数；对某些元器件还应标注其特性（如电阻值、电容值等）；不常用的电器（如位置传感器）还要标注其操作方式和功能等。

⑦ 为方便阅图，在电气原理图中可将图分成若干个图区，并标明各图区电路的作用。

（2）电器布置图

电器布置图按其外形形状画出。在图中往往留有 10%以上的备用面积及导线管（槽）的位置，以供走线和改进设计时用。在图中还需要标注出必要的尺寸。通常将电器布置图与电气安装接线图组合在一起，既起到电气安装接线图的作用，又能清晰地表示出电器的布置情况。CW6132 型卧式车床电器布置图如图 1-26 所示。

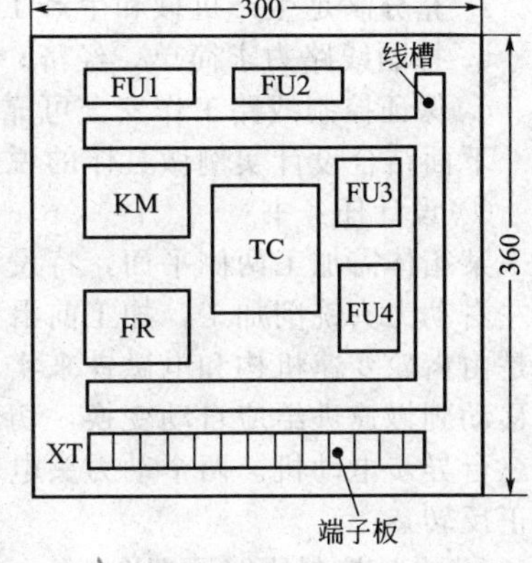

图 1-26　CW6132 型车床电器布置图

（3）电气安装接线图

电气安装接线图反映电气设备各控制单元内部元件之间的接线关系。图 1-27 所示为 CW6132 型卧式车床控制板安装接线图。绘制电气安装接线图应遵循以下原则。

① 各电气元件必须用规定的图形和文字符号绘制。同一电器的各部分必须画在一起，其图形、文字符号和端子板的编号必须与原理图一致。各元件的位置必须与电器布置图相对应。

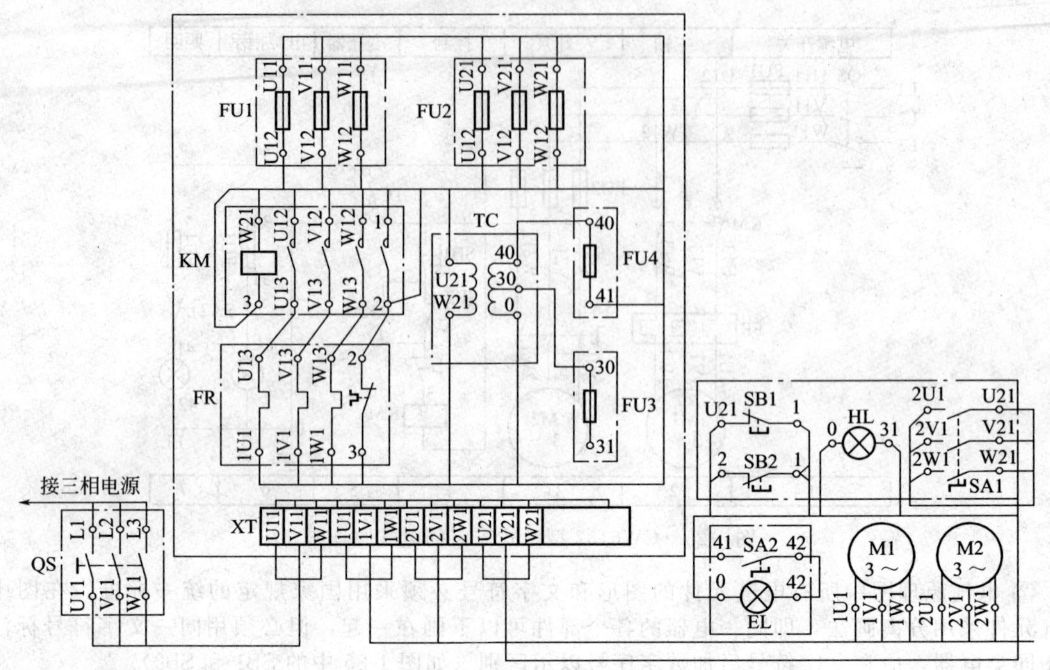

图 1-27 CW6132 型卧式车床控制板安装接线图

② 不在同一控制柜、控制屏等控制单元内的电气元件之间必须通过端子板进行连接。

③ 电气安装接线图中走线方向相同的导线用线束表示，连接导线应注明导线的规格（数量、截面积等）；若采用线管走线时，须留有一定数量的备用导线，还应注明线管尺寸和材料。

1.2.2 电气控制线路的设计方法

设计电气控制线路原理图有经验设计法和逻辑设计法两种方法。

（1）经验设计法

经验设计法是根据控制任务将控制系统划分为若干控制环节，可以参考典型控制线路进行设计，然后考虑各环节之间的联锁关系，经过补充、修改，综合成完整的控制线路。设计过程中需要考虑以下几个基本原则：

a. 充分满足生产机械和生产工艺对电气控制线路的要求；

b. 控制线路力求简单、经济；

c. 保证控制线路工作安全可靠。

下面结合设计实例做具体的说明。

① 设计任务书

某箱体需加工两侧平面，特设计一专用机床。加工的方法是将箱体夹紧在滑台上，两侧平面用左右动力头铣削加工，加工前滑台应快速移动到加工位置，然后改为慢速进给。滑台速度的改变是由齿轮变速机构和电磁铁来实现的。电磁铁吸合时为快进，电磁铁放松时为慢进。滑台从快速移动到慢速进给应自动变换，切削完毕要自动停车，由人工操作滑台快速退回。该专用机床共有三台异步电动机。两个动力头电动机均为 4.5kW，只需单向运转；滑台电动机功率为 1.1kW，需正反转。

② 设计控制线路原理图

a. 主回路设计　滑台电动机的正反转分别用接触器 KM1 和 KM2 控制。左右铣头的工作情况完全一样，故用接触器 KM3 同时控制，接线时注意它们的转动方向。主回路控制线路如图 1-28 所示。

b. 控制回路设计　滑台电动机应能正反转，因此选择两个启、停单元线路组合成滑台电动机的正反转线路，分别由按钮 SB4、SB5 和 SB2、SB3 控制启动和停止。滑台电动机启动正转后，动力头电动机即可启动；而滑台电动机正转停车后，动力头电动机也应停止。所以应由接触器 KM1 的常开触点控制左右动力头的启、停。控制线路如图 1-29(a)。

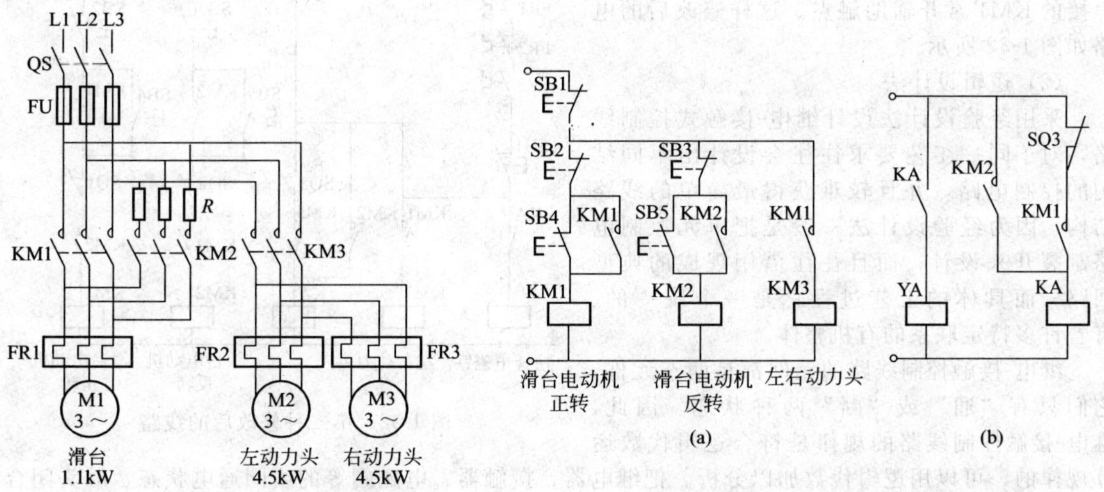

图 1-28 主回路控制线路图　　图 1-29 控制回路草图

滑台启动时应当快速，即当接触器 KM1 通电时，电磁铁 YA 应吸合；滑台由快速变为慢速时，可用行程开关 SQ3 发出信号，使电磁铁释放；滑台返回时又应快速移动，即当 KM2 通电时电磁铁又应吸合。但考虑到电磁铁电感大，电流冲击大，因此选择中间继电器 KA 组成电磁铁的控制回路，如图 1-29(b) 所示。

c. 设置联锁保护环节　滑台慢速进给终止时应自动停车，滑台快速返回到原位时也应自动停车。为此，分别用行程开关 SQ1 和 SQ2 进行行程控制。另外，接触器 KM1 和 KM2 之间应互锁；三台电动机均应采用热继电器（FR1、FR2、FR3）进行过载保护。完整的控制线路示于图 1-30。

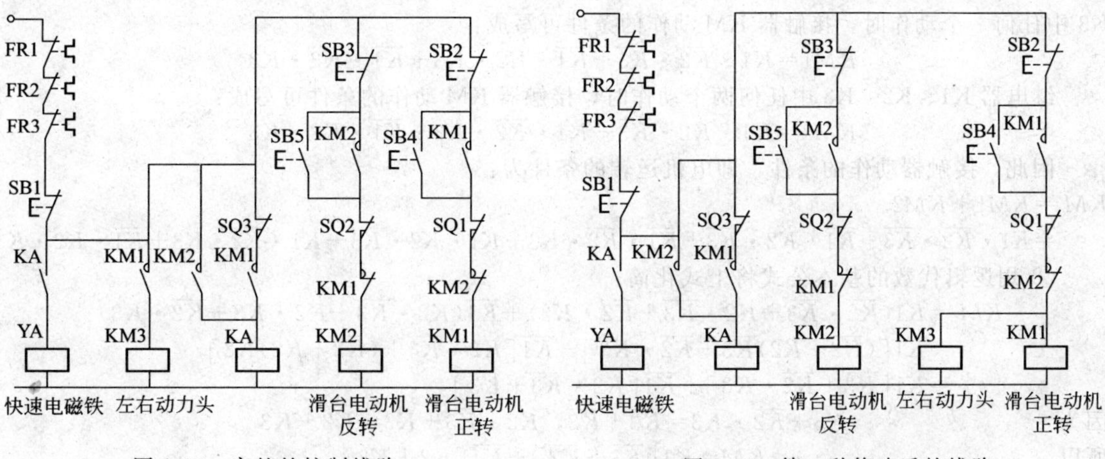

图 1-30 完整的控制线路　　图 1-31 第一种修改后的线路

d. 修改完善线路　控制线路初步设计完毕后，可能存在不合理之处，应当仔细校核。以图 1-28 为例说明。

ⓐ 接触器 KM1 使用了三对常开辅助触点。但普通常用的 CJ10 系列接触器只有两对常开辅助触点。因此，必须对此线路进行修改。

ⓑ 从线路工作条件可以看到，接触器 KM1 和 KM3 是同时吸合和释放的，这两个接触器可采用同一型号的交流接触器，其电磁线圈可并联。修改后的线路如图 1-31 所示。

还可采用另一种方法，即接触器 KM3 线圈依然用如图 1-30 所示的接法，但用接触器 KM3 的常开辅助触点代替中间继电器 KA 线圈回路串接的 KM1 常开辅助触点。这样修改后的电路如图 1-32 所示。

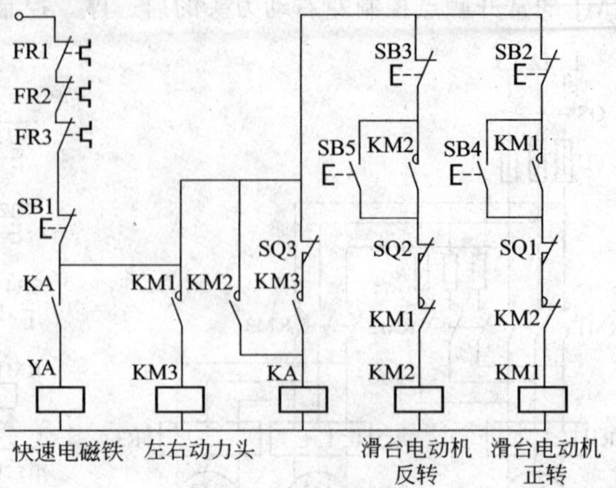

图 1-32 第二种修改后的线路

（2）逻辑设计法

采用经验设计法设计继电-接触式控制线路，对于同一工艺要求往往会设计出不同结构的控制电路，并且较难获得最简单的线路结构。因为经验设计法一般是把单元控制电路割裂开来设计，而且往往借用现成的典型回路，而具体的工艺过程总是一个统一的、有着许多特定联系的有机整体。

继电-接触控制线路的元件都是两态元件，它们只有“通”或“断”两种状态。因此，继电-接触控制线路的规律是符合逻辑代数运算规律的，可以用逻辑代数加以分析。把继电器、接触器、电磁阀等的线圈通电状态、触头闭合接通状态、按钮和行程开关受压受激状态称为“1”态，用逻辑“1”表示；反之称为“0”态，用逻辑“0”表示。两触点串联是逻辑“与”的关系；两触点并联是逻辑“或”的关系；而同一电器的常开触点与常闭触点的关系就是逻辑“非”的关系。把这些电气元件之间的连接看成逻辑变量之间的关系，表示为逻辑函数关系式，再运用逻辑函数基本公式和运算规律对它们进行简化。然后按简化的逻辑函数式画出相应的线路结构图。最后再做进一步的检查、化简和完善工作，从而获得最佳设计方案。

利用逻辑代数这一数学工具设计电气控制线路的方法称为逻辑设计法。例如某电动机只有在继电器 K1、K2、K3 中任何一个或两个动作时才能运转，而在其他任何情况下都不运转，试设计其控制线路。

① 按工艺要求列出逻辑函数关系式　电动机的运行由接触器 KM 控制，继电器 K1、K2、K3 中任何一个动作时，接触器 KM 动作的条件可写成：

$$KM1=K1\cdot\overline{K2}\cdot\overline{K3}+\overline{K1}\cdot K2\cdot\overline{K3}+\overline{K1}\cdot\overline{K2}\cdot K3$$

继电器 K1、K2、K3 中任何两个动作时，接触器 KM 动作的条件可写成：

$$KM2=K1\cdot K2\cdot\overline{K3}+K1\cdot\overline{K2}\cdot K3+\overline{K1}\cdot K2\cdot K3$$

因此，接触器动作的条件，即电机运转的条件为：

$$\begin{aligned}KM&=KM1+KM2\\&=K1\cdot\overline{K2}\cdot\overline{K3}+\overline{K1}\cdot K2\cdot\overline{K3}+\overline{K1}\cdot\overline{K2}\cdot K3+K1\cdot K2\cdot\overline{K3}+K1\cdot\overline{K2}\cdot K3+\overline{K1}\cdot K2\cdot K3\end{aligned}$$

② 用逻辑代数的基本公式将上式化简：

$$\begin{aligned}KM&=K1(\overline{K2}\cdot\overline{K3}+K2\cdot\overline{K3}+\overline{K2}\cdot K3)+\overline{K1}(K2\cdot\overline{K3}+K2\cdot K3+\overline{K2}\cdot K3)\\&=K1[(\overline{K2}+K2)\overline{K3}+\overline{K2}\cdot K3]+\overline{K1}[K2\cdot\overline{K3}+(\overline{K2}+K2)K3]\\&=K1[\overline{K3}+\overline{K2}\cdot K3]+\overline{K1}[K2\cdot\overline{K3}+K3]\end{aligned}$$

因为

$$\overline{K3}+\overline{K2}\cdot K3=\overline{K3}+\overline{K2},\quad K2\cdot\overline{K3}+K3=K2+K3$$

所以

$$KM=K1[\overline{K3}+\overline{K2}]+\overline{K1}[K2+K3]$$

③ 画控制线路　根据上面最后化简式画出的控制线路示意图 1-33。

④ 校验　设计出线路后，应校验继电器 K1、K2、K3 在任一给定条件下电机都运转，即接触器 KM 的线圈都通电。而在其他条件下，如三个继电器都动作或都不动作时，接触器 KM 不应动作。

上面介绍的是一种没有反馈回路（如自馈回路），即对任何信息都没有记忆的逻辑网络（称组合网路）。这种逻辑网络采用逻辑设计法设计的控制线路比较合理，不但能节省元件数量，获得逻辑功能要求的最简线路，而且方法也不算复杂。如果想用逻辑设计法设计具有反馈回路，即具有记忆功能的逻辑网络（称时序网络），则需根据工艺过程和元件动作程序列出时序状态表。然后综合进行设计，因此整个设计过程比较复杂，还要涉及一些新概念。可见，用逻辑设计法设计复杂的控制线路难度较大。

因此，逻辑设计法一般只作为经验设计法的辅助和补充，在简化某一部分线路或实现某种简单逻辑功能时，是比较方便易行的手段。对于一般不太复杂而又带有自馈和交叉互馈环节的继电-接触控制线路，一般采用经验设计法较为简单。但对于某些复杂而又重要的控制线路，逻辑设计法可以获得准确而又简单的控制线路。

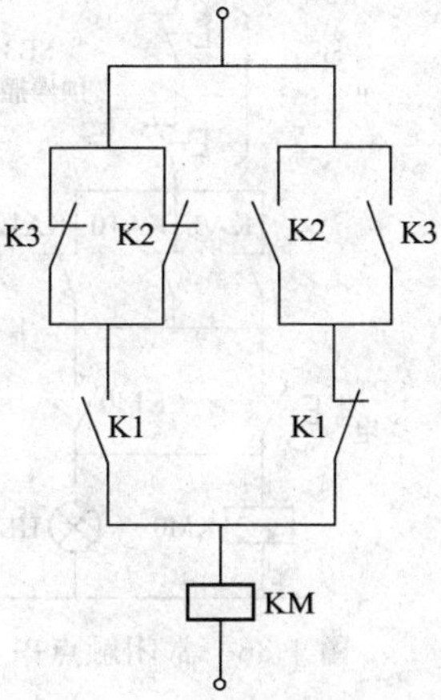

图 1-33　按给定条件用逻辑法设计的控制线路

1.2.3　设计电气控制线路的一般原则

继电-接触控制线路有一个共同规律，就是通过触点的“通”和“断”控制电动机和其他电气设备来实现运动机构的动作。即使是复杂的控制系统，很大一部分也是由常开和常闭触点组合而成的。由此可以找到经验设计法和逻辑设计法的共同依据。

（1）常开触点串联

当要求几个条件同时具备，才使电器线圈通电动作时，可用几个常开触点与线圈串联的方法来实现。如图 1-34(a) 中 K1、K2、K3 都动作接通时，电器 K 才动作。这种关系就是逻辑线路中的“与”逻辑。

图 1-34(b) 是常开触点串联实例，这是自动线各动力头加工完成后恢复原位，使夹具拨销松开的控制线路。在零件加工过程中各动力头的自动工作循环是由各动力头所属的控制系统自行控制的。必须在所有的动力头都进给到终点，相应地接通继电器 K1、K2、K3…Kn（分别在各自的控制线路中），使各自的触点闭合后，才接通继电器 KA9，发出加工完毕的信号。只有所有动力头都退回原位，限位开关 SQ1-1、SQ1-2、SQ1-3…SQ1-n 都被压下，才能接通 KA10；同时也压下限位开关 SQ2-1、SQ2-2、SQ2-3…SQ2-n，使 KA12 动作，发出使各夹具拨销放松的信号。

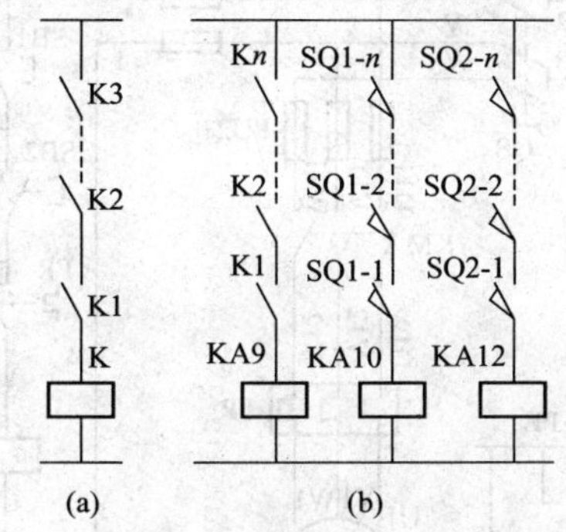

图 1-34　常开触点串联实例

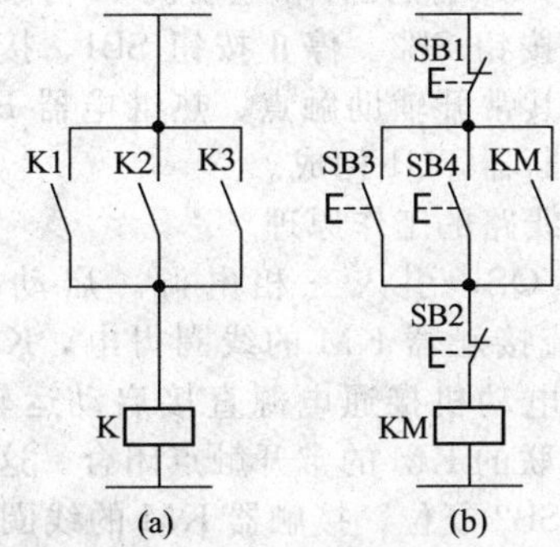

图 1-35　常开触点并联实例

（2）常开触点并联

当在几个条件中，只要求具备其中任一条件，所控制的电器线圈就能通电，可用几个常开触点并联，再与线圈串联的方法来实现。在图 1-35(a) 中，只要 K1、K2、K3 其中之一动作，电器 K 就得电动作。这种关系就是逻辑线路中的“或”逻辑。图 1-35(b) 中的 SB3、SB4 为两地控制启动按钮。显然，只要其中之一动作，接触器 KM 就动作。

（3）常闭触点串联

当在几个条件中，只要求具备其中任一条件，被控电器线圈就断电，可用几个常闭触点与线圈串联的方法来实现。如图 1-35(b) 中的 SB1 和 SB2 两个停止按钮，其中一个动作，接触器 KM 就断电。图 1-36 中的 SB0 各停止按钮，就是这种功能。这些 SB0 是供紧急停车用的，通常分设

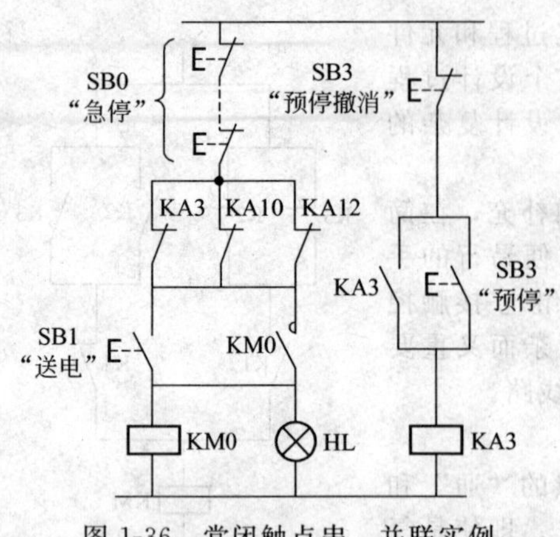

图 1-36　常闭触点串、并联实例

在自动线的几个地方。

（4）常闭触点并联

当要求几个条件都具备电器线圈才断电时，可用几个常闭触点并联，再与受控电器线圈串联的方法来实现。

如图 1-36 所示给出了自动线预停控制线路。自动线预停时，可按“预停”按钮 SB3。其中由常闭触点 KA3、KA10 和 KA12 组成的并联电路与接触器 KM0 线圈串联（KM0 是自动线控制电路上电用接触器），可以保证只有当所有动力头已经退回原位（KA10 动作），夹具拨销松开（KA12 动作），并在原已发出“预停”信号（KA3 动作）时，KM0 才能断电释放，将控制电路的电源切断。

（5）保护电器动作规律

一般保护电器应有的功能是：既能保证控制线路长期正常运行，又能起到保护电动机及其他电气设备免受不正常运行带来的损伤。因此，它们的动作规律是：线路正常运行时，处于“通”状态；一旦线路发生故障，立即转为“断”。

1.3　继电接触控制系统的基本控制电路

1.3.1　电动机控制的基本环节

1.3.1.1　启动、停止控制线路

笼式三相异步电动机的启动、停止控制线路的应用非常广泛。如图 1-37 所示，主电路由刀开关 QS、熔断器 FU2、接触器 KM 的主触点、热继电器 FR 的热元件和电动机 M 构成；控制回路由启动按钮 SB2、停止按钮 SB1、接触器 KM 的线圈及其常开辅助触点、热继电器 FR 的常闭触点和熔断器 FU1 构成。

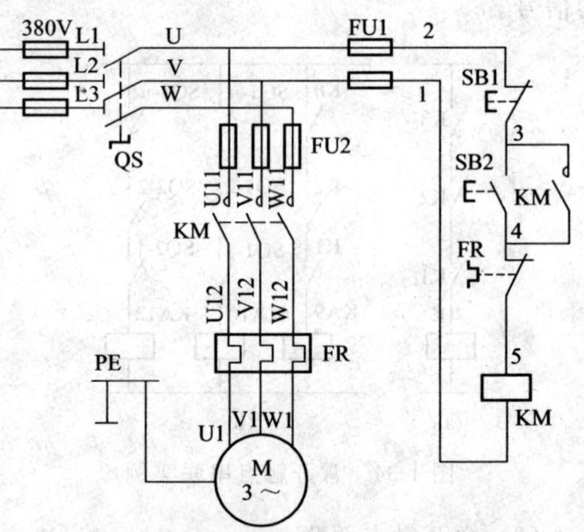

图 1-37　电动机单向运行全压启动控制线路

（1）线路的工作原理

合上 QS，引入三相电源。启动时，按下 SB2，交流接触器 KM 的线圈得电，KM 的主触点闭合，电动机接通电源直接启动运转。同时，与 SB2 并联的 KM 的常开触点闭合。这样，当手松开时，SB2 复位，接触器 KM 的线圈仍可继续得电，从而保持电动机的连续运行。这种依靠接触器自身辅助触点使其线圈保持通电的现象称为自锁。

要使电动机 M 停止运转，只要按下停止按钮 SB1 即可。按下 SB1，KM 线圈断电释放，KM 的三个常开主触点断开，切断三相电源，电动机 M 停止运转。当手松开，SB1 虽复位成常闭状态，但 KM 的自锁常开触点已断开，KM 线圈不能再依靠自锁而通电了。

（2）电路的几种保护

① 短路保护　熔断器 FU 作为短路保护，但起不到过载保护的目的。这是因为一方面熔断器的规格必须根据电动机启动电流大小适当选择，另一方面还要考虑熔断器保护特性的反时限特性和分散性。

② 过载保护 热继电器FR具有过载保护作用。由于热继电器的热惯性比较大，即使热元件流过几倍额定电流，热继电器也不会立即动作。因此在电动机启动时间不太长的情况下，热继电器是经得起电动机启动电流的冲击而不动作的。只有在电动机长时间过载下，FR才动作，其主触点断开主电路，接触器线圈断电释放，电动机停止运转，实现过载保护。

③ 欠压保护和失压保护 当主电路与控制电路共用同一电源时，就可依靠接触器自身的电磁机构来实现欠压保护和失压保护。当电源电压由于某种原因而严重欠压或失压时，接触器的电磁吸力就不够了，其衔铁自行释放，常开主触点断开主电路，电动机停止运转，辅助常开触点断开自锁。当电源电压恢复正常时，接触器线圈也不能自动通电，必须重新按下启动按钮SB2后，电动机才能重新启动。这又叫零压或失压保护。

1.3.1.2 点动控制线路

图1-38列出了实现点动控制的四种电气控制线路。

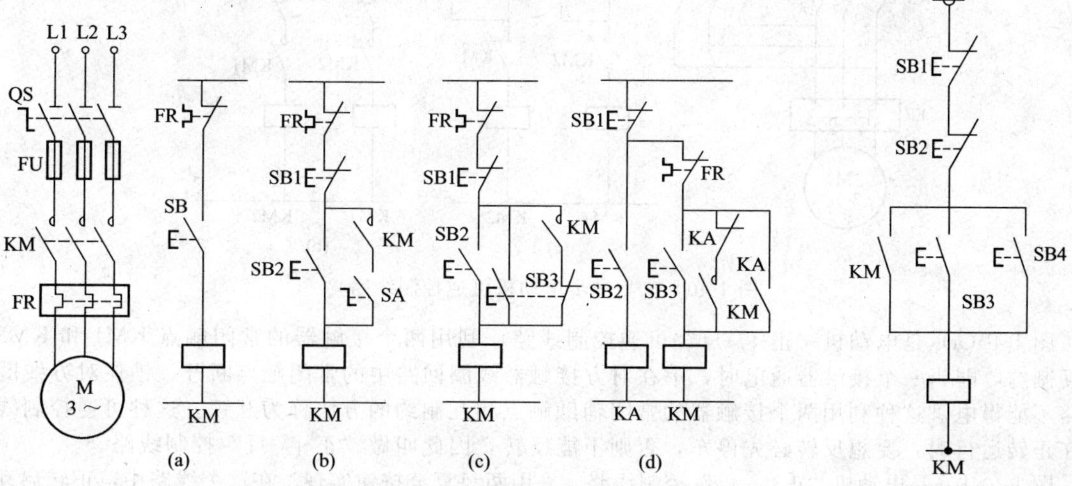

图1-38 实现点动的四种控制线路

图1-39 多地控制线路

图1-38(a)是最基本的点动控制线路。按下SB，KM线圈通电，主触点闭合，电机启动；松开按钮SB时，接触器KM线圈断电，主触点断开，电机停止运转。

图1-38(b)是带手动开关SA的点动控制线路。当需要点动控制时，只要把开关SA断开，由按钮SB2来进行点动控制。当需要正常运行时，把开关SA闭合，KM的自锁触点接入，即可实现连续控制。

图1-38(c)中增加了一个复合按钮SB3来实现点动控制。需要点动控制时，按下点动按钮SB3，其常闭触点断开自锁回路，常开触点闭合使KM线圈通电，KM主触点闭合，电动机启动。当松开点动按钮SB3时，KM线圈断电，主触点断开，电机停止运转。若需要电动机连续运转，由按钮SB1和SB2控制。

图1-38(d)是利用中间继电器实现点动的控制线路。利用点动按钮SB2控制中间继电器KA，KA的常开触点并联在按钮SB2两端以控制接触器KM，再由KM去控制电动机实现点动。当需要连续控制时，由按钮SB3和SB1实现。

1.3.1.3 多地控制线路

在大型生产设备上为使操作人员在不同位置均能进行启、停操作，常常要求组成多地控制线路。多地控制线路只需多用几个启动按钮和停止按钮，启动按钮并联，停止按钮串联，分别装在不同位置，如图1-39所示。即若几个电器都能控制甲接触器通电，则几个电器的常开触点应并联接到甲接触器的线圈回路中，即逻辑“或”的关系；若几个电器都能控制甲接触器断电，则几个电器的常闭触点应串联接到甲接触器的线圈回路中，即逻辑“与”“非”的关系。

1.3.1.4 可逆运行控制线路

各种生产机械常常被要求具有相反方向的运动，这就要求电动机能够实现可逆运行，三相交流电动机可借助正、反向接触器改变定子绕组相序来实现。为避免正、反向接触器同时通电造成电源相间短路，正、反向接触器之间需要有一种制约关系——互锁。图 1-40 示出了两种可逆控制线路。

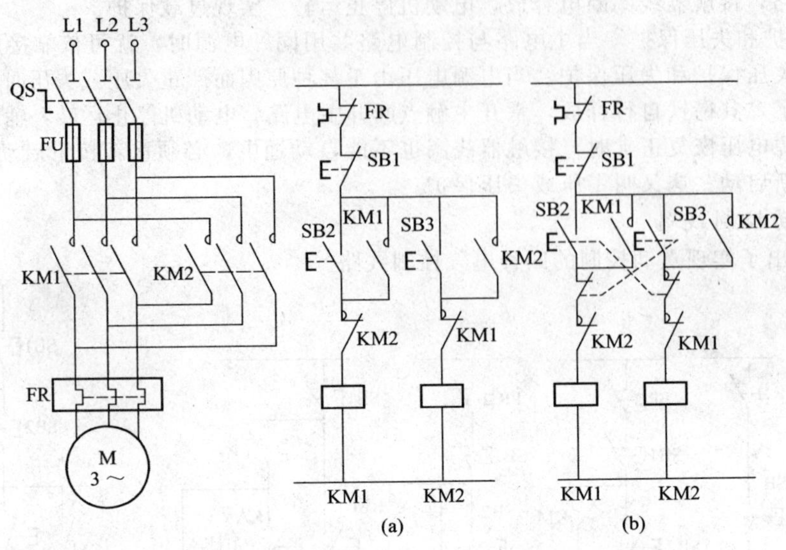

图 1-40 三相异步电动机可逆控制线路

图 1-40(a) 是电动机“正-停-反”可逆控制线路，利用两个接触器的常闭触点 KM1 和 KM2 相互制约，即当一个接触器通电时，串在对方接触器线圈回路中的常闭触点断开，锁住对方线圈回路不能得电。这种利用两个接触器的常闭辅助触点相互制约的方法称为互锁。这种可逆控制线路在正转运行时，要想反转必先停车，否则不能反转，因此叫做“正-停-反”控制线路。

图 1-40(b) 是电动机“正-反-停”控制线路，采用两只复合按钮实现。在这个线路中，正转启动按钮 SB2 的常开触点用来使正转接触器 KM1 的线圈瞬时通电，KM1 的常闭触点则串联在反转接触器 KM2 线圈的回路中，用来锁住 KM2。反转启动按钮 SB3 也按 SB2 的道理同样安排，当按下 SB2 或 SB3 时，首先是常闭触点断开，然后才是常开触点闭合。这样在需要改变电动机运动方向时，就不必按 SB1 停止按钮了，可直接操作正反转按钮即能实现电动机可逆运转。这个线路既有接触器互锁，又有按钮互锁，所以称为具有双重互锁的可逆控制线路，为电力拖动控制系统所常用。

1.3.1.5 优先控制电路

优先控制电路也是一种互锁控制电路，通常分为先动作优先和后动作优先。

先动作优先控制电路的工作状态是：无论哪一台设备先动作，其他设备则不能动作，即先动作优先。如图 1-41(a) 所示，若首先按下 SB1，KM1 线圈得电并自锁（电动机 M1 工作），KM1 的常开触点闭合，使中间继电器 KA 线圈得电，KA 的常闭触点断开 KM2、KM3 的线圈回路，因而在 KM1 断电之前，KM2、KM3 接触器都不能工作。前面讲过的互锁控制电路均属先动作优先控制电路。

后动作优先控制电路的工作状态是：启动多台设备的任一台工作，前面所有工作的设备自动停止工作，即后动作优先。如图 1-41(b) 所示，若先按下 SB1，则 KM1 线圈得电并自锁（电动机 M1 工作），若再按 SB2，则 KM2 线圈得电并自锁（电动机 M2 工作），KM2 的常闭触点断开，使 KM1 断电。

1.3.2 按联锁控制的规律

联锁控制的应用很广泛，在电动机控制基本环节中已介绍了自锁控制、互锁控制、连续工作与点动的联锁控制。凡是生产线上某些环节或一台设备的某些部件之间具有互相制约或互相配合的控制，均称为联锁控制。下面再介绍实现按顺序工作时的联锁控制。

在机床的控制线路中，常常要求电动机的启停有一定的顺序。例如磨床要求先启动润油泵，

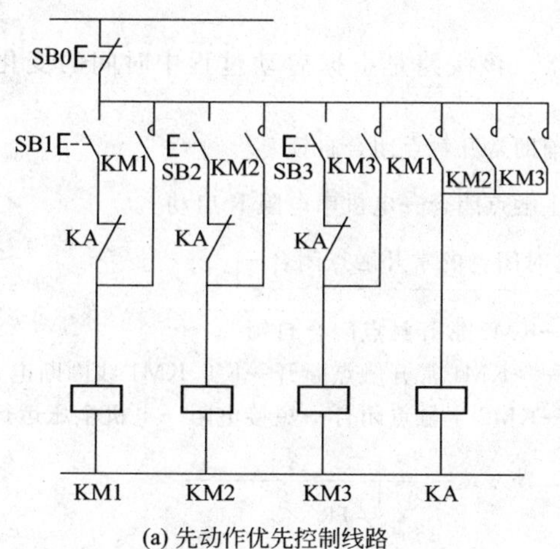

(a) 先动作优先控制线路

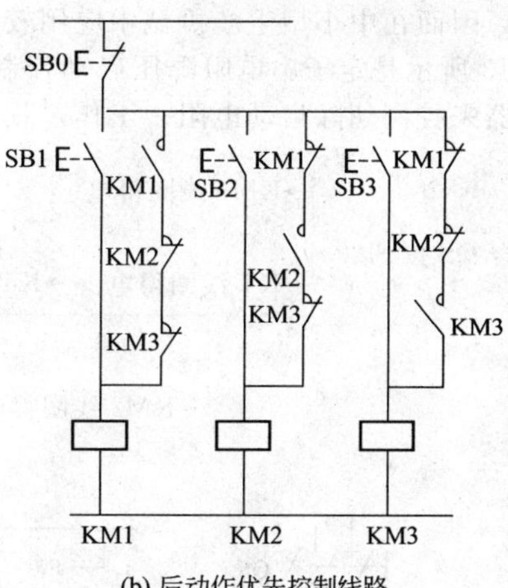

(b) 后动作优先控制线路

图 1-41 优先控制线路

然后再启动主轴电机；龙门刨床在工作台移动前，导轨润滑油泵要先启动；铣床的主轴旋转后，工作台方可移动等。顺序工作控制线路有：顺序启动、同时停止和顺序启动、顺序停止以及顺序启动、逆序停止控制线路。图 1-42 为两台电动机的联锁控制线路。

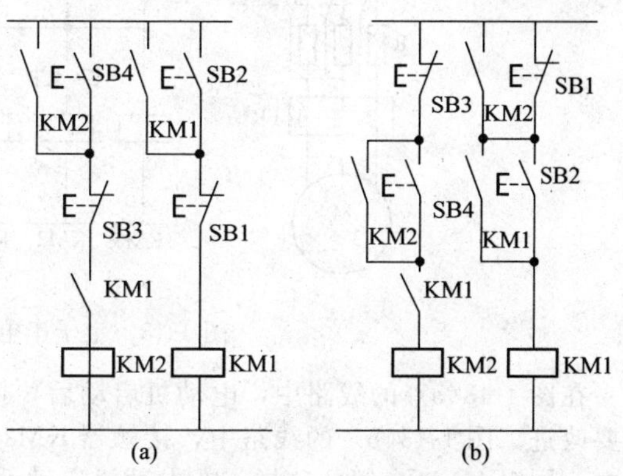

图 1-42 两台电动机的联锁控制

图 1-42(a) 所示是顺序启动、同时停止控制线路。图中，只有 KM1 线圈通电后，串入 KM2 线圈回路中的常开触点 KM1 闭合，KM2 线圈才有通电的可能。按下 SB1 按钮，两台电机同时停止。图 1-42(b) 所示是顺序启动、逆序停止控制线路。停车时，必须按 SB3 按钮，断开 KM2 线圈回路，使并联在按钮 SB1 两端的常开触点 KM2 断开后，再按 SB1 才能使 KM1 线圈断电。

通过上面的分析可知，实现联锁控制的关键是正确地选择和安排联锁触点。其相互制约关系用各自控制电器的常闭触点串接到对方电器的线圈通路中来保证。要实现顺序动作联锁，则应将先通电电器的常开触点串接在后通电电器的线圈通路中，将先断电电器的常开触点并接到后断电电器的线圈通路中的停止按钮（或其他断电触点）上。具体方法有接触器和继电器触点的电气联锁、复合按钮联锁、行程开关联锁、操纵手柄以及转换开关联锁等。

1.3.3 按控制过程的变化参量进行控制的规律

任何一个生产过程总是伴随着一系列的参数变化，如机械位移、温度、流量、压力、电流、电压、转矩等的变化。原则上说，只要能检测出这些物理量，便能实现对生产过程的自动控制。实际上，只要选定某些能反映生产过程中参数变化的电气元件，就能对生产过程进行控制。常见的有按时间、转速、电流、位置变化参量进行控制的电路，分别称为时间、速度、电流和行程原则的自动控制。

1.3.3.1 时间原则控制

电气控制系统按时间原则进行控制，应用极其广泛。时间继电器是时间控制的基本电器。利用时间控制原则可以实现电动机降压启动和制动过程的自动控制、自动间歇和各种动作的时间顺序控制等。下面举例分析以时间为变化参量的时间原则控制线路。

(1) 定子串电阻降压启动控制线路

三相异步电动机启动时在定子电路串接电阻，使得加在定子绕组上的电压降低，启动结束后再将电阻短接，电动机在额定电压下正常运行。这种启动方式由于不受电动机接线形式的限制，设备简单，因而在中小型生产机械中应用较广。

图 1-43 所示是定子串电阻降压启动控制线路。该线路是根据启动过程中时间的变化，利用时间继电器来控制切除启动电阻。工作过程如下：

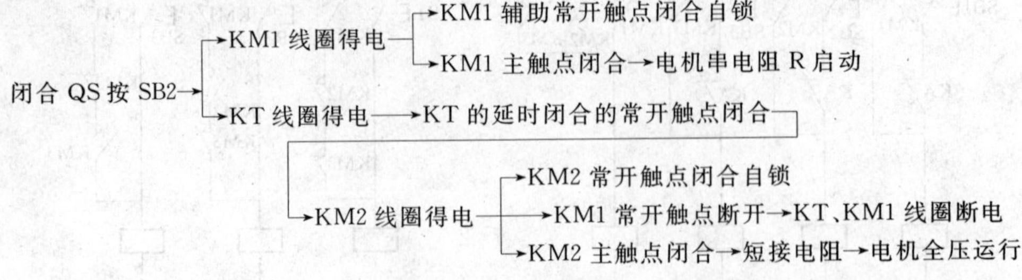

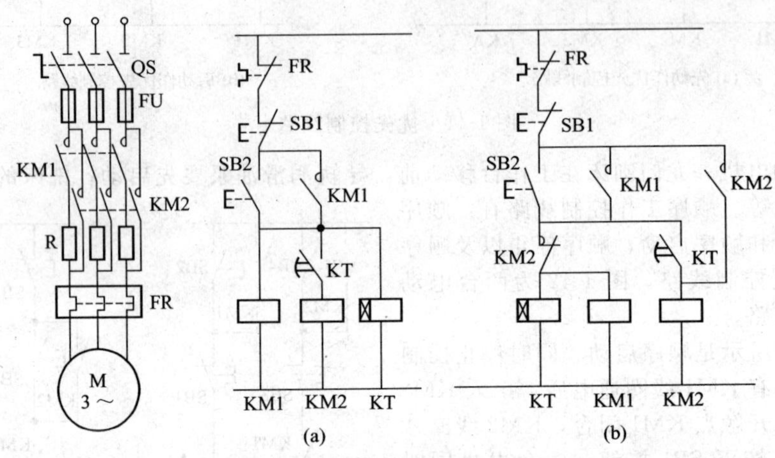

图 1-43 定子串电阻降压启动控制线路

在图 1-43(a) 的线路中，电动机启动后，接触器 KM1 和时间继电器 KT 的线圈仍一直通电，需要改进。图 1-43(b) 的线路中，接触器 KM2 得电后，用其常闭触点将 KM1 及 KT 的线圈电路断电，同时 KM2 自锁。这样，在电动机启动后，只有 KM2 得电使之正常运行。

(2) 自耦变压器（补偿器）降压启动控制线路

补偿器降压启动是利用自耦变压器来降低启动电压，达到限制启动电流的目的，常用于大容量笼式异步电动机的启动控制。电动机启动时，定子绕组得到的电压是自耦变压器的次级电压，一旦启动完毕，切除自耦变压器，把额定电压直接加在电动机的定子绕组上，电动机进入全压正常运行。

图 1-44 所示的自耦变压器降压启动控制线路是根据启动过程中时间的变化，利用时间继电器来控制切除自耦变压器。工作过程如下：

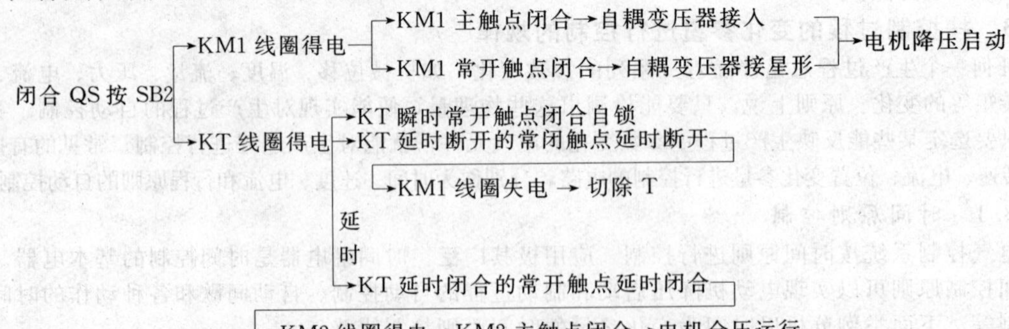

(3) 星形-三角形降压启动控制线路

正常运行时定子绕组接成三角形的笼式三相异步电动机可采用星形-三角形降压启动方法达到限制启动电流的目的。启动时定子绕组接成星形，待转速上升到接近额定转速时，再将定子绕

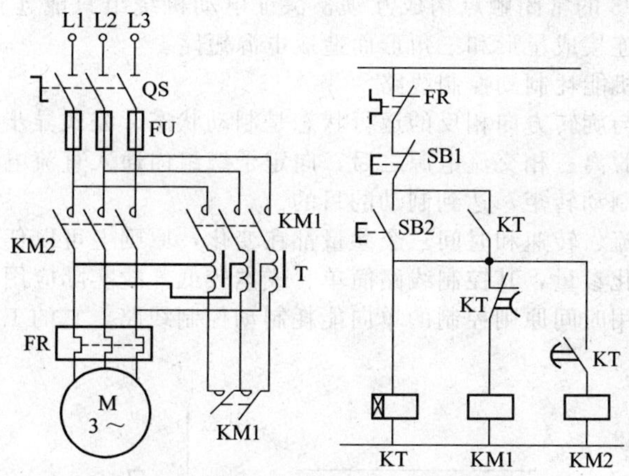

图 1-44　自耦变压器降压启动控制线路

组换接成三角形，电动机便进入全电压正常运行状态。因功率在 4kW 以上的三相笼式异步电动机均为三角形接法，故都可以采用星形-三角形降压启动方法。

图 1-45 所示的是 13kW 以上的电动机用三个接触器换接的星形-三角形降压启动控制线路，它是根据启动过程中时间的变化，利用时间继电器来控制星形-三角形的换接的。

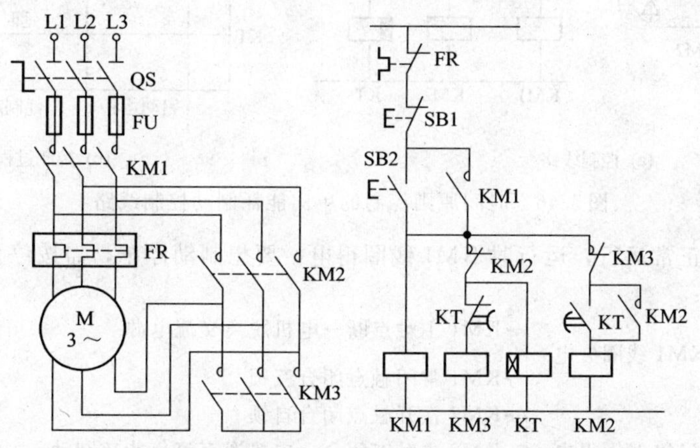

图 1-45　星形-三角形降压启动控制线路

电路的工作过程可通过电器动作顺序表来描述：

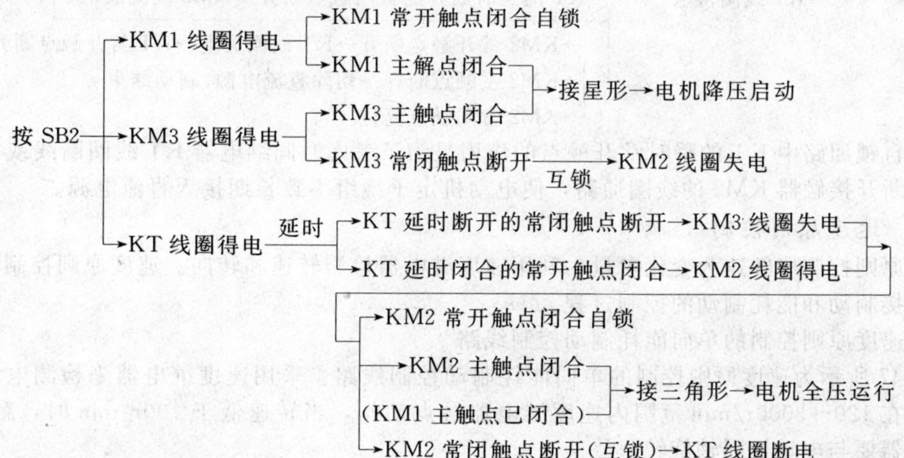

线路中 KM2 和 KM3 的常闭触点构成互锁，保证电动机绕组只能连接成一种形式，即星形或三角形，以防止同时连接成星形和三角形而造成电源短路。

（4）笼式异步电动机能耗制动控制线路

电动机的电磁转矩与旋转方向相反的运行状态是制动状态。笼式异步电动机的制动常采用能耗制动，就是在电动机脱离三相交流电源之后，向定子绕组内通入直流电流，利用转子感应电流与静止磁场的作用产生制动转矩，达到制动的目的。

在制动过程中，电流、转速和时间三个参量都在变化，原则上可以任取其中一个参量作为控制信号。取时间作为变化参量，其控制线路简单、成本较低，故实际应用较多。

图 1-46(a) 所示是用时间原则控制的单向能耗制动控制线路。它的工作原理由过程图示法表示于图 1-46(b) 中。

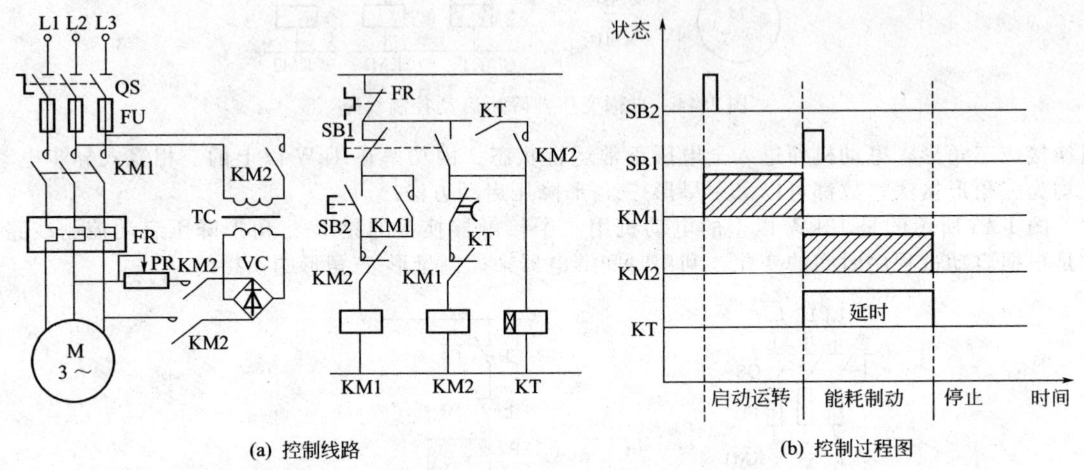

(a) 控制线路　　(b) 控制过程图

图 1-46　时间原则控制的单向能耗制动控制线路

设电动机已经正常运行，运行时 KM1 线圈得电。要想制动停车，需按停止按钮 SB1。

制动过程如下：

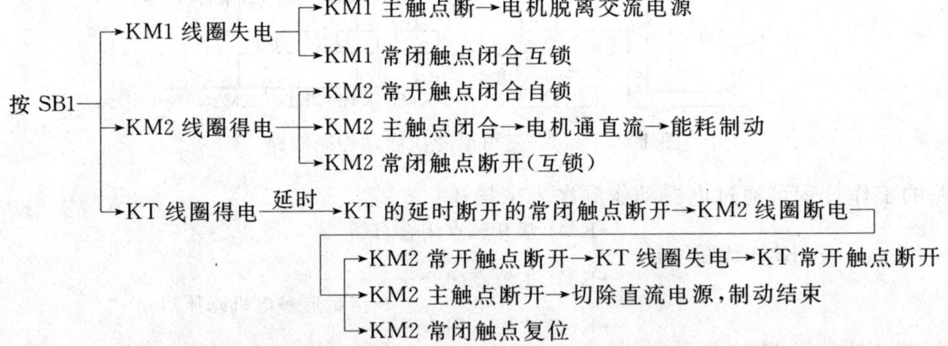

图中自锁回路中 KT 的瞬时常开触点的作用是为了考虑时间继电器 KT 线圈断线或机械卡住故障时，断开接触器 KM2 的线圈通路，使电动机定子绕组不致长期接入直流电源。

1.3.3.2　速度原则控制

速度原则控制取转速为变化参量，利用速度继电器检测转速和转向。速度原则控制可以实现电动机反接制动和能耗制动的控制过程。

（1）速度原则控制的单向能耗制动控制线路

图 1-47 所示为速度原则控制的单向能耗制动控制线路。采用速度继电器来检测电动机的速度变化，在 120～3000r/min 范围内速度继电器触点动作，当转速低于 100r/min 时，触点复位。速度继电器要与电动机同轴旋转。

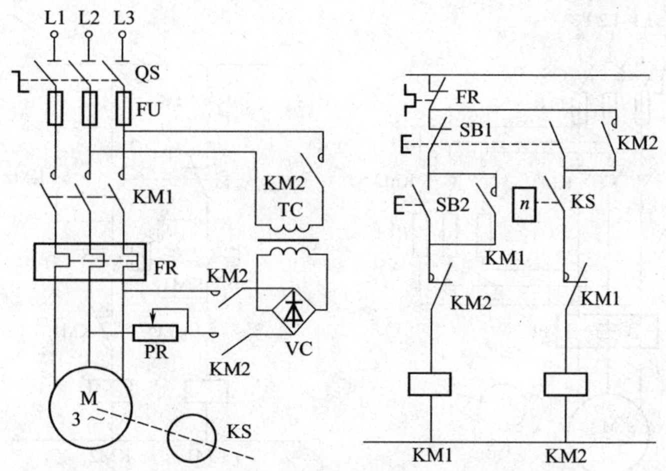

图 1-47 速度原则控制的单向能耗制动控制线路

制动过程为：电动机正常运行，速度继电器的常开触点 KS 闭合，为制动做准备。当要停车制动时，按下复位按钮 SB1，接触器 KM1 线圈断电，其三个主触点断开，切断通往电动机的交流电源，同时接触器 KM2 线圈得电，其三个主触点闭合，给电动机通直流电，进入能耗制动。当电动机的转速下降至接近零时，KS 的常开触点断开，使 KM2 线圈断电，KM2 常开触点断开，断开直流电源，能耗制动结束。

（2）反接制动控制线路

反接制动是利用改变接入电动机定子绕组的电源相序产生制动转矩的制动方法。反接制动常采用转速为变化参量进行控制。

反接制动时，为了减小冲击电流，通常要求在电动机主电路中串接限流电阻。

图 1-48 所示为电动机单向反接制动控制线路。电动机正常运行时，KM1 通电，速度继电器常开触点 KS 已闭合。停转制动过程如下：

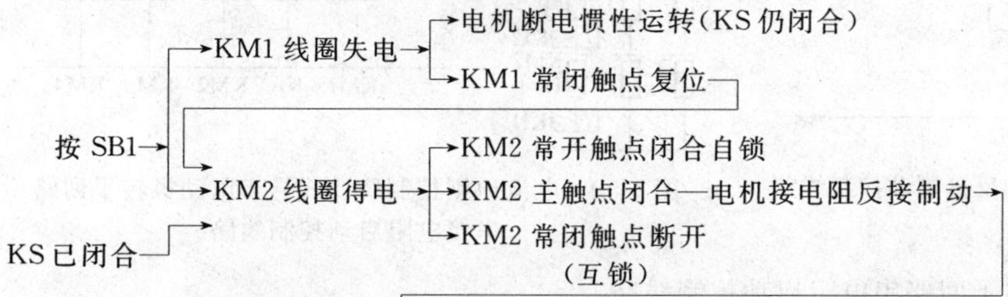

图 1-49 所示为电动机可逆运行的反接制动控制线路。当正转接触器 KM1 闭合、电动机接正相序三相电源运转时，速度继电器 KS 的正转常闭触点 KS-1 断开，常开触点 KS-1 闭合。但由于反转接触器 KM2 的线圈回路中串联的起互锁作用的常闭触点 KM1 早已断开，所以正转 KS-1 常开触点的闭合仅起到使 KM2 准备通电的作用，并不能使其线圈立即得电。当按下停止按钮 SB1 时，KM1 线圈断电，其常闭触点复位使 KM2 线圈得电，电动机接反相序电源，进入正向反接制动状态。由于速度继电器 KS-1 的常闭触点这时是断开的，KM2 线圈的自锁通路已被切断。当电动机转速降到接近零时，速度继电器的正转常闭和常开触点 KS-1 均复位，接触器 KM2 线圈断电，正向反接制动过程结束。反向运行的反接制动过程与正向相似，读者自行分析。

1.3.3.3 电流原则控制

电流原则控制取电流为变化参量，用电流继电器作为基本控制电器。电流继电器可在线圈中的电流达到某一整定值时动作，或在电流降到某一整定值时释放。按电流原则可以实现过电流或欠电流保护、电动机的分级启动和夹紧力的自动控制等。

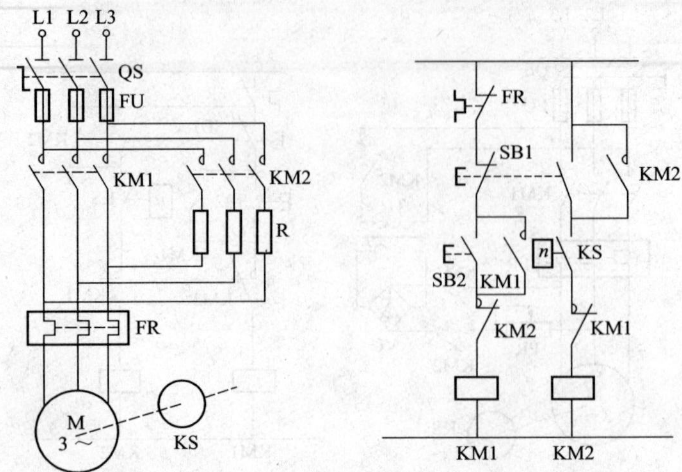

图 1-48 电动机单向反接制动控制线路

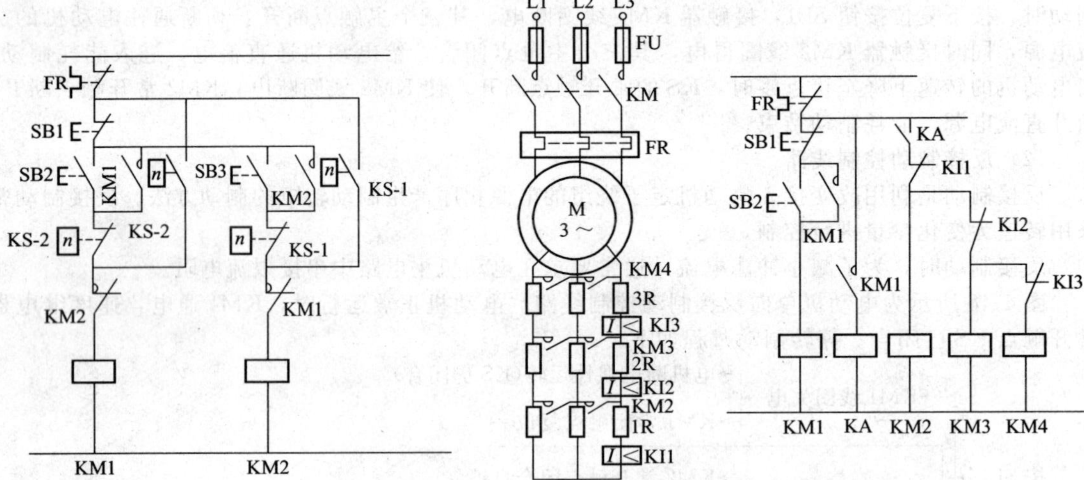

图 1-49 电动机可逆运行的反接制动控制线路

图 1-50 电流原则控制绕线式异步电动机转子回路串接电阻启动控制线路

（1）电流原则控制转子回路串电阻启动控制线路

图 1-50 所示给出了绕线式异步电动机转子回路串接电阻的启动控制线路。它是利用电动机转子电流的变化来控制电阻切除的。KI1、KI2、KI3 为电流继电器，其线圈串接在电动机转子电路中。这三个电流继电器的吸合电流都一样，但释放电流不一样。其中 KI1 的释放电流最大，KI2 次之，KI3 最小。启动时，按下按钮 SB2，接触器 KM1 线圈通电并自锁，电动机串三级电阻启动，启动电流很大，电流继电器 KI1、KI2、KI3 都吸合，它们的常闭触点断开。此时尽管中间继电器 KA 线圈也通电，常开触点 KA 闭合，但由于启动瞬间电流继电器动作快于接触器，所以三个加速接触器 KM2、KM3、KM4 还未来得及动作时，三个电流继电器的常闭触点已先断开，切断了它们的通路，因此电动机是串全部电阻启动的。随着电动机转速的升高，电流逐渐减小，电流继电器 KI1 首先释放，其常闭触点闭合，使接触器 KM2 线圈通电，其常开触点闭合切除电阻 1R，使电流又略有上升。随着电动机的继续加速，电流又很快减小，接着 KI2 开始释放，其常闭触点闭合使 KM3 线圈通电吸合，短接第二段启动电阻 2R，电流又重新上升。随着转速的进一步升高，电流又很快减小，接着 KI3 开始释放，其常闭触点闭合使 KM4 线圈通电吸合，切除第三段启动电阻 3R，全部电阻被切除，电动机启动完毕，正常运转。

(2) 自动夹紧机构的控制线路

图 1-51 所示给出了按电流原则和行程原则控制的机床横梁夹紧机构的自动控制线路。其中接触器 KM1 控制电动机 M 正转为夹紧，接触器 KM2 控制电动机 M 反转为放松。行程开关 SQ 用于夹紧和放松状态检查，电流继电器 KI 用于根据电动机的电流大小检查夹紧力。放松到位时压动行程开关 SQ，夹紧机构的螺母滑块移到左端极限位置。要夹紧时，按下夹紧按钮 SB1，由于此时行程开关 SQ 的常开触点是被压合的，所以接触器 KM1 线圈通电并自锁，电动机正转启动，滑块右移。在启动的瞬间，启动电流很大，虽然电流继电器 KI 动作，但因行程开关 SQ 仍被压着，不影响 KM1 的通电。当滑块移动一段距离时，电动机启动完毕，启动电流迅速减小使电流继电器复位，这时改由 KI 的常闭触点和 KM1 的另一闭合的常开触点串联来保持 KM1 的线圈继续通电，行程开关 SQ 也复位了。随着滑块继续右移和杠杆 2、3 的转动，夹紧开始。夹紧力上升使电流增大到预定值，电流继电器动作，其常闭触点断开使 KM1 断电，电动机正转停止，夹紧结束。要放松时，按下按钮 SB2，接触器 KM2 通电并自锁，电动机反转，滑块左移，开始放松。放松到位时压下行程开关 SQ，其常闭触点断开，使 KM2 断电，电动机停止，放松结束。

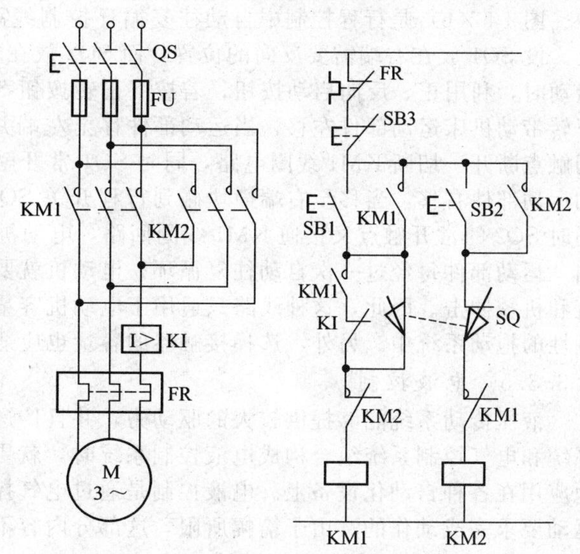

图 1-51 自动夹紧机构的控制线路

1.3.3.4 行程原则控制

行程原则控制取行程为变化参量，行程开关是行程原则控制的基本电器。行程控制主要用于机床进给速度的自动换接、自动工作循环、自动定位以及运动部件的限位保护等。

图 1-52(a) 是行程控制的限位线路。KM1 和 KM2 分别是行车向前和向后的接触器，在其线圈回路中分别串接行程开关的常闭触点。当行车向前到达终点时，装在终点的行程开关 SQ1 的常闭触点被撞块撞开，KM1 断电，行车停止，从而起到限位保护作用。一旦行车离开终点位置，

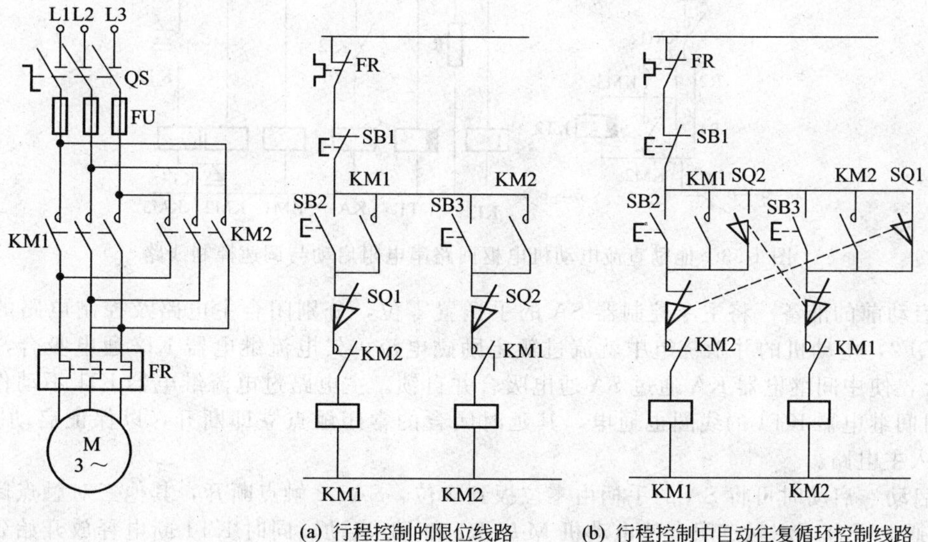

(a) 行程控制的限位线路 (b) 行程控制中自动往复循环控制线路

图 1-52 往复行程控制线路

行程开关就能自动复位，行车继续正常运行。这种专为限制极限位置用的行程开关亦称限位开关或终端开关。

图1-52(b)是行程控制中自动往复循环控制线路。行程开关的常开触点和常闭触点全要用上。设SQ1放在右端需要反向的位置，而SQ2放在左端需要反向的位置，挡块装在平移部件上。启动时，利用正、反向启动按钮，若按下正转按钮SB2，接触器KM1线圈通电并自锁，电动机正转带动机床运动部件左移，当运动部件移至左端并碰到SQ1时，将行程开关SQ1压下，其常闭触点断开，切断KM1线圈电路，同时SQ1常开触点闭合，接通KM2线圈，电动机反转，带动运动部件右移，当移至右端撞块碰到行程开关SQ2时，SQ2的常闭触点断开KM2线圈回路，同时SQ2的常开触点又接通KM1线圈回路，电动机又从反转变为正转，如此往复循环运动。

运动部件每经过一次自动往复循环，电动机就要进行两次反接制动过程，这将出现较大的电流和机械冲击。因此，这种线路只适用于电动机容量较小、循环周期较长、电动机转轴具有足够刚性的拖动系统中。另外，选择接触器的容量也应适当大些。

1.3.3.5 电液控制

液压传动系统能够提供较大的驱动力，并且传递运动平稳、均匀、可靠，控制方便。当液压系统和电气控制系统组合构成电液控制系统时，就更容易实现传动自动化，因此电液控制被广泛地应用在各种自动化设备上。电液控制是通过电气控制系统来控制液压传动系统，按给定的工作运动要求完成动作的。由于篇幅所限，这部分内容不再赘述。

1.3.4 直流电动机的控制线路

直流电动机种类很多，用途也各不相同，下面以用途非常广泛的他励直流电动机为例，介绍其启动、正反转、调速及制动等基本运行状态的控制线路。

(1) 电枢回路串电阻的启动与调速控制线路

如图1-53所示，他励直流电动机电枢回路串电阻启动与调速控制线路也适用于复励直流电动机。启动电阻分为两段，利用主令控制器SA来实现启动、调速和停车控制。其工作过程如下。

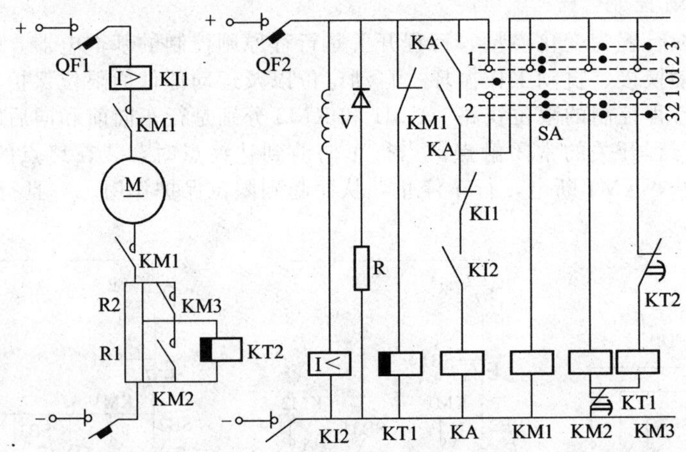

图1-53 他励直流电动机电枢回路串电阻启动与调速控制线路

① 启动前的准备　将主令控制器SA的手柄置零位，分别闭合主电路及控制电路的断路器QF1和QF2，电动机的并励绕组中就流过额定励磁电流，欠电流继电器KI2通电吸合，其常开触点闭合，使中间继电器KA通过SA通电吸合并自锁。主电路过电流继电器KI1不动作，与此同时，时间继电器KT1的线圈也通电，其延时闭合的常闭触点立即断开，以保证启动时R1与R2都串入主电路。

② 启动　启动时可将SA的手柄由零位扳到3位，SA1-2触点断开，其他三对触点闭合。这时KM1通电吸合，主触点闭合使电动机M串R1和R2启动，同时KT1断电释放开始延时，由于启动电阻R1上有压降，使KT2通电吸合，其常闭触点断开。当KT1延时结束，其延时闭合

的常闭触点闭合，接通 KM2 的线圈回路。KM2 的常开触点闭合，切除启动电阻 R1，电动机进一步加速。同时 KT2 线圈被短接，经过一定延时，其延时闭合的常闭触点闭合，接通接触器 KM3 的线圈回路，KM3 的常开主触点闭合，切除最后一段电阻 R2，电动机再次加速进入全电压运转，启动过程结束。

③ 调速　欲使电动机运行在低速时，只要将主令控制器 SA 扳到"1"或"2"，电动机就在电枢串入两段或一段电阻下运行，其转速低于主令控制器处在"3"位时的转速。在调速过程中 KT1 和 KT2 的延时作用是保证电动机 M 有足够的加速时间，避免由于电流突变引起传动系统过大的冲击。

④ 保护　电动机发生过载和短路时，主回路过电流继电器 KI1 动作，切断 KA 的通电回路，于是 KM1、KM2、KM3 均断电，使电动机脱离电源。

欠电流继电器 KI2 是当励磁线圈断路时，通过其常闭触点切断 KA 线圈电路，起到失磁保护作用。

当主令控制器 SA 手柄处于零位时启动，KA 才能接通，既避免电动机 M 的自启动，同时也保证了电动机在任何情况下总是从低速到高速的安全加速启动过程，这就是零位保护作用。由于 SA 具有防止突然停电后又突然来电而产生的"自启动"，也起到了零压保护作用。

电路中二极管 VD 与电阻 R 串联构成励磁绕组的吸收回路，其作用是在停车时防止由于过大的自感电动势引起励磁绕组的绝缘击穿，保护其他元件。

(2) 直流电动机改变励磁电流调速的控制线路

控制线路如图 1-54 所示，它是 T4163 坐标镗床主传动电路的一部分。

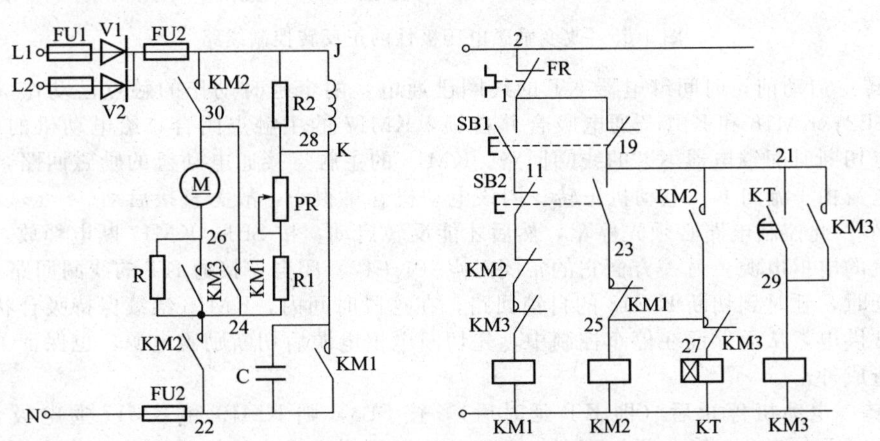

图 1-54　改变励磁电流进行调速的控制线路

电动机的直流电源采用两相零式整流电路，启动时电枢回路中串入启动电阻 R，以限制启动电流，启动过程结束后，由接触器 KM3 切除。同时该电阻还兼作制动时的限流电阻。电动机的并励绕组串入调速电阻 PR，调节 PR 阻值即可对电动机实现调速。与励磁绕组并联的电阻 R2 是为吸收励磁绕组的磁能而设，以免接触器断开瞬间因过高的自感电动势击穿绝缘或使接触器火花太大而烧蚀。接触器 KM1 为能耗制动接触器，KM2 为工作接触器，KM3 为切除启动电阻用的接触器。电路工作过程简要分析如下。

① 启动　按下启动按钮 SB2，KM2 和 KT 得电吸合并自锁，电动机 M 串电阻 R 启动，KT 经过一定的延时后，延时闭合的常开触点（21～29）闭合，使 KM3 吸合并自锁，切除启动电阻 R，启动过程结束。

② 调速　在正常运行状态下，调节电阻 PR，改变励磁电流的大小，从而改变磁通，即可改变电动机的转速。

③ 停车及制动　在正常运行状态下，只要按下停车按钮 SB1，则接触器 KM2 和 KM3 断电释放，切断电动机电枢回路电源，同时 KM1 通电吸合，其主触点（24～30）闭合，通过 R 使能

耗制动回路接通，同时通过KM1的另一常开触点（22～28）短接电容器C，使电源电压全部加于励磁绕组以实现制动过程中的强励作用，以便加强制动效果。松开按钮SB1，制动结束，电路又处于准备工作状态。

（3）直流电动机改变励磁电压极性的正反转控制线路

控制线路如图1-55所示，是MM52125A型导轨磨床的部分电路。由于电动机未采取制动措施，故在正反转时，利用时间继电器KT的延时，以保证电动机停止后才能反向启动。

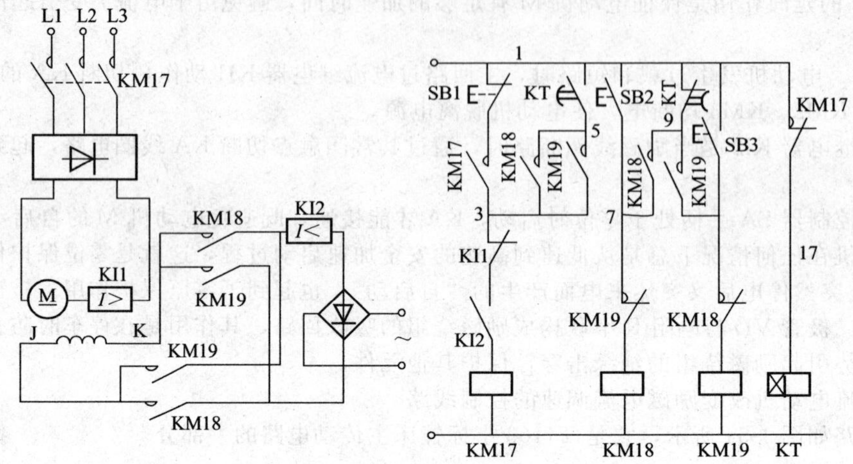

图1-55 改变励磁电压极性的正反转控制线路

① 正转 启动前，时间继电器KT的线圈已通电，两个延时动作的触点已动作。按下正转启动按钮SB2，KM18和KM17通电吸合并自锁，KM17的主触点闭合，给电动机的电枢供电，其常闭触点切断时间继电器KT的线圈回路。KM18的主触点接通电动机的励磁回路，这时电动机的励磁电流由J流向K，电动机正转。因该电动机容量很小，故为直接启动。

② 停车 此控制电路必须先停车，然后才能反转启动。按SB1，KM17断电释放。它一方面切断电动机的电枢电源，另一方面它的常闭触点（1～17）闭合，接通KT的线圈回路。KT通电吸合开始延时，延时到切断KM18的自锁回路，在这段时间内，KM18继续保持吸合状态，使励磁回路正常供电，从而保证在停车控制中，先切断电枢电源后切断励磁电源，也保证了不会因立即反转而造成冲击。

③ 反转 电动机停止后（即KT延时后），按SB3，则KM19和KM17通电吸合并自锁，KM17仍然接通电动机电枢电源，KM19接通电动机励磁电源，这时励磁电流方向是由K到J，与正转时相反，电动机按反方向运转。

④ 带有能耗制动的正反转控制线路

直流电动机改变电枢电压极性进行正反转的控制电路如图1-56所示。图中采用两级电阻R1和R2限流启动。R1和R2同时兼作调速电阻用。直流电动机电枢电压极性的改变是由主令开关SA控制，当主令开关SA的手柄向左（正转位置），接触器KML接通，电枢电压为左正右负。当手柄向右（反转位置）接通接触器KMR，电枢电压为左负右正，这样就改变了电枢电压的极性，而并励绕组的电流方向没有改变，所以实现了正反转控制；停车时采用能耗制动，且利用电压继电器KAR或KAL控制。这些电压继电器的线圈在工作时与电动机电枢并联，反映电动机电枢电压，即转速的变化，其作用相当于速度继电器，所以说它是用转速原则来控制的。

电路的动作过程如下。

将主令开关SA手柄扳向左第3挡，主接触器KM1、KM2、KM3吸合，正转接触器KML吸合，正向制动电压继电器KAL线圈通电吸合并自锁，为制动接触器KM4通电做好了准备，同时KAL常闭触点断开，与反转接触器KMR互锁。

当停车时，将主令开关SA手柄由正转位置扳到零位，这时KML线圈断电，断开电动机的

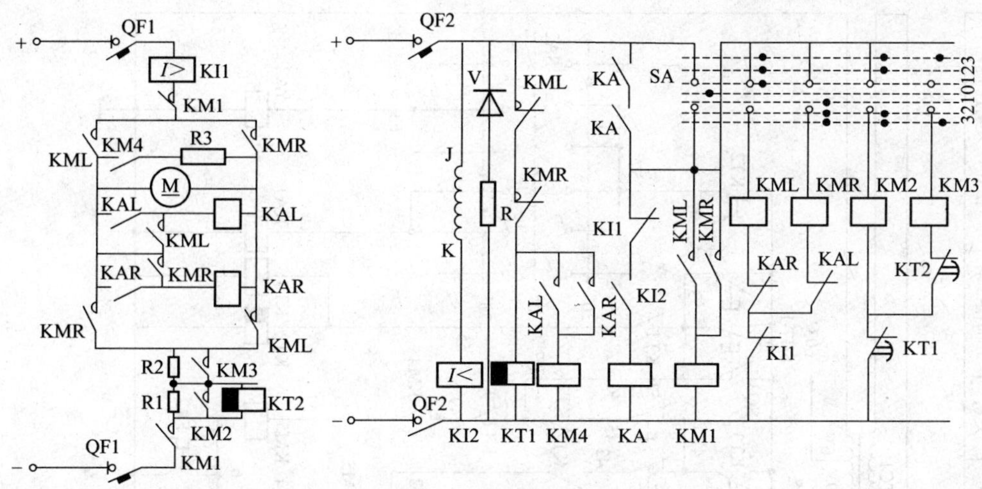

图 1-56 带有能耗制动的正反转控制线路

主电源，但电动机因惯性仍按原方向旋转，在励磁保持情况下，电枢导体切割磁场而产生感应电动势，使 KAL 中仍有电流而不释放，同时由于 KML 的断电又接通了 KM4，它的主触点闭合，接通包括电阻器 R3 在内的能耗制动回路，使电动机进入能耗制动状态，随着制动过程的进行，其电枢电动势也随着转速的下降而降低。当转速降到一定数值时，就使 KAL 释放，制动结束。电路恢复到原始状态，准备重新启动。

若电动机处于反转状态，其停车的制动过程与上述过程相似，不同的只是利用电压继电器 KAR 来控制而已。

当用主令开关手柄从正转扳到反转位时，电路本身能保证先进行能耗制动，后改变转向。这是利用继电器 KAL 在制动结束以前一直是吸合的，断开了反转接触器 KMR 线圈的回路，故即使主令开关处于反转第 3 挡，也不能接通反转接触器。当主令开关从反转瞬间扳到正转时，情况类似。

1.4 电气控制线路的实例分析

在掌握电动机控制基本环节的基础上，通过对几种典型机床电气控制线路的实例分析，掌握典型机床电气控制的基本原理，了解电气控制系统中机械、液压与电气配合的意义，为电气控制系统的分析、设计、安装、调试及维护打下基础。

1.4.1 摇臂钻床的电气控制线路

钻床是一种用途广泛的普通机床，它可以进行多种形式的加工，如钻孔、镗孔、铰孔及攻螺纹等。钻床的结构形式也很多，有立式钻床、卧式钻床、深孔钻床及多轴钻床等。摇臂钻床是一种立式钻床，主要用于大型零件的钻孔、扩孔、锪孔、铰孔和攻螺纹等，若增加辅助设备，还可进行镗孔。

(1) 电力拖动及控制的特点

① 摇臂钻床的运动形式分为主运动、进给运动和辅助运动。主运动为主轴的旋转运动；进给运动为主轴的纵向移动；辅助运动有摇臂沿外立柱的垂直移动、主轴箱沿摇臂的径向移动、摇臂与外立柱一起相对于内立柱的回转运动。

② 摇臂钻床的主运动和进给运动由一台交流异步电动机拖动，为适应多种加工方式的要求，主运动和进给运动应有较宽的调速范围，主轴的低速运动主要用于攻螺纹、扩孔、铰孔等工艺。摇臂钻床的调速通过三相异步电动机和变速箱来实现。Z3040 系列摇臂钻床的调速范围为 50∶1，

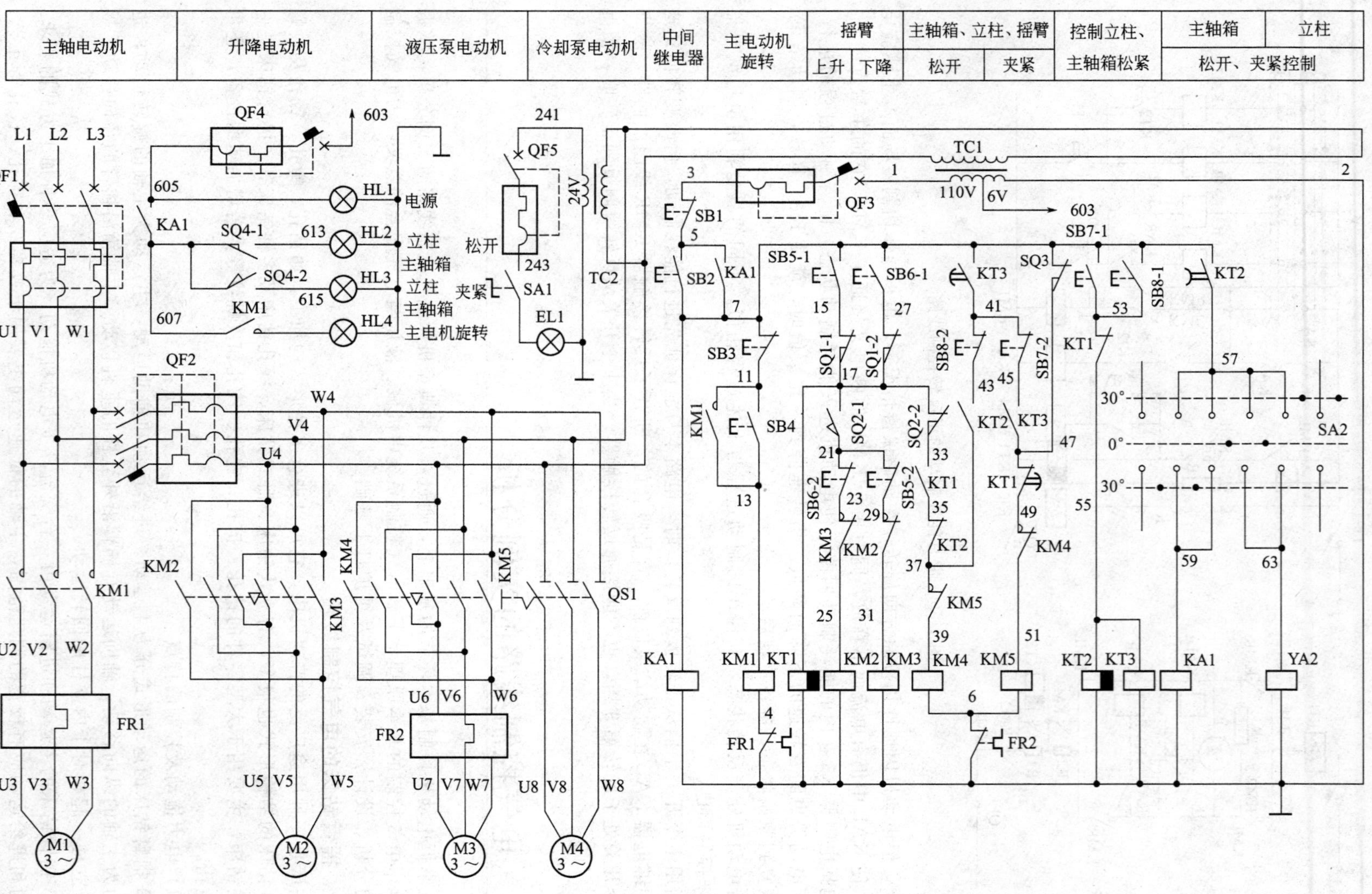

图1-57 Z3040系列摇臂钻床电气控制原理图

正转最低转速为 40r/min，最高转速为 2000r/min，进给范围为 0.05～1.6r/min。

③ 加工螺纹时，要求主轴能正反转，摇臂钻床主轴的正反向旋转是通过机械转换实现的，而电动机只有一个旋转方向。

④ 摇臂的上升和下降由一台异步电动机拖动，必须有正反转能力。

⑤ 钻削加工时，要求主轴箱紧固在导轴上，外立柱紧固在内立柱上，摇臂紧固在外立柱上，这些运动部件的夹紧与放松由一台交流电动机拖动。Z3040 系列摇臂钻床是通过电动机拖动一台齿轮泵供给夹紧装置所需要的压力油的。摇臂的回转和主轴箱的左右移动通常采用手动。

⑥ 刀具和工件的冷却需要冷却泵，冷却泵由专门电动机拖动。

1.4.1.1 电气控制线路的特点

图 1-57 所示为 Z3040 系列摇臂钻床电气控制原理图，表 1-21 所示为主要电气元件目录表。

表 1-21 Z3040 型摇臂钻床主要电气元件目录表

符　号	名称及用途	符　号	名称及用途
M1	主轴电动机　驱动主轴及进给	QF5	自动开关　照明灯电路电源开关
M2	摇臂升降电动机　驱动摇臂升降	YA1	电磁铁　主轴箱松紧
M3	液压泵电动机　摇臂、立柱和主轴箱松开、夹紧	YA2	电磁铁　立柱松紧
M4	冷却泵电动机　驱动冷却泵	QS1	组合开关　冷却泵电动机启停
KM1	主轴旋转接触器　主轴电动机启、停	SA1	转换开关　照明灯控制
KM2	摇臂上升接触器　摇臂升降电动机正转	SA2	转换开关　立柱、主轴箱松紧控制
KM3	摇臂下降接触器　摇臂升降电动机反转	FR1	热继电器　主轴电动机过载保护
KM4	接触器　液压泵电动机正转	FR2	热继电器　摇臂升降电动机过载保护
KM5	接触器　液压泵电动机反转	TC1	变压器　控制、指示电路电源
KT1	时间继电器　控制摇臂升降	TC2	变压器　照明电路电源
KT2	时间继电器　控制立柱和主轴箱松紧	SB1	总停按钮
KT3	时间继电器　控制立柱和主轴箱松紧	SB2	总启动按钮
KA1	中间继电器　控制总电源的通断	SB3	主轴电动机停止按钮
SQ1	限位开关　摇臂升降限位开关	SB4	主轴电动机启动按钮
SQ2	限位开关　控制摇臂松开	SB5	摇臂上升按钮
SQ3	限位开关　控制摇臂夹紧	SB6	摇臂下降按钮
SQ4	限位开关　立柱与主轴箱松紧指示	SB7	立柱、主轴箱松开按钮
QF1	自动开关　总电源的输入	SB8	立柱、主轴箱夹紧按钮
QF2	自动开关　其他电源控制(除主电动机外)	EL1	照明灯　安全照明
QF3	自动开关　控制线路电源开关	HL1～HL4	指示灯　工作状态指示
QF4	自动开关　指示灯电路电源开关		

(1) 主电路

Z3040 系列摇臂钻床采用四台电动机拖动：主电动机 M1、摇臂升降电动机 M2、液压泵电动机 M3 和冷却泵电动机 M4。

① 主轴电动机 M1 担负主轴的旋转运动和进给运动。受接触器 KM1 控制，只能单方向旋转。主轴的正转、反转、制动停车、空挡、主轴变速和变速系统的润滑，都是通过操纵机构液压系统实现的。这个系统的压力油由主电动机拖动齿轮泵获得，通过操作手柄改变操纵阀内的相互位置，使压力油做不同的分配来得到不同的动作。热继电器 FR1 作 M1 过载保护。

② 摇臂升降电动机 M2 由接触器 KM2、KM3 实现正反转控制。摇臂的升降由 M2 拖动，摇臂

的松开、夹紧则通过夹紧机构液压系统来实现。因M2为短时工作，故不设过载保护。

③ 液压泵电动机M3受接触器KM4和KM5控制，M3的主要作用是供给夹紧装置压力油，实现摇臂的松开与夹紧，立柱和主轴箱的松开与夹紧。热继电器FR2为M3的过载保护。

④ 冷却泵电动机M4功率很小，由组合开关QS1直接控制启停，不设过载保护。

主电路、控制线路、信号（指示）灯线路、照明线路的电源引入开关分别采用自动开关，自动开关中的电磁脱扣器作为短路保护取代了熔断器，并具有零压保护和欠压保护。

（2）控制电路、信号及照明电路

控制电路的电源由控制变压器TC1次级输出的110V交流电提供，中间抽头603对地为信号灯电源6V，变压器TC2的次级输出24V电压即241号线对地为照明电源。

① 摇臂升降与其夹紧机构动作之间插入断电延时时间继电器KT1，使得摇臂升降完成。因为升降电动机电源切断后，需要延时一段时间，才能使摇臂夹紧。采用时间继电器KT1，避免了升降惯性造成间隙，也就避免了再次启动摇臂升降时产生抖动的现象。

② 行程开关SQ1担负摇臂上升或下降的极限位置保护。

③ 控制电路设置有主轴电动机的旋转指示，立柱、主轴箱的夹紧及松开指示，电源指示。

1.4.1.2　电路工作原理

准备启动时，首先将自动开关QF2～QF5扳到接通状态，同时将配电盘上面的电门盖好并锁上。然后将自动开关QF1扳到接通位置，引入三相交流电源。总电源指示灯HL1点亮，机床电气线路已进入带电状态。按下总启动按钮SB2，中间继电器KA1线圈得电并自锁，为主轴电动机以及其他电动机的启动做好准备。

（1）主轴的旋转控制

主轴电动机M1由启动按钮SB4、停止按钮SB3、接触器KM1实现单方向启动、停止控制。主轴旋转指示灯HL4亮表示主轴电动机旋转。

主轴电动机启动时，按下SB4，KM1通电并自锁，同时KM1的主触点和辅助触点闭合，使主电动机M1旋转，指示灯HL4亮。

主轴的正、反转用操作手柄通过机械变换的方法实现。操作手柄有五个位置，分别对应空挡、变速、正转、反转和停车。手柄至空挡时，可轻便地用手转动主轴。当主轴需要变速及进给变速时，先把转速或进给量调到所需数值再将手柄扳到变速位，直到主轴开始转动再松手。停车时将操作手柄扳到停车位，由液压系统控制主轴制动停车。

（2）摇臂升降的控制

摇臂的上升、下降分别由按钮SB5、SB6点动控制。摇臂升降电动机的正转与反转不能同时进行，否则将造成电源两相间的短路事故，为此在摇臂上升和下降线路中串入触点互锁（KM2和KM3常闭触点串联在对方的控制线路中）和按钮（复合按钮）互锁。

摇臂上升时，按下上升按钮SB5，时间继电器KT1得电吸合，KT1的瞬时常开触点33-35闭合，KM4得电，液压泵电动机M3启动供给压力油，压力油经分配阀进入摇臂松开油箱，推动活塞使摇臂松开。同时活塞杆通过弹簧片压动限位开关SQ2，使常闭触点SQ2-2断开，KM4断电，M3停转。常开触点SQ2-1闭合，KM2通电，KM2的主触点接通，摇臂升降电动机M2正向旋转带动摇臂上升。

若摇臂没有松开，SQ2-1不能闭合，KM2不能通电，M2不能旋转，保证了只有在摇臂可靠松开后，才能使摇臂上升。

当摇臂上升到所需位置时，松开按钮SB5，KM2和KT1同时断电，M2停转，摇臂停止上升。当持续1～3s后，KT1断电延时闭合的常闭触点47-49闭合，KM5经1—3—5—7—47—49—51—6—2通电，液压泵电动机M3反向启动旋转，压力油经分配阀进入摇臂的夹紧油箱，反向推动活塞，使摇臂夹紧。同时活塞杆通过弹簧片使限位开关SQ3的常闭触点7-47断开，KM5断电，M3停转，完成了摇臂的松开—上升—夹紧动作。

摇臂的下降过程与上升过程基本相同，它们的夹紧和放松电路完全一样。不同的是按下SB6→KM3得电→M2反转→摇臂下降。

KT1 的作用是控制 KM5 的吸合时间，使 M2 停转后再夹紧摇臂。KT1 的延时时间应视摇臂在 M2 断电至停转前的惯性大小调整，应保证摇臂停止上升（或下降）后才进行夹紧，一般调整在 1～3s。

限位开关 SQ1 有两对常闭触点，SQ1-1(15-17) 是摇臂上升时的极限位置保护，SQ1-2(27-17) 是摇臂下降时的极限位置保护。SQ1 两对触点应调整在同时接通位置，当保护动作时，一对接通，另一对断开。

限位开关 SQ3 的常闭触点 7-47 在摇臂可靠夹紧后断开。如果液压夹紧机构出现故障或调整不当，将使液压泵电动机 M3 过载。为此，采用热继电器 FR2 进行过载保护。

(3) 立柱和主轴箱的松开、夹紧控制

立柱与主轴箱的松开及夹紧控制，既可单独进行，也可同时进行，由转换开关 SA2 和复合按钮 SB7、SB8 进行控制。转换开关 SA2 有三个位置：在中间位置（零位）时，立柱和主轴箱的松开或夹紧同时进行；在左边位置时，为立柱的夹紧或放松；在右边位置时，为主轴箱的夹紧或放松。复合按钮 SB7、SB8 分别为松开和夹紧点动控制按钮。

主轴箱的松开和夹紧过程为：将 SA2 扳到右侧，触点 57-59 接通，57-63 断开。当需要主轴箱松开时，按下 SB7，KT2 和 KT3 同时通电，KT2 是断电延时型时间继电器，其断电延时断开的常开触点 7-57 在通电瞬间闭合，电磁铁 YA1 通电吸合，经 1～3s 延时后，KT3 的延时闭合常开触点 7-41 闭合，KM4 经 1—3—5—7—41—43—37—39—6—2 通电，M3 正转，压力油经分配阀进入主轴箱油缸，推动活塞使主轴箱放松。活塞杆使限位开关 SQ4 复位，触点 SQ4-1 闭合，SQ4-2 断开，指示灯 HL2 亮，表示主轴箱已松开。主轴箱夹紧的控制线路及工作原理与松开时相似，按 SB8，主轴夹紧。

转换开关 SA2 扳到左侧时，触点 57-63 接通，57-59 断开。按下 SB7 或 SB8，YA2 通电，立柱松开或夹紧；SA2 在中间位置时，触点 57-59 和 57-63 同时接通；YA2、YA2 均通电，主轴箱和立柱同时进行松开或夹紧。

由于立柱和主轴箱的松开与夹紧是短时调整工作，故采用点动控制方式。

1.4.2 铣床的电气控制线路

铣床是一种应用非常广泛的金属切削机床，它可用来加工零件的平面、斜面、沟槽等，装上分度头后还可以铣切直齿轮和螺旋面；加装圆工作台，可以铣切凸轮和弧形槽。铣床的种类很多，有立式铣床、卧式铣床、龙门铣床、仿形铣床和各种专用铣床，它们的加工性能及使用范围各不相同。本节以 X62W 卧式万能铣床为例，分析中小型铣床电气控制线路。

1.4.2.1 主要结构与运动分析

X62W 卧式万能铣床具有主轴转速高、调速范围宽、操作方便、工作台能自动循环加工等特点，其外形简图如图 1-58 所示。床身内装有主轴的传动机构和变速操纵机构。床身的顶部有水平导轨，其上装有带一个或两个刀杆支架的悬梁，悬梁可沿水平导轨移动，以便调整铣刀的位置。床身的前侧面装有垂直导轨，升降台可沿导轨上下移动。在升降台上面的水平导轨上装有溜板，此溜板可在平行于主轴轴线方向移动（横向移动，即前后移动）。溜板上部有可以转动的回转台。工作台装在回转台的导轨上，可以做垂直于轴线方向的移动（纵向移动，即左右移动）。工作台上有固定工件的 T 形槽。因此，固定于工作台上的工件可做上下、左右及前后三个方向上的移动，便于工作调整

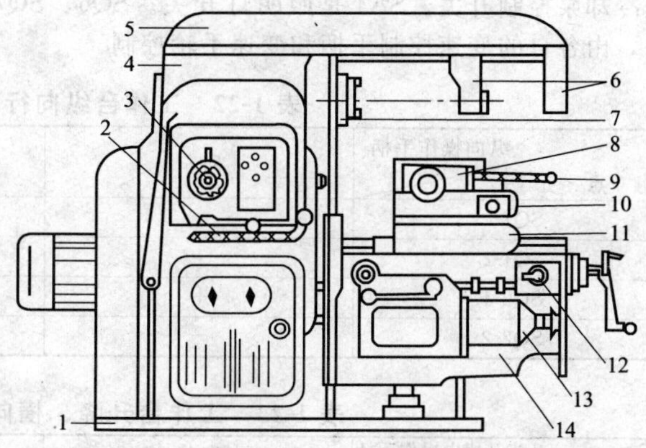

图 1-58 X62W 卧式万能铣床外形简图

1—底座；2—主轴变速手柄；3—主轴变速数字盘；4—床身（立柱）；5—悬梁；6—刀杆支架；7—主轴；8—工作台；9—工作台纵向操纵手柄；10—回转台；11—床鞍；12—工作台升降及横向操纵手柄；13—进给变速手轮及数字盘；14—升降台

和加工时进给方向的选择。此外，溜板可绕垂直轴线左右旋转45°，工作台还能在倾斜方向进给，以加工螺旋槽。该铣床还可以安装圆工作台铣削圆弧、凸轮，以扩大铣削能力。

从上述分析可知，X62W卧式万能铣床有三种运动，即主运动、进给运动和辅助运动。主轴带动铣刀的旋转运动为主运动，工作台带动工件的移动或圆工作台的旋转运动称为进给运动，工作台带动工件在三个方向的快速移动属于辅助运动。

1.4.2.2 电力拖动方式和控制要求

(1) 主运动和进给运动之间没有速度比例协调要求，所以主轴与工作台分别采用单独的笼型异步电动机拖动。

(2) 为完成顺铣和逆铣，要求主轴电动机M1有正转和反转。

(3) 为减小负载波动对铣刀转速的影响，主轴上装有飞轮，其转动惯量较大。为此，要求主轴电动机采取制动停车控制，以提高工作效率。

(4) 工作台纵向、横向和垂直三个方向的进给运动由一台进给电动机M2拖动，三个方向的选择由操作手柄改变传动链来实现。每个方向有正反向运动，要求M2能正反转。同一时间只允许工作台向一个方向移动，所以三个方向的运动之间应有联锁保护。

(5) 为了提高生产效率，工作台应有快速移动控制，X62W铣床是采用快速电磁铁吸合改变传动链的传动比来实现的。

(6) 圆工作台旋转时，工作台不能向其他方向运动（进给运动全部停止）。为此，要求圆工作台的旋转运动与工作台的上下、左右、前后三个方向的运动之间应有联锁控制。

(7) 由于采用机械变速的方法，为保证变速时齿轮易于啮合，减小齿轮端面的冲击，要求变速时电动机有冲动（短时转动）控制。

(8) 为确保安全，主轴旋转与工作台进给应有先后顺序控制，启动时应先启动主轴，再启动进给，停车时，先停进给，后停主轴。

1.4.2.3 电气控制线路的分析

X62W卧式万能铣床的电气控制原理图如图1-59所示。

这种机床控制线路的显著特点是机械操作和电气操作密切配合进行控制。因此在分析电气原理图之前必须详细了解各转换开关、行程开关的作用，各指令开关的状态以及与相应控制手柄的动作关系。表1-22、表1-23、表1-24分别列出了工作台纵向（左右）进给行程开关SQ1、SQ2与工作台横向（前后）、升降（上下由十字开关控制）进给行程开关SQ3、SQ4以及圆工作台转换开关SA1的工作状态。SA5是主轴转向预选开关，实现按铣刀类型预先确定主轴转向。SA3是冷却泵控制开关。SA4是照明灯开关。SQ6、SQ7分别是工作台进给变速和主轴变速冲动开关，由各自的变速控制手柄和变速手轮控制。

表1-22 工作台纵向行程开关工作状态

纵向操作手柄 / 触点	向左	中间（停）	向右
SQ1-1	−	−	+
SQ1-2	+	+	−
SQ2-1	+	−	−
SQ2-2	−	+	+

表1-23 工作台升降、横向行程开关工作状态

升降及横向操作手柄 / 触点	向前 向下	中间（停）	向后 向上
SQ3-1	+	−	−
SQ3-2	−	+	+
SQ4-1	−	−	+
SQ4-2	+	+	−

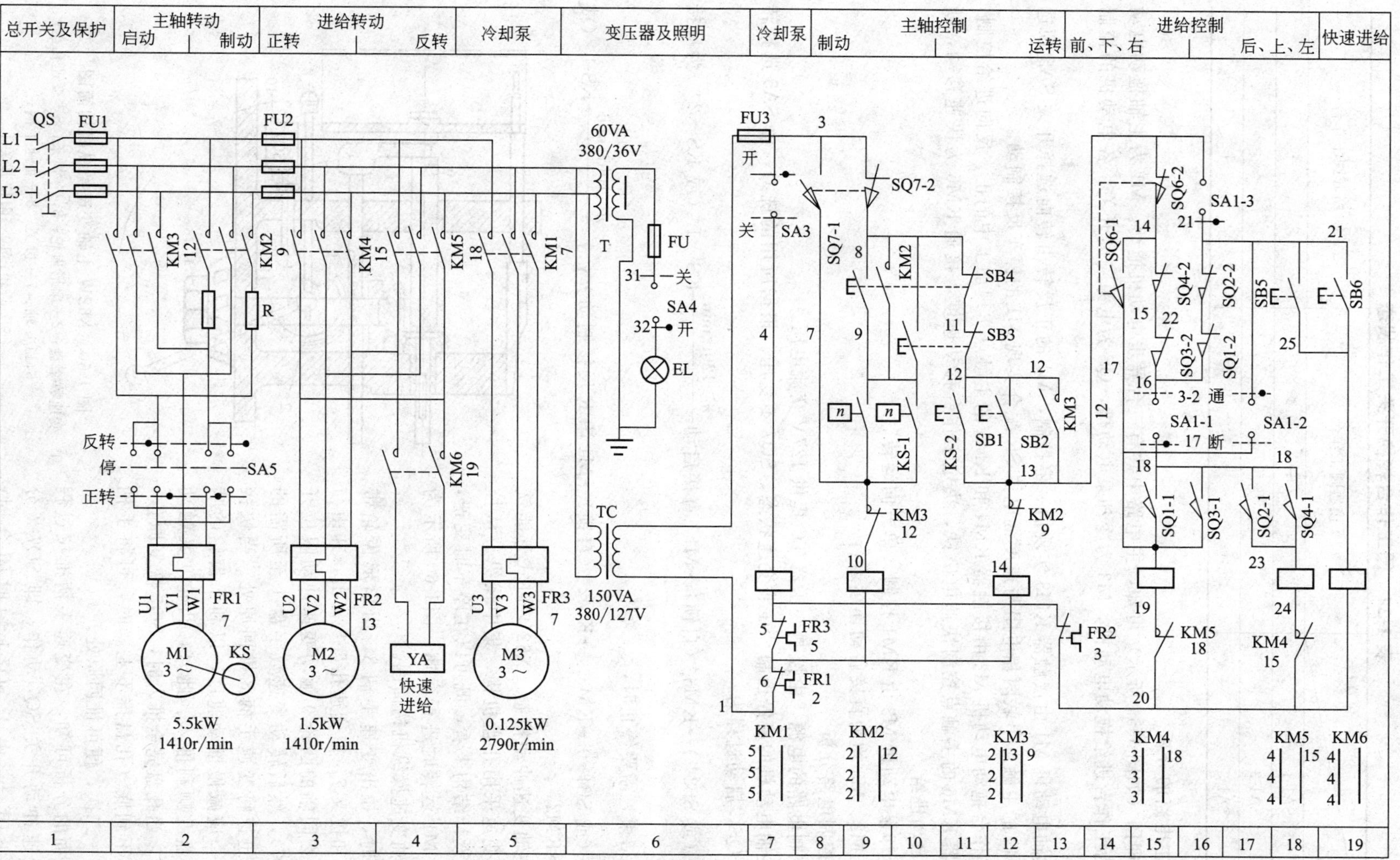

图1-59 X62W卧式万能铣床电气控制原理图

表 1-24 圆工作台转换开关工作状态

位置 触点	接通圆工作台	断开圆工作台
SA1-1	—	+
SA1-2	+	—
SA1-3	—	+

(1) 主电路的分析

由原理图(如图 1-59 所示)可知，主电路中共有三台异步电动机拖动。M1 为主轴拖动电动机，M2 为工作台进给拖动电动机，M3 为冷却泵电动机，QS 为电源隔离开关。各电动机的控制过程如下。

① 主轴电动机 M1 由接触器 KM3 实现启、停控制，M1 的正反转由转向选择开关 SA5 预选转向，KM2 的主触点串联两相电阻与速度继电器 SR 配合实现 M1 的停车反接制动。

② 工作台拖动电动机 M2 由接触器 KM4 和 KM5 的主触点实现加工中的正、反向进给控制，并由接触器 KM6 的主触点控制快速电磁铁，决定工作台移动速度，接通 KM6 为快速移动，断开为慢速自动进给。

③ 冷却泵电动机 M3 由 KM1 控制，单方向运转。

M1、M2、M3 均为直接启动连续运行。

(2) 控制电路分析

① 控制电路的电源　由控制变压器 TC 提供 127V 交流电压。

② 主轴电动机的启停控制　在非变速状态，SQ7 不受压。根据所用的铣刀，由 SA5 选择转向，闭合 QS，启动过程为：

$SB1^{\pm}$(或 $SB2^{\pm}$)→$KM3^{+}$(自锁)→$M1^{+}$ 直接启动 $\xrightarrow{n\geqslant 120r/min}$ $KS-1^{+}$(或 $KS-2^{+}$)为反接制动准备。

加工结束，需要停止时，

$SB3^{\pm}$(或 $SB4^{\pm}$)→$KM3^{-}$→$KM2^{+}$(自锁)→M1 串 R 反接制动 $n\downarrow\downarrow$ $\xrightarrow{n<100r/min}$ $KS\text{-}1^{-}$(或 $KS\text{-}2^{-}$)→$KM2^{-}$。

③ 主轴变速冲动控制　X62W 卧式万能铣床主轴的变速采用孔盘机构，集中操纵。从控制电路的设计结构来看，既可以在停车时变速，也可以在 M1 运转时进行变速。图 1-60 所示为 X62W 主轴变速操纵机构简图。

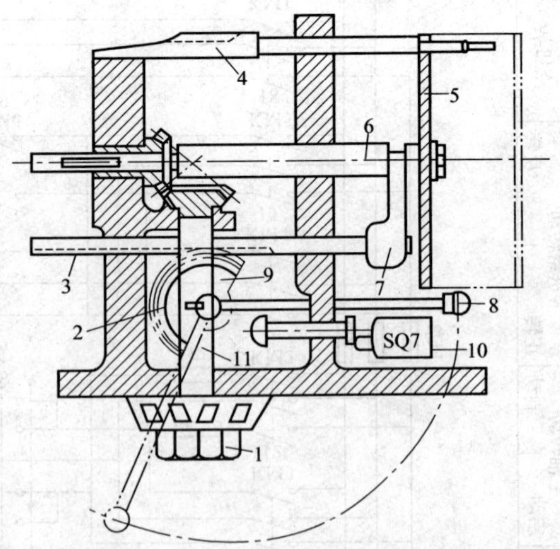

图 1-60　X62W 主轴变速操纵机构简图

1—变速数字盘；2—扇形齿轮；3,4—齿条；5—变速孔盘；6,11—轴；7—拨叉；8—变速手柄；9—凸轮；10—限位开关

变速时，拉出变速手柄 8，由扇形齿轮带动齿条 4 和拨叉 7，使变速孔盘 5 移出，并由与扇形齿轮 2 同轴的凸轮 9 触动变速冲动限位开关 10(SQ7)，然后转动变速数字盘 1 至所需的转速，再迅速将变速手柄 8 推回原处。当快接近终位时，应减慢推动速度，以利于齿轮的啮合，使孔盘 5 顺利推入。此时，凸轮 9 又触动一下 SQ7，当孔盘完全推入时，SQ7 恢复原位。当手柄推不到底(孔盘推不上)时，可将手柄扳回再推一二次，便可推回原处。

从上面的分析可知，在变速手柄推拉过程中，使变速冲动开关 SQ7 动作，即 SQ7-2 分断，SQ7-1 闭合。由于 SQ7-1 短时闭合时，

SQ7-2 断开，所以 X62W 卧式万能铣床能够在运转中直接进行变速操作。其控制过程是：扳动变速手柄时，SQ7 短时受压，M1 反接制动，转速迅速降低，以保证变速过程的顺利进行。变速完成后推回手柄，则主轴重新启动后，便运转于新的转速。

④ 工作台移动控制 工作台移动控制电路的电源是从 13 点引出，串入 KM3 的自锁触点，以保证主轴旋转与工作台进给的顺序动作要求。进给电动机 M2 由 KM4、KM5 控制，实现正反转。工作台移动方向由各自的操纵手柄来选择。各方向进给控制分述如下。

a. 工作台左右（纵向）移动 工作台纵向进给是由操纵手柄控制的。此手柄有左、中、右三个位置，各位置对应的行程开关 SQ1、SQ2 的工作状态如表 1-22 所示。扳动手柄合上纵向进给的机械离合器，相应传动链接通，同时压下 SQ1 或 SQ2，实现纵向按选定的进给速度自动进给。控制过程如下。

工作台向右移动：条件是启动 M1(KM3^{+})，SA1 置于断开圆工作台位，十字开关位置居中(SQ3^{-}，SQ4^{-})。其操作方法与电路的工作过程是

手柄扳向右→合上纵向进给机械离合器，SQ1^{+} 受压$\left(\begin{array}{l}\text{SQ1-2 分断}\\ \text{SQ1-1 闭合}\end{array}\right)$→KM4^{+}→M2 正转→工作台右移。

电流的路径为：13→SQ6-2→SQ4-2→SQ3-2→SA1-1→KM4 线圈→KM5 常闭触点→20。

欲停止向右移动，只要将手柄扳回中间位置，行程开关 SQ1 不受压，KM4 释放，工作台停止右移。

工作台向左移动：将手柄扳向左→合上纵向进给机械离合器，SQ2 受压$\left(\begin{array}{l}\text{SQ2-2 分断}\\ \text{SQ2-1 闭合}\end{array}\right)$→KM5^{+}→M2 反转→工作台向左移。

电流的路径为：13→SQ6-2→SQ4-2→SQ3-2→SA1-1→KM5 线圈→KM4 常闭触点→20。

工作台纵向进给有限位保护，进给至极限位置时，利用安装在工作台上的左右撞块撞击操纵手柄，使手柄回到中间停车位置，实现限位保护。

b. 工作台前后（横向）和上下（升降）移动 工作台横向和升降运动是通过十字开关操纵手柄来控制的。该手柄有五个位置，即上、下、前、后和中间零位。在扳动十字开关操纵手柄时，通过联动机构将控制运动方向的机械离合器合上，同时压下相应的行程开关 SQ3 或 SQ4。

工作台向上运动：条件是左右（纵向）操纵手柄居中，启动 M1(KM3^{+})，SA1 置于断开圆工作台位置。

将手柄扳向上→合上垂直进给的机械离合器，SQ4 受压$\left(\begin{array}{l}\text{SQ4-2 分断}\\ \text{SQ4-1 闭合}\end{array}\right)$→KM5^{+}→M2 反转→工作台向上运动。

电流的路径为：13→SA1-3→SQ2-2→SQ1-2→SA1-1→SQ4-1→KM5 线圈→KM4 常闭触点→20。

欲停止上升，只要将手柄扳回中间位置即可。

工作台向下运动：只要将手柄扳向下，则 KM4 线圈得电，使 M2 正转即可，其控制过程与上升类似。

c. 工作台向前运动：条件与工作台向上运动相同。

将手柄扳向前→合上横向进给离合器，SQ3 受压$\left(\begin{array}{l}\text{SQ3-2 分断}\\ \text{SQ3-1 闭合}\end{array}\right)$→KM4^{+}→M2 正转→工作台向前运动。

电流的路径为：13→SA1-3→SQ2-2→SQ1-2→SA1-1→SQ3-1→KM4 线圈→KM5 常闭触点→20。

工作台向后运动：控制过程与向前类似，只需将手柄扳向后，则 SQ4 被压下，KM5 线圈得电，M2 反转，工作台向后运动。

工作台上、下、前、后运动都有限位保护，当工作台运动到极限位置时，利用固定在床身上的挡铁，撞击十字手柄，使其回到中间位置，工作台便停止运动。

每个方向的移动都有两种速度，上面介绍的六个方向的进给都是慢速自动进给。需要快速移

动时，可在慢速移动过程中按下按钮 SB5 或 SB6，则 KM6 得电吸合，快速电磁铁 YA 通电，工作台便按原移动方向快速移动。快速移动为短时点动，松开 SB5 或 SB6，快速移动停止，工作台仍按原方向继续慢速进给。

若要求在主轴不转的情况下进行工作台快速移动，可将主轴换向开关 SA5 扳在停止位置，然后扳动进给手柄，按下主轴启动按钮和快速移动按钮，工作台就可进行快速调整。

⑤ 工作台各运动方向的联锁　在同一时间内，工作台只允许一个方向运动，这种联锁是利用机械和电气的方法来实现的。例如工作台向左、向右控制，是同一手柄操作的，手柄本身起到左右运动的联锁作用。同理，工作台的横向和升降运动四个方向的联锁，是由十字手柄本身来实现的。而工作台的纵向与横向、升降运动的联锁，则是利用电气方法来实现的。由纵向进给操纵手柄控制的 SQ1-2→SQ2-2 和横向、升降进给操纵手柄控制的 SQ4-2→SQ3-2 的两个并联支路控制着接触器 KM4 或 KM5 的线圈，若两个手柄都扳动，则把这两个支路都断开，使 KM4 或 KM5 都不能工作，达到联锁的目的，防止两个手柄同时操作而损坏机构。

⑥ 工作台进给变速冲动控制　为了获得不同的进给速度，X62W 铣床是通过机械方法改变变速齿轮传动比来实现的。与主轴变速类似，为了使变速时齿轮易于啮合，控制电路中也设置了瞬时冲动控制环节。变速应在工作台停止移动时进行。进给变速操作过程是：先启动主轴电动机，拉出蘑菇形变速手轮，同时转动至所需的进给速度，再把手轮用力往外一拉，并立即推回原处。在手轮拉到极限位置的瞬间，其连杆机构推动 SQ6，使 SQ6-2 分断，SQ6-1 闭合，接触器 KM4 短时通电，M2 短时冲动，便于变速过程中齿轮的啮合。其电流路径为：13→SA1-3→SQ2-2→SQ1-2→SQ3-2→SQ4-2→SQ6-1→KM4 线圈→KM5 常闭触点→20。

⑦ 圆工作台控制　当需要加工螺旋槽、弧形槽和弧形面时，可在工作台上加装圆工作台，圆工作台的回转运动也是由进给电动机 M2 拖动的。

使用圆工作台时，工作台纵向及十字操纵手柄都应置于中间位置。在机床开动前，先将圆工作台转换开关 SA1 扳到“接通”位置，此时 SA1-2 接通，SA1-1 和 SA1-3 断开，当按下主轴启动按钮 SB1 或 SB2，主轴电动机 M1 启动，而进给电动机也因接触器 KM4 得电而旋转，电流的路径为 13→SQ6-2→SQ4-2→SQ3-2→SQ1-2→SQ2-2→SA1-2→KM4 线圈→KM5 常闭触点→20。电动机 M2 正转并带动圆工作台单向运转，其旋转速度也可通过蘑菇形变速手轮进行调节。

圆形工作台的运动必须和三个方向的进给运动可靠互锁，否则会造成刀具或机床的损坏。由于圆工作台的控制电路中串联了 SQ1～SQ4 的常闭触点，所以扳动工作台任一方向的进给操纵手柄，都将使圆工作台停止转动，这就起到了圆工作台转动与工作台三个方向移动的互锁保护。

⑧ 冷却泵电动机的控制　由转换开关 SA3 控制接触器 KM1 来控制冷却泵电动机 M3 的启动和停止。

(3) 辅助电路及保护环节分析

机床的局部照明由变压器 T 供给 36V 安全电压，转换开关 SA4 控制照明灯。

M1、M2、M3 为连续工作制，由 FR1、FR2、FR3 热继电器的常闭触点串联在控制电路中实现过载保护。当主轴电动机 M1 过载时，FR1 动作切除整个控制电路的电源；冷却泵电动机 M3 过载时，FR3 动作切除 M2、M3 的控制电源；进给电动机 M2 过载时，FR2 动作切除自身控制电源。

由 FU1、FU2 实现主电路的短路保护，FU3 实现控制电路的短路保护，FU4 作为照明电路的短路保护。

1.4.2.4 X62W 卧式万能铣床电气控制线路的特点

① 电气控制线路与机械操作配合密切，分析时要仔细了解机械结构与电气控制的关系。

② 进给速度的调整主要通过机械方法，因此简化了电气控制系统中的调速控制线路，但机械结构相对比较复杂。

③ 控制线路中设置了变速冲动控制，能使变速过程顺利进行。

④ 具有完善的电气联锁，并具有短路、零电压、过载及超程限位保护环节，工作可靠。

习题 1

1-1　继电-接触控制中常用控制元件有哪些?

1-2　线圈电压为 220V 的交流接触器，误接入 380V 交流电源上会发生什么问题？为什么?

1-3　中间继电器和接触器有何异同？在什么条件下可以用中间继电器来代替接触器启动电动机?

1-4　熔断器的额定电流、熔体的额定电流和熔体的极限分断电流三者有何区别?

1-5　当电动机启动时，电动机的启动电流很大，热继电器会不会动作？为什么?

1-6　既然在电动机的主电路中装有熔断器，为什么还要装热继电器？在装有热继电器的情况下，是否就可以不装熔断器？为什么?

1-7　是否可用过电流继电器来作电动机的过载保护？为什么?

1-8　电气控制系统图包括哪三种？各反映什么关系?

1-9　简化如图 1-61 所示中各继电-接触控制线路图。

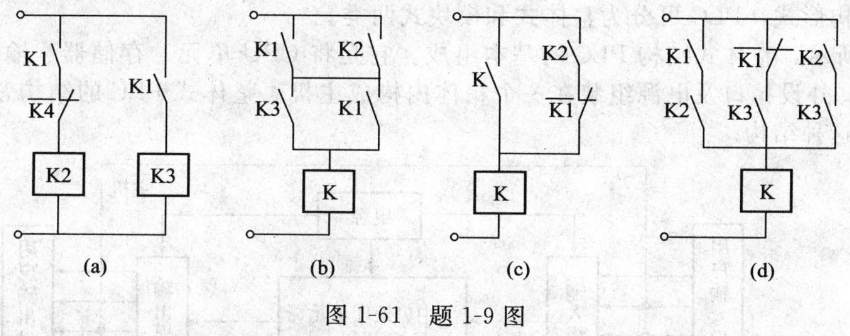

图 1-61　题 1-9 图

1-10　设计一个控制线路，要求第一台电动机启动 5s 后，第二台电动机自动启动，运行 10s 后，第一台电动机停止并同时使第三台电动机自行启动，再运行 15s 后，电动机全部停止。

1-11　有一台四级皮带运输机，分别由 M1、M2、M3、M4 四台电动机拖动，其动作顺序如下：

① 启动时要求按 M1→M2→M3→M4 顺序启动；

② 停车时要求按 M4→M3→M2→M1 顺序停车；

③ 上述动作要求有一定时间间隔。

1-12　为两台异步电动机设计一个控制线路，其要求如下：

① 两台电动机互不影响地独立操作；

② 能同时控制两台电动机的启动与停止；

③ 当一台电动机发生过载时，两台电动机均停止。

1-13　设计一小车运行的控制线路，小车由异步电动机拖动，其动作程序如下：

① 小车由原位开始前进，到终端后自动停止；

② 在终端停留 2min 后自动返回原位停止；

③ 在前进或后退途中任意位置都能停止或启动。

1-14　说明 X62W 型万能铣床工作台各方向运动的控制过程，包括慢速进给和快速移动、主轴变速及制动。并说明主轴运动与工作台运动的联锁关系。

1-15　说明 X62W 万能铣床控制线路中工作台六个方向进给联锁保护的工作原理。

第2章　PLC概述

2.1　PLC的基本组成

要应用PLC去正确地完成各种不同的控制任务，首先应了解PLC的基本组成和工作原理。PLC也是一种计算机，只不过比一般的计算机具有更强的与工业过程相连接的接口和更直接的适用于控制要求的编程语言。它有着与通用计算机相类似的结构。所以PLC也具有中央处理器（CPU）、存储器（Memory）、输入/输出（I/O）接口及电源等。不同型号的PLC的结构也各不相同，根据结构形式，PLC可分为整体式和模块式两类。

如图2-1所示，整体式结构PLC的基本组成。它是将CPU单元、存储器、输入/输出模块、I/O扩展接口、外设接口及电源组装在一个箱体内构成主机。整体式PLC的结构紧凑、体积小，小型机常采用这种结构。

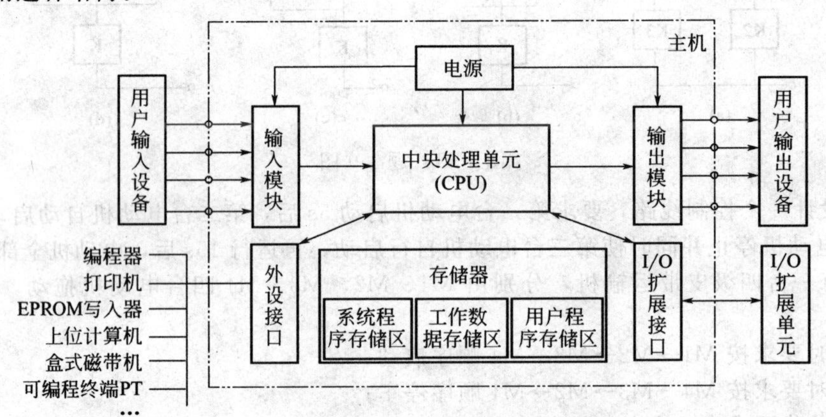

图2-1　整体式结构PLC组成的基本结构

模块式PLC的组成结构如图2-2所示。它是将CPU单元、输入/输出单元、智能单元、通信单元做成相应的电路板或模块，各个模块可以插装在底板上，模块之间通过底板上的总线相互联系。

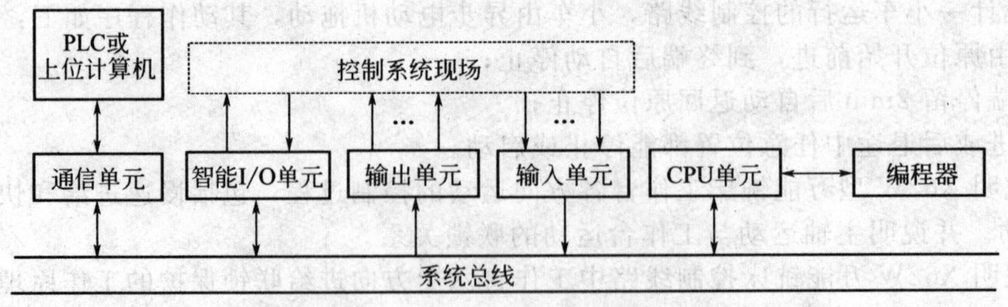

图2-2　模块式PLC的组成结构

2.1.1　中央处理单元

中央处理单元（CPU，Central Processing Unit）是PLC的核心部分，它包括微处理器和控制接口电路。

微处理器是 PLC 的运算和控制中心，由它实现逻辑运算、数字运算，协调控制系统内部各部分的工作。它按照系统程序所赋予的功能，完成以下任务：

① 接收并存储用户程序和数据，用扫描的方式通过 I/O 部件接收现场的状态或数据，并存入输入映像寄存器或数据存储器中；

② 诊断电源、PLC 内部电路工作状态和编程过程中的语法错误；

③ PLC 进入运行状态后，从存储器逐条读取用户指令，经过命令解释后，完成用户程序中规定的逻辑运算和算术运算任务；

④ 根据运算结果，更新有关标志位的状态和输出映像寄存器的内容，实现输出控制、制表打印或数据通信等功能。

PLC 常用的微处理器主要有通用微处理器、单片机、位片式微处理器。一般说来，小型 PLC 大多采用 8 位微处理器或单片机作为 CPU，如 Z80A，8085，8031 等，具有价格低、通用性好等优点。对于中型 PLC，大多采用 16 位微处理器或单片机作为 CPU，如Intel8086，Intel96 系列单片机，具有集成度高、运行速度快、可靠性高等优点。对于大型 PLC，大多采用高速位片式微处理器，它具有灵活性强、速度快、效率高的优点。

目前，一些厂家生产的 PLC 中，还采用了冗余技术，即采用双 CPU 或三 CPU 工作，进一步提高了系统的可靠性。采用冗余技术可使 PLC 平均无故障工作时间达几十万小时以上。

控制接口电路是微处理器与主机内部其他单元进行联系的部件，它主要有数据缓冲、单元选择、信号匹配、中断管理等功能。微处理器通过它来实现与各个内部单元之间的信息交换和最佳的时序配合。

2.1.2 存储器

存储器（Memory）用来存储数据或程序。它包括随机存取的存储器 RAM 和在工作过程中只能读出、不能写入的存储器 EPROM。RAM 中的用户程序可以用 EPROM 写入器写入到 EPROM 芯片中。写入了用户程序的 EPROM 又可以通过外部接口与主机连接，然后让主机按 EPROM 中的程序运行。EPROM 是可擦可编的只读存储器，如果存储的内容不需要时，可以用紫外线擦除器擦除，重新写入新的程序。由于 PLC 的软件由系统软件和应用软件构成，因此 PLC 的存储器可分为系统程序存储器（存放着相当于计算机操作系统的系统程序）和用户程序存储器（用于存放应用软件的存储器）。不同类型的 PLC 其存储容量各不相同，但根据其工作原理，其存储空间一般包括以下三个区域。

① 系统程序存储区　在系统程序存储区中，存放着相当于计算机操作系统的系统程序，它关系到 PLC 的性能。它包括监视程序、管理程序、命令解释程序、功能子程序、系统诊断程序等，由制造商将其固化在 EPROM 中，用户不能直接存取。

② 工作数据存储区　即系统 RAM 存储区。系统 RAM 存储区包括 I/O 映像区和各类软设备（如各种逻辑线圈、数据存储器、计时器、计数器、累加器、变址寄存器等）存储区。

③ 用户程序存储区　用户程序存储区存放用户编制的应用控制程序。用户程序存储区可分为三部分：用户程序区、数据区、参数区。用户程序区用于存放用户经编程器输入的应用程序。为了调试和修改方便，总是先把用户程序存放在随机读写存储器 RAM 中，经过运行考核，修改完善，达到设计要求后，再把它固化到EPROM 中，替代 RAM 使用。数据区用于存放 PLC 在运行过程中所用到的和生成的各种工作数据。数据区包括输入数据映像区、输出数据映像区，定时器、计数器的预置值和当前值的数据等。参数区主要存放 CPU 的组态数据，例如输入/输出 CPU 组态、设置输入滤波、脉冲捕捉、输出表配置、定义存储区保持范围、模拟电位器设置、高速计数器配置、高速脉冲输出配置、通信组态等。这些数据是不断变化的，但不需要长久保存，因此采用随机读写存储器 RAM。当供电电源关掉后，RAM 存储的内容会丢失。因此，在实际使用中通常为其配备掉电保护电路，当正常电源关断后，由备用电池或大电容为它供电，保护其存储的内容不丢失。

2.1.3 开关量输入/输出单元

输入/输出单元（I/O单元：Input/Output Unit）是可编程序控制器的CPU与现场I/O设备或其他外部设备之间的接口部件。输入单元将现场的输入信号，经过输入单元接口电路的电平转换，将输入端不同电压或电流信号转换成微处理器所能接收的低电平信号；输出单元则将中央处理器输出的低电平信号变换为控制器件所能接受的电压信号、电流信号，以驱动信号灯、电磁阀、电磁开关等。这里介绍几种常用的I/O单元的工作原理。

2.1.3.1 开关量输入单元

开关量（数字量）输入单元是将设备现场送来的开关信号，如按钮信号、各种行程开关信号、继电器触点的闭合或断开信号等，经光电隔离后，将电平转换成CPU可处理的信号，并传送到系统总线上。根据所送来的信号电压的类型，可分为直流输入单元（通常是24V）和交流输入单元（通常是220V）两种类型。

（1）直流开关量输入单元

直流开关量输入单元的电路如图2-3所示，外接的直流电源极性可任意。双点划线框内是PLC的内部输入电路，框外左侧是外部用户接线。

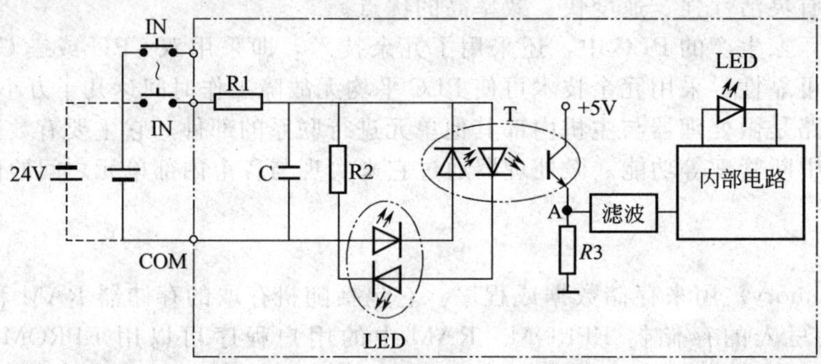

图2-3 直流开关量输入单元电路

输入点数有8点、16点、24点或32点。输入信号一般经过光电隔离，并经滤波后才被送入内部电路的输入映像寄存器。在图2-3中，光电耦合器T由发光二极管LED与光电三极管封装在一个管壳中。当发光二极管中有电流时，发光二极管发光，光电三极管导通。R1为限流电阻器，电阻器R2和电容器C构成滤波电路，可滤除输入信号中的高频干扰。发光二极管LED可以显示该输入点的状态。

有的PLC在PLC内部提供24V直流电源，无需外部电源。用户只需将开关接在输入端子和公共端子之间即可，这就是所谓的无源式直流输入单元。

（2）交流开关量输入单元

交流开关量输入单元的电路与直流开关量输入单元是很相似的，惟一不同之处是输入信号处理电路。如图2-4所示，双点划线框内是PLC的内部输入电路，框外左侧是外部用户接线。

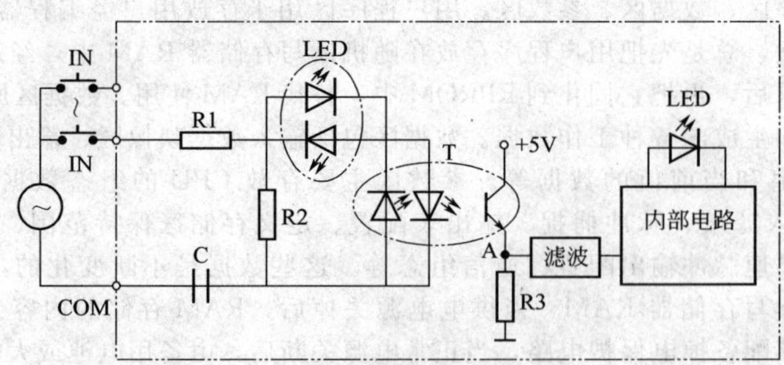

图2-4 交流开关量输入单元电路

图中所示，C 为隔直电容器，对交流相当于通路。电阻器 R1、电阻器 R2 构成分压电路。光电耦合器 T 由发光二极管 LED 与光电三极管构成，任意一个发光二极管发光都可以使光电三极管导通。两个反向并联的发光二极管 LED 可以显示该输入点的状态。交流数字量输入单元的工作原理与直流数字量输入电路基本相同。

PLC 的输入电路有共点式输入、分组式输入和隔离式输入之分。共点式的输入单元只有一个公共端子，外部各输入元件均有一个端子与 COM 相接，如图 2-5 所示；分组式是将全部输入点分为几组，每组有一个单独的电源和公共端，如图 2-6 所示。

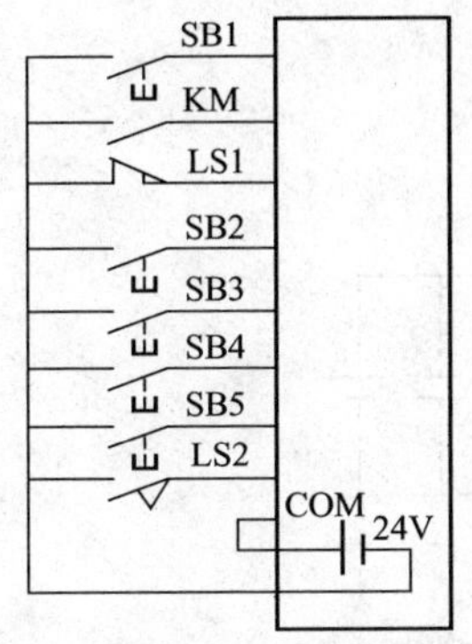

图 2-5 共点式输入接线方式

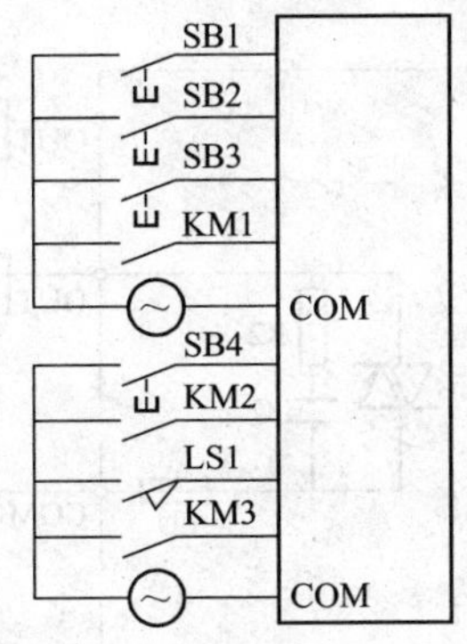

图 2-6 分组式输入接线方式

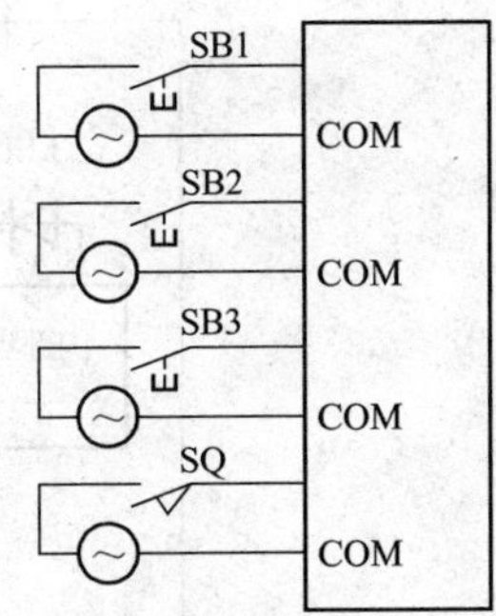

图 2-7 隔离式输入接线

共点式输入接线方式可用于直流输入模板，也可以用于交流输入模板。直流输入模板的电源一般可由 PLC 内部的 24V DC 电源提供；交流输入单元的电源一般都是由现场供给。

在隔离式输入接线方式中，每一个输入回路有两个接线端子，由单独的一个电源供电。相对于电源来说，各个输入点之间是相互隔离的。隔离式输入接线方式一般用于交流输入单元，其电源也应由用户提供。隔离式输入接线方式见图 2-7。

2.1.3.2 开关量输出单元

对开关量输出单元，其输出方式分为晶体管输出型、双向晶闸管（可控硅）输出型及继电器输出型。晶体管输出型适用直流负载或 TTL 电路，双向晶闸管输出型适用于交流负载，而继电器输出型既可用于直流负载，又可用于交流负载。使用时，只要外接一个与负载要求相符的电源即可，因而采用继电器输出型，对用户显得方便和灵活，但由于它是有触点输出，所以它的工作频率不能很高，工作寿命不如无触点的半导体元件寿命长。

同样，为保证工作的可靠性，提高抗干扰能力，在输出接口内也要采用相应的隔离措施，如光电隔离和电磁隔离或隔离放大器等措施。

（1）晶体管输出单元

图 2-8 所示为晶体管输出单元。双点划线框内是 PLC 内部输出电路，框外右侧是外部用户接线。

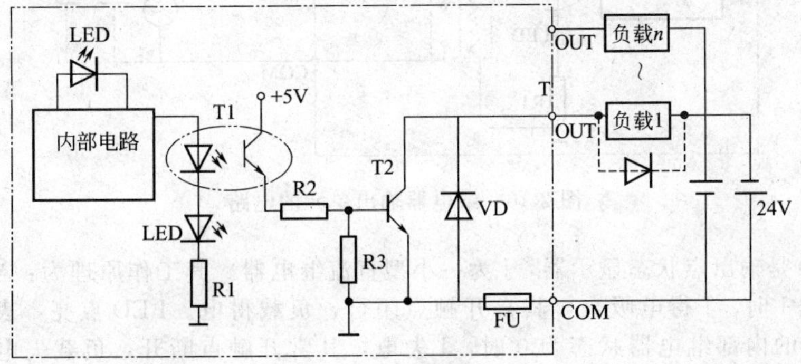

图 2-8 晶体管输出电路

在图中，T1为光电耦合器，LED用于指示输出点的状态，发光二极管发光，指示此端口输出高电平。T2为输出晶体管，VD为保护二极管，FU为熔断器，熔断器在输出短路或过流时熔断，以保护晶体管不被损坏，防止负载短路时损坏PLC。

晶体管为无触点开关，所以晶体管输出单元使用寿命长，响应速度快。

(2) 双向晶闸管输出单元

如图2-9所示，在双向晶闸管输出单元中，输出电路采用的开关器件是光控双向晶闸管，点划线框内是PLC内部的输出电路，框外右侧为外部用户接线。各个输出点所对应的输出电路相同。

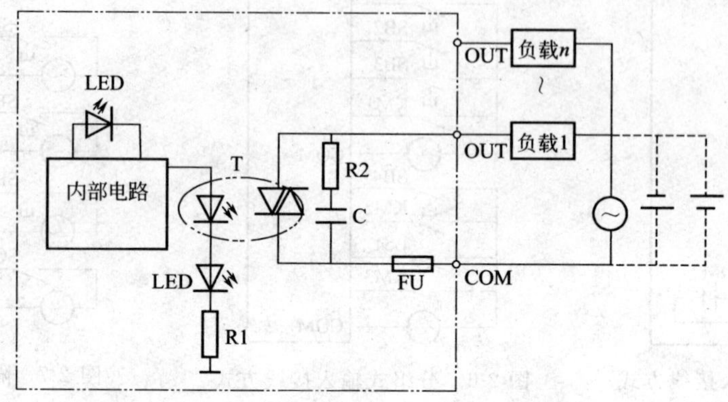

图2-9 晶闸管输出电路

在图中，T为光控双向晶闸管（两个晶闸管反向并联），LED用于指示输出点的状态，电阻器R2、电容器C构成阻容吸收保护电路，FU为熔断器。

双向晶闸管输出型PLC的负载电源，可以根据负载的需要选用直流或交流。

(3) 继电器输出单元

如果采用输出继电器来接通或断开，作为开关量的输出，则使用更为自由和方便，而且它的适用场合更普遍。因此，在对动作时间和动作频率要求不高的情况下，常常采用继电器输出方式。继电器输出单元的电路如图2-10所示。图中点划线框内是PLC内部的输出电路，框外右侧为外部用户接线。图中只画出对应于一个输出点的输出电路，各输出点所对应的输出电路均相同。

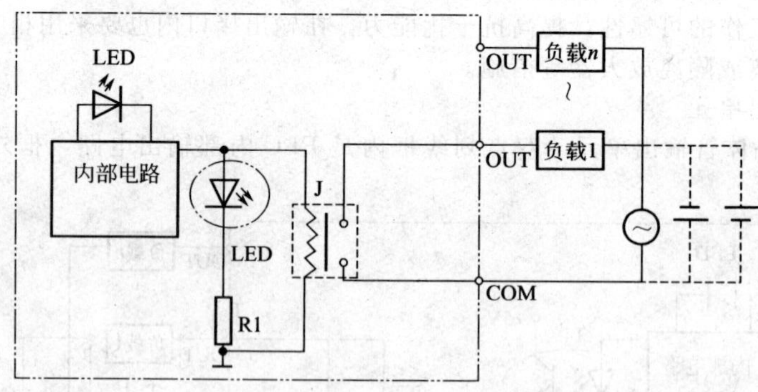

图2-10 继电器输出单元的电路

图中，LED是输出点状态显示器，J为一小型直流继电器。其工作原理为：当对应于J的内部继电器状态为1时，J得电吸合，其常开触点闭合，负载得电。LED点亮，表示该输出点接通。当对应于J的内部继电器状态为0时，J失电，其常开触点断开，负载失电。指示灯LED灭，表示该输出点断开。

继电器输出型 PLC 的负载电源可以根据需要选用直流或交流。供电电源必须与继电器线圈额定工作电压相同，它只作为输出模板的负载的自用电源，而与 PLC 的输出能力无关。PLC 的输出能力取决于输出继电器输出触点的额定电压与电流参数，即继电器触点闭合时可通过的最大电流和触点打开时可承受的最高电压。继电器触点电气寿命一般为 10～30 万次，因此在需要输出点频繁通断的场合（如高频脉冲输出），应选用晶体管或晶闸管输出型的 PLC。另外，继电器从线圈得电到触点动作存在延时时间，是造成输出滞后于输入的原因之一。继电器输出型接口响应时间也最慢，从输出继电器的线圈得电（或断电）到输出触点 ON（或 OFF）的响应时间一般为 10ms。

由 PLC 产生的各种输出控制信号经输出单元去控制和驱动负载，如指示灯的亮或灭，电动机的启动、停止或正反转，设备的转动、平移、升降，阀门的开闭等。因为 PLC 的直接输出带负载能力有限，所以 PLC 输出接口所带的负载通常是接触器的线圈、电磁阀的线圈、信号指示灯等。

开关量输出单元与外部用户输出设备的接线方式，也有共点式、分组式（共点式、分组式统称汇点式）、隔离式之别。共点式输出接线方式，各个输出回路有一个公共端（COM），全部输出点为一组，共用一个公共端和一个电源，如图 2-11 所示。分组式是将全部输出点分为几组，每组有一个公共端和一个单独的电源，如图 2-12 所示。负载电源可以是直流，也可以是交流，它必须由用户提供。

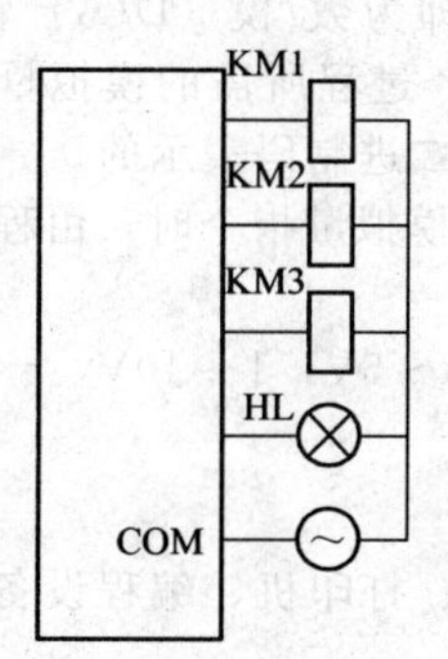

图 2-11　共点式输出接线方式

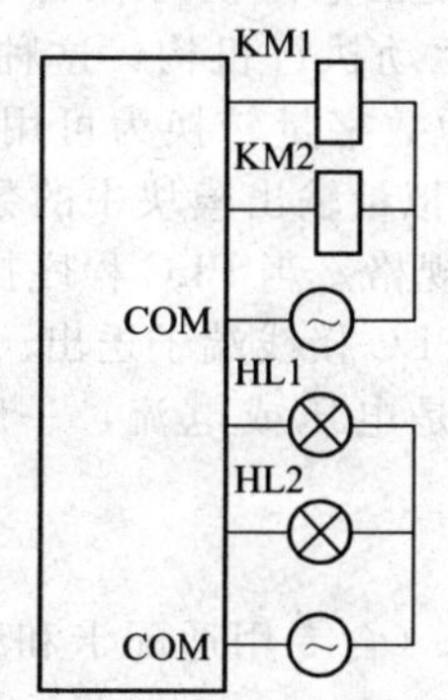

图 2-12　分组式输出接线方式

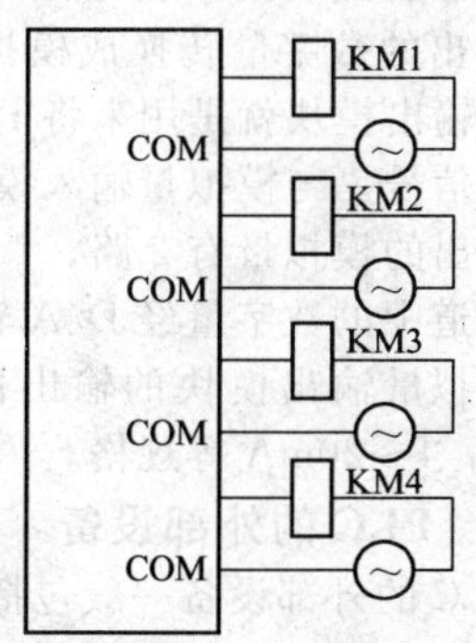

图 2-13　隔离式输出接线方式

隔离式输出是具有公共端子的各组输出点之间互相隔离，可各自使用独立的电源。如图 2-13 所示。在隔离式输出电路中，每个输出回路有两个接线端子，由单独一个电源供电。相对于电源来说，每个输出点之间是相互隔离的。

2.1.4　模拟量输入/输出模块

在工业控制中，经常会遇到连续变化的物理量——模拟量信号，如电流、电压、温度、压力、位移、速度、流量等。如果要对这些模拟量进行控制，必须对这些模拟量进行模/数（A/D）转换，才能使 PLC 接收这些信号。模拟量 I/O 模块的主要功能就是完成模数（A/D）转换和数模（D/A）转换。模拟量 I/O 模块一般都自带 CPU 和存储器，一旦 PLC 上电，PLC 主控模块就将控制字装入其内部存储器中，模拟量 I/O 模块即可独立工作并且与主控模块共享存储器，主控模块只需用读写指令便可对模拟量 I/O 模块进行操作。

一般来讲，模拟量 I/O 模块提供有一定数量的 I/O 点，供用户使用。小型 PLC 一般没有模拟量输入/输出接口单元，或者只有通道数有限的 8 位 A/D、D/A 模板。大、中型 PLC 可以配置成百上千的模拟量通道。

（1）模拟量输入模块

模拟量输入模块的基本功能就是将 PLC 的外部模拟量转换为 PLC 可以处理的数字量，以供给主控模块进行数据处理和控制。模拟量输入模块一般有 2 路、4 路、8 路和 16 路等规格，每路输入信号都要经过前置放大、滤波、A/D转换、光电隔离等环节最终送入到锁存缓冲器。光电隔离有效地防止了电磁干扰，对多通道的模拟量输入单元，通常可以设置多路转换开关进行通道切换。如图2-14所示。

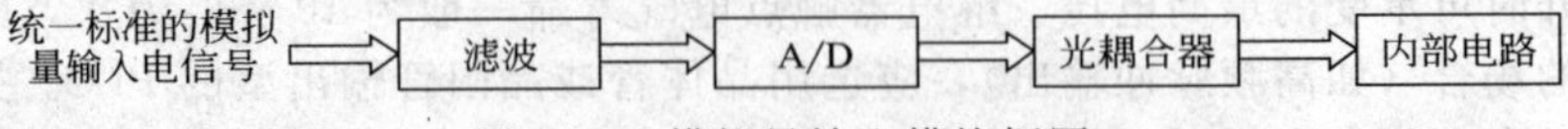

统一标准的模拟量输入电信号 ⇒ 滤波 ⇒ A/D ⇒ 光耦合器 ⇒ 内部电路

图2-14 模拟量输入模块框图

当PLC程序扫描执行读模拟量指令时，由程序指定的输入通道中的模拟量就被采样，经A/D转换后送至指定的存储区域或寄存器。

A/D转换完成模拟量到数字量的转换。转换时间一般为10～100μs，A/D转换器是在控制单元的控制下，完成启动A/D转换、读取转换结果等工作过程。通常，A/D转换的结果是将模拟量输入的采样值转换成二进制数形式，A/D转换位数主要有8位、10位、12位或14位。

模拟量输入模块的输入信号可以是电压或电流。其范围因不同型号的模块而不同，一般可分为0～5V、1～5V、－10～10V、0～20mA、4～20mA、－20～20mA等规格。为了防止工业现场中的干扰，传感器与模拟量I/O模块连接线应采用带屏蔽的线，并将屏蔽线的外层与模块中的有关端点相连，以达到屏蔽干扰的效果。

(2) 模拟量输出接口模板

在工业控制中，会遇到对电磁阀、液压电磁铁等执行机构进行控制的问题。这就必须把PLC输出的数字量转换成模拟量，用以驱动执行机构，这种转换过程即为数/模（D/A）转换。模拟量输出模块就是用来将PLC处理后的数字量转换为可用于外部生产过程所需的模拟量控制的模拟信号。与模拟量输入模块一样，模拟量输出模块中的数据也是用二进制码表示的。

输出的模拟量有2路、4路和8路等规格。当PLC程序执行到输出模拟量指令时，由程序指定的通道中的数字量经D/A转换后，从PLC接线端子送出。

模拟量输出模块的输出信号也可以是电压或电流，一般可分为1～5V，1～10V，－10～＋10V；4～20mA等规格。

2.1.5 PLC的外部设备

PLC的外部设备一般包括个人计算机（含专用适配卡和组态软件）、打印机、编程设备、数据访问设备、显示终端以及可编程终端等。

(1) 人机接口装置（HMI）

人机接口又叫操作员接口，用于实现操作人员与PLC控制系统的对话和相互作用。

人机接口是最简单、最基本和最普遍的接口形式。它是由安装在控制台上的按钮、转换开关、拨码开关、指示灯、LED数字显示器和声光报警等元件组成。这些元件用来指示PLC的I/O系统状态及各种信息，通过合理的程序设计，PLC控制系统可以接收并执行操作员的命令。小型PLC一般采用这种人机接口。

在大中型PLC控制系统中，常用智能型的人机接口。它可长期安装在操作台和控制柜的面板上，也可放在主控制室里，使用彩色的或单色的CRT显示器，有自己的微处理器和存储器。它通过通信接口与PLC相连，以接收和显示外部的信息，并能与操作人员快速地交换信息。

(2) 外存储器

PLC的CPU模板内的半导体存储器称为内存，可用来存放系统程序和用户程序。有时将用户程序存储在盒式磁带机的磁带或磁盘驱动器的磁盘中，将存储的程序作为程序备份或改变生产工艺流程时调用。磁带和磁盘称为外存，如果PLC内存中的用户程序被破坏或丢失，可再次将存储在外存储器中的程序重新装入。在可以离线开发用户程序的编程器中，外存储器特别有用，被开发的用户程序一般存储在磁带或磁盘中。

(3) 打印机

打印机在用户程序编制阶段用来打印带注解的梯形图程序或语句表程序，这些程序对用户维修及系统的改造或扩展是非常有价值的。在系统的实时运行过程中，打印机用来提供运行过程中发生事件的硬记录，例如用于记录系统运行过程中报警的时间和类型。这对于分析事故原因和对系统改进是非常重要的。在日常管理中，打印机可以定时或非定时打印各种生产报表。

(4) EPROM 写入器

EPROM 写入器用于将用户程序写入到 EPROM 中去。它提供了一个非易失性的用户程序的保存方法。同一 PLC 系统的不同应用场合的用户程序可以分别写入到几片 EPROM 中，在改变系统的工作方式时，只需要更换 EPROM 芯片即可。

(5) 专用编程器

编程器是 PLC 的重要外部设备。它的作用是供用户进行程序的编制、编辑、调试和监视等。编程器有简易型、智能型和工厂智能终端（FIT）。

① 简易型编程器　简易型编程器又称手持编程器，它只能联机编程，且往往需要将梯形图转化为语句表格式，才能送入。如 OMRON 公司的 CPM1A 系列 PLC 可使用的编程器 CQM1-PRO01，其结构图见图 2-15。

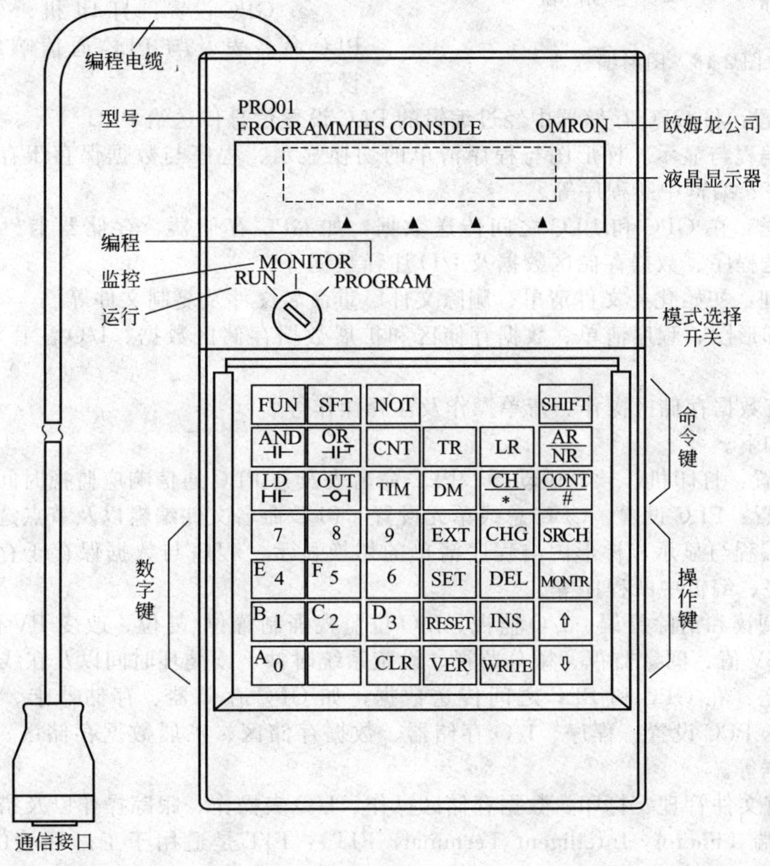

图 2-15　编程器 CQM1-PRO01

简易型编程器的组成及其功能如下。

a. 液晶显示器：两行显示，每行可显示 16 个字符。用来显示程序地址、指令、指令地址(操作数)、数据、工作方式，以及工作状态等信息。

b. 模式选择开关：用于控制 PLC 的工作状态，选择编程、监控及运行三种状态中的一种。

c. 操作键盘：共 39 个按键，分三类，第一类是数字键 0～9，位于键盘的左下方，用于设定地址或数值；第二类是命令键，位于键盘的上方，命令键又分两种，第一种是指令键，位于键盘的左上方，共 9 个按键，用于输入各种指令，第二种是数据标识键，位于键盘的右上方，共 7 个按键，用于标识内部器件的类型；第三类是操作键，共 13 个按键，位于键盘的右下方，用于对程序进行编辑和调试。

d. 通信接口：用于将用户编译的程序传送到其他控制部分。

② 图形编程器（Graphical Programmable Console，GPC）又称智能编程器。它可以联机编程，也可以脱机编程，具有LCD（液晶显示器）或CRT图形显示功能，可直接输入梯形图和通过屏幕对话。

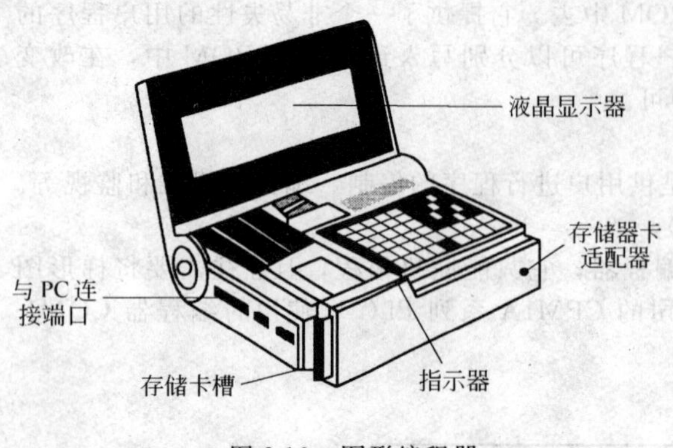

图2-16 图形编程器

如图2-16所示的图形编程器，它类似于笔记本电脑，由液晶显示器、键盘、PLC连接电缆、PC连接电缆、打印机接口单元、软盘接口单元、存储卡适配器、存储器卡，以及系统存储器盒等组成。

图形编程器（GPC）的离线操作如下。

a. GPC设置：打印机、软盘驱动器、PLC命名表及与PLC通信响应监视时间的设置。

b. PLC设置：将GPC存储器中经过编辑的PLC设置信息传送给PLC。

c. 编程：编程与显示、梯形图与程序清单的切换显示、程序与数据保存于存储器卡、查找指令、检查程序、编辑中断程序等。

d. 数据传送：在GPC和PLC之间传送数据，如GPC存储器、存储器卡、软盘驱动器与PLC之间，传送程序、数据存储区数据及I/O注释数据等。

e. 文件管理：初始化、文件清单、删除文件、重命名文件及复制文件等。

f. 打印：梯形图、程序清单、数据存储区和扩展数据存储区数据、I/O注释清单及GPC当前屏幕打印。

此外，还有数据存储区操作、清单操作及注释操作等。

在线操作如下。

a. GPC设置：打印机、软盘驱动器、PLC命名表及与PLC通信响应监视时间的设置。

b. PLC设置：PLC设置、CPU总线单元设置、PLC命名文件编辑以及节点选择等。

c. 编程：编程与显示、梯形图与程序清单的切换显示、程序与数据保存于存储器卡、查找指令、检查程序、编辑中断程序等。

d. 监控：阅读和清除错误、I/O监视、I/O位监视强制置位/复位、改变PV值、多位监视、字监视、改变SV值、间歇监视、微分监视、设定系统时钟、读循环时间以及在线编辑等。

e. 数据传送：在GPC和PLC之间传送数据，如GPC存储器、存储器卡、软盘驱动器与PLC之间，传送PLC设置、程序、I/O存储器、数据存储区、扩展数据存储区、I/O注释以及PLC命名表数据等。

此外，还有文件管理、打印、数据存储区操作、I/O表操作、跟踪操作以及错误逻辑等。

③ 智能终端（Factory Intelligent Terminal，FIT）：FIT是适用于工厂环境的专用计算机，其功能比GPC还要强大，但价格昂贵。

（6）计算机辅助编程

手持编程器体积小、重量轻、携带方便且价格低，但不能输入梯形图，只能逐条输入指令。当控制系统复杂且程序量大时，要求编程人员具有较高的能力。图形编程器和工厂智能终端的功能很强，但价格昂贵。

计算机辅助编程是利用个人计算机上配置的硬件接口和专用的编程软件，使用户可以直接在计算机上以联机或脱机的方式编程，可以运用梯形图、功能图编程或者采用助记符指令编程。目前，生产PLC的公司大多都有配套的计算机辅助编程软件，一般的PC装上编程软件，用通信电缆将PC的RS-232C端口与PLC的RS-232C端口连接，或用带有适配器的专用电缆将PC的RS-232C端口与PLC的外设端口（编程器端口）连接，就可以基本上实现图形编程器和工厂智能终端的功能。

例如，日本 OMRON 公司就先后推出了运行于 Windows 环境下的 CPT 编程软件和 CX-P 编程软件（见本书第 7 章）。应用编程软件，用户只要使用鼠标单击梯形图元素，如常开触点、常闭触点、线圈或指令，并拖放到适当的位置，就可以快速地建立梯形图，经过编译和检查，将 PLC 设置、程序及数据从 PC 传送到 PLC，并可在线监控 PLC 的运行状况。个人计算机程序开发系统有较强的监控能力和通信能力，还可对系统进行仿真。

2.1.6 电源单元

电源单元是 PLC 的电源供给部分。PLC 配有开关式稳压电源模块，用来对 PLC 的内部电路供电。有的电源单元还向外提供 24V 隔离直流电源，可供开关量输入单元连接的现场无源开关等元件使用。电源单元还包括掉电保护电路和后备电池电源，以保持 RAM 在外部电源断电后存储的内容不丢失。PLC 的电源一般采用开关电源，其特点是输入电压范围宽、体积小、重量轻、效率高、抗干扰性能好。

2.1.7 I/O 扩展端口

扩展端口是用于扩展输入输出单元，它使 PLC 的控制规模配置更加灵活。当主机上的 I/O 点数或类型不能满足用户需求时，主机可以通过 I/O 扩展端口连接 I/O 扩展单元以增加 I/O 点数。这种扩展端口实际上为总线形式，可以配置开关量的 I/O 单元，也可以配置如模拟量、高速计数等各种智能单元以及通信适配器等，以扩展 PLC 的功能。

2.1.8 智能模块

模块化后的 PLC 除了主控模块外，还配备各种专用的、高级的智能模块，以适应现代工业大型系统快速、复杂控制和管理的要求。常用的有温度控制模块、高速计数模块、位置控制模块以及通信模块等。本节介绍四种较典型的智能单元。

（1）温度控制单元

温度控制模块可以直接与热电偶、铂电阻等温度检测元件相连，接受来自温度传感器的信号。温度控制模块实际上就相当于温度变送器和 A/D 转换器，将生产现场的温度信号值传送给 PLC，经 PLC 处理后，通过模拟量输出模块，即可以实现温度的自动控制。

（2）高速计数模块

为了提高计数的速度，PLC 生产厂家又推出了高速计数模块。高速计数模块可接受高达 50kHz 的输入信号，它可以不受 PLC 扫描速度的限制，专门用来监视和控制一些高速的控制过程变量，如速度、位置、流量等。

（3）位置控制模块

位置控制模块是用于向步进电动机驱动器或伺服电动机驱动器输出脉冲，控制单坐标部件或装置的位置和速度。某些高档的 PLC 还可以实现多坐标的数字定位控制，有多种插补功能，实现两轴或三轴控制。在多轴控制模块中，可以每个轴独立控制，也可以多轴联动控制。

OMRON 公司 C200H PLC 配备有三种型号的位置控制模块：C200H-NC211、C200H-NC112 和 C200H-NC/112。其中只有 C200H-NC211 是两轴脉冲输出，其余都是单轴脉冲输出。

（4）数据通信模块

通信模块的功能是在 PLC 和外部设备之间建立一个数据通道，使操作员可以通过外部设备来改变 PLC 的工作方式，并为 PLC 输入程序改变状态或将 PLC 的程序或状态送至外部设备。通信模块一般是一个带有 CPU 的智能模块，PLC 生产厂家生产的各种类型通信模块有远程 I/O 模块、光纤传送 I/O 模块等。

应该指出，有些 PLC 通信模块的信息传输速度是比较低的。这是由于模块与 CPU 的信息交换是模拟慢速动作的键盘和显示器的，所以交换速度受到限制。但在大多的可编程序控制器中，基本上不存在这个缺陷。

2.1.9 总线

总线是沟通 PLC 中各个功能模板的信息通道，它的含义并不单是各个模板插脚之间的连线，还包括驱动总线的驱动器及其保证总线正常工作的控制逻辑电路。

对于一种型号的PLC而言，总线上各个插脚都有特定的功能和含义，但对不同型号的PLC而言，总线上各个插脚的含义不完全相同（到目前为止，国际上尚没有统一的标准）。

总线上的数据都是以并行方式传送的，传送的速度和驱动能力与CPU模板上的驱动器有关。

2.2 PLC的基本工作原理

由于PLC与工业过程相连的接口比计算机更强，具有更适应于控制要求的编程语言，因此，PLC可以看为一种特殊的工业控制计算机。但由于有特殊的接口器件及监控软件，其外形不像计算机，编程语言、工作原理与计算机相比也有一定的差别。

小型PLC的工作过程有两个显著特点：一个是周期性顺序扫描，一个是集中批处理。

周期性顺序扫描是可编程控制器特有的工作方式，PLC在运行过程中，总是处在不断循环的顺序扫描过程中。每次扫描所用的时间称为扫描时间，又称为扫描周期或工作周期。

PLC的输入信号集中批处理，执行过程集中批处理，输出控制也集中批处理。由于可编程控制器的I/O点数较多，采用集中批处理的方法可以简化操作过程，便于控制。PLC的这种“串行”工作方式，可以避免继电器、接触器控制系统中触点竞争和时序失配的问题，但是同时又导致输出对输入在时间上的滞后，这是PLC的缺点之一。

2.2.1 PLC的工作过程

当PLC启动后，先进行初始化操作，包括对工作内存的初始化、复位所有的定时器、将输入/输出继电器清零，检查I/O单元连接是否完好，如有异常则发出报警信号。初始化之后，PLC就进入周期性扫描过程，如图2-17所示。

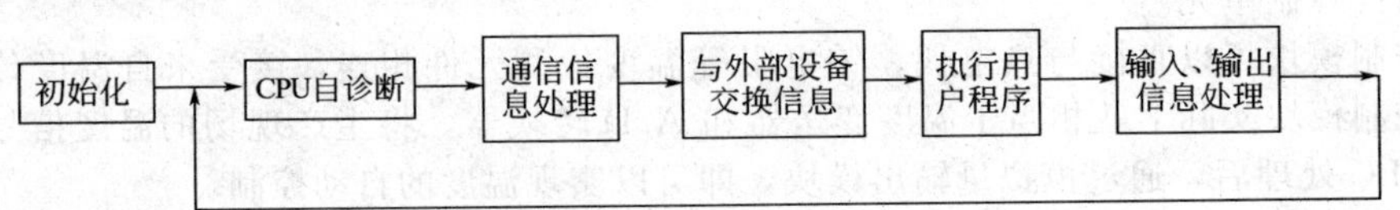

图2-17 PLC的工作过程

① 初始化：PLC上电后，首先进行系统初始化，清除内部继电器区，复位定时器等，并进行自诊断，对电源、PLC内部电路、用户程序的语法进行检查。

② CPU自诊断：PLC在每个扫描周期都要进入CPU自诊断阶段，以确保系统可靠运行。自诊断程序定期检查用户程序存储器、I/O单元的连接、I/O总线是否正常，定期复位监控定时器（WDT，Watch Dog Timer）等。

采用WDT技术也是提高系统可靠性的一个有效措施，它是在PLC内部设置一个监视定时器。这是一个硬件时钟，是为了监视PLC的每次扫描时间而设置的，对它预先设定好规定时间，每个扫描周期都要监视扫描时间是否超过规定值。如果程序运行正常，则在每次扫描周期的公共处理阶段对WDT进行清零（复位），避免由于PLC在执行程序的过程中进入死循环，或者由于PLC执行非预定的程序而造成系统故障，从而导致系统瘫痪。如果程序运行失常进入死循环，则WDT得不到按时清零而造成超时溢出，从而给出报警信号或停止PLC工作。

③ 通信信息处理：在每个通信信息处理扫描阶段，进行PLC之间以及PLC与计算机之间的信息交换，PLC与其他带微处理器的智能装置通信，例如智能I/O模块。在多处理器系统中，CPU还要与数字处理器交换信息。

④ 与外部设备交换信息：PLC与外部设备连接时，在每个扫描周期内要与外部设备交换信息。这些外部设备有编程器、终端设备、彩色图形显示器、打印机等。编程器是人机交互的设备。通过它，用户可以进行程序的编制、编辑、调试和监视等。用户把应用程序输入到PLC中，PLC与编程器要进行信息交换。当在线编程、在线修改、在线运行监控时，也要求PLC与编程

器进行信息交换。在每个扫描周期内都要执行此项任务。

⑤ 执行用户程序：PLC在运行状态下，每一个扫描周期都要执行用户程序。执行用户程序时，是以扫描的方式按顺序逐句扫描处理的，扫描一条执行一条，并把运算结果存入输出映像区对应位中。

⑥ 输入、输出信息处理：PLC在运行状态下，每一个扫描周期都要进行输入、输出信息处理。以扫描的方式把外部输入信号的状态存入输入映像区；将运算处理后的结果存入输出映像区，直至传送到外部被控设备。

PLC周而复始地巡回扫描，执行上述整个过程，直至停机。

2.2.2 用户程序的循环扫描过程

PLC的工作过程，与CPU的操作方式有关。CPU有两个操作方式：STOP方式和RUN方式。在扫描周期内，STOP方式与RUN方式的主要差别是在于：RUN方式下执行用户程序，而在STOP方式下不执行用户程序。下面对RUN方式下执行用户程序的过程作详尽的讨论，以便对PLC循环扫描的工作方式有更深入的理解。

PLC对用户程序进行循环扫描可分为三个阶段进行，如图2-18所示。PLC的工作过程一般可分为三个主要阶段：输入采样，数据处理，输出刷新阶段。

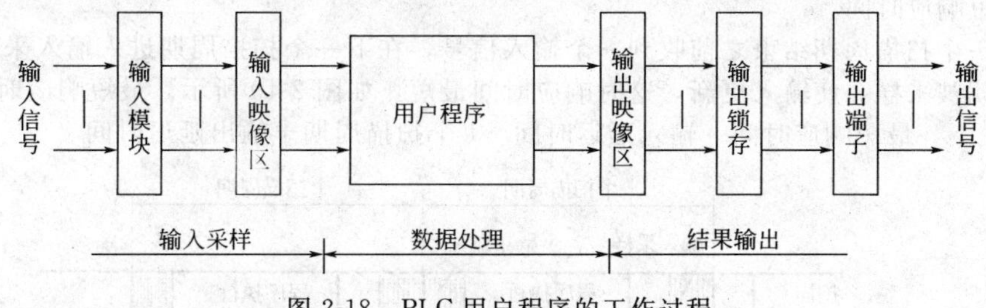

图2-18 PLC用户程序的工作过程

① 输入采样 PLC以扫描工作方式，按顺序将所有信号读入到寄存输入状态的输入映像寄存器中存储，这一过程称为采样。在本工作周期内，这个采样结果的内容不会改变，而且这个采样结果将在PLC执行程序时被使用。

② 数据处理 PLC按顺序对程序进行扫描，即从上到下、从左到右地扫描每条指令，并分别从输入映像寄存器和输出映像寄存器中获得所需的数据进行运算、处理，再将程序执行的结果写入寄存执行结果的输出映像寄存器中保存。但这个结果在整个程序执行完毕之前不会送到输出端口上。

③ 结果输出 在执行完用户所有程序后，PLC将映像寄存器中的内容送入到寄存输出状态的输出锁存器中，再去驱动用户设备，这就是输出刷新。

PLC在一个工作周期中，输入扫描和输出刷新的时间一般为4ms左右，而程序执行时间可因程序的长度不同而不同。PLC一个扫描周期一般在40～100ms之间。

PLC在执行程序时所用到的状态值不是直接从实际输入口所获得的，而是来源于输入映像寄存器和输出映像寄存器。输入映像寄存器的状态值取决于上一扫描周期从输入端子中采样取得的数据，并在程序执行阶段保持不变。输出映像寄存器中的状态值取决于执行程序输出指令的结果。输出锁存器中的状态值是上一个扫描周期的刷新阶段从输出映像寄存器转入的。

2.2.3 输入、输出延迟响应

由于PLC采用循环扫描的工作方式，即对信息串行处理方式，必定导致输入、输出延迟响应。当PLC的输入端有一个输入信号发生变化到PLC输出端对该输入变化作出反应，需要一段时间，这段时间就称为响应时间或滞后时间（通常滞后时间为几十毫秒）。这种现象称为输入、输出延迟响应或滞后现象。

对于一般工业控制要求，这种滞后现象是允许的。但是不能满足那些要求响应时间小于扫描周期的控制系统，这时可以使用智能输入/输出单元（如快速响应I/O模块）或专门的指令（如立即 I/O 指令），通过与扫描周期脱离的方式来解决。

响应时间是设计 PLC 控制系统时应了解的一个重要参数。响应时间与以下因素有关。

① 输入电路滤波时间，它由 RC 滤波电路的时间常数决定。改变时间常数可调整输入延迟时间。

② 输出电路的滞后时间，它与输出电路的输出方式有关。继电器输出方式的滞后时间为 10ms 左右；双向晶闸管输出方式，在接通负载时滞后时间约为 1ms，切断负载时滞后时间小于 10ms：晶体管输出方式的滞后时间小于 1ms。

③ PLC 循环扫描的工作方式。

④ PLC 对输入采样、输出刷新的集中处理方式。

⑤ 用户程序中语句的安排。

因素③、④是由 PLC 的工作原理决定的，是无法改变。但有些因素是可以通过恰当选择输出方式、合理编程得到改善。例如选用晶闸管输出方式或晶体管输出方式，则可以加快响应速度等。

由于 PLC 是周期循环扫描工作方式，因此响应时间与收到输入信号的时刻有关，在此我们对最短和最长响应时间进行讨论。

（1）最短响应时间

如果在一个扫描周期结束之前收到一个输入信号，在下一个扫描周期进入输入采样阶段，这个输入信号就被采样，使输入更新，这时响应时间最短，如图 2-19 所示。最短响应时间为

最短响应时间＝输入延迟时间＋1 个扫描周期＋输出延迟时间

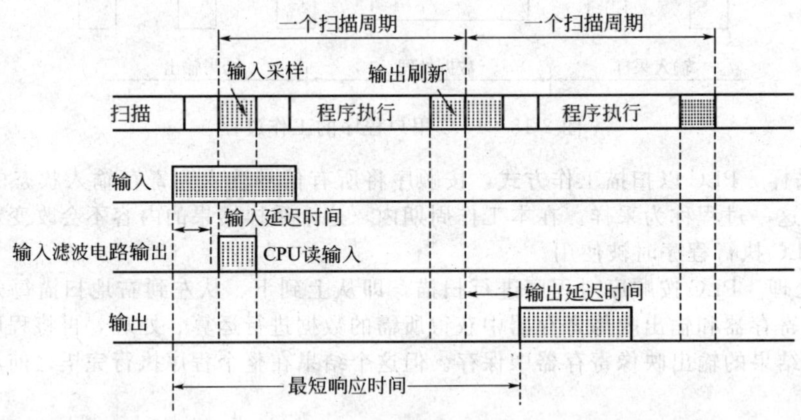

图 2-19 PLC 的最短响应时间

（2）最长响应时间

如果收到的一个输入信号经输入延迟后，刚好错过 I/O 刷新时间，在该扫描周期内这个输入信号无效，要到下一个扫描周期输入采样阶段才被读入，使输入更新，这时响应时间最长，如图 2-20 所示。最长响应时间为：

最长响应时间＝输入延迟时间＋2 个扫描时间＋输出延迟时间

由图 2-20 可见，输入信号至少应持续一个扫描周期的时间，才能保证被系统捕捉到。对于持续时间小于一个扫描周期的窄脉冲，可以通过设置脉冲捕捉功能，使系统捕捉到。设置脉冲捕捉功能后，输入信号的状态变化被锁存并一直保持到下一个扫描周期输入刷新阶段。这样，可使一个持续时间很短的窄脉冲信号保持到 CPU 读到为止。

（3）PLC 对输入、输出的处理规则

PLC 与继电器控制系统对信息处理方式是不同的：继电器控制系统是“并行”处理方式，只要电流形成通路，可能有几个电器同时动作；而 PLC 是以扫描的方式处理信息，它是顺序地、连续地、循环地逐条执行程序，在任何时刻它只能执行一条指令，即以“串行”处理方式进行工作。因而在考虑 PLC 的输入、输出之间的关系时，应充分注意它的周期扫描工作方式。在用户

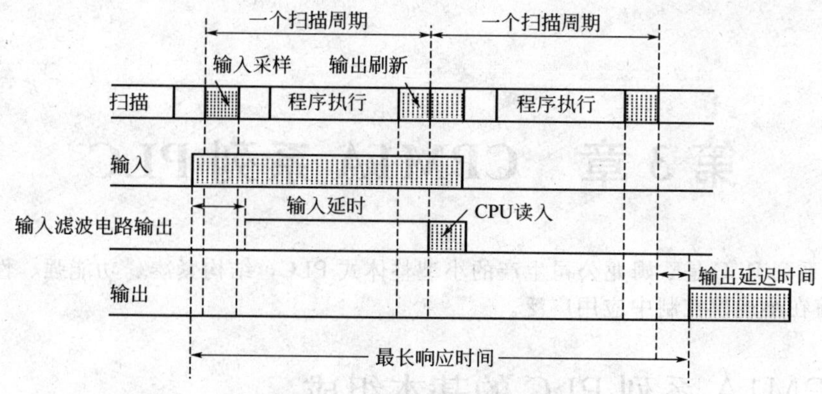

图 2-20 PLC 的最长响应时间

程序执行阶段 PLC 对输入、输出的处理必须遵守以下规则。

① 输入映像寄存器的内容，由上一个扫描周期输入端子的状态决定。

② 输出映像寄存器的状态，由程序执行期间输出指令的执行结果决定。

③ 输出锁存器的状态，由上一次输出刷新期间输出映像寄存器的状态决定。

④ 输出端子板上各输出端的状态，由输出锁存器来确定。

⑤ 执行程序时所采用的输入、输出状态值，取用于输入、输出映像寄存器的状态。

尽管 PLC 采用周期循环扫描的工作方式而产生输入、输出响应滞后的现象，但只要使其一个扫描周期足够短，采样频率足够高，足以保证输入变量条件不变，即如果在第一个扫描周期内对某一输入变量的状态没有捕捉到，保证在第二个扫描周期执行程序时使其存在。这样完全符合实际系统的工作状态。从宏观上讲，我们认为 PLC 恢复了系统对被控制变量控制的并行性。

扫描周期的长短和程序的长短有关，和每条指令执行时间长短有关。而后者又和指令的类型和 CPU 的主频（即时钟）有关。一般 PLC 的扫描周期均小于 50～60ms。

习题 2

2-1 PLC 有哪些基本组成部分？

2-2 为什么说 PLC 是对继电器控制系统的仿真？

2-3 PLC 的工作原理是什么？简述 PLC 的扫描工作过程。

2-4 PLC 输入、输出延迟响应产生的原因有哪些？

第 3 章　CPM1A 系列 PLC

CPM1A 系列 PLC 是欧姆龙公司生产的小型整体式 PLC，结构紧凑、功能强、性能良好，价格适当，目前在小规模控制中应用广泛。

3.1　CPM1A 系列 PLC 的基本组成

3.1.1　CPM1A 系列 PLC 的主机

CPM1A 系列 PLC 的主机按 I/O 点数分，有 10 点、20 点、30 点和 40 点四种；按使用电源的类型分，有 AC 型和 DC 型两种（AC 电源电压为 100～240V；DC 为 24V）；按输出方式分，有继电器输出型和晶体管输出型两种。CPM1A 系列 PLC 主机的规格见表 3-1。

表 3-1　CPM1A 系列 PLC 主机的规格

类　型	型　号	输出形式	电　源
10 点 I/O 输入:6 点 输出:4 点	CPM1A-10CDR-A	继电器	AC100～240V
	CPM1A-10CDR-D	继电器	DC24V
	CPM1A-10CDT-D	晶体管(NPN)	DC24V
	CPM1A-10CDT1-D	晶体管(PNP)	DC24V
20 点 I/O 输入:12 点 输出:8 点	CPM1A-20CDR-A	继电器	AC100～240V
	CPM1A-20CDR-D	继电器	DC24V
	CPM1A-20CDT-D	晶体管(NPN)	DC24V
	CPM1A-20CDT1-D	晶体管(PNP)	DC24V
30 点 I/O 输入:18 点 输出:12 点	CPM1A-30CDR-A	继电器	AC100～240V
	CPM1A-30CDR-D	继电器	DC24V
	CPM1A-30CDT-D	晶体管(NPN)	DC24V
	CPM1A-30CDT1-D	晶体管(PNP)	DC24V
40 点 I/O 输入:24 点 输出:16 点	CPM1A-40CDR-A	继电器	AC100～240V
	CPM1A-40CDR-D	继电器	DC24V
	CPM1A-40CDT-D	晶体管(NPN)	DC24V
	CPM1A-40CDT1-D	晶体管(PNP)	DC24V

图 3-1 所示是 CPM1A 系列 10 点主机的面板结构，20 点、30 点、40 点主机面板类似于 10 点 PLC 主机面板。

① 电源输入端子：接入电源，AC 100～240V 或者 DC 24V 两种。

② 功能接地端子：抗噪声干扰。当有严重噪声时，必须接地。通常可与保护接地端子连在一起接地，但不能与其他设备接地线或金属结构连接，接地电阻限定在 100Ω 以下。这种仅限于 AC 电源。

③ 保护接地端子：防止触电，必须接地。与功能接地端子的连接要求相同。

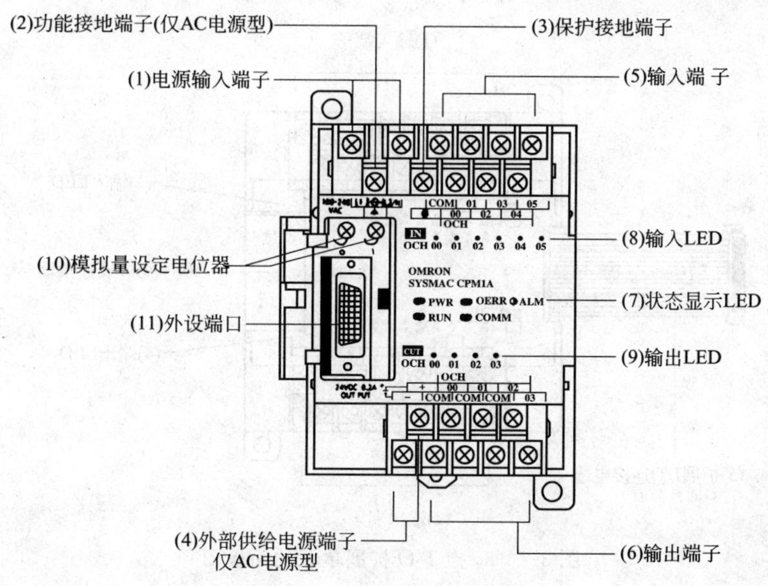

图 3-1 10 点主机的面板图

④ 输出 DC 24V 电源端子：AC 电源型的主机，通过 DC 24V 电源端子向外部提供指定电源。也可作为输入设备或现场传感器的服务电源。

⑤ 输入端子：连接输入设备。不同 I/O 点数的主机，输入点不同。比如 10 点 I/O 型有 6 个输入点。

⑥ 输出端子：连接输出设备。10 点 I/O 型有 4 个输出点。

⑦ 工作状态显示 LED 在主机面板的中部有 4 个工作状态显示 LED。

PWR（绿）是电源接通与断开指示。RUN（绿）是 PLC 工作状态指示：编程时闪烁，PLC 执行程序；处于运行或监控时亮；运行正常时灭。COMM（橙）是通信指示灯，PLC 与外部通信时亮，不通信时灭。

⑧ 输入/输出点显示 LED：每个输入/输出都对应一个 LED，亮时表示该点的状态为 ON。

⑨ 模拟量设定电位器：两个 0 和 1，布置在面板的左上角。

⑩ 外设端口：连接编程器等外部设备，也可通过适配器与其他 PLC 联网。

⑪ 扩展连接器：I/O 点为 30 点和 40 点的主机有连接扩展单元。

3.1.2 I/O 扩展单元

表 3-2 所示是 CPM1A 系列 I/O 扩展单元的类型与规格。图 3-2 是 20 点 I/O 扩展单元面板。10 点、20 点主机没有扩展连接器，不能接 I/O 扩展单元。30 点、40 点主机可以接 I/O 扩展单元，最多连接 3 台 I/O 扩展单元。图 3-3 为 CPM1A 系列 PLC 的 I/O 扩展配置、I/O 点编号。

表 3-2 CPM1A 系列 I/O 扩展单元的类型与规格

类　型	型　号	输出形式
8 点型(输入:8 点)	CPM1A-8ED	—
8 点型(输出:8 点)	CPM1A-8ER	继电器
	CPM1A-8ET	晶体管(NPN)
	CPM1A-8ET1	晶体管(PNP)
20 点型(输入:12 点　输出:8 点)	CPM1A-20EDR	继电器
	CPM1A-20EDT	晶体管(NPN)
	CPM1A-20EDT1	晶体管(PNP)

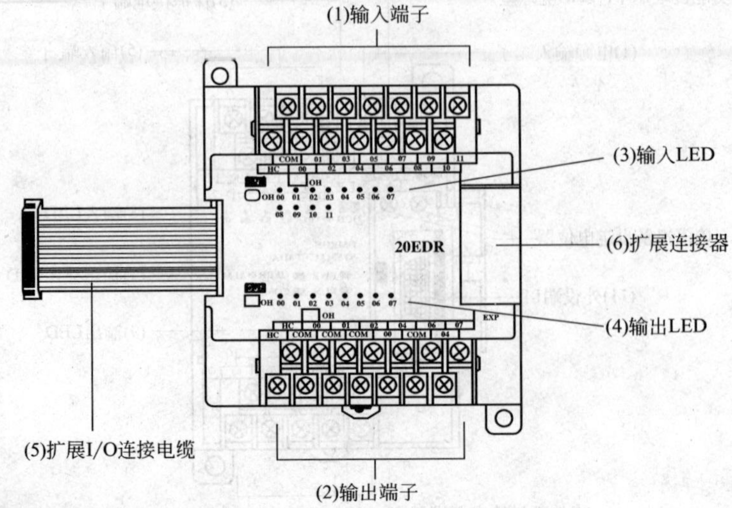

图 3-2　20 点 I/O 扩展单元的面板图

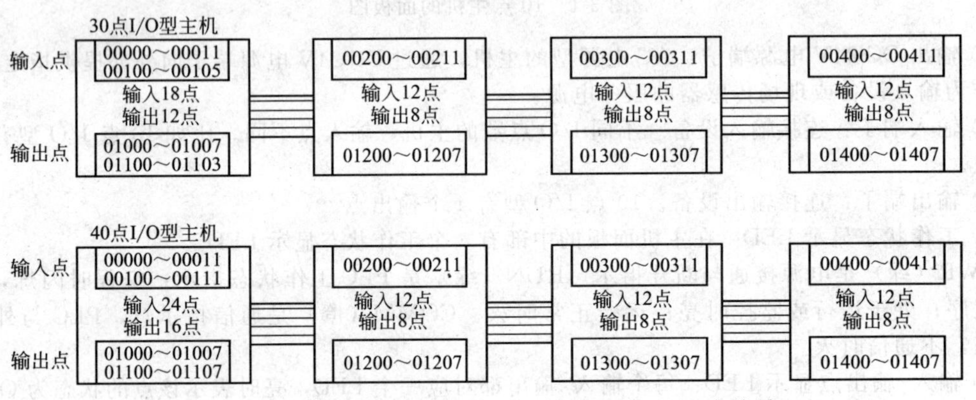

图 3-3　CPM1A 系列 PLC 的 I/O 扩展配置、I/O 点编号

3.1.3　编程工具

CPM1A 系列的编程工具有两种。

① 专用编程器：两种型号，一种本身自带电缆，可直接接主机的外设端口；另一种需要专用电缆与主机连接。

② 装有专用编程软件的个人计算机：通过适配器或专用电缆与 PLC 连接。用户可以通过键盘输入和调试程序；另外在运行时，还可以对整个控制过程进行监控。

3.1.4　特殊功能单元

CPM1A 系列的特殊功能单元主要有模拟量 I/O 单元、温度传感器、模拟量输出单元和温度传感器输出单元四种。对特殊功能单元连接数目有要求，如与主机连接不能超过 3 个。

用户根据需要，可以选择使用一种或几种特殊功能单元。在使用温度传感器单元 TS002 和 TS102 时，只能连接其中的一个，且同时使用的扩展单元总数不能超过 2 台。

3.2　CPM1A 系列的继电器区及数据区

CPM1A 系列 PLC 的继电器和数据区分为内部继电器区（IR）、特殊辅助继电器区（SR）、暂存继电器区（TR）、保持继电器区（HR）、辅助记忆继电器区（AR）、链接继电器区（LR）、定时器/计数器区（TC）和数据存储区（DM）。CPM1A 系列 PLC 的内部器件以通道形式进行编号，通道号用二位、三位或四位数表示。一个通道内有 16 个继电器，一个继电器对应通道中的一位，16 个位的序号为 00～15。所以，一个继电器的编号由两部分组成，一部分是通道号，另一部分是该继电器在通道中的位序号，如表 3-3 所示。

表 3-3 继电器号分配表

名称		点数	通道号(CH)	继电器地址	功能
输入继电器		160	000～009	00000～00915	继电器号与外部的输入输出端子相对应(没有使用的输入通道可用作内部继电器号使用)
输出继电器		160	010～019	00000～00915	
内部辅助继电器		512	200～231	20000～23115	在程序内可以自由使用的继电器，不可输出
特殊辅助继电器		384	232～255	23200～25507	分配有特定功能的继电器
暂存继电器(TR)		8	TR0～TR7		回路的分歧点上，暂时记忆 ON/OFF 的继电器
保持继电器(HR)		320	HR 00～19	HR 0000～1915	在程序内可以自由使用，且断电时能保持掉电前状态的继电器
辅助记忆继电器(AR)		256	AR 00～15	AR0000～1515	分配有特定功能的辅助继电器
链接继电器(LR)		256	LR00～15	LR0000～1515	1：1 链接的数据输入输出用继电器(也能用作内部辅助继电器)
定时器/计数器		128	TIM/CNT000～127		定时器、计数器，编号合用
数据存储器(DM)	可读写	000～009	DM0000～0999	DM1022～1023	以字为单位(16 位)使用，断电也能保持数据。在 DM1000～1021 不作故障记忆时可作常规 DM 使用 DM6144～6599、DM6600～6655 不能用程序写入，只能用外围设备设定
	故障履历存入区	000～009	DM1000～1021		
	只读	000～009	DM6144～6599		
	PC 系统设定区	000～009	DM6600～6655		

3.2.1 内部继电器区（IR）

（1）IR 区

分为 I/O 继电器区与内部辅助继电器区两部分。

I/O 继电器区是供输入/输出用的输入/输出继电器区，该区的通道号为 000～019 共 20 个通道。其中，000～009 是输入继电器区，000、001 是主机的输入通道，其余为与主机连接的 I/O 扩展单元的输入通道编号；输出继电器区有编号为 010～019 的 10 个通道，其中 010、011 通道用来对主机的输出通道编号，012～019 用于对主机连接的 I/O 扩展单元的输出通道编号。

内部辅助继电器区是供用户编写程序使用的，该区的通道不能直接输出，编号为 200～231 的 32 个通道。每个通道有 16 位（点），故共有 512 点。

（2）继电器编号的表示

在 IR 区，某一个继电器的编号要用 5 位数表示。前 3 位是该继电器所在的通道号，后 2 位数是该继电器在通道中的位序号。例如某继电器的编号是 00105，其中的 001 是通道号，05 表示该继电器的位序号。

另外，输入/输出继电器区中未被使用的通道也可作为内部辅助继电器使用。

3.2.2 特殊辅助继电器区（SR）

特殊辅助继电器供系统使用，主要用于暂存 CPM1A 有关动作的标志，各种功能的设定值、现在值。SR 区有 24 个通道（通道号为 232～255），表 3-4 给出了该继电器的功能。

① SR 区的前半部分（232～251）一般以通道为单位使用。无继电器号。

② 232～249 通道也有可作为内部辅助继电器使用的功能（前提不作为既定功能使用时）。

③ 250 和 251 只能作为既定功能使用，不可作为内部辅助继电器使用。

表 3-4 特殊辅助继电器

<table>
<tr><th>通道号</th><th>继电器号</th><th colspan="2">功　　能</th></tr>
<tr><td>232~235</td><td colspan="3">宏指令输入区。不使用宏指令的时候，可作为内部辅助继电器使用</td></tr>
<tr><td>236~239</td><td colspan="3">宏指令输出区。不使用宏指令的时候，可作为内部辅助继电器使用</td></tr>
<tr><td>240</td><td colspan="2">存放中断0的计数器设定值</td><td rowspan="4">输入中断使用计数器模式时的设定值(0000~FFFF)。输入中断不使用计数器模式时，可作为内部辅助继电器使用</td></tr>
<tr><td>241</td><td colspan="2">存放中断1的计数器设定值</td></tr>
<tr><td>242</td><td colspan="2">存放中断2的计数器设定值</td></tr>
<tr><td>243</td><td colspan="2">存放中断3的计数器设定值</td></tr>
<tr><td>244</td><td colspan="2">存放中断0的计数器当前值减1</td><td rowspan="4">输入中断使用计数器模式时的计数器当前值减1(0000~FFFF)。输入中断不使用计数器模式时，可作为内部辅助继电器使用</td></tr>
<tr><td>245</td><td colspan="2">存放中断1的计数器当前值减1</td></tr>
<tr><td>246</td><td colspan="2">存放中断2的计数器当前值减1</td></tr>
<tr><td>247</td><td colspan="2">存放中断3的计数器当前值减1</td></tr>
<tr><td>248~249</td><td colspan="3">存放高速计数器的当前值。不使用高速计数器时，可作为内部辅助继电器使用</td></tr>
<tr><td>250</td><td colspan="2">存放模拟电位器0设定值</td><td rowspan="2">设定值为0000~0200(BCD码)</td></tr>
<tr><td>251</td><td colspan="2">存放模拟电位器1设定值</td></tr>
<tr><td rowspan="10">252</td><td>00</td><td colspan="2">高速计数器复位标志(软件设置复位)</td></tr>
<tr><td>01~07</td><td colspan="2">不可使用</td></tr>
<tr><td>08</td><td colspan="2">外设通信口复位时为ON(使用总线无效)，之后自动回到OFF状态</td></tr>
<tr><td>09</td><td colspan="2">不可使用</td></tr>
<tr><td>10</td><td colspan="2">系统设定区域(DM6600~6655)初始化的时候为ON，之后自动回到OFF状态(仅编程模式时有效)</td></tr>
<tr><td>11</td><td colspan="2">强制置位/复位的保持标志
OFF：编程模式与监控模式切换时，解除强制置位/复位的接点
ON：编程模式与监控模式切换时，保持强制置位/复位的接点</td></tr>
<tr><td>12</td><td colspan="2">I/O保持标志
OFF：运行开始/停止时，输入/输出、内部辅助继电器，链接继电器的状态被复位
ON：运行开始/停止时，输入/输出、内部辅助继电器，链接继电器的状态被保持</td></tr>
<tr><td>13</td><td colspan="2">不可使用</td></tr>
<tr><td>14</td><td colspan="2">故障履历复位时为ON，之后自动回到OFF</td></tr>
<tr><td>15</td><td colspan="2">不可使用</td></tr>
<tr><td rowspan="8">253</td><td>00~07</td><td colspan="2">故障码存储区，故障发生时将故障码存入
故障报警(FAL/FALS)指令执行时，FAL号被存储
FAL00指令执行时，故障码存储区复位(成为00)</td></tr>
<tr><td>08</td><td colspan="2">不可使用</td></tr>
<tr><td>09</td><td colspan="2">当扫描周期超过100ms时为ON</td></tr>
<tr><td>10~12</td><td colspan="2">不可使用</td></tr>
<tr><td>13</td><td colspan="2">常ON</td></tr>
<tr><td>14</td><td colspan="2">常OFF</td></tr>
<tr><td>15</td><td colspan="2">PLC上电后的第一个扫描周期内为ON，常作为初始化脉冲</td></tr>
<tr><td>00</td><td colspan="2">输出1min时钟脉冲(占空比1∶1)</td></tr>
<tr><td rowspan="6">254</td><td>01</td><td colspan="2">输出0.02s时钟脉冲(占空比1∶1)，当扫描周期大于0.01s时不能正常使用</td></tr>
<tr><td>02</td><td colspan="2">负数标志(N标志)</td></tr>
<tr><td>03~05</td><td colspan="2">不可使用</td></tr>
<tr><td>06</td><td colspan="2">微分监视完成标志(微分监视完成时为ON)</td></tr>
<tr><td>07</td><td colspan="2">STEP指令中一个行程开始时，仅一个扫描周期为ON</td></tr>
<tr><td>08~15</td><td colspan="2">不可使用</td></tr>
<tr><td rowspan="9">255</td><td>00</td><td colspan="2">输出0.1s时钟脉冲(占空比1∶1)，当扫描周期大于0.05s时不能正常使用</td></tr>
<tr><td>01</td><td colspan="2">输出0.2s时钟脉冲(占空比1∶1)，当扫描周期大于0.1s时不能正常使用</td></tr>
<tr><td>02</td><td colspan="2">输出1s时钟脉冲(占空比1∶1)</td></tr>
<tr><td>03</td><td colspan="2">ER标志(执行指令时，出错发生时为ON)</td></tr>
<tr><td>04</td><td colspan="2">CY标志(执行指令时结果有进位或借位发生时为ON)</td></tr>
<tr><td>05</td><td colspan="2">>标志(执行比较指令时，第一个比较数大于第二个比较数时，该位为ON)</td></tr>
<tr><td>06</td><td colspan="2">标志(执行比较指令时，第一个比较数等于第二个比较数时，该位为ON)</td></tr>
<tr><td>07</td><td colspan="2"><标志(执行比较指令时，第一个比较数小于第二个比较数时，该位为ON)</td></tr>
<tr><td>08~15</td><td colspan="2">不可使用</td></tr>
</table>

④ SR 区后半部分（252～255）主要存储 PLC 的工作状态标志，发出工作启动信号，产生时钟脉冲等。除过 25200，这些工作状态只能使用，但不能改变。用户程序只能用其触点，不能将其作为输出继电器使用。

⑤ 25200 属于高速计数器的软件复位标志位，状态可控。状态为 ON 时可复位。

⑥ 25300～25307 为故障码存储区。

3.2.3 暂存继电器区（TR）

CPM1A 有编号为 TR0～TR7 共 8 个暂存继电器区。用于暂存复杂梯形图中分支点之前的 ON/OFF 状态；同一编号的暂存继电器在同一程序段内不能重复使用，在不同的程序段可重复使用。

3.2.4 保持继电器区（HR）

该区有编号为 HR00～HR19 的 20 个通道，每个通道有 16 位，共有 320 个继电器。保持继电器的使用方法同内部辅助继电器一样，但保持继电器的通道编号必须冠以 HR。保持继电器具有断电保持功能，其断电保持功能通常有两种用法：其一，当以通道为单位用作数据通道时，断电后再恢复供电时数据不会丢失：其二，以位为单位与 KEEP 指令配合使用时、或作为自保持电路时，断电后再恢复供电时，该位能保持掉电前的状态。

3.2.5 辅助记忆继电器区（AR）

主要用来存储 PLC 的工作状态信息，具有断电保持功能（如扩展单元的数目、断电的次数等)。辅助记忆继电器区共有 AR00～AR15 16 个通道，通道编号前要冠以 AR 字样。

3.2.6 链接继电器区（LR）

链接继电器区共有编号为 LR00～LR15 的 16 个通道，通道编号前要冠以 LR 字样。当 CPM1A 与本系列 PLC 之间进行 1∶1 链接时，要使用链接继电器与对方交换数据。在不进行 1∶1 链接时，链接继电器可作内部辅助继电器使用。

3.2.7 定时器/计数器区（TC）

该区总共有 128 个定时器/计数器，编号范围为 000～127。定时器/计数器又各分为两种，即普通定时器 TIM 和高速定时器 TIMH，普通计数器 CNT 和可逆计数器 CNTR（统一编号，TC 号不可重复，当一个 TC 号给了定时器，就不能给其他定时器或计数器）。定时器无断电保持功能，电源断电时定时器复位。计数器有断电保持功能。

3.2.8 数据存储区（DM）

数据存储区用来存储数据。该区共有 1536 个通道，每个通道 16 个位。通道编号用 4 位数且冠以 DM 字样，其编号为 DM0000～DM1023、DM6144～DM6655。数据存储区只能以通道为单位使用，具有掉电保持功能。

① DM0000～DM0999、DM1022～1023 为程序可读写区，用户程序可自由读写内容。

② DM1000～DM1021 用作故障履历存储器，记录有关故障信息，也可作为普通数据存储器使用。是否作为故障履历存储器，由 DM6655 的 00～03 位设定。

③ DM6144～DM6599 为只读存储区，只能读不可写。数据必须提前写入。

④ DM6600～DM6655 为系统设定区，用来设置各种系统参数。由编程器来写入通道中的数据。DM6600～DM6614 仅在编程模式被设定，DM6615～DM6655 可在编程模式或监控模式的时候设定。

3.3 CPM1A 系列 PLC 的功能简介

CPM1A 系列 PLC 属于高功能的小型机，其主要功能如下。

① 丰富的指令系统：基本指令有 17 条，应用指令有 136 条。功能强大、简单，编程方便。

② 模拟设定电位器功能：在主机面板左上角，其参数设定范围为 0～200（BCD)，可将其数

值自动送到特殊辅助继电器区域。模拟设定电位器的 0 和 1 的数值分别送入对应的 250 通道和 251 通道。当定时器/计数器的设定值采用这两个通道后，其设定值可以方便地进行变动。

③ 输入时间常数设定功能：因为 PLC 输入电路有滤波器，可以减少外部干扰，保证时间常数的稳定性。时间常数的设定是通过系统设置区域的 DM6620～DM6625 来设置的。

④ 高速计数器功能：递增计数和递减计数；中断功能与其他指令配合可以实现目标值比较中断控制或区域比较中断控制。高速计数器通过 DM6642 进行设置。

⑤ 外部输入中断功能：中断输入点有 00003～00006（10 点的为 00003 和 00004），包括输入中断模式和计数器中断模式。这一功能主要解决快速响应问题。输入中断模式是在输入中断脉冲的上升沿时刻响应中断，停止执行主程序而转去执行中断处理子程序，子程序执行完毕后再返回断点继续执行主程序，其设定为 DM6628；计数器中断模式是对中断输入点的输入脉冲进行高速计数，每达到一定次数就产生一次中断，停止主程序而执行中断子程序，子程序执行完毕再返回断点处继续执行主程序。

⑥ 间隔定时器中断功能：中断功能有两种，单次中断模式——当间隔定时器达到设定时间时便产生一次中断，停止执行主程序而执行中断子程序；重复中断模式——每隔一定的设定时间产生一次中断。

⑦ 快速响应输入功能：由于 PLC 的输出对输入的响应速度受扫描周期的影响，在某些特殊情况下可能使一些瞬时的输入信号被遗漏。为了防止这种输入信号被遗漏，CPM1A 系列 PLC 中设计了快速响应输入功能。有了此功能，PLC 便可以不受扫描周期的影响，随时接收最小脉冲宽度为 0.2ms 的瞬时脉冲。快速响应的输入点内部具有缓冲功能，可将瞬间脉冲记忆下来并在规定的时间响应它。

通常用系统设置区域的 DM6628 来设定，以实现快速响应输入功能，否则使用无效；在 CPM1A 系列主机中，外部中断输入点也是快速响应输入点。

⑧ 脉冲输出功能：主要针对晶体管型 PLC，如配合步进电机的驱动电源实现步进电机的速度和位置控制。

⑨ 较强的通信功能：在外设端口连接适配器时，可与其他个人计算机链接通信。此内容后面章节再进行介绍。

⑩ 高性能的快闪内存：采用快闪存储器，不需要使用锂电池，并可保证 PLC 的正常工作。这样避免了锂电池定期更换的麻烦，使用非常方便，

3.4 CPM1A 系列 PLC 的通信功能

CPM1A 系列 PLC 的通信功能很强大。

① HOST Link 通信：通信时，上位机发出指令信息给 PLC，PLC 返回响应信息给上位机，上位机可以监视 PLC 的工作状态。

② NT Link 通信：PLC 与可编程终端 PT 链接。PT 主要实时显示 PLC 的继电器区、数据区的内容及 PLC 的各种工作状态信息，并对 PLC 控制系统进行监控；也可通过功能键或触摸按钮改变 PLC 的某些设定值（输入数据）。有的也可以存储数据。

③ 1∶1PLC Link 通信：两台 PLC 通过 1∶1 链接后可利用 LR 区交换数据，实现信息共享。

④ CompoBus/S I/O 链接通信：PLC 链接了 CompoBus/S 的 I/O 单元。

3.5 CPM1A 系列 PLC 的指令系统

CPM1A 系列 PLC 虽然属于小型机，但它的指令系统却非常丰富。CPM1A 系列 PLC 的编程指令共有 153 条，主要通过梯形图和语句表来表示指令。

3.5.1 概述

（1）指令的分类

按指令功能的不同，可分为基本指令和应用指令。基本指令指的是直接对输入和输出点进行操作的指令，如输入、输出及逻辑“与”、“或”、“非”等操作。应用指令指的是进行数据传送、数据处理、数据运算、程序控制等操作的指令。应用指令的多少与 PLC 功能的强弱有很大的关系。

（2）指令的格式

指令的格式可以表示为：

助记符（指令码） 操作数 1

操作数 2

操作数 3

① 助记符表示指令的功能，它指明了执行该指令所完成的操作。常用英文或其缩写来表示。不同厂家助记符不同。

② 指令码是指令的代码，用两位数（00～99）表示。大部分基本指令没有指令码，而应用指令几乎都有。

③ 操作数提供了指令执行的对象和数据。各种指令的操作数的个数不同。对操作数的基本要求如下。

a. 操作数可以是继电器号、通道号或常数。当操作数为常数时，该常数前要加＃。

b. 操作数为常数，可以是十进制或十六进制，与指令有关。

c. 间接寻址的操作数用*DM××××表示。该操作数是以 DM××××中的数据为地址的另一个 DM 通道中的数据。要求 DM××××的内容必须是 BCD 码，且不超出 DM 区的范围。

（3）执行指令对标志位的影响

指在 SR 区的 25503～25507 是执行指令的标志位，每个标志位的含义是不同的。有的指令执行后影响标志位，有的不影响。如 25503 为常用的标志位，状态为 ON 时，表示当前执行的程序出错且停止执行程序。

（4）指令的微分和非微分形式

指令有两种形式，微分型指令要在其助记符前加标记@。微分型指令在执行条件变化时仅在从 OFF 变为 ON 时才执行一次，否则不执行；而非微分型指令，只要执行条件为 ON，每次扫描都要执行。

3.5.2 基本指令

编写应用程序时，使用频率较高的是基本指令。CPM1A 系列 PLC 有 17 条基本指令。

常开触点和常闭触点的状态是由它对应的继电器的状态决定的。如输入继电器为 ON，则常开触点为 ON，常闭触点为 OFF。

3.5.2.1 常用基本指令

有一些基本指令是几乎所有的程序都必须使用。表 3-5 列出了这些基本指令的格式、梯形图符号、操作数的含义及范围、指令的功能。

（1）LD、LD NOT、AND、AND NOT、OR、OR NOT、OUT、OUT NOT 指令

图 3-4 使用了部分基本指令。(a) 为梯形图，(b) 为语句表。

在分析梯形图程序时，常开常闭触点的状态（ON/ OFF）是由它们对应的继电器状态确定的。例如图 3-4 中，如果 00000 号输入继电器为 ON 时，则常开触点 00000 为 ON（触点闭合），否则为 OFF；如果 00001 号输入继电器为 ON，则常闭触点 00000 为 OFF（触点断开），否则为 ON。

在图 3-4 中，常开触点 01000 与 00000 并联，是逻辑“或”的关系，两者只要有一个为 ON，则并联结果为 ON。常闭触点 00001 与左面的并联部分相串联，两者是逻辑“与”的关系，常闭触点 00001 与并联部分的结果都为 ON 时串联结果才为 ON，此结果输出到继电器 01000 使之为

表 3-5 基本指令

格式	梯形图符号	操作数的含义与范围	指令功能
LD N	┤├	N(继电器号)： 00000～01915 20000～25507 HR0000～HR1915 AR0000～AR1515 LR0000～LR1515 TIM/CNT000～127 TR0～TR7(仅用于 LD 指令)	逻辑开始时使用，常开触点与左侧母线相连接
LD NOT N	┤/├		逻辑反向开始时使用，常闭触点与左侧母线相连接
AND N	┤├		逻辑与操作，用于触点串联
AND NOT N	┤/├		逻辑与非操作，用于触点串联
OR N	┤├ (并联)		逻辑或操作，用于触点并联
OR NOT N	┤/├ (并联)		逻辑或非操作，用于触点并联
OUT N	─(N)	N(继电器号)： 00000～01915、20000～25507 HR0000～HR1915、AR0000～AR1515 LR0000～LR1515 TR0～TR7(仅用于 OUT 指令)	将逻辑运算结果送输出继电器
OUT NOT N	─(N/)		将逻辑运算结果反向后送输出继电器
NOP(00)	无		空操作指令
END(01)	─[END(01)]		程序结束指令

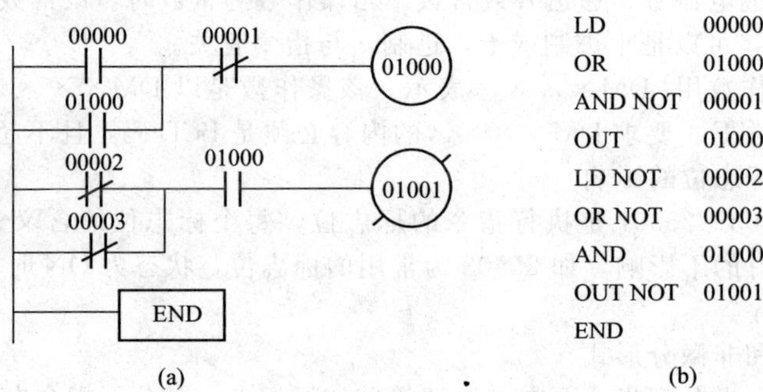

图 3-4 部分基本指令的使用

ON，否则 01000 为 OFF。常闭触点 00002 与常闭触点 00003 中，只要有一个为 ON，且常开触点 01000 也为 ON 时，则输出继电器 01001 为 OFF，否则 01001 为 ON。显然，OUT NOT 指令是把前面计算的结果取反再送到继电器 01001 中。

(2) END 指令

程序的结尾处一定要安排 END 指令，因为 CPU 扫描到 END 指令时即认为程序到此结束，因此 END 后面的程序一概不执行，并马上返回到程序的起始处再次扫描程序。若程序结束时没写 END 指令，在程序运行和查错时将显示出错信息“NOT END INST”。在调试程序时可以将 END 指令插在各段程序之后，对程序进行分段调试，调试结束时再删除插在中间各段程序之后的 END 指令。

图 3-5 中使用了 END 指令，应注意 END 指令的梯形图画法和语句的写法。图中，常闭触点 00003 与上一行并联后再与常开触点 00002 串联而形成一个触点组，00004 与上面的触点组再并联。00004 与上面的触点组两者中有一个为 ON，01002 即为 ON。

(3) NOP 指令

NOP 指令常用来修改程序。例如，用 NOP 代替 AND N 语句，可把 AND 语句中的触点 N 短接；用 NOP 代替 OR N 语句，可把 OR 语句中的触点 N 断掉等。但是要注意，用 NOP 修改程序时可能会引起程序出错。例如，若用 NOP 代替 OUT N 语句时，将造成该梯级无输出。因此，用 NOP 指令修改后的程序要注意检查。用 NOP 修改部分语句时，其他语句的地址号不变。

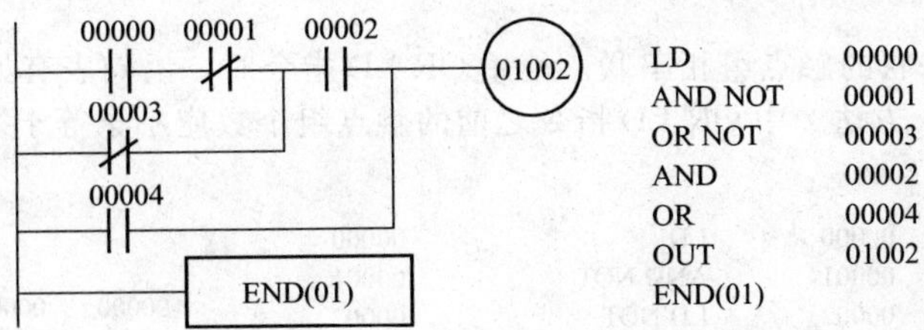

图 3-5 END 指令的使用

图 3-6 所示是使用 NOP 指令的例子。欲将图 3-6(a) 变成图 3-6(b) 的梯形图，可将图 3-6(a) 语句表中的 AND 00001 改写成 NOP(00) 即可。若欲去掉 LD 00000，不仅要把第一条语句处改写成 NOP(00)，还要将下一条语句 AND 00001 改写成 LD 00001，否则就会出现语法错误。

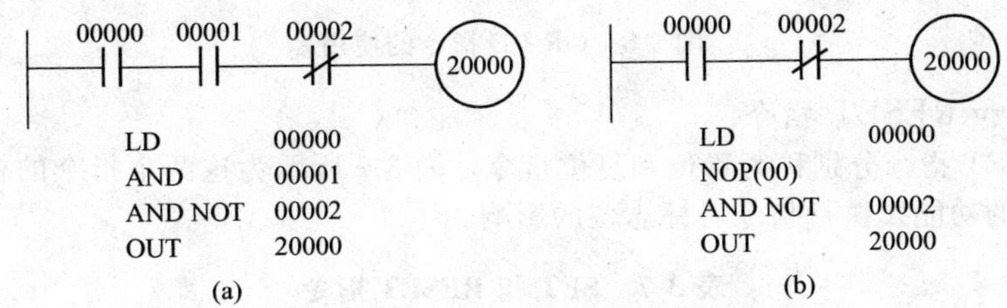

图 3-6 NOP 指令的使用

3.5.2.2 AND LD 和 OR LD 指令

表 3-6 所示是 AND LD 和 OR LD 指令的格式、梯形图符号、操作数的含义及范围、指令的功能。

表 3-6 AND LD 和 OR LD 指令

格　　式	梯形图符号	操作数的含义与范围	指令功能
AND LD		无操作数	和前面的条件“与”
OR LD			和前面的条件“或”

(1) AND LD 指令

图 3-7 中有三个并联的触点组相串联。使用 AND LD 指令时，语句表有如图 3-7 所示的两种不同的编写方法。方法 2 中 AND LD 指令集中在一起编写，但方法 2 中 AND LD 指令之前的触点组个数应小于等于 8，方法 1 对此没有限制。

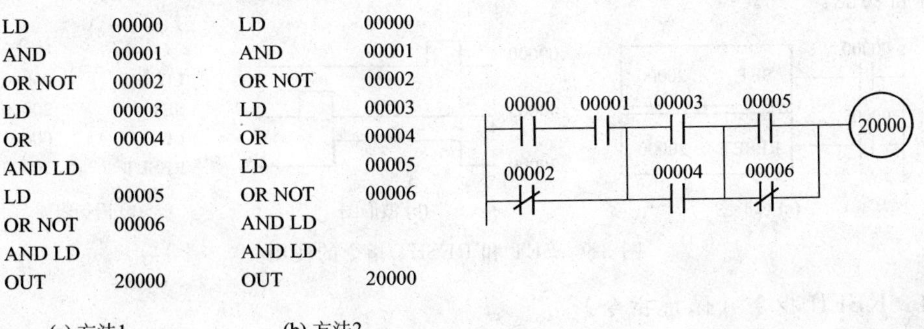

图 3-7 AND LD 指令的使用

(2) OR LD指令

图3-8中有三个并联的触点组相串联。使用OR LD指令时，语句表有如图3-8所示的两种不同的编写方法。同样，方法2中OR LD指令之前的触点组个数应小于等于8，而方法1对此没有限制。

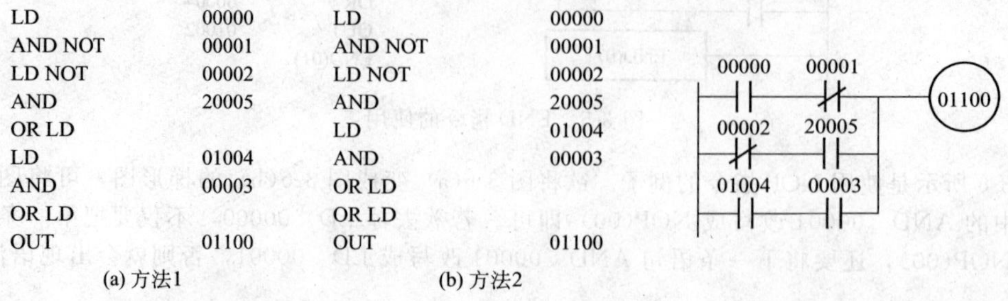

图3-8 OR LD指令的使用

3.5.2.3 SET和RESET指令

SET和RESET指令分别称为置位和复位指令。表3-7所示为这两个指令的格式操作数的含义及范围、指令的功能及执行指令对标志位的影响。

表3-7 SET和RESET指令

格 式	梯形图符号	操作数的含义与范围	指 令 功 能
SET	SET N	N(继电器号)： 00000～01915、20000～25507 HR0000～HR1915、AR0000～AR1515 LR0000～LR1515 以位为单位进行操作	当执行条件为ON时，将指定的继电器置为ON且保持。指令执行结果不影响标志位
RESET	RESET N		当执行条件为ON时，将指定的继电器置为OFF且保持。指令执行结果不影响标志位

在编程器上输入指令时要按照以下顺序操作：按"FUN"键→按"SET"或"RESET"键→按数字键→按"WRITE"键。

SET和RESET指令一般成对使用，一般用SET指令将某继电器置为ON，再用RESET指令将其置为OFF。也可以单独用RESET将已ON的继电器置为OFF。

SET、RESET指令的执行条件常使用短信号（脉冲信号）。这两条指令语句之间可以插入别的指令语句。

图3-9中，00000是SET指令的执行条件，当00000为ON时，20000被置为ON并保持，即使00000又变为OFF；00003是RESET指令的执行条件，当00003为ON时，20000被置为OFF并保持，即使00003又变为OFF。当SET、RESET指令的操作数是保持继电器HR时，具有掉电保持功能。

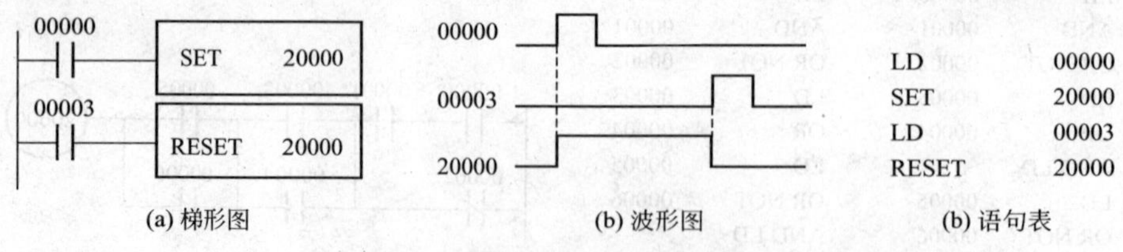

图3-9 SET和RESET指令的使用

3.5.2.4 KEEP指令（保持指令）

KEEP指令是锁存指令。表3-8所示是KEEP指令的格式、梯形图符号、操作数的含义及范围、指令的功能。

表 3-8 KEEP 指令

格式	梯形图符号	操作数的含义及范围	指令功能及执行指令对标志位的影响
KEEP (11)	S KEEP N R S 为置 1 端，R 为置 0 端 R、S 端可用短信号	N 的范围是：IR、SR、HR、AR、LR（除了 IR 中已作为输入通道的位） 以位为单位进行操作	锁存继电器指令 当 S 端输入为 ON 时，继电器 N 被置位为 ON 且保持 当 R 端输入为 ON 时，N 被置为 OFF 且保持； 当 R、S 端同时为 ON 时，N 为 OFF N 为 HR 区继电器时有掉电保持功能 指令的执行结果不影响标志位

图 3-10 所示是使用 KEEP 指令的例子，请注意用该指令编程时语句表的写法。

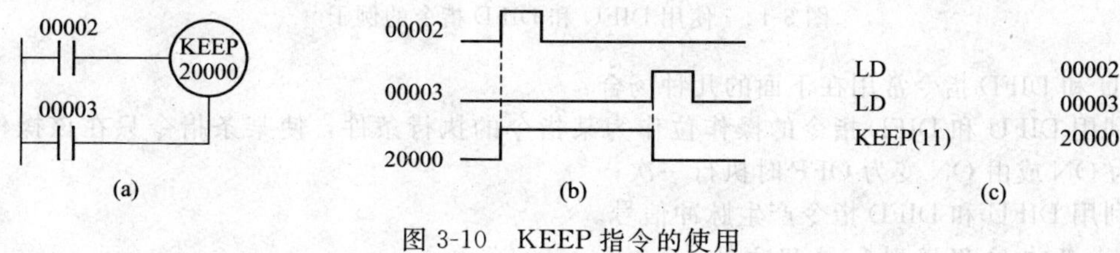

图 3-10 KEEP 指令的使用

在图 3-10 中，00002 是置位端的输入条件，00003 是复位端的输入条件。当 00002 由 OFF 变 ON 时，20000 被置为 ON 并保持，即使 00002 又变为 OFF；当 00003 由 OFF 变为 ON 时，20000 被复位为 OFF 并保持，即使 00003 又变为 OFF。

比较图 3-9(b) 和图 3-10(b) 的波形可看出，两个程序对 20000 都具有启动—保护—停止控制功能。

图 3-11 所示也是实现启动—保护—停止控制的程序。三张图的功能相同，但它们的区别在于：用 KEEP 指令编程时，需用 3 条语句，使用保持继电器 HR 作输出时，具有掉电保持的功能；用 SET 和 RESET 指令编程时，需用 4 条语句，但 SET 和 RESET 指令语句之间可插入别的指令，使用比较灵活，用 SET 指令的操作数是保持继电器 HR 时，具有掉电保持功能；对图 3-11，编程时需用 4 条语句，用 OUT 指令输出时无掉电保护功能。

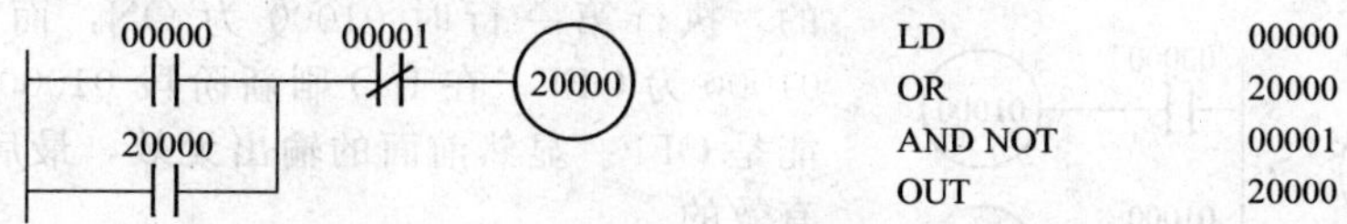

图 3-11 启动—保护—停止控制程序

3.5.2.5 DIFU 和 DIFD 指令

表 3-9 所示为上升沿微分 DIFU 和下降沿微分 DIFD 指令的格式、梯形图符号、操作数的含义及范围、指令的功能及执行指令对标志位的影响。

表 3-9 DIFU 和 DIFD 指令

格 式	梯形图符号	操作数的含义及范围	指令功能及执行指令对标志位的影响
DIFU(13) N	DIFU(13) N	N 的范围是：IR、SR、HR、AR、LR（除了 IR 中已作为输入通道的位） 以位为单位进行操作	当执行条件由 OFF 变为 ON 时，使指定的继电器接通一个扫描周期 指令的执行结果不影响标志位
DIFD(14) N	DIFD(14) N		当执行条件由 ON 变为 OFF 时，使指定的继电器接通一个扫描周期 指令的执行结果不影响标志位

使用 DIFU 和 DIFD 指令时要注意：在第 n 次扫描时检测到输入条件为 OFF、第 $n+1$ 次扫描检测到输入条件为 ON 时，DIFU 指令才会被执行。如果开机时的执行条件已为 ON，则 DIFU

指令不执行。同样，开机时的执行条件已为 OFF，则 DIFD 指令也不执行。

图 3-12 使用了 DIFU 和 DIFD 指令，图中 T_s 是扫描周期。如图 3-12 所示，00005 是 DIFU 和 DIFD 指令的执行条件。从触点 00005 由 OFF 变为 ON 开始，继电器 20000 只接通一个扫描周期；从触点 00005 由 ON 变为 OFF 开始，保持继电器 HR0000 只接通一个扫描周期。

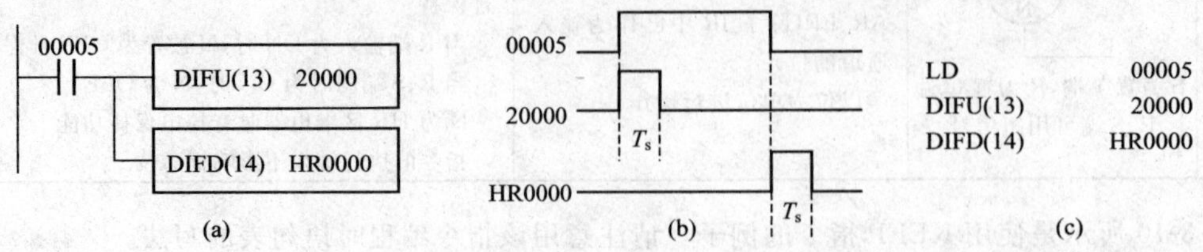

图 3-12 使用 DIFU 和 DIFD 指令的例子

DIFU 和 DIFD 指令常用在下面的几种场合：

① 利用 DIFU 和 DIFD 指令的操作位作为某指令的执行条件，使某条指令只在该操作位由 OFF 变为 ON 或由 ON 变为 OFF 时执行一次；

② 利用 DIFU 和 DIFD 指令产生脉冲信号。

3.5.2.6 基本编程规则和编程方法

掌握了 PLC 的基本编程指令之后，就可以根据控制要求编写简单的应用程序了。为了提高编程质量和编程效率，必须首先了解编写梯形图程序的基本规则和基本编程方法。

(1) 基本编程规则

① 梯形图中的每一行都是从左侧母线开始画起，线圈或指令画在最右边，线圈或指令右边只能画右母线（OMRON PLC 梯形图的右母线省略）。

② 线圈不能直接与左侧母线连接（除极少数没有执行条件的指令，如 END 等）。如果必须时，可以通过特殊辅助继电器 25313（常 ON）的触点连接。

③ 用 OUT 指令输出时，同一编号的继电器线圈在同一程序中使用两次以上，称为双线圈输出。双线圈输出容易引起误动作或逻辑混乱，因此一般要避免出现这种情况。

例如，在图 3-13(a) 中，设 00000 为 ON、00005 为 OFF。由于 PLC 是按扫描方式执行程序的，执行第一行时 01000 为 ON，而执行第二行时 01000 为 OFF。在 I/O 刷新阶段 01000 的输出状态只能是 OFF。显然前面的输出无效，最后一次输出才是有效的。

又如，在图 3-13(b) 中，设 00000 为 ON、00001 为 OFF。在执行第一行程序后 01000 为 ON，执行第二行后 01001 为 ON，执行第三行后 01000 为 OFF，因此在 I/O 刷新阶段，01001 为 ON，01000 为 OFF。但从第二行看，01000 和 01001 的状态应该一致。这就是双线圈输出造成的逻辑混乱。

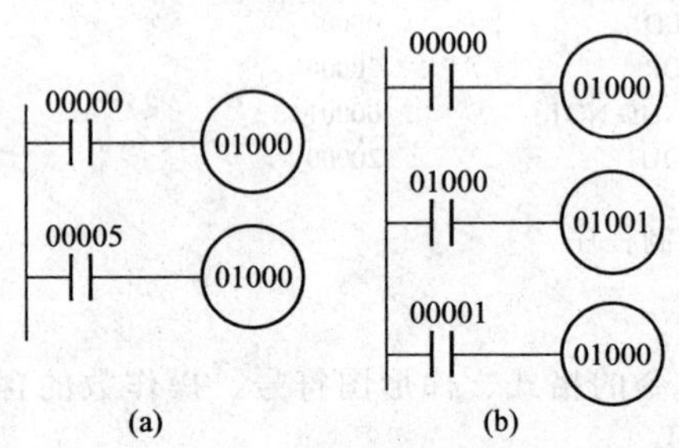

图 3-13 双线圈输出的例子

④ 梯形图必须遵循从左到右、从上到下的顺序编写，不允许在两行之间垂直连接触点。如果不符合上述顺序，就要进行转换。图 3-14(a) 若转换成图 3-14(b) 就符合顺序要求了。

⑤ 程序结束时一定要安排 END 指令，否则程序不被执行。

(2) 基本编程方法

① 两个或两个以上的线圈或指令可以并联输出。图 3-12 就属于这种编程方法。当然，可以把图 3-12 中的 DIFD 或 DIFU 指令换成继电器线圈等。

② 触点组与单个触点相并联时，应将单个触点放在下面。例如图 3-15(a) 变成图 3-15(b) 后，从语句表看出节省了一个 OR LD 语句。

③ 并联触点组与几个触点相串联时，应将并联触点组放在左边。例如图 3-16(a) 变成图 3-16(b)

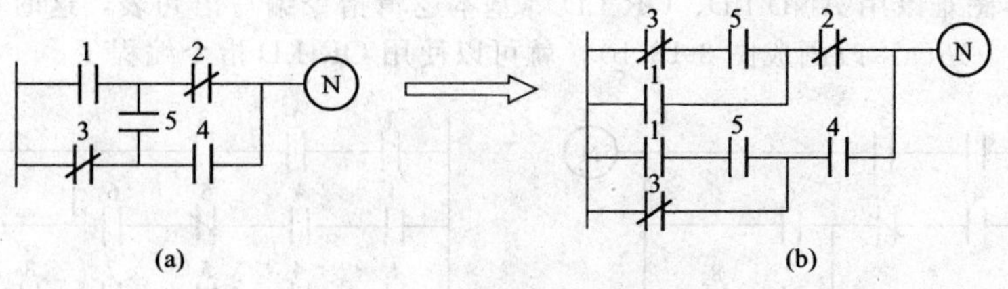

图 3-14 梯形图的顺序转换

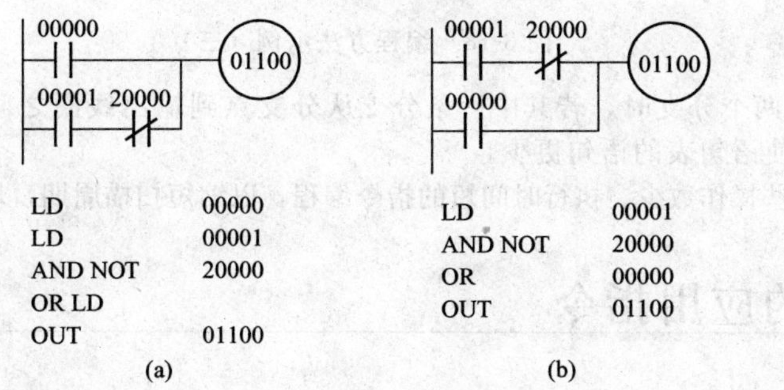

图 3-15 编程方法示例（一）

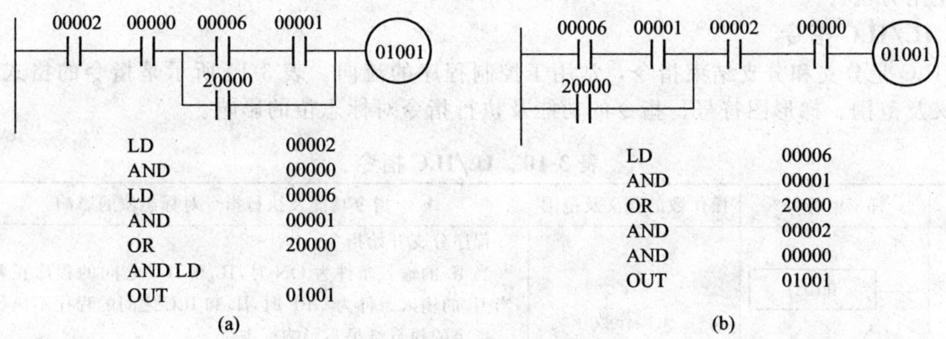

图 3-16 编程方法示例（二）

后，从语句表看出节省了一个 AND LD 语句。

④ 如果一条指令只需在 PLC 上电之初执行一次，可以用 SR 区的 25315 作为其执行条件。由于 25315 只在 PLC 上电后的第一个扫描周期处于 ON 状态，因此，以 25315 为执行条件的指令只在上电后的第一个扫描周期被执行。这种用法常出现在 PLC 的初始化程序段上。

如图 3-17 所示，在 PLC 上电后的第一个扫描周期，20000 被置为 ON，20000 又作为 KEEP 指令置位的输入条件，从而使 01000 被置为 ON，此后，如果 00001 ON 使 01000 复位，则在 PLC 本次上电期间，01000 不会再被置位。

此例中，可以用 25315 直接作 KEEP 指令的置位条件，之所以使用 DIFU 指令，是为了顺便说明该指令的用法。

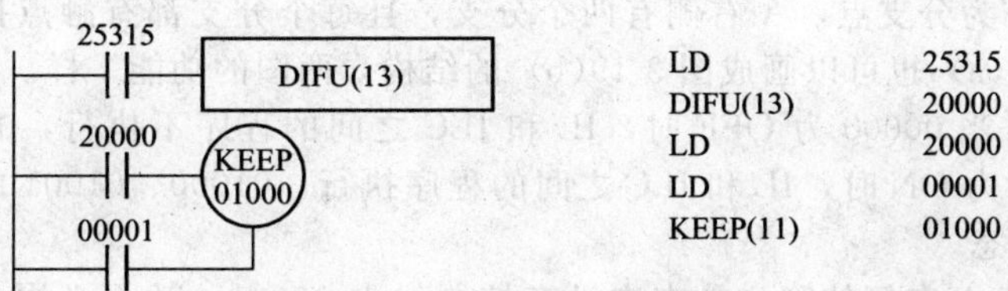

图 3-17 使用 25315 的例子

⑤ 有些梯形图难以用 AND LD、OR LD 等基本逻辑指令编写语句表，这时可重新安排梯形图的结构，如图 3-18(a) 改画成图 3-18(b)，就可以使用 OR LD 指令编程了。

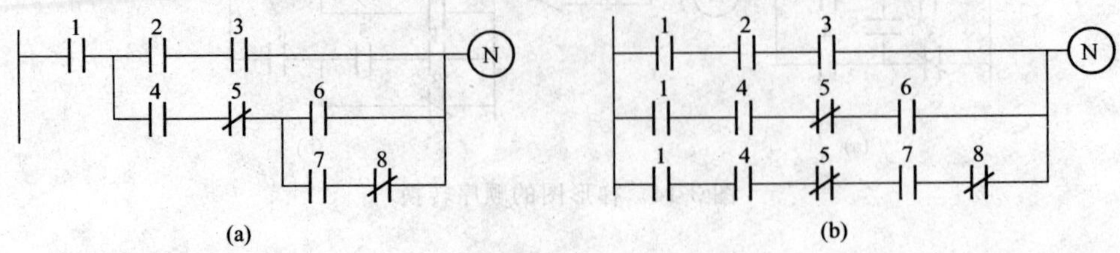

图 3-18 编程方法示例（三）

⑥ 当某梯级有两个分支时，若其中一条分支从分支点到输出线圈之间无触点，该分支应放在上方，这样可以使语句表的语句更少。

⑦ 尽量使用那些操作数少、执行时间短的指令编程，以缩短扫描周期，从而提高 I/O 响应速度。

3.6 常用的应用指令

CPM1A 系列 PLC 有 136 条应用指令，其中有些应用指令经常使用。本节先介绍这些指令的功能和使用方法。

3.6.1 IL/ILC 指令

IL/ILC 是分支和分支结束指令，常用于控制程序的流向。表 3-10 所示是指令的格式、操作数的含义及范围、梯形图符号、指令的功能及执行指令对标志位的影响。

表 3-10 IL/ILC 指令

格 式	梯形图符号	操作数的含义及范围	指令功能及执行指令对标志位的影响
IL(02)	—[IL(02)]	无操作数	程序分支开始指令 当 IL 的输入条件为 ON 时，IL 和 ILC 之间的程序正常执行；当 IL 的输入条件为 OFF 时，IL 和 ILC 之间的程序不执行 指令的执行结果不影响标志位
ILC(03)	—[ILC(03)]		程序分支结束指令 指令的执行结果不影响标志位

使用 IL/ILC 指令时应注意以下几类。

① 不论 IL 的输入条件是 ON 还是 OFF，CPU 都要对 IL 与 ILC 之间的程序段进行扫描。

② 如果 IL 的执行条件为 OFF，则位于 IL 和 ILC 之间的程序段不执行，此时 IL 和 ILC 之间各内部器件的状态如下：

所有 OUT 和 OUT NOT 指令的输出位为 OFF，所有定时器都复位；KEEP 指令的操作位、计数器、移位寄存器以及 SET 和 RESET 指令的操作位都保持 IL 为 OFF 以前的状态。

③ IL 和 ILC 指令可以成对使用，也可以多个 IL 指令配一个 ILC 指令，但不准嵌套使用，如 IL—IL—ILC—ILC。

图 3-19(a) 中 A 为分支点，A 右侧有两个分支，且每个分支都有触点控制，这时要使用分支指令编程。图 3-19(a) 也可以画成图 3-19(b) 的结构，两图的功能一样。

如图 3-19 所示，当 00000 为 OFF 时，IL 和 ILC 之间的程序不执行，01000、01001 都处于 OFF 状态。当 00000 为 ON 时，IL 和 ILC 之间的程序执行，01000、01001 的状态取决于各自分支上的控制触点的状态。

在图 3-19 中，若 A 右侧的第一分支中没有控制触点 00001，就不必用分支指令编程了。但如果把没有触点控制的分支放在下面，那就必须用分支指令编程。这就是上节基本编程方法中⑥

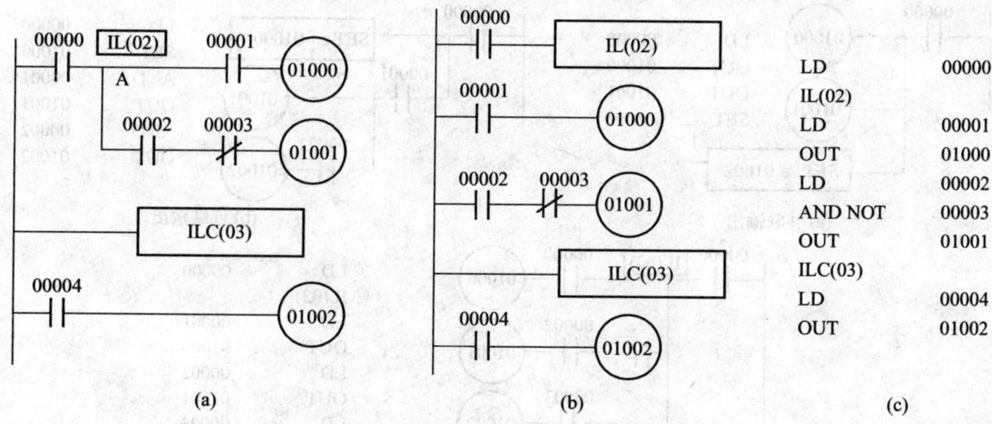

图 3-19 使用 IL/ILC 指令的例子

指出的问题。

图 3-20(a) 的程序有两次分支，图 3-20(a) 也可以画成图 3-20(b) 的结构，两图的功能是一样的。图 3-20(c) 是它们的语句表。在语句表中，多个 IL 指令只用一个 ILC 指令，在程序检查时会有出错信息显示，但不影响程序的正常执行。

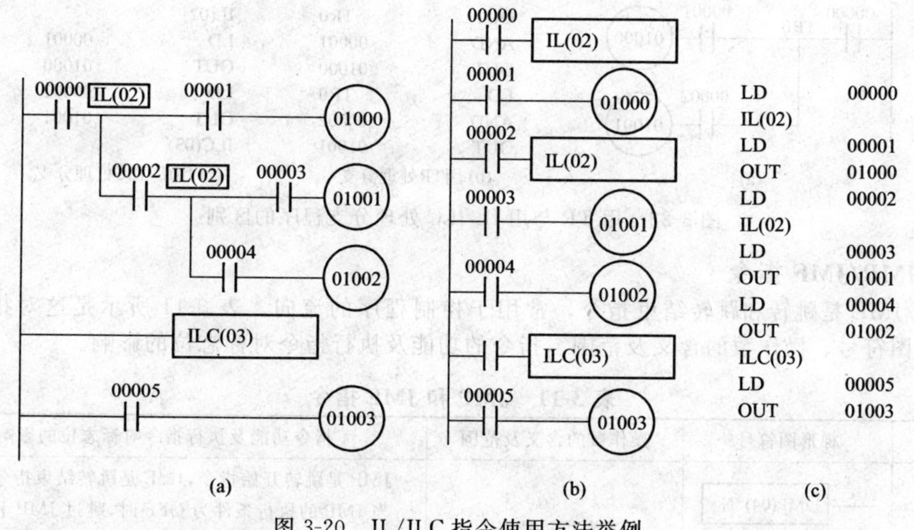

图 3-20 IL/ILC 指令使用方法举例

到此为止已经介绍了多种输出方式，归纳起来可以分为并联输出、连续输出和复合输出三种结构。这三种输出方式的梯形图结构和语句表如图 3-21 所示，应注意各种输出方式语句表的写法。

3.6.2 暂存继电器（TR）

暂存继电器可用来暂时存储当前指令执行的结果，所以处理梯形图的分支还有另外一种方法，可使用暂存继电器（TR）。

CPM1A 系列 PLC 有编号为 TR0～TR7 的 8 个暂存继电器。如果某个 TR 位被设置在一个分支点处，则分支前面的执行结果就会存储在这个 TR 位中。对暂存继电器的说明如下。

① 在同一分支程序段中，同一 TR 号不能重复使用。

② TR 不是编程指令，只能配合 LD 或 OUT 等基本指令一起使用。

图 3-22 所示是使用暂存继电器 TR 处理分支的例子。从语句表可以看出两种处理分支方法的区别：用 TR 时，是用 AND 指令连接下一个分支的触点；用 IL/ILC 时，是用 LD 指令连接下一个分支的触点。在分支多时，用 TR 处理分支程序比使用 IL/ILC 指令时语句表要烦琐一些。

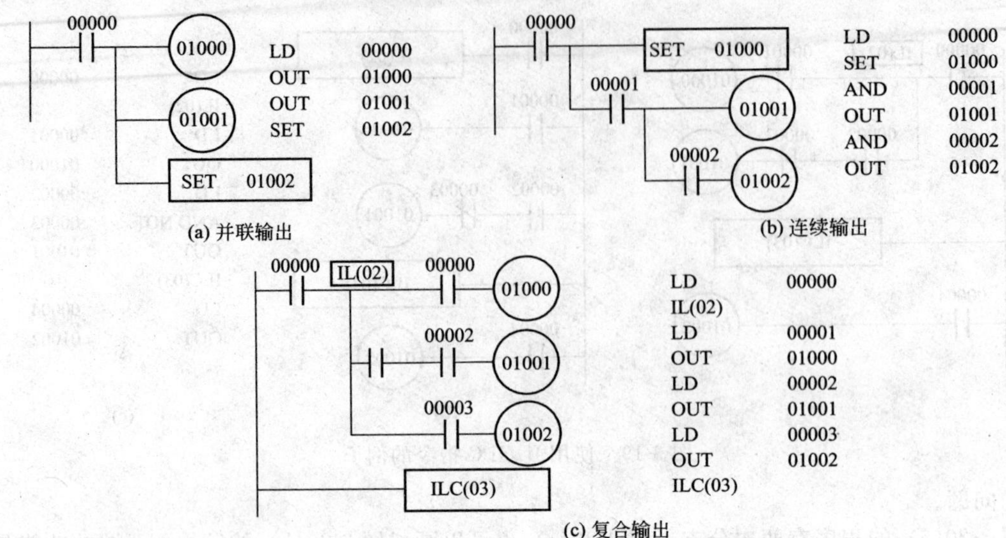

图 3-21 并联输出、连续输出和复合输出的程序结构

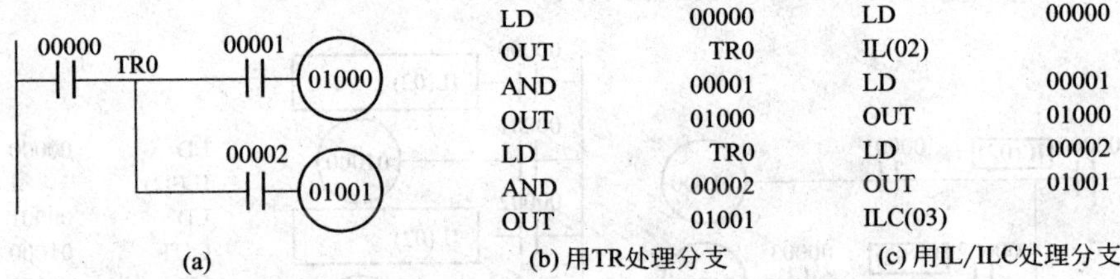

图 3-22 用 TR 与用 IL/ILC 处理分支程序的区别

3.6.3 JMP/JME 指令

JMP/JME 是跳转和跳转结束指令，常用于控制程序的流向。表 3-11 所示是这对指令的格式、梯形图符号、操作数的含义及范围、指令的功能及执行指令对标志位的影响。

表 3-11 JMP 和 JME 指令

格 式	梯形图符号	操作数的含义及范围	指令功能及执行指令对标志位的影响
JMP(04) N	JMP(04) N	N 为跳转号，其范围为：00～49	JMP 是跳转开始指令，JME 是跳转结束指令 当 JMP 的执行条件为 OFF 时，跳过 JMP 和 JME 之间的程序转去执行 JME 之后的程序；当 JMP 的执行条件为 ON 时，JMP 和 JME 之间的程序被执行 指令的执行结果不影响标志位
JME(05) N	JME(05) N		

使用 JMP N 和 JME N 指令时应注意以下几点。

① 发生跳转时，JMP N 和 JME N 之间的程序不执行，且不占用扫描时间。

② 发生跳转时所有继电器、定时器、计数器均保持跳转前的状态不变。

③ 对同一个跳转号 N，JMP N/JME N 只能在程序中使用一次。但当 N 取 00 时，JMP00/JME00 可以在程序中多次使用。

④ 以 00 作为跳转号时，指令的执行时间比其他跳转号的执行时间长，因为 CPU 要花时间去寻找下一个 JME00。

⑤ 跳转指令可以嵌套使用，但必须是不同跳转号的嵌套，如 JMP 00—JMP 01—JME 01—JME00 等。

图 3-23 所示是使用跳转指令的例子。00000 是 JMP00 的执行条件。当 00000 为 OFF 时，

JMP00 到 JME00 之间的程序不执行，而转去执行 JME00 之后的程序，这时 01000 和 01100 保持跳转前的状态。例如，若跳转前 01000 为 OFF，则跳转期间也为 OFF，即使 00001 为 ON；当 00000 变为 ON 时，JMP00 到 JME00 之间的程序才被执行。

与 IL/ILC 指令一样，多个 JMP 可以共用一个 JME，如图 3-24 所示。尽管在进行程序检查时会出现错误信息“JMP—JME ERR”，但程序还会正常执行。

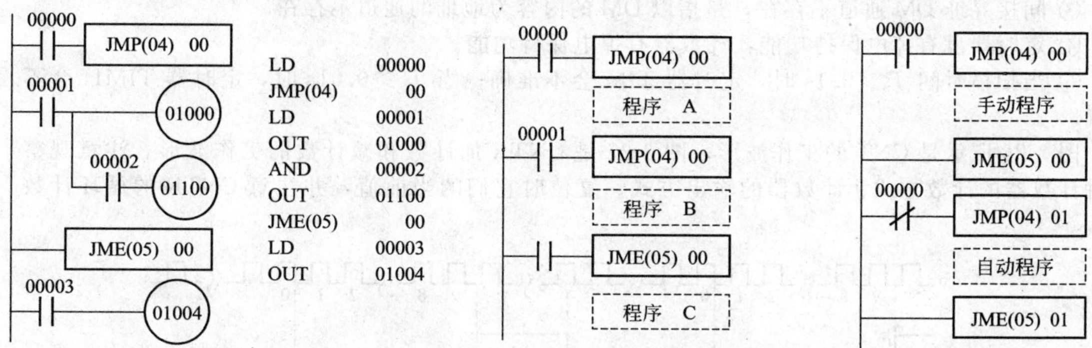

图 3-23 使用 JMP/JME 的例子　　图 3-24 多个 JMP 共用一个 JME　　图 3-25 跳转指令的用法

在两段程序切换时，常用到跳转指令。例如图 3-25 中，当输入 00000 为 ON 时，执行手动程序而不执行自动程序；当 00000 为 OFF 时，跳过手动程序转去执行自动程序。注意 JMP/JME 的这种用法。

3.6.4 定时器/计数器指令

表 3-12 给出了是定时器/计数器指令的格式、梯形图符号、操作数的含义及范围、指令的功能及执行指令对标志位的影响。

表 3-12 定时器/计数器指令

格 式	梯形图符号	操作数的含义及范围	指令功能及执行指令对标志位的影响
TIM N SV	TIM N SV	N 是定时器/计数器的 TC 号，范围为：000～127 SV 是定时器/计数器的设定值（BCD 0000～9999），其范围为：IR、SR、HR、AR、LR、DM、*DM、#	接通延时 ON 定时器指令 从输入条件为 ON 时开始定时(定时时间 SV×0.1s)。定时时间到，定时器的输出为 ON 且保持；当输入条件变为 OFF 时，定时器复位，并停止定时，其当前值 PV 恢复为 SV 定时器无掉电保持功能 当 SV 不是 BCD 数或间接寻址 DM 不存在时，25503 为 ON
TIMH(15) N SV	TIMH(15) N SV		高速计数器指令 定时时间为 SV×0.01s，其余同上
CNT N SV	CP、R；CNT N SV		单向减 1 计数器指令 从 CP 端输入计数脉冲，当计数满设定值时，其输出为 ON 且保持，并停止计数 复位端 R 为 ON，计数器即复位为 OFF，停止计数，且当前值 PV 恢复为 SV 计数器有掉电保持功能 对标志位的影响同上
CNTR(15) N SV	ACP、SCP、R；CNTR(15) N SV		可逆循环计数器指令 只要复位 R 端为 ON，计数器即复位为 OFF 并停止计数，且不论加计数还是减计数，其 PV 均为 0。从 ACP 端和 SCP 端同时输入计数脉冲则不计数 从 ACP 端输入计数脉冲为加计数；从 SCP 端输入计数脉冲为减计数；加/减计数有进/借位时，输出 ON 一个计数脉冲周期 对标志位的影响同上

使用定时器/计数器时应注意以下几点。

① 定时器和计数器同在一个TC区，它们共同使用编号000～127，所以在同一程序中它们的编号不能重复使用。

② 当SV为通道时（通道内数据必须是BCD数），改变通道内的数据，其设定值即改变。也可以通过外部设备拨码器来改变其设定值。

③ 间接寻址DM通道不存在，是指以DM的内容为地址的通道不存在。

④ 定时器没有掉电保持功能，计数器有掉电保持功能。

⑤ 当扫描时间$T_s>0.1s$时，定时器TIM会不准确；当$T_s>0.01s$时，定时器TIMH会不准确。

图3-26所示是CNT的工作波形，图3-27是CNTR加计数和减计数的工作波形。注意观察各种计数器的计数方式、计数器的输出方式、复位时它们的当前值，并注意CNTR的循环计数过程。

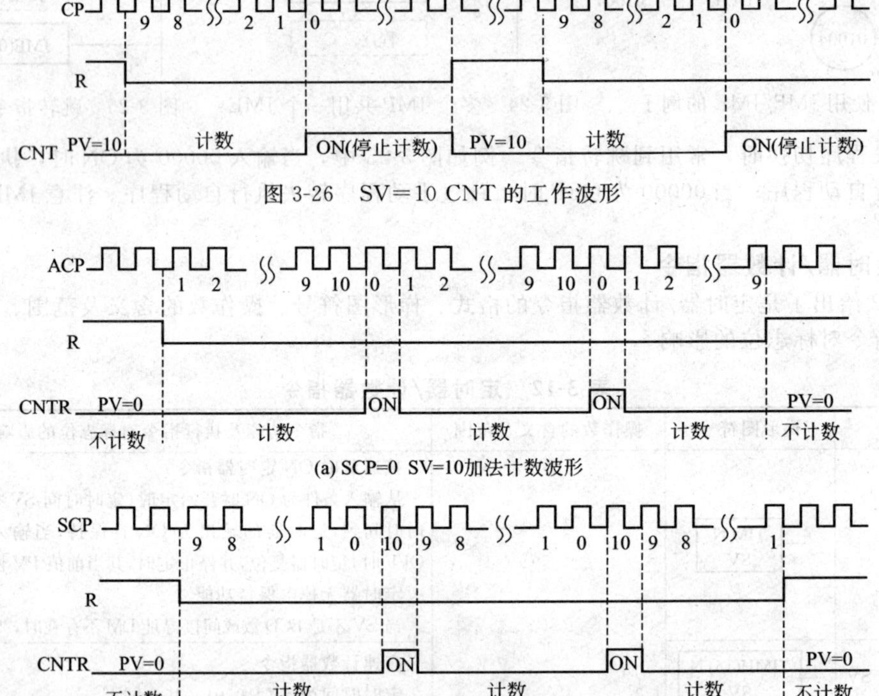

图3-26 SV=10 CNT的工作波形

(a) SCP=0 SV=10加法计数波形

(b) ACP=0 SV=10减法计数波形

图3-27 CNTR的工作波形

由图3-26可知，用可逆计数器CNTR计数时，每个循环内计数的实际值比设定值多1。

定时器TIM和计数器CNT、CNTR是经常使用的指令，下面举例说明它们的使用方法。

(1) 定时器（TIM）

① 定时器的使用方法。在图3-28中，定时器TIM000的设定值为#0050，当00000为OFF时，TIM000为复位状态，当前值PV=0050；自00000为ON起TIM000开始定时，其PV值从0050开始每隔0.1s减去1，减50次（5s）时，PV值减为0000，此时TIM000输出为ON，其常开触点闭合，使01000为ON。若00000一直为ON，则TIM000的状态也一直保持ON。若00000变为OFF，则TIM000复位，PV值恢复为设定值0050，01000变为OFF。

② 定时器定时时间的扩展。一个定时器TIM的最大定时时间是999.9s，但几个定时器连用，则可获得更长的定时时间。例如，图3-29中以TIM000的常开触点作为定时器TIM001的执行条件，就可以实现定时器容量的扩展，总的定时时间为这两个定时器SV值的和。

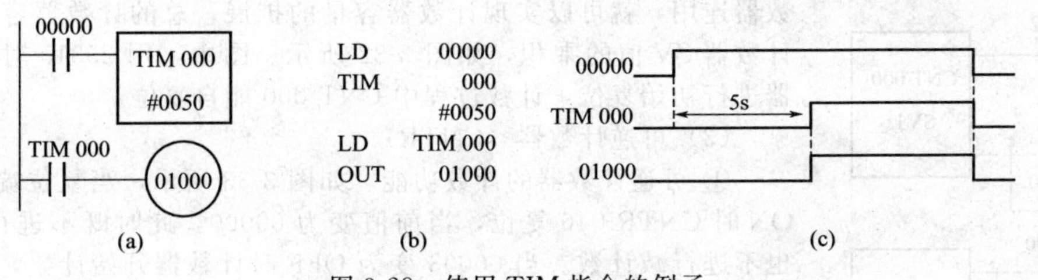

图 3-28 使用 TIM 指令的例子

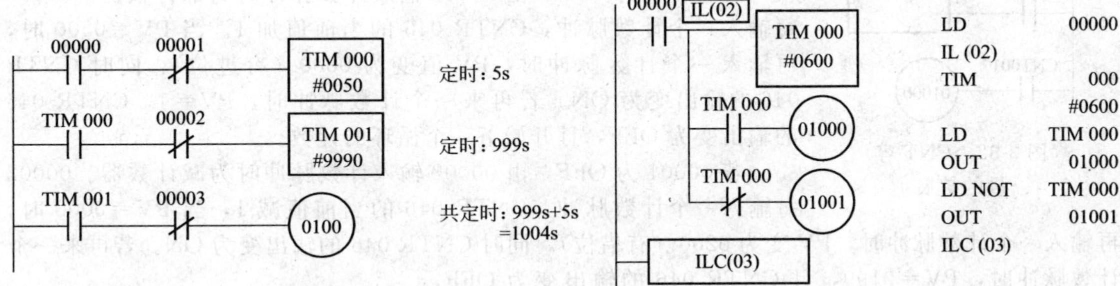

图 3-29 定时器容量的扩展

图 3-30 接通延时 ON 和接通延时 OFF 的控制

③ 定时器的定时方式。虽然 TIM 是接通延时 ON 型的定时器，但经过合理的编程，也可以实现接通延时 OFF、断开延时 ON、断开延时 OFF 的控制。如图 3-30 中，从 00000 为 ON 开始，01000 经过 60s 被接通（接通延时 ON），而 01001 则是经过 60s 被断开（接通延时 OFF）。配合其他指令，读者可以练习用 TIM 指令编写出断开延时 ON 或断开延时 OFF 的定时控制的程序。

（2）计数器（CNT）

① 计数器的计数功能。在图 3-31 中，CNT 000 的设定值为 200，表示设定值的数据是 200 通道的内容（设其中数据为 0050）。当复位端 00001 为 ON 时，计数器处于复位状态，CNT 000 输出为 OFF。当复位端由 ON 变为 OFF 后计数器开始计数。其计数过程为：每当 00000OFF→ON→OFF 一次（一个脉冲），CNT 000 的当前值就减 1。在 PV 值减到 0000 时，也即计满 50 个脉冲时停止计数，此时 CNT 000 的输出变为 ON 且保持，其常开触点闭合，使 01000 为 ON 且保持。若在计数过程中或在计满数以后，00001 由 OFF 变为 ON，则计数器立即复位并停止计数。由于计数器 CNT 000 复位，01000 也变为 OFF。

② 计数器的定时功能。如果把图 3-31 中的 00000 换成 25502（产生秒脉冲），则计数器又可以当定时器使用。例如 SV 为＃0500，当计数器计满 500 时，其计数过程所用的时间刚好是 500s。由于计数器有掉电保持功能，所以用计数器作成的定时器也有掉电保持功能，应注意 CNT 的这种用法。

③ 计数器容量的扩展。用一个计数器的常开触点作为另一个计数器的计数输入，即两个计

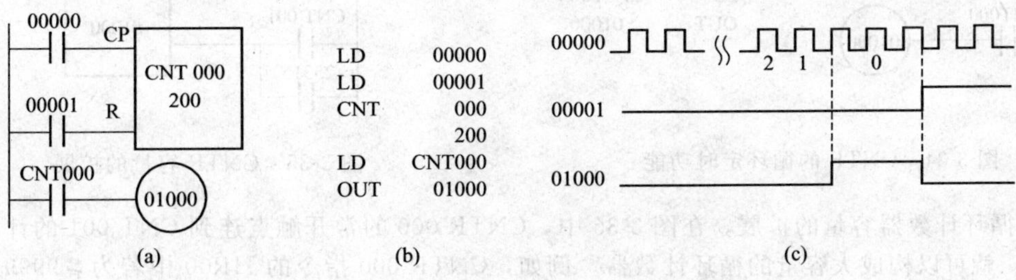

图 3-31 使用 CNT 指令的例子

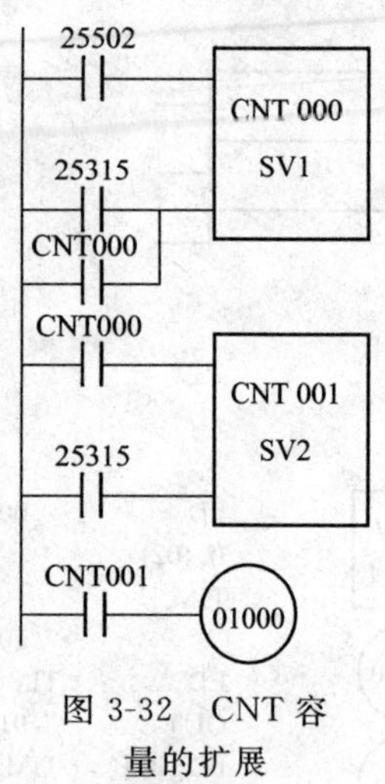

图 3-32 CNT 容量的扩展

数器连用，就可以实现计数器容量的扩展，总的计数器容量为两个计数器 SV 值的乘积，如图 3-32 所示。图中，用 25315 对两个计数器进行初始复位，计数过程中 CNT 000 能自复位。

(3) 可逆计数器（CNTR）

① 可逆计数器的计数功能。如图 3-33 所示，当复位端 00003 为 ON 时 CNTR 046 复位，当前值变为 00000，此时既不进行加计数，也不进行减计数。当 00003 变为 OFF 时计数器开始计数，其计数过程如下。

若 00002 为 OFF，由 00001 输入计数脉冲时为加计数器。00001 每输入一个计数脉冲，CNTR 046 的当前值加 1。当 PV＝0200 时，再输入一个计数脉冲时，PV 值变为 0000（有进位），同时 CNTR 046 的输出变为 ON。若再来一个计数脉冲时，PV＝1，CNTR 046 的输出变为 OFF，且开始下一个循环的计数。

若 00001 为 OFF，由 00002 输入计数脉冲时为减计数器。00002 每输入一个计数脉冲，CNTR 046 的当前值减 1，当 PV＝0000 时，再输入一个计数脉冲时，PV 变为 0200（有借位），同时 CNTR 046 的输出变为 ON。若再来一个计数脉冲时，PV＝0199，且 CNTR 046 的输出变为 OFF，并开始下一个循环的计数。

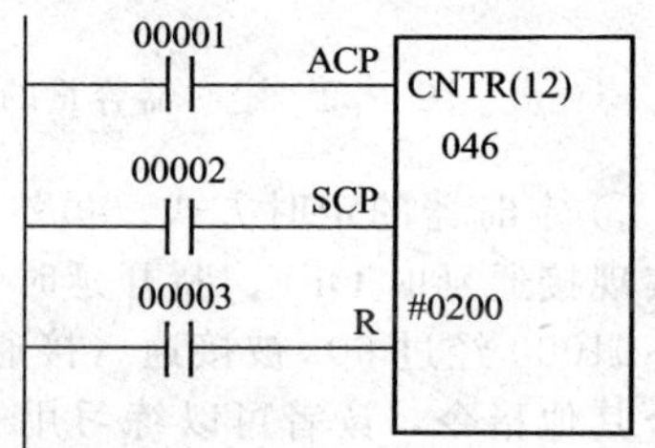

图 3-33 使用 CNTR 的例子

当 00001 和 00002 同时输入计数脉冲时，计数器不计数。

② 可逆计数器的循环定时功能。如图 3-34 所示，SCP 端以 25314（常 OFF）作为输入条件，所以 CNTR 000 作为加计数器使用。ACP 端以 25502 与 20000 的串联作为输入条件，由 25502 产生的秒脉冲作为计数脉冲输入，此时计数器可作为定时器使用。R 端以 00001 与 25315 的并联作为复位条件，使 CNTR 000 在 PLC 上电后的第一个扫描周期被复位。图中若 00001 为 OFF，HR00 中的数据是 0500，读者可自行分析该图的功能。

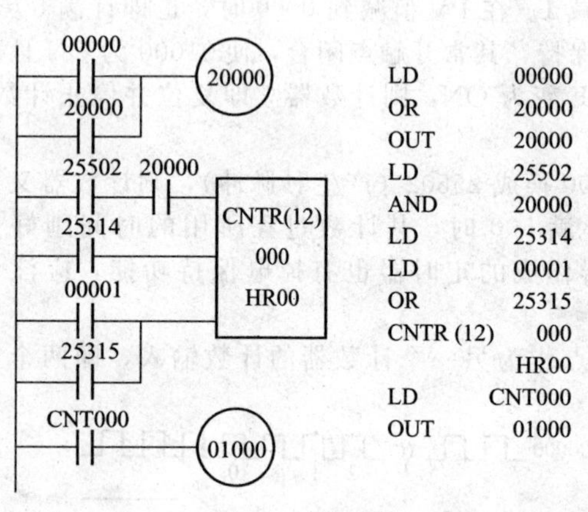

图 3-34 CNTR 的循环定时功能

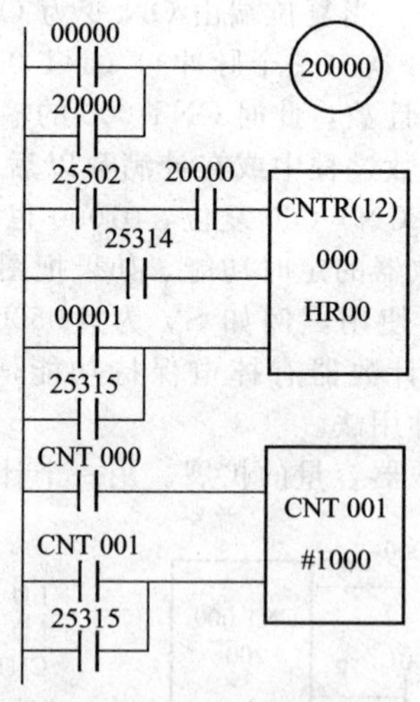

图 3-35 CNTR 容量的扩展

③ 循环计数器容量的扩展。在图 3-35 中，CNTR 000 的常开触点连到 CNT 001 的计数脉冲输入端，就可以构成大容量的循环计数器。例如，CNTR 000 指令的 HR00 中若为＃9999，CNT 001 的 SV 为＃1000，则每经过 10000～1000s，CNT001 的输出就会 ON 一次。注意 CNT 和

CNTR 的编号方法。

综上所述，CNT 和 CNTR 指令的主要区别是：当计数器 CNT 达到设定值后，只要不复位，其输出就一直为 ON，即使计数脉冲仍在输入；计数器 CNTR 达到设定值后，其输出为 ON，只要不复位，在下一个计数脉冲到来时，计数器 CNTR 立即变为 OFF，且开始下一轮计数，即 CNTR 是个循环计数器。

3.7 数据传送、数据比较指令

3.7.1 传送指令 MOV/@MOV（FUN21）和求反传送指令 MVN/@MVN（FUN22）

CPM1A 系列提供多种数据传送指令，利用这些指令可以实现通道间传送、数字间传送和位传送等功能。其指令格式、梯形图符号、操作数含义、指令功能见表 3-13。

表 3-13 数据传送指令

格 式	梯形图符号	操作数的含义及范围	指令功能及执行指令对标志位的影响
MOV(21) S D @MOV(21) S D	MOV(21) S D @MOV(21) S D	S：源通道，范围 IR、SR、HR、AR、LR、DM、* DM、# D：目的通道，范围 IR、SR、HR、AR、LR、DM、* DM、#	MOV(21)与@MOV(21)为数据传送指令 当 MOV 执行条件为 ON 时，将 S 中的数据传送到 D 通道中 对标志位影响 当间接寻址 DM 不存在时，25503 为 ON 执行指令后，如果 D 通道中数据为 0000，25506 为 ON
MVN(22) S N @MVN(22) S D	MVN(22) S D @MVN(22) S D		MVN、@MVN 求反传送指令 当 MVN 前面的执行条件为 ON 时，将 S 中的数据求反后传送到 D 通道中 对标志位影响 当间接寻址 DM 不存在时，25503 为 ON 执行指令后，如果 D 通道中数据为 0000，25506 为 ON

图 3-36 中使用传送指令 MOV 和求反传送指令 MVN 进行数据传送。00000 是两个指令的执行条件。MOV 和 MVN 是非微分型指令，如果 00000 一直为 ON，每个扫描周期 MOV 指令都执

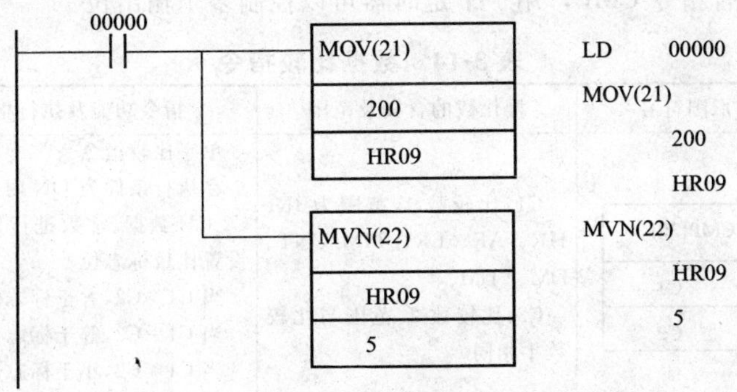

图 3-36 MOV/MVN 指令的使用举例

行。执行 MOV 指令时，把 CH200 通道的数据传送到通道 HR09 中去。执行 MVN 指令时，把 HR09 通道的数据按位求反后再送到通道 CH005 中去。

上述指令执行后数据的变化如图 3-37 所示。

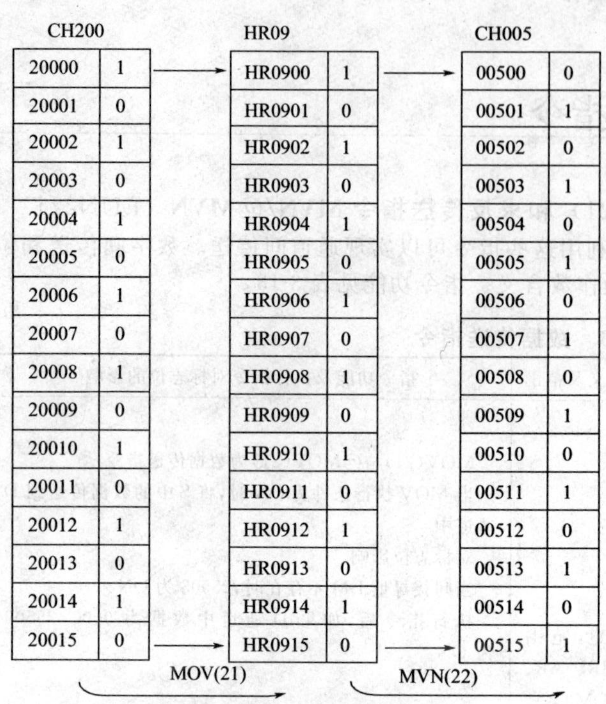

图 3-37 程序执行结果

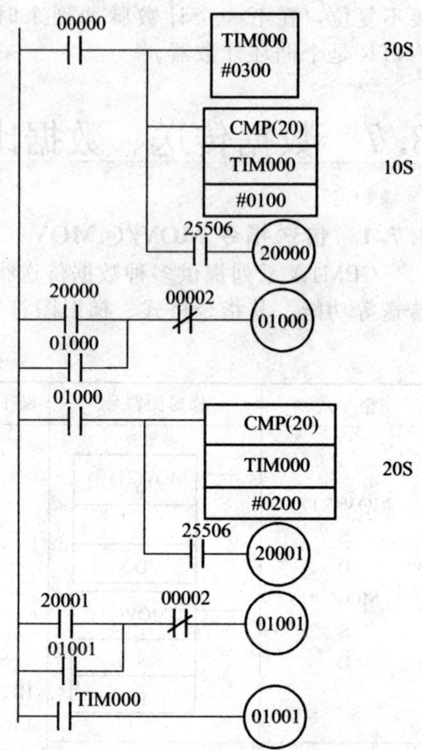

图 3-38 CMP 指令的应用

3.7.2 数据比较指令

CPM1A 系列提供了四种数据比较指令。其指令格式、梯形图符号、操作数含义指令功能见表 3-14。

如图 3-38 所示，用单字比较指令 CMP 来监视 TIM000 的当前值，当 TIM000 的当前值是某个数时，进行某种动作。

在图 3-38 中，当 00000 为 ON 时，TIM000 开始定时，CMP 指令开始执行。经过 10s 时，TIM000 的当前值等于 CMP 的比较数 0100，此时 25506、20000 为 ON，01000 为 ON 并自保。再经过 10s，TIM000 的当前值等于 CMP 的比较数 0200，此时 25506、20001 为 ON，01001 为 ON 并自保。

由本例可见，配合指令 CMP，用一个定时器可以控制多个输出位。

表 3-14 数据比较指令

格　式	梯形图符号	操作数的含义及范围	指令功能及执行指令对标志位的影响
CMP(FUN20) C1 C2	CMP(20) C1 C2	C1：比较数 1，范围为 IR、HR、AR、LR、TIM/CNT、DM、*DM、# C2：比较数 2，范围与比较数 1 相同	单字比较指令 在执行条件为 ON 时，将 C1 CH 数据、常数与 C2 CH 数据、常数进行比较，根据比较结果分别设置比较标志位 当 C1＞C2，大于标志位 25505 为 ON 当 C1＝C2，等于标志位 25506 为 ON 当 C1＜C2，小于标志位 25507 为 ON 间接寻址 DM 通道不存在时 25503 ON

续表

格　式	梯形图符号	操作数的含义及范围	指令功能及执行指令对标志位的影响
CMPL(FUN60) C1 C2 000	CMPL(60) C1 C2 000	C1:第1个双字的开始通道，范围为IR、HR、AR、LR、TIM/CNT、DM、* DM、# C2:第2个双字的开始通道，范围同C1	双字比较指令 当执行条件为ON时，CMPL指令的功能是将C1、C1＋1两个通道的内容与C2、C2＋1两个通道的数据进行比较，根据比较结果分别设置比较标志 各标志位的状态为 (C1＋1、C1)＞(C2＋1、C2)，25505为ON (C1＋1、C1)＝(C2＋1、C2)，25506为ON (C1＋1、C1)＜(C2＋1、C2)，25507为ON 间接寻址DM通道不存在时25503 ON
BCMP(68) CD CB R @BCMP(68) CD CB R	BCMP(68) CD CB R @BCMP(68) CD CB R	CD:比较数据，范围为IR、HR、AR、LR、TIM/CNT、DM、* DM、# CB:数据块的起始通道，范围为IR、TIM/CNT、DM、* DM R:比较结果通道，范围为IR、HR、AR、LR、DM、* DM	BCMP(68)为块比较指令 比较块CB由36个通道组成，分成16个区域，每个区域由两个通道组成，一个通道存下限数据，另一个通道存上限数据 在执行条件为ON时，将数据CD与每一个区域进行比较，若CD处在某个区域中，则与该区域对应的R通道的位为ON 下限值　比较数据　上限值　RCH结果 CB ≤ CD ≤ CB+1 → 0或1 CB+2 ≤ CD ≤ CB+3 → 0或1 CB+4 ≤ CD ≤ CB+5 → 0或1 … … … CB+26 ≤ CD ≤ CB+27 → 0或1 CB+28 ≤ CD ≤ CB+29 → 0或1 CB+30 ≤ CD ≤ CB+31 → 0或1 当比较块超出所在区的范围或间接寻址DM通道不存在时，25503为ON
TCMP(85) CD TB R @TCMP(85) CD TB R	TCMP(85) CD TB R @TCMP(85) CD TB R	CD:比较数据，范围为IR、HR、AR、LR、TIM/CNT、DM、* DM、# TB:比较表的起始通道，范围为IR、HR、AR、LR、TIM/CNT、DM、* DM、# R:比较结果通道，范围为IR、HR、AR、LR、DM、* DM	TCMP/@TCMP(85)是表比较指令 在执行条件为ON时，CD通道的数据与从CB通道开始的16个比较数据（比较表）作比较，若CD与比较表中某个通道的数据相同，则与该通道对应的R通道的位为ON 比较表　比较数据　RCH结果 CB → CD → 0或1 CB+1 → CD → 0或1 CB+2 → CD → 0或1 … … CB+13 → CD → 0或1 CB+14 → CD → 0或1 CB+15 → CD → 0或1 ① 比较结果为00(16CH全不一致)的场合，比较标志25506(＝)为ON ② 指定通道超出数据区域时，出错标志25503(ER)为ON ③ 采用数据存储器的间接寻址时，* DM内容没有采用BCD码，及超出DM区域的场合，出错标志25503(ER)为ON ④ 在区域标志25503(ER)为ON的时候，不能执行指令

3.8 数据移位指令

CPMlA 系列提供的数据移位（部分）指令如表 3-15 所示。

表 3-15 数据移位指令

格 式	梯形图符号	操作数的含义及范围	指令功能及执行指令对标志位的影响
SFT(10) St E	IN SP R ‖ SFT(10) / St / E IN 是数据输入端； SP 是移位脉冲输入端； R 是复位端	St 是移位开始通道号，范围为：IR、SR、HR、AR、LR E 是移位结束通道号，范围与移位开始通道号相同 St、E 可以用同一个继电器区域，且 St≤E	移位寄存器指令 功能是把一个指定通道的 16 位数据按位移位，也可以把几个通道连起来移位。移位信号（SP）一旦 ON 时，从 St 通道到 E 通道的数据间高位移一位 当复位端 R 为 OFF 时，在 SP 端的每个移位脉冲的上升沿时刻，St 到 E 通道中的所有数据按位依次左移一位。E 通道中数据的最高位溢出丢失，St 通道中的最低位则移进 IN 端的数据；SP 端没有移位脉冲则不移位；当复位端 R 为 ON 时，St 到 E 所有通道均复位为零，且移位指令不执行。执行该指令不影响标志位
SFTR(84) C St E @SFTR(84) C St E	SFTR(84) / C / St / E @SFTR(84) / C / St / E	C 是控制通道，范围为：IR、SR、HR、AR、LR、DM、* DM C 通道中 bit10—bit15 的含义为 15 14 13 12 不使用 12：移位方向 1：左移(低→高) 0：右移(高→低) 13：数据输入端(IN) 14：移位脉冲输入端(SP) 15：复位端(R) St 是移位开始通道号，范围为：IR、SR、HR、AR、LR、DM、* DM E 是移位结束通道号，范围与移位开始通道号相同 St、E 必须在同一个继电器区域，且 St≤E	可逆移位寄存器指令 在执行条件为 ON 时，SFTR/@SFTR 指令执行，其功能为 ①控制通道 C 之 bit15 为 1 时，St 到 E 通道中的所有数据及进位位 CY 全部清为 0，且不接收输入数据 ②控制通道 C 之 bit15 为 0 时，在移位脉冲的作用下，根据 C 之 bit12 的状态进行左移或右移 左移：从 St 到 E 通道的所有数据，每个扫描周期按位依次左移一位，C 之 bit13 的数据移入开始通道 St 的最低位中，结束通道 E 最高位的数据移入进位位 CY 中 右移：从 E 到 St 通道的所有数据，每个扫描周期按位依次右移一位，C 之 bit13 的数据移入结束通道 E 的最高位中，开始通道 St 层低位的数据移入进位位 CY 中 在执行条件为 OFF 时停止工作，此时复位信号若为 ON，St 到 E 通道中的数据及进位位 CY 也保持原状态不变。移位溢出的位进入 25504 下列情况下，25503 为 ON ① St 和 E 不在同一个区域 ② St＞E ③ 间接寻址 DM 通道不存在
SLD(74) St E @SLD(74) St E	SLD(74) / St / E @SLD(74) / St / E	St 是移位开始通道号，范围为：IR、SR、HR、AR、LR、DM、* DM E 是移位结束通道号，范围与移位开始通道号相同 St、E 必须在同一个继电器区域，且 St≤E	1 位数字左移指令 在执行条件为 ON 时，SLD 指令执行时把 St 到 E 通道的数据以桁(4 位)为单位进行左移一次 溢出← E … St ←0 下列情况下，25503 为 ON ① St 和 E 不在同一个区域 ② St＞E ③ 间接寻址 DM 通道不存在

续表

格 式	梯形图符号	操作数的含义及范围	指令功能及执行指令对标志位的影响
SRD(75) St E @SRD(75) St E	SRD(75) St E @SRD(75) St E	St 是移位开始通道号，范围为：IR、SR、HR、AR、LR、DM、* DM E 是移位结束通道号，范围与移位开始通道号相同 St、E 必须在同一个继电器区域，且 St≤E	1 位数字右移指令 在执行条件为 ON 时，每执行一次 SRD/@SRD(75)指令，把 St 到 E 通道的数据以桁(4 位)为单位进行右移一次 0→ E … St →溢出 下列情况下，25503 为 ON ① St 和 E 不在同一个区域 ② St>E ③ 间接寻址 DM 通道不存在
WSFT(16) St E @ WSFT(16) St E	WSFT(16) St E @WSFT(16) St E	St 是移位开始通道号，范围为：IR、SR、HR、AR、LR、DM、* DM E 是移位结束通道号，范围与移位开始通道号相同 St、E 必须在同一个继电器区域，且 St≤E	字移位指令 在执行条件为 ON 时，每执行一次移位指令，St 到 E 通道中的数据以字为单位左移一位，0000 进入 St，E 中数据溢出丢失 下列情况下，25503 为 ON ① St 和 E 不在同一个区域 ② St>E ③ 间接寻址 DM 通道不存在

3.8.1 移位寄存器指令 SFT（FUN10）

移位寄存器指令 SFT（10）的梯形图符号如表 3-15 所示。图 3-39 所示的是使用 SFT 指令的例子。SFT 指令的首通道和末通道都是 200，表示移位是在 200 通道内进行。25502 产生的秒脉冲作为移位脉冲，00000 的 ON、OFF 状态作为输入数据。在 PLC 上电后的第一个扫描周期由 25315 对移位寄存器进行复位。在移位过程中，只要 00001 为 ON，移位寄存器即复位。下面结合图 3-39(c) 的工作波形，说明执行 SFT 指令的移位过程。

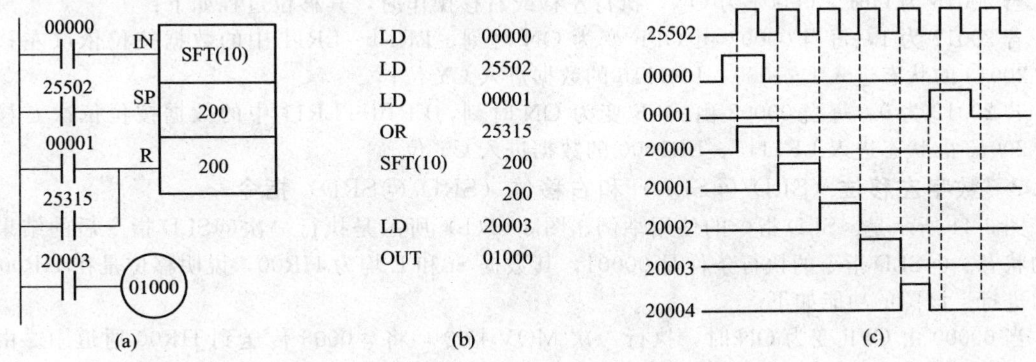

图 3-39 使用 SFT 指令的例子

PLC 上电之初，200 通道内各位均为 OFF。当 00001 为 OFF 后，在 SP 端输入的第一个移位脉冲前沿时刻，00000 的 ON 状态移入 20000，使 20000 变为 ON，20000 原来的 OFF 态移入 20001，以此类推。在第二个移位脉冲前沿时刻，由于 00000 已为 OFF，所以 20000 为 OFF，而 20000 原来的 ON 状态移入 20001，以此类推。在第四个移位脉冲前沿时刻 20003 变为 ON，使 01000 为 ON。在第五个移位脉冲时 20003 为 OFF，01000 也变为 OFF。在第六个移位脉冲到来之前 00001 为 ON，将 200 通道全部复位。

3.8.2 可逆移位寄存器指令（SFTR/@SFTR）

图 3-40 是使用 SFTR 指令的例子。图中 00004 是 SFTR 指令的执行条件，IR200 是控制通

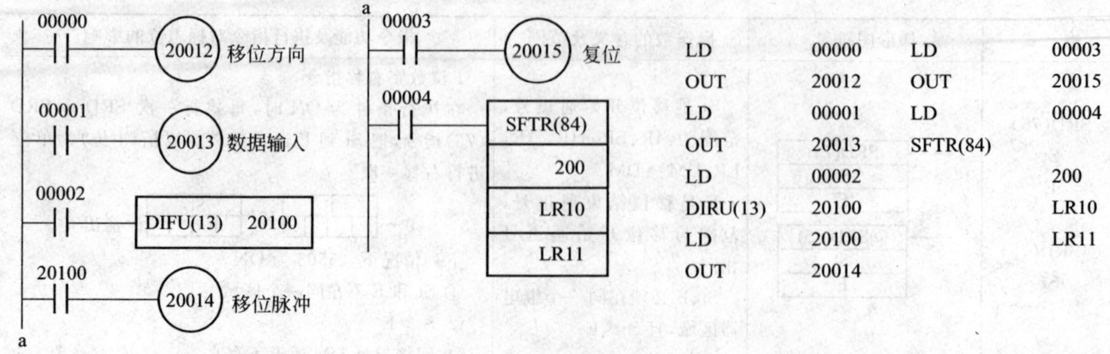

图 3-40 使用 SFTR 指令的例子

道，LR10～LR11 组成可逆移位寄存器。当 00004 为 ON 时，SFTR 指令执行移位操作；当 00004 为 OFF 时，SFTR 指令不执行，此时控制通道的控制位不起作用，LR10～LR11 及 CY 位的数据保持不变。

控制通道 IR200 的 bit12～bit15 的状态是由 00000～00003 控制的，其作用如下。

若 00000 为 ON，则 20012 为 1，执行左移位操作；若 00000 为 OFF，则 20012 为 0，执行右移位操作。

若 00001 为 ON，则 20013 为 1，即输入数据为 1；若 00001 为 OFF，则 20013 为 0，即输入数据为 0。

此处以 00002 的微分信号作为移位脉冲。每当 00002 由 OFF 变为 ON 时，20100 和 20014 都会 ON 一个扫描周期，由此形成移位脉冲。如果直接以 00002 作为移位脉冲，当 00002 为 ON 时，每个扫描周期都要执行一次移位，这将造成移位失控。

若 00003 为 ON，则 20015 为 ON，可逆移位寄存器 LR10～LR11 及 CY 位清 0；若 00003 为 OFF，则 20015 为 OFF，此时根据 20012 的状态将执行左移或右移操作。

当 20015 为 OFF，00004 为 ON，执行左移或右移操作时，其移位过程如下：

若 20012 为 1，每当 00002 由 OFF 变为 ON 时刻，LR10～LR11 中的数据按位依次左移一位，20013 的状态进入 LR1000，LR1115 的数据进入 CY 位；

若 20012 为 0，每当 00002 由 OFF 变为 ON 时刻，LR10～LR11 中的数据按位依次右移一位，20013 的状态进入 LR1115，LR1000 的数据进入 CY 位。

3.8.3 数字左移位（SLD/@SLD）和右移位（SRD/@SRD）指令

图 3-41 所示是@SLD 指令的使用举例。图 3-41(b) 所示是执行一次@SLD 指令后的结果通道的状态。@SLD 指令的执行条件是 00001，其数据 St 和 E 均为 HR00，说明移位是在 HR00 通道内进行。该图的功能如下。

当 00000 由 OFF 变为 ON 时，执行一次 MOV 指令，将＃0003 传送到 HR00 通道中。由图 3-41(b) 所示可见，只有 HR0000 和 HR0001 为 ON，01000 和 01001 才立即变为 ON。当 00001 由 OFF 变为 ON 时，执行一次左移位。第一次移位后，由图 3-41(b) 可见，HR0000 和 HR0001 变为 OFF，HR0004 和 HR0005 变为 ON，于是 01000 和 01001 变为 OFF，01002 和 01003 变为 ON。此后，每当 00001 由 OFF 变为 ON 时，就执行一次左移位。利用 HR00 各位的状态可以编写相应的控制程序。

3.8.4 字移位指令（WSFT/@WSFT）

图 3-42 所示是使用@WSFT 指令的例子。图(b)只画出执行一次@WSFT 指令前后 HR00 和 HR01 两个通道的状态。

在图 3-42 中，当 00000 由 OFF 变为 ON 时，执行一次 MOV 指令，向 HR00 中传送数据＃0846。每当 00001 由 OFF 变为 ON 时，执行一次@WSFT 指令。经过执行 4 次@WSFT 指令，

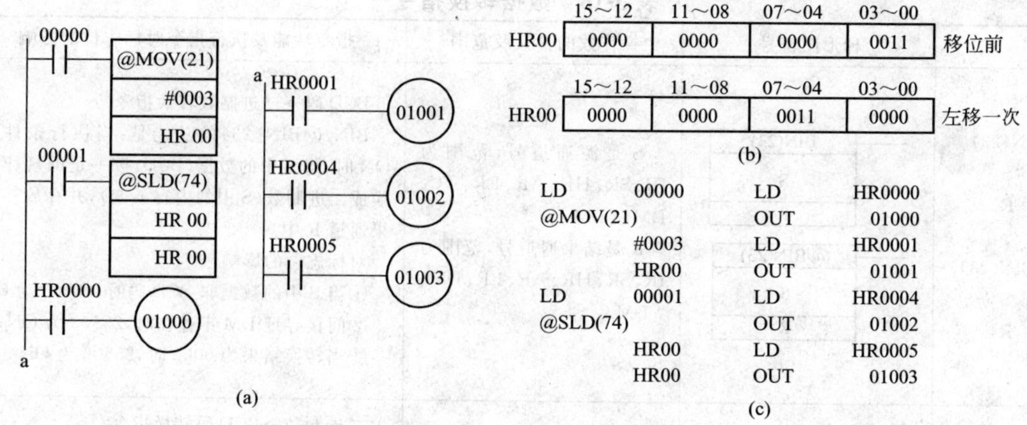

图 3-41 @SLD 指令的使用举例

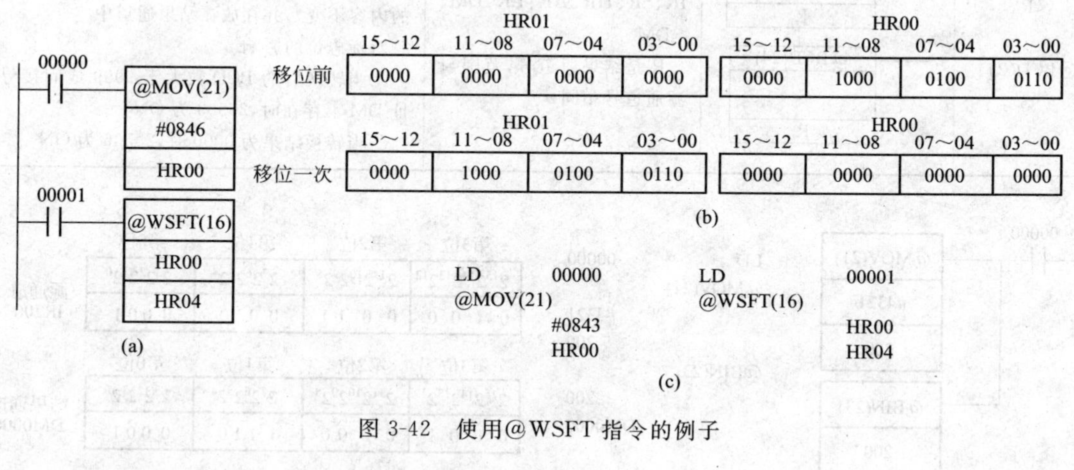

图 3-42 使用@WSFT 指令的例子

＃0846 就被移到 HR04 中，而 HR00～HR03 全部为 0000。

通常根据以下几方面的需要，选择不同的移位指令。

① 需要位移位、还是数字移位、还是字移位。

② 需要单向移位、还是循环移位。

③ 是否需要标志位 CY 参与移位。

3.9 数据转换指令

3.9.1 BCD 码→二进制数转换指令

数据转换指令 BIN/@BIN（FUN23）格式如表 3-16 所示。

如图 3-43 所示，图（c）是转换后源通道与结果通道的内容。在图中，当 00000 由 OFF 变 ON 时，执行一次@MOV 指令将 BCD 码＃4321 传送到源通道 200 中；执行一次@BIN 指令将 IR200 中的 BCD 码转换成二进制数，并存放在结果通道 DM0000 中。转换前、后源通道 200 的内容不变。

BCD 码转换二进制数的原理是：4 位 BCD 码可以分解成若干个 2^n 的十进制数的和，例如 4321 可以分解为：$4321=4096+128+64+32+1=2^{12}+2^7+2^6+2^5+2^0$。因此，结果通道中的 bit12、bit07、bit06、bit05、bit00 应为 1，其余为 0。

表 3-16 数据转换指令

格式	梯形图符号	操作数的含义及范围	指令功能及执行指令对标志位的影响
BIN(23) S R @BIN(23) S R	BIN(23) S R @BIN(23) S R	S是源通道号，范围为IR、SR、HR、AR、LR、TC、DM、* DM R是结果通道号，范围为IR、SR、HR、AR、LR、DM、* DM	BCD码→二进制数转换指令 BIN/@BIN(23)的功能是：当执行条件为ON时，将S中的数据(BCD)按一定的规律转换成二进制数(S中的内容不变)，并存放在结果通道R中 对标志位的影响 ①当S中的数据非BCD码时，25503为ON ②间接寻址DM不存在时，25503为ON； ③当转换结果为0000时，25506为ON
BCD(24) S R @BCD(24) S R	BCD(24) S R @BCD(24) S R	S是源通道号，范围为IR、SR、HR、AR、LR、DM、* DM R是结果通道号，范围与源通道号相同	二进制数→BCD码转换指令 BCD/@BCD(24)的功能是：当执行条件为ON时，将S中的二进制数转换成BCD(S中的内容不变)，并存放在结果通道中 对标志位的影响 ①当转换后的BCD数大于9999或间接寻址DM不存在时，25503为ON ②当转换结果为0000时，25506为ON

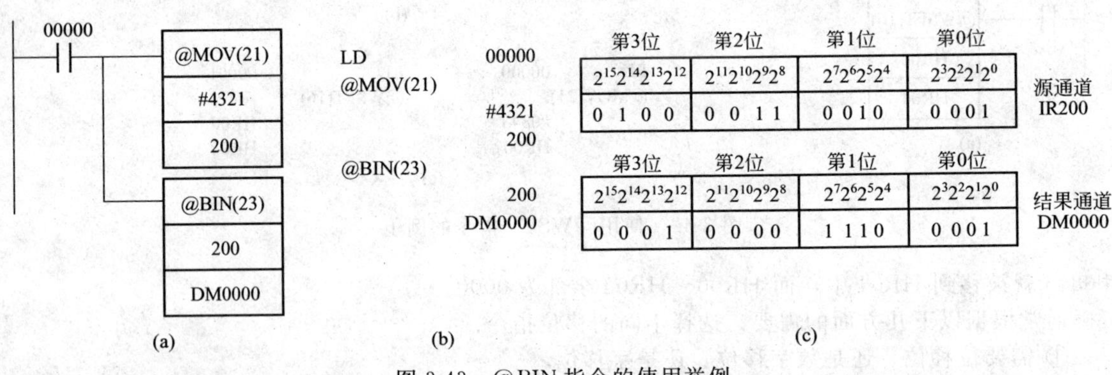

图 3-43 @BIN指令的使用举例

3.9.2 二进制数→BCD码转换指令

BCD/@BCD（FUN24）的指令格式见表 3-16。

图 3-44 所示是使用@BCD指令的举例。二进制数 0001 0000 1110 0001 用十六进制数表示为

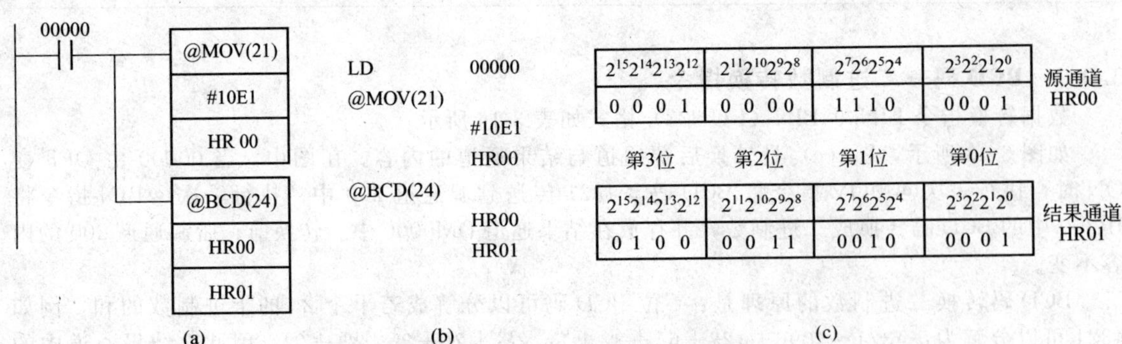

图 3-44 使用@BCD指令的例子

10E1。图中，当 00000 为 ON 时，执行一次@MOV 指令，将 10E1 传送到源通道 HR00 中，执行一次@BCD 指令后将 HR00 中的二进制数转换成 BCD 码，并存放在结果通道 HR01 中。图 3-44（c）所示是转换后源通道与结果通道的内容。

其转换的原理是：二进制数 0001 0000 1110 0001 对应的十进制数为：$2^{12}+2^7+2^6+2^5+2^0=4321$。将 4321 用 BCD 码表示，因此，转换后结果通道中的各数字位从高到低依次为：0100、0011、0010、0001，如图 3-44(c) 所示。

3.9.3 4→16 译码指令

译码指令（MLPX/@MLPX）的指令格式见表 3-17。

表 3-17 译码指令

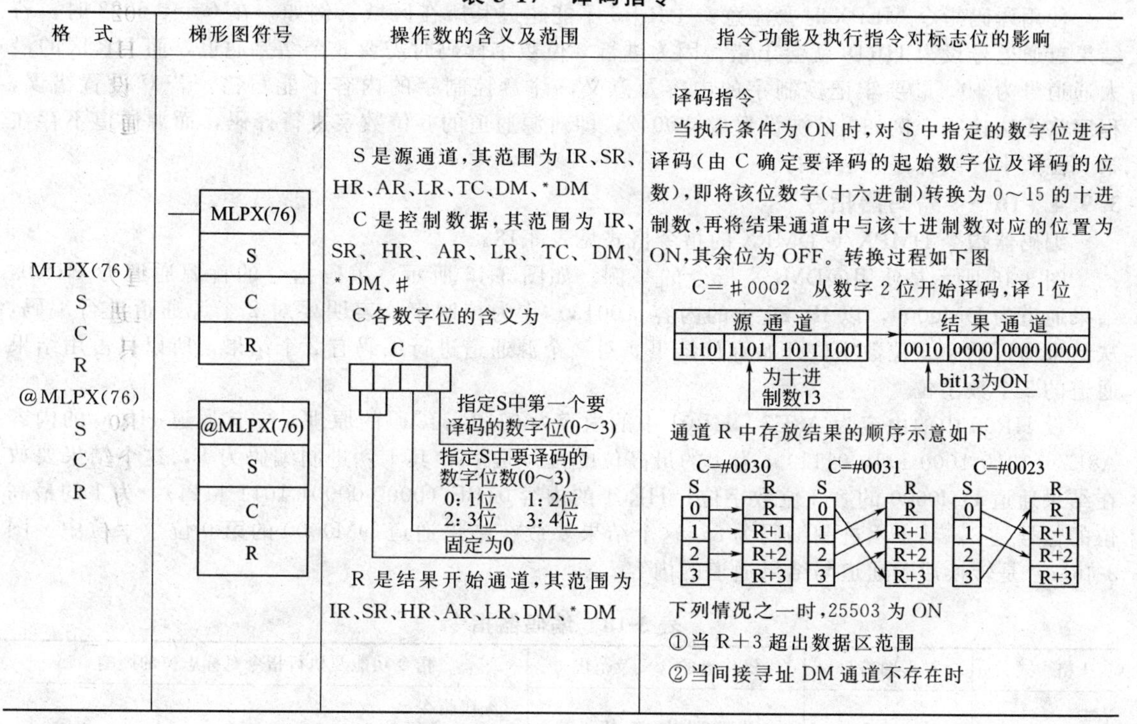

格 式	梯形图符号	操作数的含义及范围	指令功能及执行指令对标志位的影响
MLPX(76) S C R @MLPX(76) S C R	MLPX(76) S C R @MLPX(76) S C R	S 是源通道，其范围为 IR、SR、HR、AR、LR、TC、DM、* DM C 是控制数据，其范围为 IR、SR、HR、AR、LR、TC、DM、* DM、# C 各数字位的含义为 C 指定S中第一个要译码的数字位(0~3) 指定S中要译码的数字位数(0~3) 0: 1位　1: 2位 2: 3位　3: 4位 固定为0 R 是结果开始通道，其范围为 IR、SR、HR、AR、LR、DM、* DM	译码指令 当执行条件为 ON 时，对 S 中指定的数字位进行译码（由 C 确定要译码的起始数字位及译码的位数），即将该位数字（十六进制）转换为 0～15 的十进制数，再将结果通道中与该十进制数对应的位置为 ON，其余位为 OFF。转换过程如下图 C=＃0002　从数字 2 位开始译码，译 1 位 源 通 道：1110 1101 1011 1001 为十进制数13 结 果 通 道：0010 0000 0000 0000 bit13为ON 通道 R 中存放结果的顺序示意如下 C=#0030　C=#0031　C=#0023 S: 0 1 2 3　R: R R+1 R+2 R+3 下列情况之一时，25503 为 ON ①当 R+3 超出数据区范围 ②当间接寻址 DM 通道不存在时

图 3-45 所示是使用@MLPX 指令的例子。在图 3-45 中，译码指令的源道号为 IR200（内容

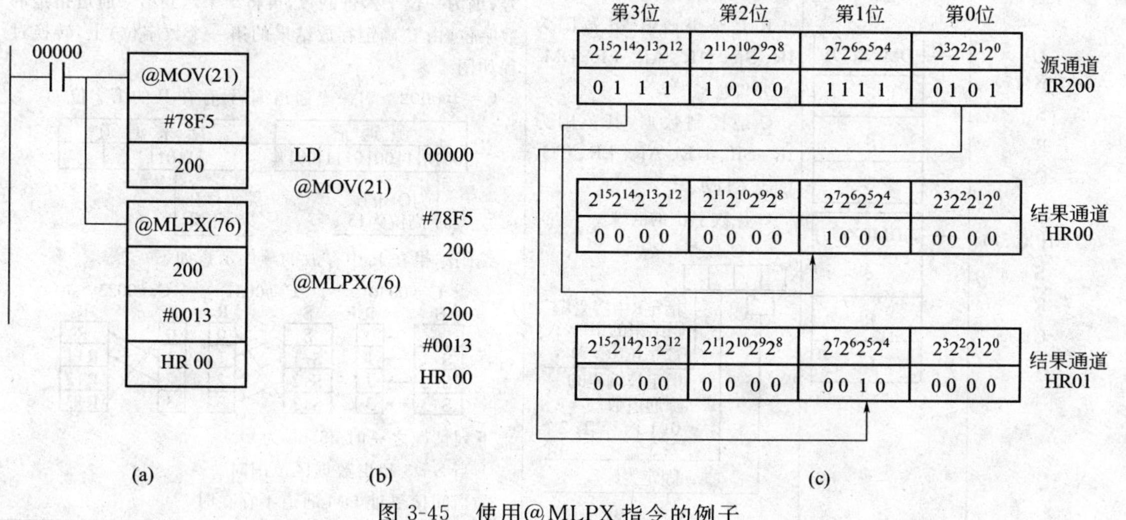

图 3-45　使用@MLPX 指令的例子

为 78F5)，HR00 是结果通道的首通道号。控制字 C＝＃0013，表明要对源通道中的 2 个数字进行译码，从源通道的第 3 位数字开始译码，译码的顺序为第 3 位→第 0 位。对 2 个数字译码的结果需要 2 个通道来存放，本例中结果通道是 HR00 和 HR01。

译码的原理是：源通道的第 3 位数字是 0111，译码为十进制数的 7，则以 7 为位号，将结果首通道 HR00 中的 bit07 置为 1；源通道的第 0 位数字是 0101，译码为十进制数的 5，则以 5 为位号，将 HR01 的 bit05 置为 1。图 3-45(c) 是转换后源通道与结果通道的内容。

对本例，如果控制字 C＝＃0023，即对 3 个数字进行译码的话，第 3 个被译码的数字是源通道的第 1 位数字，即紧随着前一个被译码的数字位，第 3 个译码结果应该存放在下一个结果通道 HR02 中，即紧随着存放前一个译码结果的通道，以此类推。

使用译码指令 MLPX 时要注意：①R＋3 不能超过其所在区域。例如，在 C＝＃0023 时，若结果首通道号设为 HR18 就会出错。因为进行 3 位数字译码时需要 3 个结果通道，而 HR 区的最大通道号为 19。②要牢记控制字的内容及意义，注意控制字的内容不能写错，若 C 设置错误，程序将无法执行。例如，C 被设置成＃0042，即对源通道的 5 位数字进行译码，而源通道不存在第 5 位数字，则程序无法执行。

3.9.4 16→4 编码器指令

编码器指令 DMPX/@DMPX 的指令格式见表 3-18。

图 3-46 所示是使用@DMPX 指令的举例。如图 3-46 所示，编码指令的首源通道为 HR00，结果通道为 DM0000，以 IR220 中的内容（0013）作为控制字，表明要对 2 个源通道进行编码，从结果通道的第 3 位数字位开始存放结果。对 2 个源通道进行编码有 2 个结果，所以只占用结果通道的 2 个数字位。

设 HR00 中的内容为 A8E7，HR01 中的内容为 01BF。编码的原理是：首通道 HR00 的内容 A8E7（1010 1000 1110 0111），为 1 的最高位的位号是 15，其十六进制编码为 F，这个结果要放在结果通道 DM0000 的第 3 位数字位；HR01 的内容 01BF（0000 00001 1011 1111），为 1 的最高位的位号是 8，其十六进制编码为 8，这个结果要放在结果通道 DM0000 的第 0 位数字位中。图 3-46(c) 是转换后源通道与结果通道的内容。

表 3-18 编码器指令

格　式	梯形图符号	操作数的含义及范围	指令功能及执行指令对标志位的影响
DMPX(77) S R C @DMPX(77) S R C	DMPX(77) S R C @DMPX(77) S R C	S 是源开始通道，其范围为 IR、SR、HR、AR、LR、TC、DM、* DM R 是结果通道，其范围为 IR、SR、HR、AR、LR、DM、* DM、# C 是控制数据，其范围为 IR、SR、HR、AR、LR、TC、DM、* DM、# C 各数字位的含义 C 指定R中接受编码结果的第一个数字位(0～3)； 指定被编码的源通道数： 0：1个　1：2个 2：3个　3：4个 固定为0	编码指令 当执行条件为 ON 时，对 S 通道进行编码（由 C 确定被编码的通道数）。将被编码通道中为 ON 的最高位的位号，编为一位十六进制数，再将结果送到结果通道指定的数字位（由 C 确定存放结果的第一个数字位）上，转换过程如图 C＝＃0002　对一个通道编码，存在 R 的第 2 位 源通道　0010 1100 0111 0011 结果通道　1101 为ON的最高位为13　编码存在数字位2 编码结果在 R 中存放的顺序示意如下 C=#0030：S　R；S→0，S+1→1，S+2→2，S+3→3 C=#0031：S　R；S、S+1、S+2、S+3　0、1、2、3 C=#0023：S　R；0、1、2、3　R、R+1、R+2、R+3 下列情况之一时 25503 为 ON ①当 S＋3 超出数据区范围时 ②当间接寻址 DM 通道不存在时

续表

格 式	梯形图符号	操作数的含义及范围	指令功能及执行指令对标志位的影响
SDEC(78) S C R @SDEC(78) S C R	SDEC(78) S C R @SDEC(78) S C R	S 是源通道（内容为 BCD 码），其范围为 IR、SR、HR、AR、LR、TC、DM、* DM C 是控制数据，其范围为 IR、SR、HR、AR、LR、TC、DM、* DM、# C 各数字位的含义 C S中第一个要译码的数字位(0～3) S中要译码的数字位的位数： 0: 1位； 1: 2位； 2: 3位； 3: 4位。 指定从R的高8位还是从低8位开始存放第一个转换结果 0: 低8位 1: 高8位 固定为0 R 是结果开始通道，范围为 IR、SR、HR、AR、LR、DM、* DM	七段译码指令 当执行条件为 ON 时，对 S 中的数字进行译码（由 C 确定要译码的起始数字位及译码的位数）。译码结果存放在 R 中（由 C 确定是从 R 的低 8 位还是高 8 位开始存放）。R 中的 bit07 和 bit15 不用，bit00～bit06 及 bit08～bit14 分别对应数码管的 a、b、c、d、e、f、g 段。转换过程如下 C=＃0003 只译数字位 3，存在 R 的低 8 位 源通道：0001 1100 0111 0011 → 结果通道：×000 0110 gfedcba gfedcba 数字位3是1 转换结果 译码结果在 R 中存放的顺序示意如下 #0030：S 0、1、2、3；R 低8位、高8位；R+1 低8位、高8位 #0133：S 0、1、2、3；R 低8位、高8位；R+1 低8位、高8位；R+2 低8位、高8位 下列情况之一时 25503 为 ON ①结果通道超出数据区 ②间接寻址 DM 通道不存在 ③控制字出错
ASC(86) S C R @ASC(86) S C R	ASC(86) S C R @ASC(86) S C R	S 是源通道，范围为 IR、SR、HR、AR、LR、TC、DM、* DM C 是控制数据，其范围比 S 多＃ C 各数字位的含义为 C S中第一个被转换的数字位(0～3) S中欲转换的数字位的位数： 0: 1位； 1: 2位； 2: 3位； 3: 4位。 指定从R的高8位还是从低8位开始存放第一个转换结果 0: 低8位 1: 高8位 校验位： 0：无校验 1：偶校验 3：奇校验 R 是结果开始通道，范围比 S 少 TC	ASCII 码转换指令 当执行条件为 ON 时，根据控制数据 C，将 S 中指定的数字转换成 ASCII 码，并存在从 R 开始的结果通道中 结果通道中的存放方法如下 C=#0013：S 0、1、2、3；R 低8位、高8位 C=#0113：S 0、1、2、3；R 低8位、高8位；R+1 低8位、高8位 C=#0030：S 0、1、2、3；R 低8位、高8位；R+1 低8位、高8位 C=#0130：S 0、1、2、3；R 低8位、高8位；R+1 低8位、高8位；R+2 低8位、高8位 结果通道低 8 位的 bit00～bit06 存放结果，高 8 位的 bit08～bit14 存放结果。bit07 和 bit15 是校验位。若 C 指定不校验，则校验位为 0；若为偶校验，则校验位与 ASCII 码中 1 的总数应是偶数；若为奇校验，则校验位与 ASCII 码中 1 的总数应是奇数 下列情况之一时 25503 为 ON ①结果通道超出数据区 ②间接寻址 DM 通道不存在 ③控制字 C 出错

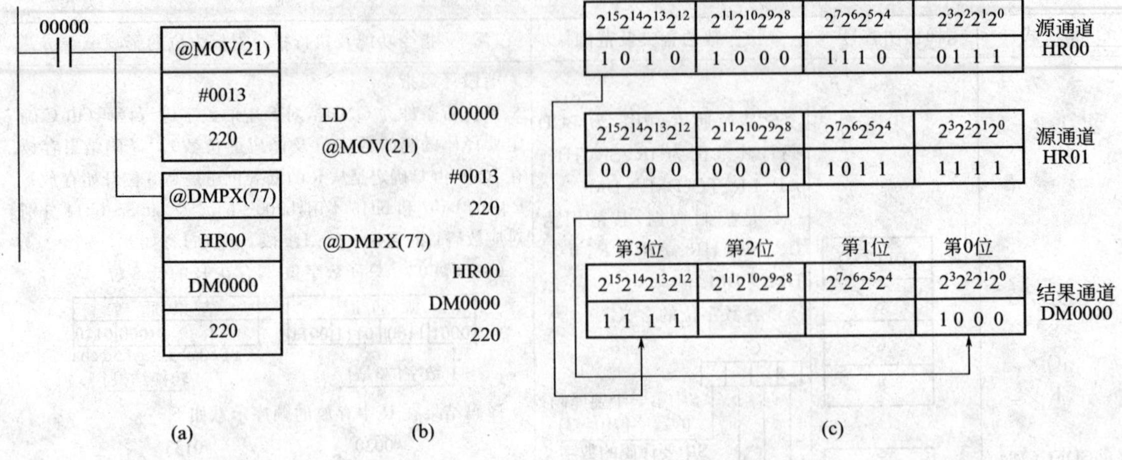

图 3-46 使用@DMPX 指令的举例

在图 3-46 中，如果 IR220 中的内容为 0023，即对 3 个源通道进行编码，第 3 个被编码的源通道应该是 HR02，即紧挨着前一个被编码的通道，第 3 个编码结果应该存放在结果通道 DM0000 的第 1 位数字位，即紧挨着前一个编码结果的存放位，以此类推。

使用编码指令 DMPX 时要注意：①S＋3 不能超过其所在区域。例如，在控制字 C＝＃0023 时，若源首通道设为 HR18 就会出错。因为要对 3 个通道进行编码，而 HR 区只有 HR18 和 HR19 这 2 个通道可以供编码了。②要牢记控制字的内容及意义，并注意控制字的内容不能写错。由于一个结果通道只能存放 4 个转换结果，所以一次只能对 4 个源通道进行编码。如果 C 设置错误，程序将无法执行。例如，若 C 设为＃0042，即对 5 个源通道进行编码，而 5 个编码结果，一个结果通道是无法存放的，程序将无法执行。

3.9.5 七段译码指令

七段译码指令（SDEC/@SDEC）指令格式见表 3-18。

图 3-47 是使用七段译码指令@SDEC 的举例。图 3-47(c) 所示是译码后源通道与结果通道的内容，图 3-47(d) 所示是七段数码管各段与结果通道各位的对应关系，图 3-47(e) 所示是译码后 HR01 中第 1 位数字和第 3 位数字所对应的数码管显示的数字。

在图 3-47 中，指令的源通道号为 HR00，结果通道为 HR01。控制字 C＝＃0013，表明从源通道的第 3 位数字开始，对 2 个数字进行译码，译码的顺序为第 3 位数字→第 0 位数字；从结果

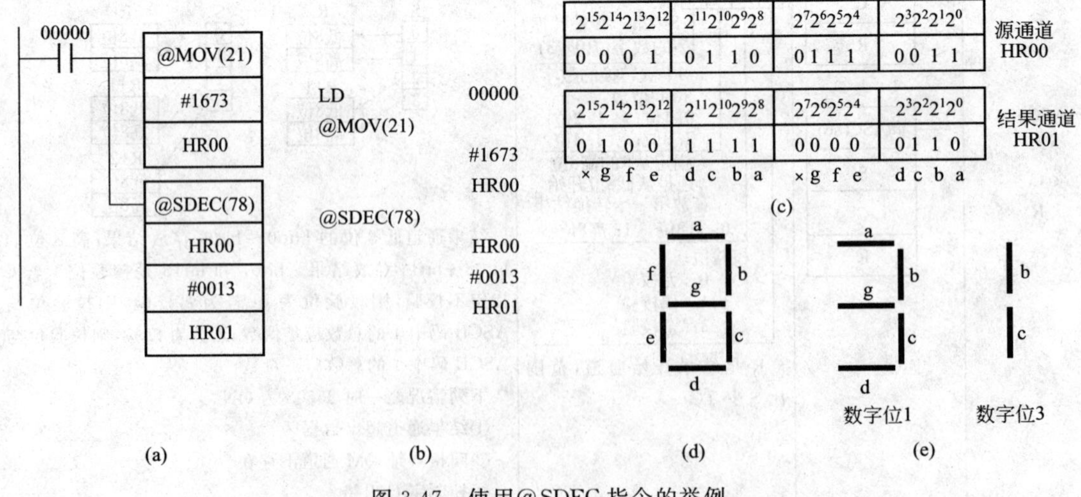

图 3-47 使用@SDEC 指令的举例

通道的低 8 位开始接受第一个转换结果，每个结果占 8 位，所以只占用一个结果通道。

译码的原理是：当 00000 为 ON 时，执行@SDEC 指令对 HR00 中的数据（为 1673）进行七段译码。源通道中的第 3 位数字是 0001；经过七段译码后，七段数码管应该显示数字 1，即七段数码的 b、c 段应该是 1。第一个译码结果要存放在结果通道的低 8 位，所以 HR01 的低 8 位是 0000 0110（bit7 固定为 0）；源通道中的第 0 位数字的内容为 0011，经过七段译码后，七段数码管应该显示数字 3，即七段数码的 a、b、c、d、g 段应该是 1。第二个译码结果要存放在结果通道的高 8 位，所以 HR01 的高 8 位是 0100 1111（bit15 固定为 0）。

在本例中，若 C=＃0113 时，虽然也是对 2 个数字进行译码，但需要两个结果通道。这时结果通道应是以 HR01 为首通道的两个连续通道。第一个译码结果存放在 HR01 的高 8 位，第二个译码结果存放在 HR02 的低 8 位。

执行七段译码指令 SDEC 时，若源通道的内容有数码 A～F，七段数码管也可以显示出数码 A～F。

使用 SDEC 指令要注意以下问题。

① 结果通道不能超过其所在区域。例如，在控制字 C=＃0113 时，若结果通道数据为 HR19 就会出错。因为第一个结果要存放在 HR19 的高 8 位，显然第二个译码结果无处存放。

② 一次最多只能对 4 个数字进行译码。若 C 设置错误，程序将无法执行。例如，C 设置为＃0042，即对 5 个数字进行译码，这显然是错误的。

3.10 数据运算指令

CPM1A 系列 PLC 提供了多种数据运算指令，包括对十进制和二进制数的加、减、乘、除运算以及数据的逻辑运算等。

3.10.1 十进制运算指令

表 3-19 是十进制运算指令的格式、梯形图符号、操作数的含义及范围、指令功能及执行指令对标志位的影响。

（1）十进制加法运算指令（ADD/@ADD、ADDL/@ADDL）

图 3-48 是 ADD 和 ADDL 指令的使用举例，图 3-48(c) 所示是执行双字加运算的操作过程。为了保证运算的正确，每次运算前都先用 CLC 指令将进位位清零。

在图 3-48 中，当 00000 为 ON 时执行@CLC 指令清进位位，执行@ADD 指令，将 HR00（＃1234）与＃8341 及 CY 相加，结果存放在 DM0000 中。当 00001 为 ON 时，执行@CLC 指令清进位位，执行@ADDL 指令，将双字 HR02（＃9876）HR01（＃5432）与 LR02（＃1234）LR01（＃5678）及 CY 相加，结果存放在 DM0002 和 DM0001 中。

图 3-49 所示是使用 ADD 指令修改 TIM 设定值的例子。图中，TIM000 的设定值是由 DM0010 通道提供的。程序运行前用编程器向 DM0010 写入初始数据＃0300。这里使用 ADD 指令是为了方便多次修改 TIM 的设定值。

该段程序中，每当 TIM001 为 ON（ON 一个扫描周期）时执行 ADD 指令，将 DM0010 中的数据加＃0300，即 TIM000 的设定值增加 30s。当 DM0010 中的数据大于＃0900 时，执行 CMP 指令后 25507 为 ON，从而使 MOV 指令得以执行，再将＃0300 传送给 DM0010，即令 TIM000 的设定值恢复为 30s。

该段程序对 01000 实现了循环间歇 OFF、ON 的控制。01000 每次 ON 的时间保持不变，而每次 OFF 的时间依次增加 30s（但不超过 90s）。00000 对应一个自锁开关，程序实现的控制功能如下：

00000 ON→01000 OFF 30s→01000 ON 60s→01000 OFF 60s
↑ ↓
01000 ON 60s←01000 OFF 90s←01000 ON 60s

表 3-19 十进制运算指令

格 式	梯形图符号	操作数的含义及范围	指令功能及执行指令对标志位的影响
ADD(30) Au Ad R @ADD(30) Au Ad R	ADD(30) Au Ad R @ADD(30) Au Ad R	Au是被加数(BCD码),范围为IR、SR、HR、AR、LR、TC、DM、* DM、# Ad是加数(BCD码),范围同Au R是结果通道,范围为IR、SR、HR、AR、LR、DM、* DM	单字BCD码十进制加法运算指令 当执行条件为ON时,将被加数、加数和CY中内容相加,把结果存在R中。若结果大于9999,则CY位置1 对标志位的影响 ①当Au和Ad的内容有非BCD码时,25503为ON ②间接寻址DM不存在时,25503为ON ③加运算结果超出4位BCD码时,25504为ON;当和为0000时,25506为ON
SUB(31) Mi Su R @SUB(31) Mi Su R	SUB(31) Mi Su R @SUB(31) Mi Su R	Mi是被减数,范围为:IR、SR、HR、AR、LR、TC、DM、* DM、# Su是减数,范围为同Mi R是结果通道,范围为IR、SR、HR、AR、LR、DM、* DM	单字BCD码十进制减法运算指令 当执行条件为ON时,将被减数减去减数,再减去CY中的内容,把结果存在R中。若被减数小于减数,则CY位置1,此时R中的内容为结果的十进制补码。欲得到正确的结果,应先清CY位,再用0减去R及CY的内容,并将结果存在R中 对标志位的影响 ①当Mi和Su的内容有非BCD码时,25503为ON ②间接寻址DM不存在时,25503为ON ③当被减数小于减数时,25504为ON;当差为0000时,25506为ON
MUL(32) Md Mr R @MUL(32) Md Mr R	MUL(32) Md Mr R @ MUL(32) Md Mr R	Md是被乘数(BCD码),范围为IR、SR、HR、AR、LR、TC、DM、* DM、# Mr是乘数(BCD码),范围同Md R是结果通道,范围为:IR、SR、HR、AR、LR、DM、* DM	单字BCD码十进制乘法运算指令 当执行条件为ON时,将Md和Mr的内容相乘,结果存入从R(低4位)开始的结果通道中 对标志位的影响 ①当被乘数和乘数有非BCD码时,25503为ON ②间接寻址DM不存在时,25503为ON ③当结果通道的内容为0000时,25506为ON
DIV(33) Dd Dr R @ DIV(33) Dd Dr R	DIV(33) Dd Dr R @ DIV(33) Dd Dr R	Dd是被除数(BCD码),范围为IR、SR、HR、AR、LR、TC、DM、* DM、# Dr是除数(BCD码),范围同Dd R是结果通道,范围为IR、SR、HR、AR、LR、DM、* DM	单字BCD码十进制除法运算指令 当执行条件为ON时,被除数除以除数,结果存入R(存商)和R+1(存余数)通道中 对标志位的影响 ①当被除数和除数有非BCD码或除数为0时,25503为ON ②间接寻址DM不存在时,25503为ON ③当结果通道的内容为0000时,25506为ON

01000每次都ON 60s，是由TIM001控制的；01000第一次OFF的时间是30s，以后OFF的时间依次增加30s，这是通过执行ADD指令改变TIM000的设定值实现的。01000 OFF的最长时间不超过90s，是由CMP指令控制的。

(2) 十进制减法运算指令（SUB/@SUB）

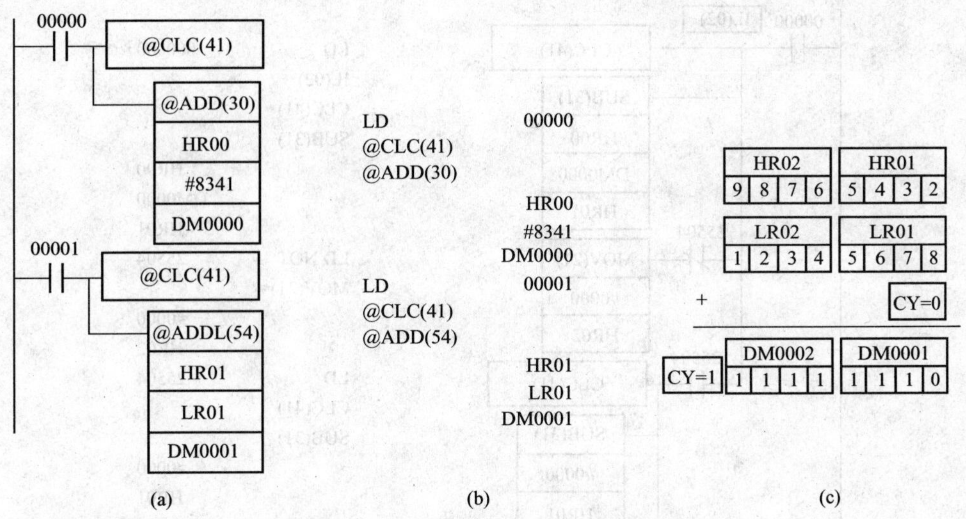

图 3-48 ADD 和 ADDL 加法指令的使用

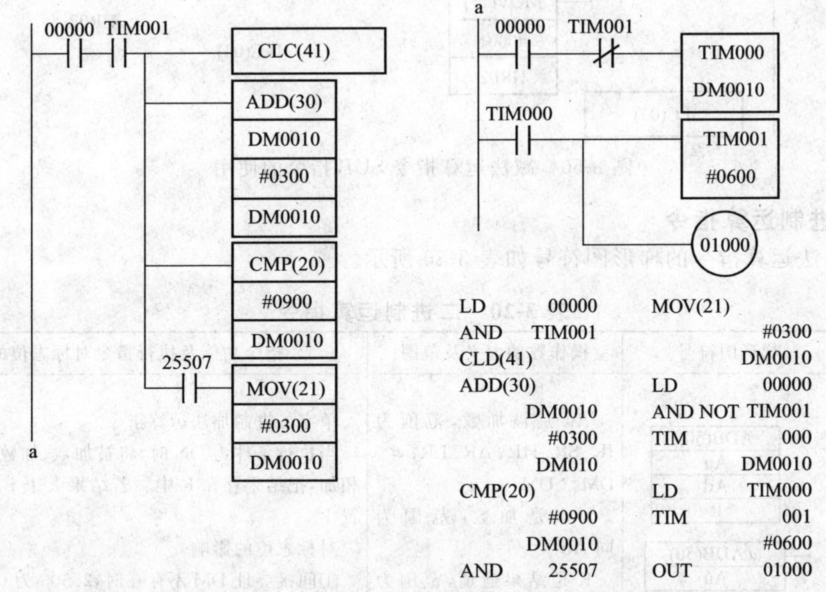

图 3-49 使用 ADD 指令修改 TIM 的设定值

图 3-50 所示是减法运算指令 SUB 指令的使用。被减数在 HR00 中，减数在 DM0000 中，结果存入 HR01 中，进位位状态存入 HR02 中。

当 00000 为 ON 时，执行 CLC 指令进位位清零。执行 SUB 指令，用 HR00 的内容减去 DM0000 的内容，再减去 CY 的内容，差存入结果通道 HR01 中。若运算没有借位时 CY 被置 0，25504 为 OFF，HR02 为 0；若运算有借位时，则结果通道中的内容是差的十进制补码，故需进行第二次减法运算。由于此时 CY 为 1，25504 为 ON，于是第二次执行减法运算，结果存入 HR01 中，同时把 HR02 置 1。两次减法运算的操作过程如下：

	HR00		DM0000		CY				HR01	CY
第一次相减：	1000	－	2000	－	0	→	1000 ＋（10000－2000）	＝	9000	1
	HR01				CY				HR01	CY
第二次相减：	0000	－	9000	－	0	→	0000 ＋（10000－9000）	＝	1000	1

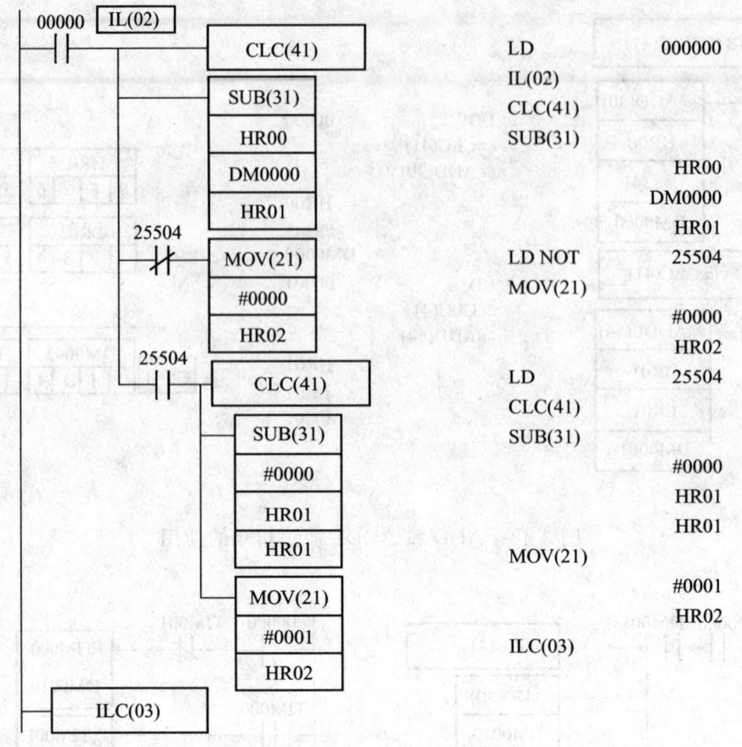

图 3-50 减法运算指令 SUB 指令的使用

3.10.2 二进制运算指令

二进制加法运算指令的梯形图符号如表 3-20 所示。

表 3-20 二进制运算指令

格 式	梯形图符号	操作数的含义及范围	指令功能及执行指令对标志位的影响
ADB(50) Au Ad R @ADB(50) Au Ad R	ADB(50) Au Ad R @ADB(50) Au Ad R	Au 是被加数，范围为 IR、SR、HR、AR、LR、#、DM、* DM Ad 是加数，范围为同 Au R 是结果通道，范围为 IR、SR、HR、AR、LR、DM、* DM	单字二进制加法运算指令 当执行条件为 ON 时，将被加数、加数和 CY 中内容相加，把结果存在 R 中。若结果大于 FFFF，则 CY 位置 1 对标志位的影响 ①间接寻址 DM 不存在时，25503 为 ON ②加运算结果超出 FFFF 时，25504 为 ON ③当和为 0000 时，25506 为 ON
SBB(51) Mi Su R @SBB(51) Mi Su R	SBB(51) Mi Su R @SBB(51) Mi Su R	Mi 是被减数，范围为 IR、SR、HR、AR、LR、TC、DM、* DM、# Su 是减数，范围同 Mi R 是结果通道，范围为 IR、SR、HR、AR、LR、DM、* DM	单字二进制减法运算指令 当执行条件为 ON 时，将被减数减去减数，再减去 CY 中的内容，把结果存在 R 中。若被减数小于减数，则 CY 位置 1，此时 R 中的内容为结果的二进制补码。欲得到正确的结果，应先清 CY 位，再用 0 减去 R 及 CY 的内容，并将结果存在 R 中 对标志位的影响 ①间接寻址 DM 不存在时，25503 为 ON ②有借位时，25504 为 ON ③当差为 0000 时，25506 为 ON

续表

格　式	梯形图符号	操作数的含义及范围	指令功能及执行指令对标志位的影响
MLB(52) Md Mr R @ MLB(52) Md Mr R	MLB(52) Md Mr R @ MLB(52) Md Mr R	Md 是被乘数(二进制)，范围为 IR、SR 、HR、AR、LR、TC、DM、* DM、# Mr 是乘数，范围同 Md。 R 是结果开始通道，范围为 IR、SR 、HR、AR、LR、DM、* DM	单字二进制乘法运算指令 当执行条件为 ON 时，将 Md 和 Mr 的内容相乘，结果存在 R(低 4 位)开始的结果通道中 对标志位的影响 ①间接寻址 DM 不存在时，25503 为 ON ②当结果通道的内容为 0000 时，25506 为 ON
DVB(53) Dd Dr R @ DVB(53) Dd Dr R	DVB(53) Dd Dr R @ DVB(53) Dd Dr R	Dd 是被除数(二进制)，范围为 IR、SR 、HR、AR、LR、TC、DM、* DM、# Dr 是除数，范围同 Dd R 是结果开始通道，范围为 IR、SR 、HR、AR、LR、DM、* DM	单字二进制除法运算指令 当执行条件为 ON 时，两个二进制数相除，结果存入 R(存商)和 R+1(存余数)通道中 对标志位的影响 ①间接寻址 DM 不存在或除数为 0 时，25503 为 ON ②当结果通道的内容为 0000 时，25506 为 ON

图 3-51 所示是使用二进制运算指令完成 (250×8－1000)/50 运算的例子。图中，当 00000 为 ON，00001 为 OFF 时，执行@BSET 指令将 DM0000～DM0004 清零。当 00001 为 ON，00000 为 OFF 时，执行如下操作。

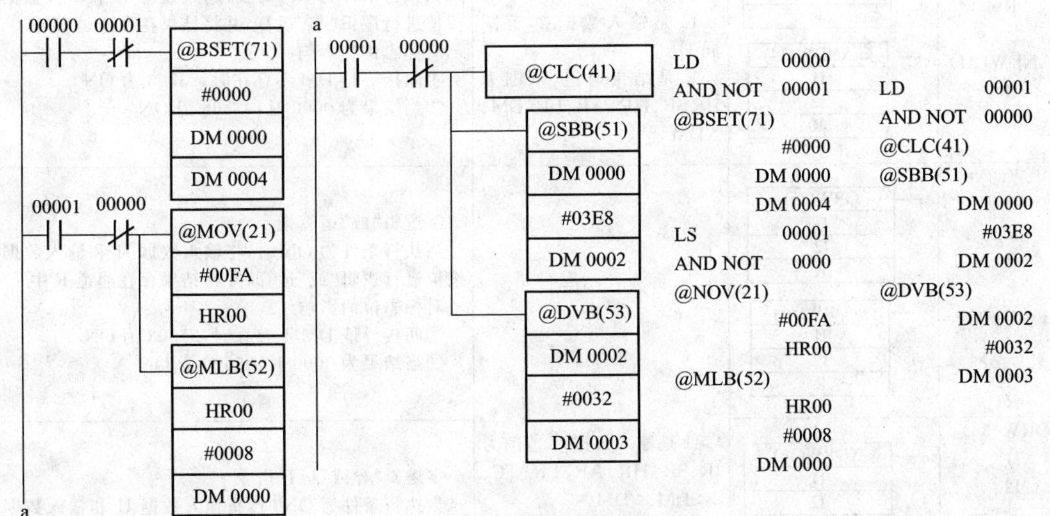

图 3-51　二进制运算指令的使用

执行@MOV 指令将＃00FA（十进制的 250）传送到 HR00 中。执行@MLB 指令将 HR00 的内容与＃0008 相乘，把结果的低位 07D0（十进制的 2000）存入 DM0000 中，结果的高位 0000 存入 DM0001 中；执行@CLC 指令将 CY 清零，以准备进行相减运算。执行@SBB 指令，以 DM0000 的内容为被减数与＃03E8（十进制的 1000）相减，结果＃03E8 存入 DM0002 中。执行@DVB 指令，将 DM0002 中的内容除以＃0032（十进制的 50），把商＃0014（十进制的 20）存入 DM0003 中，余数＃0000 存入 DM0004 中。执行各种指令和运算的结果如表 3-21 所示。

若需进行双字二进制数运算时，可用移位和单字相加指令编程实现两个双字二进制数相乘运算。用此方法编程时，要先清积的单元，设定操作循环次数为 32，设置运算状态。用算术左移指令将乘数的低位通道内容左移一位，用循环左移指令将乘数的高位通道内容左移一位，用可逆移位指令将积左移一位。若乘数移出的位是 1，则将被乘数加到积上，且循环次数减 1。

表 3-21 执行各种指令和运算的结果

执行指令	HR00	DM0000	DM0001	DM0002	DM0003	DM0004	CY
@BSET	—	0000	0000	0000	0000	0000	—
@MOV	00FA	0000	0000	0000	0000	0000	—
@MLB	00FA	07D0	0000	0000	0000	0000	—
@CLC	00FA	07D0	0000	0000	0000	0000	0
@SBB	00FA	07D0	0000	03E8	0000	0000	0
@DVB	00FA	07D0	0000	03E8	0014	0000	—

当循环次数减为 0 时，运算结束并解除运算状态。

3.10.3 逻辑运算指令

逻辑运算指令的梯形图符号如表 3-22 所示。

表 3-22 逻辑运算指令

格 式	梯形图符号	操作数的含义及范围	指令功能及执行指令对标志位的影响
COM(29) Ch @COM(29) Ch	COM(29) Ch @COM(29) Ch	Ch 是被求反的通道号，范围为 IR、SR、HR、AR、LR、DM、* DM	通道数据按位求反指令 当执行条件为 ON 时，通道中的数据按位求反，并将结果存在原通道中 对标志位的影响 ①间接寻址 DM 不存在时，25503 为 ON ②当结果为 0000 时，25506 为 ON
ANDW(34) I1 I2 R @ANDW(34) I1 I2 R	ANDW(34) I1 I2 R @ANDW(34) I1 I2 R	I1 是输入数据 1，范围为 IR、SR、HR、AR、LR、TC、#、DM、* DM I2 是输入数据 2，范围同 I1 R 是结果通道，范围为 IR、SR、HR、AR、LR、DM、* DM	字逻辑“与”运算指令 当执行条件为 ON 时，将输入数据 I1 和输入数据 I2 按位进行逻辑“与”运算，并将结果存在通道 R 中 对标志位的影响 ①间接寻址 DM 不存在时，25503 为 ON ②当结果为 0000 时，25506 为 ON
ORW(35) I1 I2 R @ORW(35) I1 I2 R	ORW(35) I1 I2 R @ORW(35) I1 I2 R		字逻辑“或”运算指令 当执行条件为 ON 时，将输入数据 I1 和输入数据 I2 按位进行逻辑“或”运算，并将结果存在通道 R 中 对标志位的影响 ①间接寻址 DM 不存在时，25503 为 ON ②当结果为 0000 时，25506 为 ON
XORW(36) I1 I2 R @XORW(36) I1 I2 R	XORW(36) I1 I2 R @XORW(36) I1 I2 R	I1 是输入数据 1，范围为 IR、SR、HR、AR、LR、TC、#、DM、* DM I2 是输入数据 2，范围同 I1 R 是结果通道，范围为 IR、SR、HR、AR、LR、DM、* DM	字逻辑“异或”运算指令 当执行条件为 ON 时，将输入数据 I1 和输入数据 I2 按位进行逻辑“异或”运算，并将结果存在通道 R 中 对标志位的影响 ①间接寻址 DM 不存在时，25503 为 ON ②当结果为 0000 时，25506 为 ON
XNRW(37) I1 I2 R @ NRW(37) I1 I2 R	XNRW(37) I1 I2 R @ XNRW(37) I1 I2 R		字逻辑“同或”运算指令 当执行条件为 ON 时，将输入数据 I1 和输入数据 I2 按位进行逻辑“同或”运算，并将结果存在通道 R 中 对标志位的影响 ①间接寻址 DM 不存在时，25503 为 ON ②当结果为 0000 时，25506 为 ON

图 3-52 所示是逻辑指令的使用举例。在图（a）中，在 00000 为 ON，00001 为 OFF 时，执行@BSET 指令将所有存放结果的通道都清零。当 00001 为 ON，00000 为 OFF 时，执行下面各种逻辑运算指令：执行@ANDW 指令，将 008F 与 0081 进行逻辑“与”运算，结果 0081 存入 DM0000 中；执行@ORW 指令，将通道 DM0000 的内容与 0073 进行逻辑“或”运算，结果 00F3 存入 DM0001 中；执行@XORW 指令，将 DM0000 与 DM0001 两个通道的内容进行逻辑“异或”运算，结果 0072 存入 DM0002 中。执行各种逻辑运算的过程如图（b）所示。

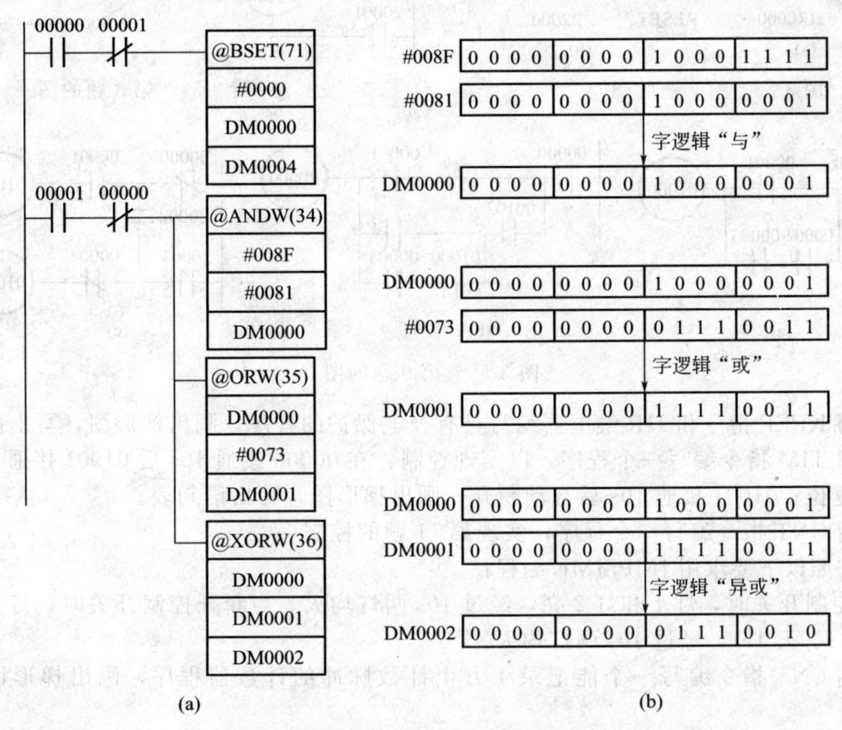

图 3-52 逻辑运算指令的使用

用逻辑指令不仅可以进行通道清零，还可以将通道中的某些位屏蔽而保留另外一些位的状态，根据欲保留和欲屏蔽位的情况设定一个常数，用 ANDW 指令将通道数据与该常数相“与”即可。例如，欲保留 HR00 中的 bit0、bit3、bit4、bit7、bit10 的状态而屏蔽其余位的状态时，可以用＃0499 与 HR00 进行逻辑“与”来实现这个操作。

习题 3

3-1 叙述 CPM1A 主机面板的各端子和端口的作用。

3-2 CPM1A 系列 PLC 最多可扩展多少个 I/O 点？其扩展 I/O 点如何编号？

3-3 CPM1A 系列 PLC 的内部继电器区怎样划分的？

3-4 为什么继电器型的 PLC 不宜输出高速脉冲信号？

3-5 CPM1A 系列 PLC 高速计数器的最高计数频率是多少？

3-6 微分型指令和非微分型指令有什么区别？什么情况下使用微分指令？

3-7 分别画出图示两个语句表（见图 3-53）的梯形图。

3-8 写出图示梯形图（见图 3-54）的语句表，并画出 01000 的工作波形。

3-9 把图 3-55(a) 和（b）改画成能节省语句的形式，将图 3-55(c) 按 PLC 梯形图的规则进行转换。

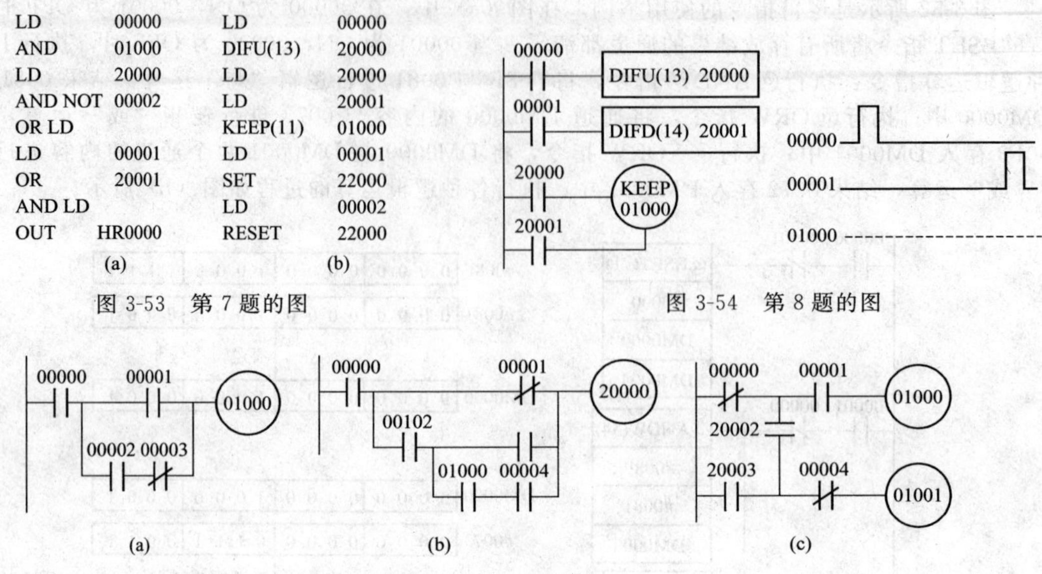

图 3-53 第 7 题的图

图 3-54 第 8 题的图

图 3-55 第 9 题的图

3-10 用 KEEP 指令和 HR 继电器编写具有掉电保护的程序，画出梯形图，写出语句表。

3-11 用 TIM 指令编写一个程序，以实现控制：在 00000 接通 10s 后 01001 接通并保持，定时器则立即复位；01001 接通 10s 后自动断开。画出梯形图，写出语句表。

3-12 用 CNT 指令编写一个程序，实现第 11 题的控制。

3-13 按照以下要求用 JMP/JME 编程：

当闭合控制开关时，灯 1 和灯 2 亮，经过 10s 两灯均灭。当断开控制开关时，灯 3 和灯 4 开始闪烁（亮 1s、灭 1s），经过 10s 两灯均灭。

3-14 用 CNT 指令编写一个能记录 1 万个计数脉冲的计数器程序，画出梯形图，写出语句表。

3-15 分别用 CNTR 指令的加、减计数指令编写一个能记录 1 万个计数脉冲的循环计数器程序，画出梯形图，写出语句表。

3-16 用 200 通道作 SFTR 指令的控制位，设计一个可逆移位寄存器程序。当 00000 为 ON 且 00001 为 OFF 时，010 通道最低的“1”每秒左移 1 位；当 00001 为 ON 且 00000 为 OFF 时，010 通道最高的“1”每秒右移 1 位。画出梯形图。

3-17 请完成以下各题。

① 指令 BIN（23）的操作数 S 为 220（内容为 0318），R 为 HR10。执行一次该指令，请写出结果通道的内容。

② 指令 BCD（24）的操作数 S 为 220（内容为 010E），R 为 HR10。执行一次该指令，请写出结果通道的内容。

3-18 用十进制运算指令编写一个程序，完成（200－100）×2/10 的运算，运算结果放在 DM 数据区。请画出梯形图。

第 4 章 S7-200 可编程序控制器

西门子公司的 S7-200 PLC 是一种叠装式结构的小型 PLC，指令丰富、功能强大、结构紧凑、便于扩展，具有很高的性能价格比。

4.1 S7-200 PLC 组成

S7-200PLC 由基本单元（S7-200CPU 模块）、个人计算机（PC）或编程器、STEP7-Micro/WIN32 编程软件以及通信电缆等构成，如图4-1所示。

4.1.1 基本单元（S7-200 CPU 模块）

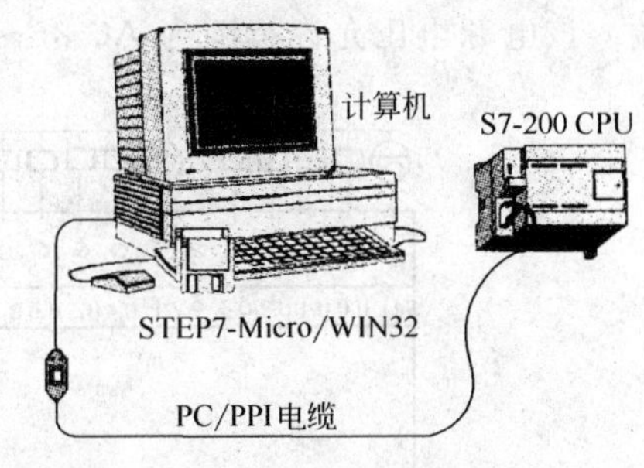

图 4-1 S7-200 PLC 系统的构成

S7-200CPU 模块也称为主机。由中央处理单元（CPU）、电源以及数字量输入、输出单元组成。在 CPU 模块的顶部端子盖内有电源及输出端子；在底部端子盖内有输入端子及传感器电源；在中部右侧前盖内有 CPU 工作方式开关（RUN/STOP）、模拟调节电位器和扩展 I/O 连接接口；在模块的左侧分别有状态 LED 指示灯、存储器卡及通信口，如图 4-2 所示。

输入端子和输出端子是 PLC 与外部输入信号和外部负载联系的窗口。

状态 LED 指示灯指示 CPU 的工作方式、主机 I/O 的当前状态、系统错误状态。存储器卡（EEPROM 卡）可以存储 CPU 程序。RS-485 串行通信接口的功能包括串行/并行数据的转换、通信格式的识别、数据传输的出错检验、信号电平的转换等。通信接口是 PLC 与编程器、图形显示器、打印机等外部设备相连的通道，也可以和其他 PLC 或上位计算机连接。

输入/输出扩展接口是 PLC 主机为了扩展输入输出点数和类型的部件。输入/输出扩展接口有并行接口、串行接口和双口存储器接口等多种形式。

根据控制需要，PLC 主机可以通过输入/输出扩展接口扩展系统，即可在 PLC 主机的右侧插上一块或几块扩展模块。例如数字量输入/输出扩展模块、模拟量输入/输出扩展模块或智能输入/输出扩展模块等，并用扩展电缆将它们连接起来。图 4-3 所示是一台 PLC 主机带一块扩展模块的结构。

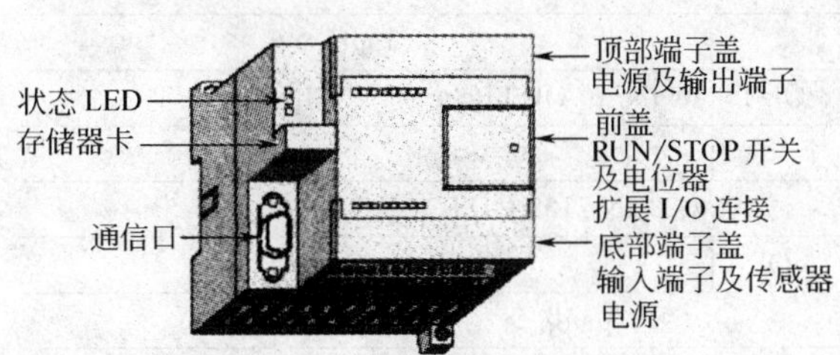

图 4-2 S7-200CPU 模块

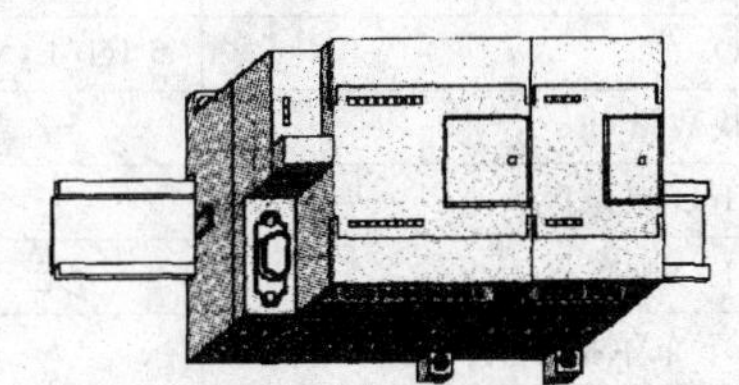
图 4-3 带有扩展模块的 S7-200 CPU 模块

S7-200 PLC 主机的型号规格种类较多，以适应不同控制场合的需求。如 S7-200 CPU22X 系列产品有 CPU221 模块、CPU222 模块、CPU224 模块、CPU226 模块、CUP226XM 模块。

CPU22X系列产品指令丰富、速度快、具有较强的通信能力。例如，CPU226模块的I/O点数为40，其中输入点24，输出点16，可带7个扩展模块。用户程序存储器容量为6.6K字。内置高速计数器，具有PID控制功能。有2个高速脉冲输出端和2个RS-485通信口。具有PPI通信协议、MPI通信协议和自由口协议的通信能力。

图4-4是CPU226 AC/DC/继电器模块输入、输出单元的接线图。24个数字量输入点分成两组。第一组由输入端子I0.0～I0.7、I1.0～I1.4共13个输入点组成，每个外部输入的开关信号均由各输入端子接出，通过一个直流电源至公共端1M；第二组由输入端子I1.5～I1.7、I2.0～I2.7共11个输入点组成，每个外部输入信号由各输入端子接出，通过一个直流电源至公共端2M。由于是直流输入模块，所以采用直流电源作为检测各输入接点状态的电源。M、L＋两个端子提供DC24V/400mA传感器电源，可以作为传感器的电源输出，也可以作为输入端的检测电源使用。16个数字量输出点分成三组。第一组由输出端子Q0.0～Q0.3共4个输出点与公共端1L组成；第二组由输出端子Q0.4～Q0.7、Q1.0共5个输出点与公共端2L组成；第三组由输出端子Q1.1～Q1.7共7个输出点与公共端3L组成。每个负载的一端与输出点相连，另一端经电源与公共端相连。由于是继电器输出方式，所以既可带直流负载，也可带交流负载。输出端子排的右端N、L1端子是供电电源AC120V/240V输入端。该电源电压允许范围为AC 85～264V。

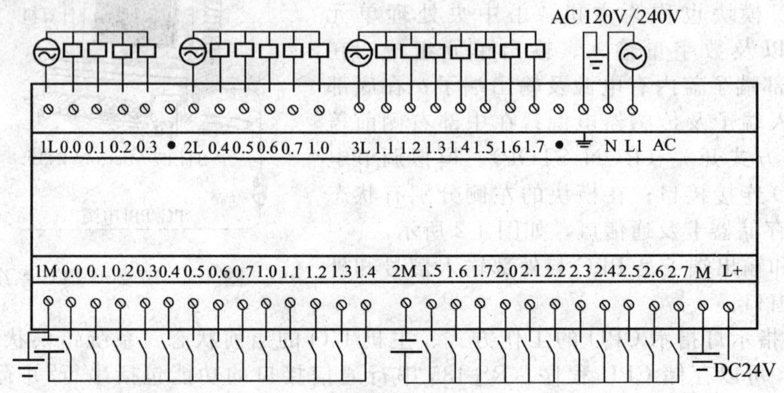

图4-4 CPU226AC/DC/继电器模块输入、输出单元的接线图

S7-200CPU模块的主要技术指标如表4-1所示。

表4-1 S7-200模块主要技术指标

型号 / 参数类型	CPU221	CPU222	CPU224	CPU226	CPU226XM
程序存储器	2048字		4096字		8192字
用户数据存储器	1024字		2560字		5120字
用户存储器类型	EEPROM				
数据后备(超级电容)典型时间	50h		190h		
本机I/O	6 IN/4 OUT	8 IN/6 OUT	14 IN/10 OUT	24 IN/16 OUT	
扩展模块数量	—	2个	7个		
数字量I/O映像区大小	256(128 IN /128 OUT)				
模拟量I/O映像区大小	无	16 IN/16 OUT	32 IN/32 OUT		
33MHz下布尔指令执行速度	0.37μs/指令				
内部继电器	256				
计数器/定时器	256/256				
顺序控制继电器	256				
内置高速计数器	4个(30kHz)		6个(30kHz)		

续表

参数类型 \ 型号	CPU221	CPU222	CPU224	CPU226	CPU226XM
模拟量调节电位器	1		2		
高速脉冲输出	2(20kHz,DC)				
脉冲捕捉	6 个	8 个	14 个		
通信中断	每个端口有:1 发送/2 接收				
定时中断	2(1～255ms)				
硬件输入中断	4 个输入点				
实时时钟	有(时钟卡)		有(内置)		
口令保护	有				
通信口数量	1(RS-485)			2(RS-485)	

4.1.2 个人计算机或编程器及 STEP7-Micro/WIN32 编程软件

个人计算机（PC）或编程器装上 STEP7-Micro/WIN32 编程软件后，即可供用户进行程序的编制、编辑、调试和监视等。

要求个人计算机（PC）的配置：CPU 为 80586 或更高的处理器，16MB 内存（最低要求为：CPU80486，8MB 内存）；VGA 显示器（分辨率 1024×768 像素）；硬盘空间至少 50MB；Microsoft Windows 所支持的鼠标。

STEP7-Micro/WIN32 编程软件是基于 Windows 的应用软件，它支持 32 位Windows95，Windows98 和 WindowsNT4.0 使用环境。它的基本功能是创建、编辑、调试用户程序、组态系统等。

4.1.3 通信电缆及人机界面

通信电缆是 PLC 用来与个人计算机（PC）实现通信的电缆。可以用 PC/PPI 电缆；使用通信处理器（CP）时，可用多点接口（MPI）电缆；使用 MPI 卡时，可用 MPI 卡专用通信电缆。

人机界面主要指操作员界面，例如操作员面板、触摸屏、文本显示器等，这些设备可以使用户通过友好的操作界面轻松地完成各种调整和控制任务。

操作员面板（如 OP27，OP37）和触摸屏（如 TP27、TP37）的基本功能是过程状态和过程控制的可视化。可以用 Protool 软件组态它们的显示与控制功能。

文本显示器（如 TD200）的基本功能是文本信息显示和实施操作。在控制系统中可以设定和修改参数。可编程的 8 个功能键可以作为控制键，文本显示器还能扩展 PLC 的输入和输出端子数。

4.2 S7-200PLC 的接口模块

S7-200PLC 的接口模块有数字量模块、模拟量模块、智能模块等。

4.2.1 数字量模块

当 S7-200CPU 的输入、输出点数不能满足控制需要时，可以选配各种数字量模块来扩展，数字量模块有数字量输入模块、数字量输出模块和数字量输入/输出模块。

（1）数字量输入模块

数字量输入模块的每一个输入点可接收一个来自用户设备的开关信号（ON/OFF），典型的输入设备有按钮、限位开关、选择开关、继电器触点等。每个输入点仅与一个输入电路相连，通过输入接口电路把现场开关信号变成 CPU 能接收的标准电信号。数字量输入模块可分为直流输入模块和交流输入模块，以适应实际生产中输入信号电平的多样性。

① 直流输入模块 直流输入模块（EM221 8×DC24V）有 8 个数字量输入端子。图 4-5 是直流输入模块端子的接线图，图中 8 个数字量输入点分成两组。1M、2M 分别是两组输入点内部电路的公共端，每组需提供一个 DC 24V 电源。

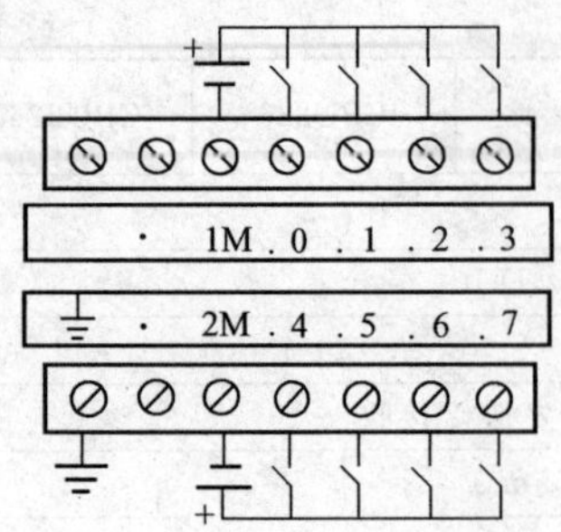

图 4-5 直流输入模块端子接线路

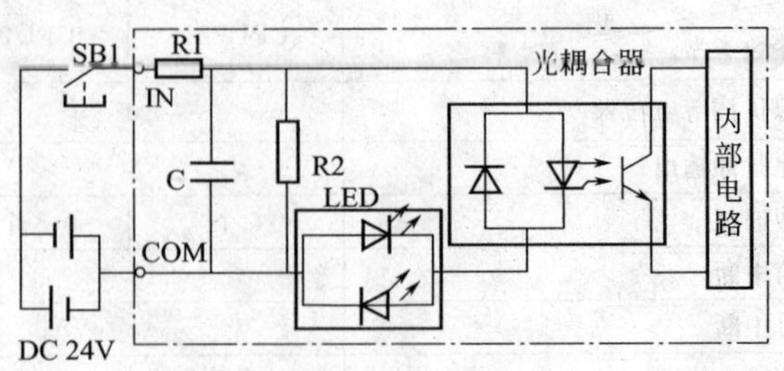

图 4-6 直流输入电路

直流输入模块的输入电路如图 4-6 所示。光耦合器隔离了输入电路与 PLC 内部电路的电气连接，使外部信号通过光耦合变成内部电路能接收的标准信号。当现场开关闭合后，外部直流电压经过电阻 R1 和阻容滤波后加到双向光耦合器的发光二极管上，经光耦合，光敏晶体管接收光信号，并将接收的信号送入内部电路。在输入采样时送至输入映像寄存器。现场开关通/断状态，对应输入映像寄存器的 I/O 状态，即当现场开关闭合时，对应的输入映像寄存器为"1"状态；当现场开关断开时，对应的输入映像寄存器为"0"状态。当输入端的发光二极管（LED）点亮，即指示现场开关闭合。外部直流电源用于检测输入点的状态，其极性可以任意接入。

图 4-6 中，电阻 R2 和电容 C 构成滤波电路，可滤掉输入信号中的高频抖动。双向光耦合器起整流和双重隔离作用，双向发光二极管 LED 用作状态指示。

② 交流输入模块　交流输入模块（EM221 8×AC120V/230V）有 8 个分隔式数字量输入端子，交流输入模块端子接线图如图 4-7 所示。图中每个输入点都占用两个接线端子，它们各自使用 1 个独立的交流电源（由用户提供）。这些交流电源可以不同相。

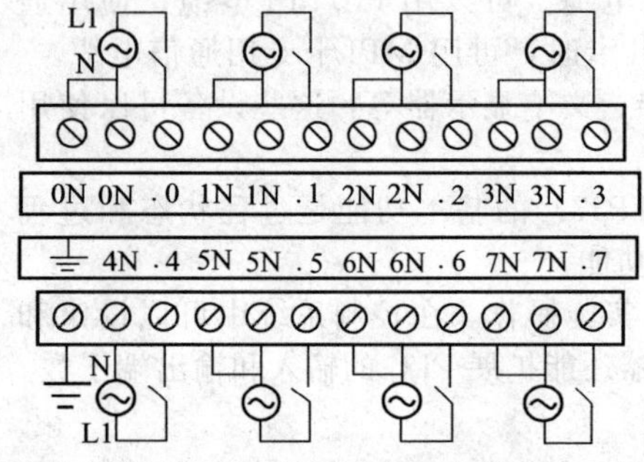

图 4-7 交流输入模块端子接线图

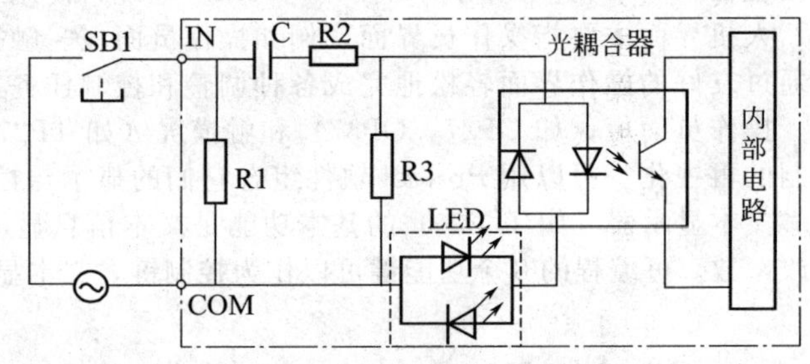

图 4-8 交流输入电路

交流输入模块的输入电路如图 4-8 所示。当现场开关闭合后，交流电源经 C、R2、双向光耦合器中的一个发光二极管，使发光二极管发光，经光耦合，光敏晶体管接收光信号，并将该信号送至 PLC 内部电路，供 CPU 处理。双向发光二极管 LED 指示输入状态。为防止输入信号过高，每路输入信号并接取样电阻 R1 用来限幅；为减少高频信号窜入，串接 R2、C 作为高频去耦电路。

(2) 数字量输出模块

数字量输出模块的每一个输出点能控制一个用户的离散型（ON/OFF）负载。典型的负载包括继电器线圈、接触器线圈、电磁阀线圈、指示灯等。每一个输出点仅与一个输出电路相连，通过输出电路把 CPU 运算处理结果转换成驱动执行机构的各种大功率开关信号。

数字量输出模块分为直流输出模块、交流输出模块、交直流输出模块三种。

① 直流输出模块　直流输出模块（EM222 8×DC24V）有 8 个数字量输出点，图 4-9 是直流输出模块端子的接线图，图中 8 个数字量输出点分成两组。1L+、2L+分别是两组输出点内部电路的公共端，每组需用户提供一个 DC 24V 的电源。

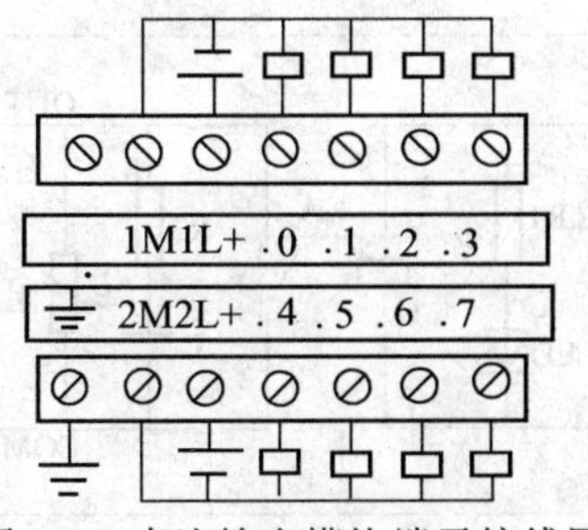

图 4-9 直流输出模块端子接线图

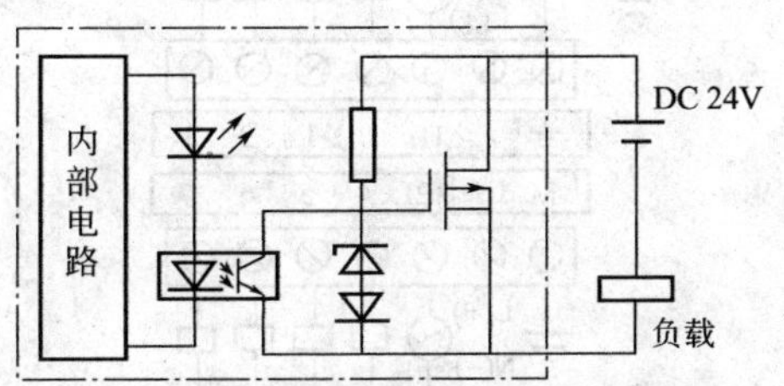

图 4-10 场效应晶体管输出电路

直流输出模块是晶体管输出方式，或用场效应晶体管（MOSFET）驱动。图 4-10 所示是用场效应晶体管驱动的直流输出电路。当 PLC 进入输出刷新阶段时，通过数据总线把 CPU 的运算结果由输出映像寄存器集中传送给输出锁存器；输出锁存器的输出使光耦合器的发光二极管发光，光敏晶体管导通，使场效应晶体管饱和导通，相应的直流负载在外部直流电源的激励下通电工作。当对应的输出映像寄存器为“1”状态时，负载在外部电源激励下通电工作；当对应的输出映像寄存器为“0”状态时，外部负载断电停止工作。图 4-10 中光耦合器实现光隔离，场效应晶体管作为功率驱动的开关器件，稳压管用于防止输出端过电压以保护场效应晶体管，发光二极管用于指示输出状态。

晶体管（或场效应晶体管）输出方式的特点是输出响应速度快。场效应晶体管的工作频率可达 20kHz。

② 交流输出模块 交流输出模块（EM222 8×AC120V/230V），有 8 个分隔式数字量输出点，图 4-11 是交流输出模块端子接线图。图中每个输出点占用两个接线端子，且它们各自由用户提供一个独立的交流电源，这些交流电源可以不同相。

交流输出模块是晶闸管输出方式，如图 4-12 所示，其特点是输出电流大。当 PLC 有信号输出时，发光二极管导通，通过光耦合使双向晶闸管导通，交流负载在外部交流电源激励下得电。发光二极管 LED 点亮，指示输出有效。图中，固态继电器（AC SSR）作为功率放大的开关器件，同时也是光电隔离器件，电阻 R2 和电容 C 组成高频滤波电路，压敏电阻起过电压保护作用，消除尖峰电压。

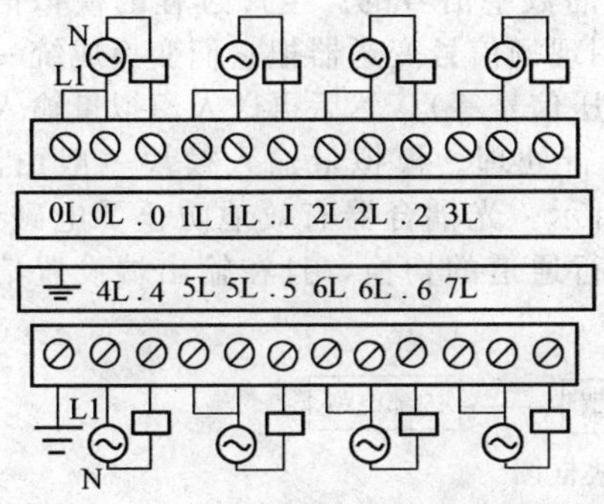

图 4-11 交流输出模块端子接线图

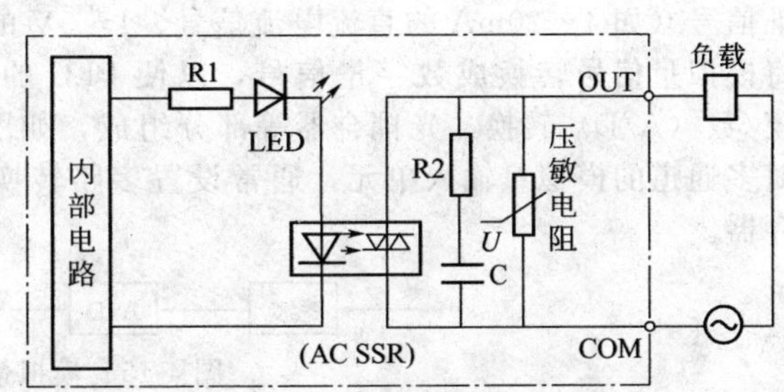

图 4-12 晶闸管输出电路

③ 交直流输出模块 交直流输出模块（EM222 8×继电器）有 8 个输出点，分成两组，1L、2L 是两组输出点内部电路的公共端。每组需提供一个外部电源（可以是直流或交流电源）。图 4-13是继电器输出模块端子接线图。

交直流输出模块是继电器输出方式，其输出电路如图 4-14 所示。当 PLC 有信号输出时，输出接口电路使继电器线圈得电，继电器触点闭合使负载回路接通，同时状态指示发光二极管 LED 导通点亮。根据负载的性质（直流负载或交流负载）来选用负载回路的电源（直流电源或交流电源）。

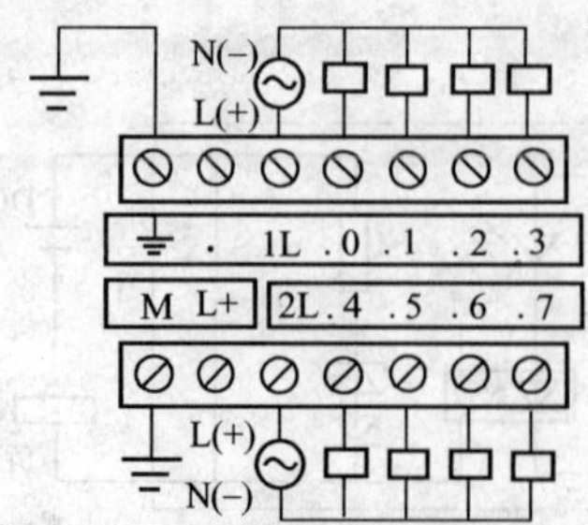

图 4-13 继电器输出模块端子接线图

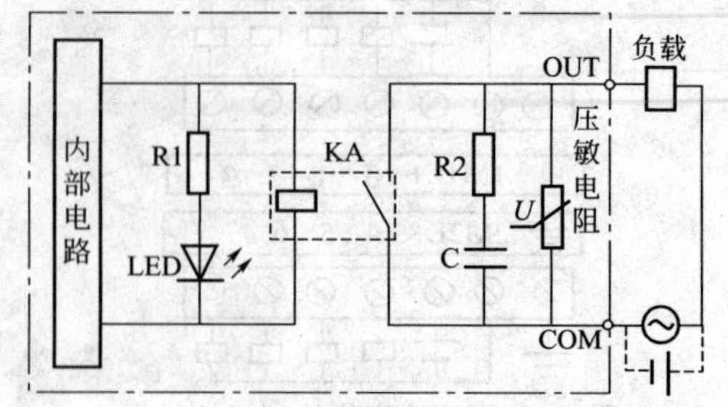

图 4-14 继电器输出电路

图 4-14 中，继电器作为功率放大的开关器件，同时又是电气隔离器件。为消除继电器触点的火花，并联有阻容熄弧电路。在继电器的触点两端，还并联有金属氧化膜压敏电阻，当外接交流电压低于 150V 时，其阻值极大；当外接交流电压为 150V 时，压敏电阻开始导通，随着电压的增加，压敏电阻导通程度增加，电平被钳位，抑制了继电器触点在断开时两端电压过高的现象。电阻 R1 和发光二极管 LED 组成输出状态显示电路。

继电器输出方式的特点是输出电流大（可达 2～4A），可带交流、直流负载，适应性强，但响应速度慢。

（3）数字量输入输出模块

S7-200 PLC 配有数字量输入输出模块（EM223）。在一个模块上既有输入点又有输出点，这种模块也称为组合模块。数字量输入输出模块的输入电路及输出电路的类型与上述介绍的相同。在同一个模块上，输入、输出电路类型的组合有多种多样，用户可根据控制需求选用。有了数字量组合模块可使系统配置更加灵活。

4.2.2 模拟量模块

工业控制中，除了用数字量信号来控制外，有时还要用模拟量信号来进行控制。模拟量模块有模拟量输入模块、模拟量输出模块、模拟量输入输出模块。

（1）模拟量输入模块（A/D）

模拟量信号是一种连续变化的物理量，如电流、电压、温度、压力、位移、速度等。工业控制中，要对这些模拟量进行采集并送给 PLC，必须先对这些模拟量进行模/数（A/D）转换。模拟量输入模块就是用来将模拟信号转换成 PLC 所能接受的数字信号的。生产过程的模拟信号是多种多样的，类型和参数大小也不相同。所以，一般先用现场信号变送器把它们变换成统一的标准信号（如 4～20mA 的直流电流信号、1～5V 的直流电压信号等），然后再送入模拟量输入模块将模拟量信号转换成数字量信号，以便 PLC 的 CPU 进行处理。模拟量输入模块一般由滤波、模/数（A/D）转换、光耦合器等部分组成，如图 4-15 所示。光耦合器有效地防止了电磁干扰，对多通道的模拟量输入单元，通常设置多路转换开关进行通道的切换，且在输出端设置信号寄存器。

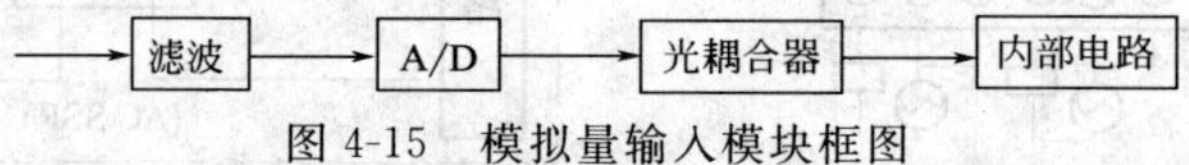

图 4-15 模拟量输入模块框图

模拟量输入模块设有电压信号和电流信号输入端。输入信号经滤波、放大、模/数（A/D）转换得到的数字量信号，再经光耦合器进入 PLC 内部电路。

模拟量输入模块（EM231）具有 4 个模拟量输入通道。每个通道占用存储器 AI 区域 2 个字节。该模块模拟量的输入值为只读数据。电压输入范围：单极性 0～10V，0～5V；双极性 −5～+5V，−2.5～+2.5V；电流输入范围：0～20mA。模拟量到数字量的最大转换时间为 250μs。该模块需要 DC 24V，可由 CPU 模块的传感器电源 DC 24V/400mA 供电，也可由用户提供外部电源。

图 4-16 是 EM231 模拟量输入模块端子的接线图。模块上部共有 12 个端子，每 3 个点为一

组（例 RA、A＋、A－），可作为一路模拟量的输入通道，共 4 组，对于电压信号只用两个端子（如图 4-16 中的 A＋、A－），电流信号需用 3 个端子（如图 4-16 中的 RC，C＋，C－），其中 RC 与 C＋端子短接。对于未用的输入通道应短接（如图 4-16 中的 B＋、B－）。模块下部左端 M、L＋两端应接入 DC24V 电源，右端分别是校准电位器和配置设定开关（DIP）。

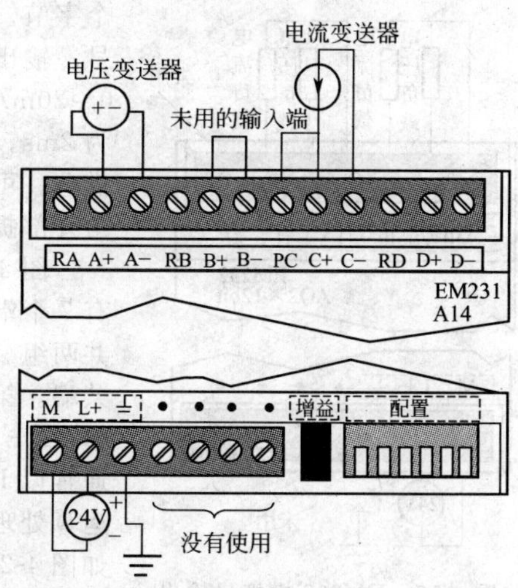

图 4-16 EM231 模拟量模块端子接线图

模拟量输入模块的分辨率通常以 A/D 转换后的二进制数数字量的位数来表示，模拟量输入模块（EM231）的输入信号经 A/D 转换后的数字量数据值是 12 位二进制数。数据值的 12 位在 CPU 中的存放格式如图 4-17 所示。最高有效位是符号位：0 表示正值数据，1 表示负值数据。

① 单极性数据格式　对于单极性数据，其 2 个字节的存储单元的低 3 位均为 0，数据值的 12 位存放在第 3～14 位区域。这 12 位数据的最大值应为 $2^{15}-8=32760$。EM231 模拟量输入模块 A/D 转换后的单极性数据格式的全量程范围设置为 0～32000。差值 32760－32000＝760 则用于偏置/增益，由系统完成。由于第 15 位为 0，表示是正值数据。

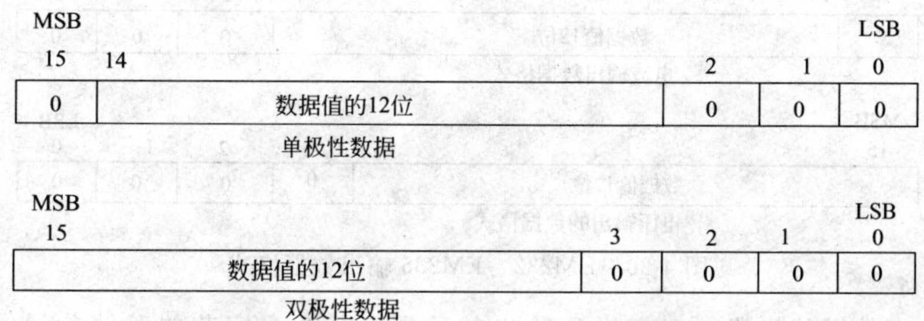

图 4-17 EM231、EM235 输入数据格式

② 双极性数据格式　对于双极性数据，存储单元（2 个字节）的低 4 位均为 0，数据值的 12 位存放在第 4～15 位区域。最高有效位是符号位，双极性数据格式的全量程范围设置为－32000～＋32000。

(2) 模拟量输出模块（D/A）

在工业控制中，有些现场设备需要用模拟量信号控制，如电动阀门、液压电磁阀等执行机构，需要用连续变化的模拟信号来控制或驱动。这就要求把 PLC 输出的数字量变换成模拟量，以满足这些设备的需求。

模拟量输出模块的作用就是把 PLC 输出的数字量信号转换成相应的模拟量信号，以适应模拟量控制的要求。模拟量输出模块一般由光耦合器、数/模（D/A）转换器和信号驱动等环节组成，如图 4-18 所示。光耦合器可有效地防止电磁干扰。

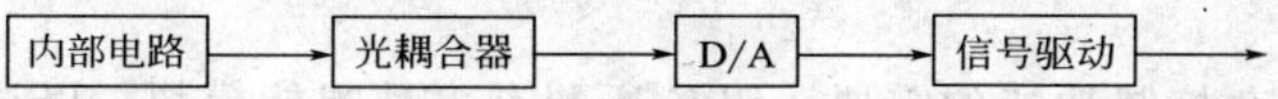

内部电路 → 光耦合器 → D/A → 信号驱动 →

图 4-18 模拟量输出模块框图

PLC 输出的若干位数字量信号由内部电路送至光耦合器的输入端，经光耦合后的数字信号，再进入数/模（D/A）转换器，转换后的直流模拟量信号经运算放大器放大后驱动输出。通常模拟量输出模块提供电压输出和电流输出。

模拟量输出模块（EM232）具有 2 个模拟量输出通道。每个输出通道占用存储器 AQ 区域 2

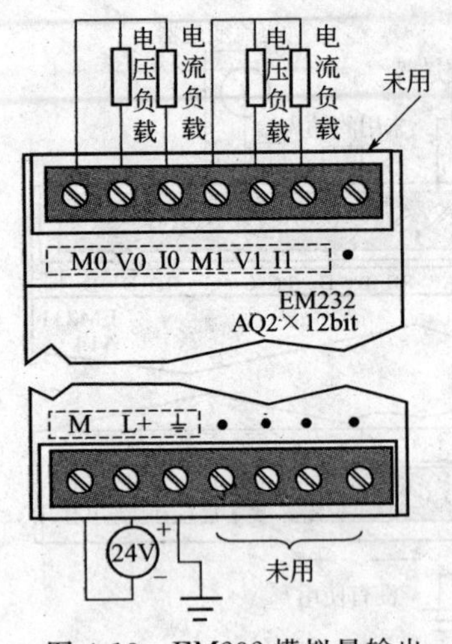

图 4-19 EM232 模拟量输出模块端子接线图

个字节。该模块输出的模拟量可以是电压信号，也可以是电流信号。输出信号的范围：电压输出为－10～＋10V，电流输出为0～20mA。电压输出的设置时间为100μs，电流输出的设置时间为2ms。用户程序无法读取模拟量输出值。该模块需要DC 24V供电。可由CPU模块的传感器电源DC 24V/400mA供电，也可由外部提供电源。

图4-19是EM232模拟量输出模块的端子接线图。模块上部有7个端子，左端起的每3个点为一组，作为一路模拟量输出，共两组。第一组V0端接电压负载，I0端接电流负载，M0为公共端。第二组V1、I1、M1的接法与第一组类同。输出模块下部M、L＋两端接入DC 24V供电电源。模拟量输出模块的分辨率通常以D/A转换前待转换的二进制数数字量的位数表示，PLC运算处理后的12位数字量信号（BIN数）在CPU中存放的格式如图4-20所示。最高有效位是符号位：0表示是正值数据，1表示是负值数据。

① 电流输出数据的格式　对于电流输出的数据，其2个字节的存储单元的低3位均为0，数据值的12位存放在第3～14位区域。电流输出数据格式为0～＋32000。第15位为0，表示是正值数据字。

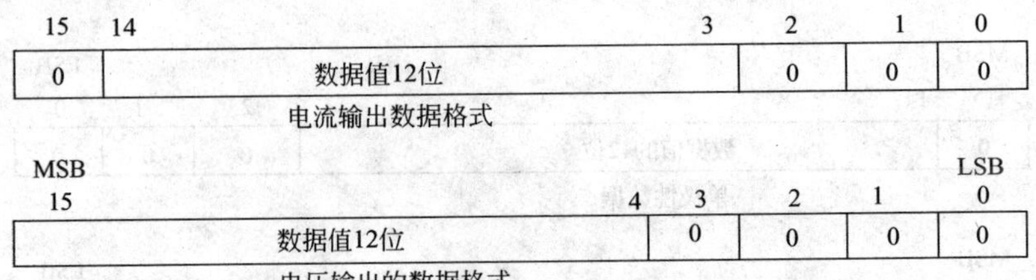

图 4-20 EM232、EM235 输出数据格式

② 电压输出数据的格式　对于电压输出的数据，其2个字节的存储单元的低4位均为0，数据值的12位存放在第4～15位区域。电压输出数据格式为－32000～＋32000。

(3) 模拟量输入输出模块

S7-200还配有模拟量输入输出模块（EM235）。

模拟量输入输出模块（EM235）具有4个模拟量输入通道、1个模拟量输出通道。该模块的模拟量输入功能与EM231模拟量输入模块技术参数基本相同，只是电压输入范围有所不同，单极性为0～10V、0～5V、0～1V、0～500mV、0～100mV、0～50mV，双极性为－10～＋10V、－5～＋5V、－2.5～＋2.5V、－1～＋1V、－500～＋500mV、－250～＋250mV、－100～＋100mV、－50～＋50mV、－25～＋25mV。该模块的模拟量输出功能与EM232模拟量输出模块技术参数也基本相同。

该模块需要DC 24V供电，可由CPU模块的传感器电源DC 24V/400mA供电，也可由用户提供外部电源。

4.2.3 智能模块

为了满足更加复杂控制功能的需要，PLC还配有多种智能模块，以适应工业控制的多种需求。

智能模块由处理器、存储器、输入/输出单元、外部设备接口等组成。智能模块都有自身的处理器，不依赖于主机的运行方式而独立运行。智能模块在自身系统程序的管理下，对输入的信号进行检测、处理和控制，并通过外设接口与PLC主机实现通信。主机运行时，每个扫描周期都要与智能模块交换信息。智能模块用来完成特定的功能，而PLC只是对智能模块的信息进行综合处理，以便使 PLC 可以处理其他更多的信息。

常见的智能模块有 PID 调节模块、高速计数器模块、温度传感器模块等。

PID 调节模块能独立完成过程控制中闭环回路的 PID 运算功能。PLC 主机与之交换信息时，把调整参数、设定值传送给 PID 调节模块，这样，主机就可免于频繁的输入输出操作和复杂的运算工作。

高速计数器模块专门对现场的高速脉冲信号计数。PLC 主机与之交换信息时，读出高速计数器的计数值，进行综合处理。

由于 PLC 主机的计数操作要受扫描速度的影响，当计数频率很高，计数脉冲信号宽度小于扫描周期时，会发生计数脉冲的丢失。这时，只有使用高速计数器模块进行计数。因为它不受 PLC 主机扫描周期的限制而独立进行计数操作，所以能准确地对高速脉冲信号进行计数操作。

温度传感器模块用于生产过程中的温度检测。它由信号转换、A/D 转换、光电耦合等部分组成。配以热电偶或热电阻检测温度时，能将热电动势或热电阻的模拟信号转换为数字信号送 PLC 进行综合处理。此外，温度传感器模块还能对热电偶进行冷端补偿，对热电阻非线性进行处理。

智能模块还有高速脉冲输出模块、位置控制模块、阀门控制模块、通信模块等类型。智能模块为 PLC 的功能扩展和性能提高提供了极为有利的条件。随着智能模块品种的增加，PLC 的应用领域也越来越广泛，PLC 的主机最终将变为一个中央处理机，对与之相连的各种智能模块的信息进行综合处理。

4.3 S7-200 PLC 的系统配置

S7-200 PLC 任一型号的 CPU 都可单独构成一个独立的控制系统。S7-200PLC 各型号 CPU 的 I/O 配置是固定的，它们具有固定的 I/O 地址。

可以采用 CPU 带扩展模块的方法扩展 S7-200 PLC 的系统配置。采用数字量模块或模拟量模块可扩展系统的控制规模，采用智能模块可扩展系统的控制功能。

4.3.1 主机所带扩展模块的数量

各类主机可带扩展模块的数量是不同的。CPU221 模块不允许带扩展模块；CPU222 模块最多可带 2 个扩展模块；CPU224 模块、CPU226 模块、CPU226XM 模块最多可带 7 个扩展模块，且 7 个扩展模块中最多只能带 2 个智能扩展模块。

4.3.2 CPU 输入、输出映像区的大小

（1）数字量 I/O 映像区的大小

S7-200 PLC 各类主机提供的数字量 I/O 映像区区域为 128 个输入映像寄存器（I0.0～I15.7）和 128 个输出映像寄存器（Q0.0～Q15.7），最大 I/O 配置不能超出此区域。

PLC 系统配置时，要对各类输入模块、输出模块的输入点、输出点进行编址。主机提供的 I/O 具有固定的 I/O 地址。扩展模块的地址由 I/O 模块类型及模块在 I/O 链中的位置决定。编址时，按同类型的模块对各输入点（或输出点）顺序编址。数字量输入、输出映像区的逻辑空间是以 8 位（1 个字节）为递增的。编址时，对数字量模块物理点的分配也是按 8 点来分配地址的。即使有些模块的端子数不是 8 的整数倍，但仍以 8 点来分配地址。例如，4 入/4 出模块也占用 8 个输入点和 8 个输出点的地址，那些未用的物理点地址不能分配给 I/O 链中的后续模块，那些与未用物理点相对应的 I/O 映像区的空间就会丢失。对于输出模块，这些丢失的空间可用来作内部标志位存储器；对于输入模块却不可，因为每次输入更新时，CPU 都对这些空间清零。

（2）模拟量 I/O 映像区的大小

主机提供的模拟量 I/O 映像区区域为：CPU222 模块，16 入/16 出；CPU224 模块、CPU226 模块、CPU226XM 模块，32 入/32 出，模拟量的最大 I/O 配置不能超出此区域。模拟量扩展模块总是以 2 个通道递增的方式来分配空间。

现选用CPU226模块作为主机进行系统的I/O配置，如表4-2所示。

表4-2 CPU226模块的I/O配置及地址分配

主 机		模块0	模块1		模块2		模块3	
CPU226		8IN	4 IN/4 OUT		4 AI/1AQ		4 AI/1AQ	
I0.0	Q0.0	I3.0	I4.0	Q2.0	AIW0	AQW0	AIW8	AQW2
I0.1	Q0.1	I3.1	I4.1	Q2.1	AIW2		AIW10	
I0.2	Q0.2	I3.2	I4.2	Q2.2	AIW4		AIW12	
I0.3	Q0.3	I3.3	I4.3	Q2.3	AIW6		AIW14	
I0.4	Q0.4	I3.4						
I0.5	Q0.5	I3.5						
I0.6	Q0.6	I3.6						
I0.7	Q0.7	I3.7						
I1.0	Q1.0							
I1.1	Q1.1							
I1.2	Q1.2							
I1.3	Q1.3							
I1.4	Q1.4							
I1.5	Q1.5							
I1.6	Q1.6							
I1.7	Q1.7							
I2.0								
I2.1								
I2.2								
I2.3								
I2.4								
I2.5								
I2.6								
I2.7								

CPU226模块可带7块扩展模块，表中CPU226模块带了4块扩展模块。CPU226模块提供的主机I/O点有24个数字量输入点和16个数字量输出点。

模块0是一块具有8个输入点的数字量扩展模块。模块1是一块4入/4出的数字量扩展模块，实际上它却占用了8个输入点地址和8个输出点地址，即I4.0～I4.7、Q2.0～Q2.7。其中输入点地址（I4.4～I4.7）、输出点地址（Q2.4～Q 2.7）由于没有提供相应的物理点与之相对应，那么与之对应的输入映像寄存器（I4.4～I4.7）、输出映像寄存器（Q2.4～Q2.7）的空间就被丢失了，且不能分配给I/O链中的后续模块。由于输入映像寄存器（I4.4～I4.7）在每次输入更新时都被清零，因此不能用作内部标志位存储器，而输出映像寄存器（Q2.4～Q2.7）可以作为内部标志位存储器使用。

模块2、模块3是具有4个输入通道和1个输出通道的模拟量扩展模块。模拟量扩展模块是以2个通道递增的方式来分配空间。

4.3.2 内部电源的负载能力

（1）PLC内部DC5V电源的负载能力

CPU模块和扩展模块正常工作时，需要DC5V工作电源。S7-200PLC内部电源单元提供的DC5V电源为CPU模块和扩展模块提供了工作电源。其中扩展模块所需的DC5V工作电源是由CPU模块通过总线连接器提供的。CPU模块向其总线扩展接口提供的电流值是有限制的。在配置扩展模块时，应注意 CPU 模块所提供 DC5V 电源的负载能力。电源超载会发生难以预料的故障或事故。为确保电源不超载，应使各扩展模块消耗 DC5V 电源的电流总和不超过 CPU 模块所提供的电流值，否则要对系统重新配置。

S7-200 各类主机（CPU 模块）为扩展模块所能提供 DC5V 电源的最大电流和各扩展模块对 DC5V 电源的电流消耗，如表 4-3 所示。

表 4-3 S7-200CPU 模块所提供的电流

CPU22X 为扩展 I/O 提供的 DC5V 电源的最大电流/mA		扩展模块对 DC5V 电源的电流消耗/mA	
CPU222	340	EM221 DI8×DC24V	30
CPU224	660	EM222 DO8×DC24V	50
CPU226	1000	EM222 DO8×继电器	40
		EM223 DI4/DO4×DC24V	40
		EM223 DI4/DO4×DC24V/继电器	40
		EM223 DI8/DO8×DC24V	80
		EM223 DI8/DO8×DC24V/继电器	80
		EM223 DI16/DO16×DC24V	160
		EM223 DI16/DO16×DC24V/继电器	150
		EM231 AI4×12 位	20
		EM231 AI4×热电偶	60
		EM231 AI4×RTD	60
		EM232 AQ2×12 位	20
		EM235 AI4/AQ1×12 位	30
		EM277 PROFIBUS-DP	150

（2）PLC 内部 DC24V 电源的负载能力

S7-200 主机的内部电源单元除了提供 DC5V 电源外，还提供 DC24V 电源。DC24V 电源也称为传感器电源，它可以作为 CPU 模块和扩展模块用于检测直流信号输入点状态的 DC24V 电源，如果用户使用传感器的话，也可作为传感器的电源。一般情况下，CPU 模块和扩展模块的输入点、输出点所用的 DC24V 电源是由用户外部提供。如果使用 CPU 模块内部的 DC24V 电源的话，应使 CPU 模块及各扩展模块所消耗电流的总和不超过该内部 DC24V 电源所提供的最大电流（400mA）。

使用时，若需用户提供外部 DC24V 电源，应注意电源的接法：主机的传感器电源与用户提供的外部 DC24V 电源不能并联连接，否则将会导致两个电源的竞争而影响它们各自的输出，使 PLC 系统产生不正确的操作。

4.4 S7-200 PLC 编程基本概念

4.4.1 S7-200 编程语言

S7-200 PLC 有两种指令集：IEC 1131-3 指令集和 SIMATIC 指令集。

IEC 1131-3 指令集是国际电工委员会（IEC）制定的 PLC 国际标准 1131-3 Programming Language（编程语言）中推荐的标准语言。IEC 1131-3 指令集支持系统完全数据类型检查。IEC 1131-3 指令集只能用梯形图（LAD）和功能块图（FBD）编程语言编程。通常 IEC 1131-3 指令集的指令执行时间较长。

SIMATIC指令集是西门子公司为S7-200 PLC设计的编程语言。该指令集中，大多数指令也符合IEC 1131-3标准。SIMATIC指令集不支持系统完全数据类型检查。使用SIMATIC指令集，可以用梯形图、功能块图和语句表（STL）编程语言编程。通常SIMATIC指令集的指令执行时间短。本章着重介绍SIMATIC指令集。

梯形图和功能块图是一种图形语言。语句表是一种类似于汇编语言的文本型语言。

（1）梯形图编程语言

梯形图是与电气控制电路图相呼应的图形语言。它沿用了继电器、触点、串并联等术语和类似的图形符号，并简化了符号，还增加了一些功能性的指令。梯形图是面向对象的、实时的、图形化的编程语言。梯形图信号流向清楚、简单、直观、易懂，很适合电气工程人员使用。梯形图在PLC中用得非常普遍，通常不同厂家、不同型号的PLC都把它作为第一用户语言。

（2）功能块图

功能块图类似于普通逻辑功能图，它沿用了半导体逻辑电路的逻辑框图的表达方式。一般用一种功能方框表示一种特定的功能，框图内的符号表达了该功能块图的功能。

功能块图是图形化的高级编程语言。通过软连接的方法把所需的功能块图连接起来，用于实现系统的控制。功能块图的表示格式有利于程序流的跟踪。

功能块图有基本逻辑功能、计时和计数功能、运算和比较功能以及数据传送功能等。功能块图通常有若干个输入端和若干个输出端。输入端是功能块图的条件，输出端是功能块图的运算结果。

功能块图没有触点和线圈，也没有左、右母线的概念，如图4-21中所示。

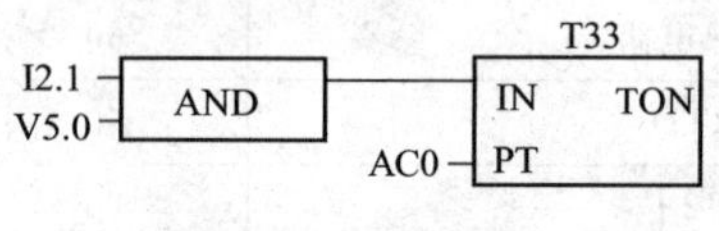

图4-21 功能块图

功能块图与梯形图可以互相转换。有时功能块图和梯形图的指令是一样的。对于熟悉逻辑电路和具有逻辑代数基础的技术人员来说，使用功能块图编程非常方便。

（3）语句表

语句表是用助记符来表达PLC的各种控制功能的。它类似于计算机的汇编语言，但比汇编语言直观、易懂、简单，因此也是应用很广泛的一种编程语言。这种编程语言可使用简易编程器编程，一般与梯形图语言配合使用，互为补充。目前，大多数PLC都有语句表编程功能，但各厂家生产的PLC语句表所用的助记符互不相同，不能兼容。

通常梯形图程序、功能块图程序、语句表程序可有条件的方便地转换。但是，语句表可以编写用梯形图或功能块图无法实现的程序。熟悉PLC和逻辑编程且有经验的程序员适合使用语句表语言编程。

4.4.2 S7-200数据类型

（1）基本数据类型

S7-200 PLC的指令参数所用的基本数据类型有1位布尔型（BOOL）、8位字节型（BYTE）、16位无符号整数（WORD）、16位有符号整数（INT）、32位无符号双字整数（DWORD）、32位有符号双字整数（DINT）、32位实数型（REAL）。

（2）数据类型检查

PLC对数据类型检查有助于避免常见的编程错误。数据类型检查分为三级：完全数据类型检查、简单数据类型检查和无数据类型检查。

S7-200PLC的SIMATIC指令集不支持完全数据类型检查。使用局部变量时，执行简单数据类型检查；使用全局变量时，指令操作数为地址而不是可选的数据类型时，执行无数据类型检查。

（3）数据长度与数值范围

CPU存储器中存放的数据类型可分为BOOL、BYTE、WORD、INT、DWORD、DINT、REAL。不同的数据类型具有不同的数据长度和数值范圏。在上述数据类型中，用字节（B）型、字（W）型、双字（D）型分别表示8位、16位、32位数据的数据长度。不同的数据长度对应的数值范围如表 4-4 所示。例如，数据长度为字（W）型的无符号整数（WORD）的数值范围为 0～65535。不同数据长度的数值所能表示的数值范围是不同的。

表 4-4 数据长度与数值

数据长度	无符号数		有符号数	
	十进制	十六进制	十进制	十六进制
B(字节型)8 位值	0～255	0～FF		
W(字型)16 位值	0～65535	0～FF	−32768～32767	8000～7FFF
D(双字型)32 位值	0～4294967295	0～FFFF	−2147483648～2147483647	80000000～7FFF FFFF
R(实数型)32 位值	$-10^{38}\sim+10^{38}$			

SIMATIC 指令集中，指令的操作数具有一定的数据长度。如整数乘法指令的操作数是字型数据；数据传送指令的操作数可以是字节、字或双字型数据。由于 S7-200 PLC SIMATIC指令集不支持完全数据类型检查，因此编程时应注意操作数的数据类型和指令标识符相匹配。

4.4.3 存储器区域

PLC 的存储器分为程序区、系统区、数据区。

程序区用于存放用户程序，存储器为 EEPROM。

系统区用于存放有关 PLC 配置结构的参数，如 PLC 主机及扩展模块的 I/O 配置和编址、配置 PLC 站地址，设置保护口令、停电记忆保持区、软件滤波功能等，存储器为 EEPROM。

数据区是 S7-200CPU 提供的存储器的特定区域。它包括输入映像寄存器（I）、输出映像寄存器（Q）、变量存储器（V）、内部标志位存储器（M）、顺序控制继电器存储器（S）、特殊标志位存储器（SM）、局部存储器（L）、定时器存储器（T）、计数器存储器（C）、模拟量输入映像寄存器（AI）、模拟量输出映像寄存器（AQ）、累加器（AC）、高速计数器（HC）。数据区空间是用户程序执行过程中的内部工作区域。数据区使 CPU 的运行更快、更有效。存储器为 EEPROM 和 RAM。

用户对程序区、系统区和部分数据区进行编辑，编辑后写入 PLC 的 EEPROM。RAM 为 EEPROM 存储器提供备份存储区，用于 PLC 运行时动态使用。RAM 由大容量电容作停电保持。

4.4.4 编程的一般规则

(1) 网络

在梯形图中，程序被分成称为网络的一些程序段。每一个梯形图网络是由一个或多个梯级组成。

功能块图中，使用网络概念给程序分段。

语句表程序中，使用“NETWORK”这个关键词对程序分段。

对梯形图、功能块图、语句表程序分段后，就可通过编程软件实现它们之间的相互转换。

本书限于篇幅，附图中一般没有对程序分段。

(2) 梯形图/功能块图

梯形图中左、右垂直线称为左、右母线。绘图时常将右母线省略。在左、右母线之间是由触点、线圈或功能框组合的有序排列。梯形图的输入总是在图形的左边，输出总是在图形的右边，因而触点与左母线相连，线圈或功能框终止右母线，从而构成一个梯级。在一个梯级中，左、右母线之间是一个完整的“电路”，不允许“短路”、“开路”，也不允许“能流”反向流动。

功能块图中输入总是在框图的左边，输出总是在框图的右边。

(3) 允许输入端、允许输出端

在梯形图、功能块图中，功能框的 EN 端是允许输入端，功能框的允许输入端必须存在“能流”，才能执行该功能框的功能。

在语句表程序中没有 EN 允许输入端，但是允许执行 STL 指令的条件是栈顶的值必须是“1”。

在梯形图、功能块图中，功能框的 ENO 端是允许输出端，允许功能框的布尔量输出。用于指令的级联。

如果功能框允许输入端存在“能流”，且功能框准确无误地执行了其功能，那么允许输出端（ENO）将把“能流”传到下一个功能框，此时，ENO=1。如果执行过程中存在错误，那么“能流”就在出现错误的功能框终止，即 ENO=0。

在语句表程序中用 AENO（AND ENO）指令访问，可以产生与功能框的允许输出端（ENO）相同的效果。

（4）条件/无条件输入

条件输入：在梯形图、功能块图中，与“能流”有关的功能框或线圈不直接与左母线连接。

无条件输入：在梯形图、功能块图中，与“能流”无关的线圈或功能框直接与左母线连接。例如 LBL、NEXT、SCR、SCRE 等。

（5）无允许输出端的指令

在梯形图、功能块图中，无允许输出端（ENO）的指令方框不能用于级联。如 CALL SBR_N（N1，…）子程序调用指令和 LBL、SCR 等。

4.5 S7-200 PLC 的基本指令及编程方法

S7-200 PLC 的基本指令多用于开关量逻辑控制，本节着重介绍梯形图指令和语句表指令，并讨论基本指令的功能及编程方法。为满足多种需要，对功能块图指令作简略介绍。

编程时，应注意各操作数的数据类型及数值范围。CPU 对非法操作数将生成编译错误代码。S7-200 CPU 模块操作数的范围如表 4-5 所示。

表 4-5 S7-200 CPU 模块操作数范围

<table>
<tr><th colspan="2">存取方式</th><th>CPU221</th><th>CPU222</th><th>CPU224,CPU226</th><th>CPU226XM</th></tr>
<tr><td rowspan="10">位存取
(字节,位)</td><td>V</td><td colspan="2">0.0～2047.7</td><td>0.0～5119.7</td><td>0.0～10239.7</td></tr>
<tr><td>I</td><td colspan="4">0.0～15.7</td></tr>
<tr><td>Q</td><td colspan="4">0.0～15.7</td></tr>
<tr><td>M</td><td colspan="4">0.0～31.7</td></tr>
<tr><td>SM</td><td>0.0～179.7</td><td>0.0～299.7</td><td colspan="2">0.0～549.7</td></tr>
<tr><td>S</td><td colspan="4">0.0～31.7</td></tr>
<tr><td>T</td><td colspan="4">0～255</td></tr>
<tr><td>C</td><td colspan="4">0～255</td></tr>
<tr><td>L</td><td colspan="4">0.0～63.7</td></tr>
<tr><td></td><td colspan="4"></td></tr>
<tr><td rowspan="10">字节存取</td><td>VB</td><td colspan="2">0～2047</td><td>0～5119</td><td>0～10239</td></tr>
<tr><td>IB</td><td colspan="4">0～15</td></tr>
<tr><td>QB</td><td colspan="4">0～15</td></tr>
<tr><td>MB</td><td colspan="4">0～31</td></tr>
<tr><td>SMB</td><td>0～179</td><td>0～299</td><td colspan="2">0～549</td></tr>
<tr><td>SB</td><td colspan="4">0～31</td></tr>
<tr><td>LB</td><td colspan="4">0～63</td></tr>
<tr><td>AC</td><td colspan="4">0～3</td></tr>
<tr><td>常数</td><td colspan="4">常数</td></tr>
</table>

续表

存取方式		CPU221	CPU222	CPU224,CPU226	CPU226XM
字存取	VW	0～2046		0～5118	0～10238
	IW	0～14			
	QW	0～14			
	MW	0～30			
	SMW	0～178	0～298	0～548	
	SW	0～30			
	T	0～255			
	C	0～255			
	LW	0～62			
	AC	0～3			
	AIW	0～30		0～62	
	AQW	0～30		0～62	
	常数	常数			
双字存取	VD	0～2044		0～5116	0～10236
	ID	0～12			
	QD	0～12			
	MD	0～28			
	SMD	0～176	0～296	0～546	
	SD	0～28			
	LD	0～60			
	AC	0～3			
	HC	0,3,4,5		0～5	
	常数	常数			

4.5.1 基本逻辑指令

基本逻辑指令以位逻辑操作为主，在位逻辑指令中，除另有说明外，操作数的有效区域为 I、Q、M、SM、T、C、V、S、L，且数据类型是 BOOL（例 I0.0、Q0.0）。

（1）标准触点指令

梯形图中常开和常闭触点指令用触点表示，常闭触点中带有“/”符号，如图 4-22 所示。当存储器某地址的位（bit）值为 1 时，与之对应的常开触点的位值也为 1，表示该常开触点闭合；而与之对应的常闭触点的位值为 0，表示该常闭触点断开。

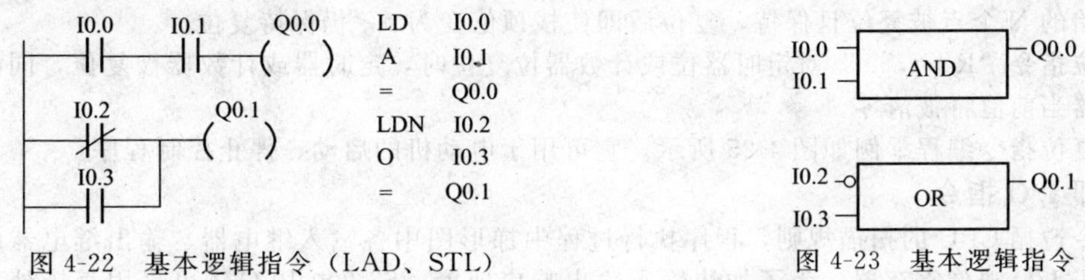

图 4-22 基本逻辑指令（LAD、STL） 图 4-23 基本逻辑指令

功能块图中常开触点指令用 AND/OR 等方框表示。常闭触点指令用 AND/OR 等方框，并在输入信号上加一个取非的圆圈来表示常闭触点指令，如图 4-23 所示。AND/OR 指令方框最多可以使用 7 个输入端。

S7-200 CPU 由逻辑堆栈（Stack）进行逻辑操作。逻辑堆栈是一个具有 9 级深度、1 位宽度的后进先出堆栈。

在语句表中，LD(Load) 指令表示一个逻辑梯级的编程开始。CPU 执行 LD 指令时，首先将指令操作数的位值装入堆栈栈顶，也称栈装载指令，然后将堆栈其余各级内容依次下压一级，直至最后一级内容丢失。

A(And) 指令表示触点的串联编程。执行 A 指令，将操作数的位值“与”栈顶值，运算结果仍存入栈顶。堆栈没有压入和弹出操作。

O(or) 指令表示触点的并联编程。执行 O 指令，将操作数的位值“或”栈顶值，运算结果仍存入栈顶。堆栈没有压入和弹出操作。

LDN、AN、ON 指令是对常闭触点编程，执行这些指令时，将操作数的位值取反后，再作相应的“装载”、“与”、“或”操作。

(2) 输出指令

表示继电器输出线圈编程（包括内部继电器线圈、输出继电器线圈）。当执行输出指令时，把栈顶值“写”到由操作数地址指定的存储器的对应位中。

梯形图中，“()”表示线圈。当执行输出指令时，“能流”到，则线圈被激励。输出映像寄存器或其他存储器的相应位为“1”，反之为“0”。

语句表中，输出指令“=”把栈顶值复制到由操作数地址指定的存储器位（bit）。输出指令执行前后堆栈各级栈值不变。

(3) 置位和复位指令

执行置位和复位（N 位）指令时，把从指令操作数（bit）指定的地址开始的 N 个点都置位或复位。置位或复位的点数 N 可以是 1～255。图 4-24 中 N 为 3 和 1。

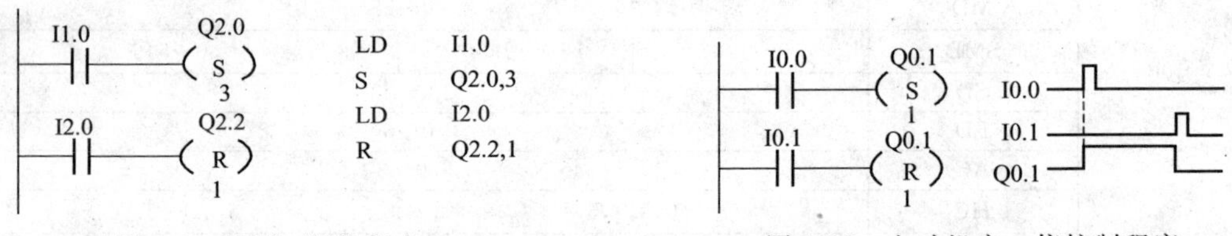

图 4-24 置位/复位指令

图 4-25 电动机启、停控制程序

在梯形图或功能块图中，只要“能流”到，就能执行置位（N 位）指令或复位（N 位）指令。执行置位（N 位）指令时，把从指令操作数（bit）指定的地址开始的 N 个点都置位且保持，置位后即使“能流”断，仍保持置位；执行复位（N 位）指令时，把从指令操作数（bit）指定的地址开始的 N 个点都复位且保持，复位后即使“能流”断，仍保持复位。由于 CPU 的扫描工作方式，程序中写在后面的指令有优先权。

在语句表中，当栈顶值为 1 时，才能执行置位指令“S bit，N”或复位指令“R bit，N”。执行置位指令“S bit，N”时，把从指令操作数（bit）指定的地址开始的 N 个点被置位且保持，置位后即使栈顶值变为 0，仍保持置位；执行复位指令“R bit，N”时，把从指令操作数（bit）指定的地址开始的 N 个点被复位且保持，复位后即使栈顶值变为 0，仍保持复位。

当用复位指令“R bit，N”对定时器位或计数器位复位时，定时器或计数器被复位，同时定时器或计数器当前值将被清零。

置位和复位指令编程举例如图 4-25 所示。它可用于电动机的启动、停止控制程序。

4.5.2 立即 I/O 指令

上述指令遵循 CPU 的扫描规则，程序执行过程中梯形图中各输入继电器、输出继电器触点的状态取自于 I/O 映像寄存器。为了加快输入输出响应速度，S7-200 PLC 还可采用直接处理方式，引入立即 I/O 指令。立即 I/O 指令包括立即触点指令、立即输出指令和立即置位指令、立即复位指令。

(1) 立即触点指令

执行立即触点指令时，直接读取物理输入点的值，输入映像寄存器内容不更新。指令操作数仅限于输入物理点的值。

当某物理输入点的触点闭合时，相应的常开立即触点的位（bit）值为“1”，常闭立即触点的位（bit）值为“0”。

梯形图中，立即触点指令用常开和常闭立即触点表示。触点中的“I”表示立即之意，如图 4-26(a) 所示。

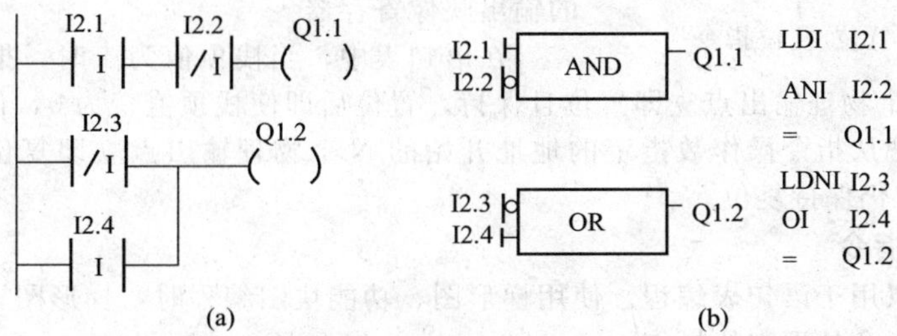

图 4-26 立即触点指令编程

功能块图中，常开立即指令用操作数前加立即标志符表示。对于常闭立即指令可用操作数前加立即标志符和取非圆圈表示。当使用“能流”进行指令级联时，无法表示立即标志符，如图 4-26(b) 所示。

语句表中，常开立即触点编程由 LDI、AI、OI 指令描述，常闭立即触点编程由 LDNI、ANI、ONI 指令描述。指令中的“I”表示立即之意，如图 4-26(b) 所示。

执行 LDI（立即装载）指令，把物理输入点的位（bit）值立即装入栈顶。

执行 AI（立即与）指令，把物理输入点的位（bit）值“与”栈顶值，运算结果仍存入栈顶。

执行 OI（立即或）指令，把物理输入点的位（bit）值“或”栈顶值，运算结果仍存入栈顶。

执行 LDNI、ANI、ONI 指令，把物理输入点的位（bit）值取反后，再作相应的“装载”、“与”、“或”操作。

(2) 立即输出指令

当执行立即输出指令时，操作数地址指定的物理输出点的位（bit）值等于“能流”。堆栈操作时，栈顶值被同时复制到物理输出点和相应的输出映像寄存器（立即赋值），不受扫描过程的影响，这就不同于一般的输出指令，后者只是把新值写到输出映像寄存器，指令操作数只限于输出（Q）。立即输出指令编程如图 4-27 所示。

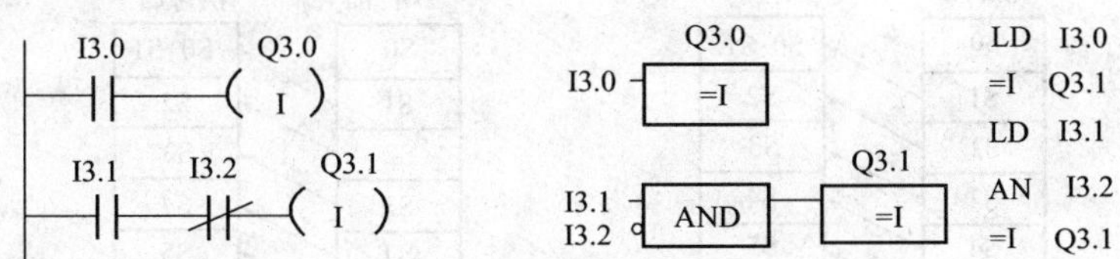

图 4-27 立即输出指令编程

立即 I/O 指令不受 PLC 循环扫描工作方式的约束，允许对输入、输出物理点进行快速直接存取。执行立即触点指令时，CPU 绕过输入映像寄存器，直接读入物理输入点的状态作为程序执行期间的数据依据，输入映像寄存器不作刷新处理；执行立即输出指令时，则将结果同时立即复制到物理输出点和相应的输出映像寄存器，而不是等待程序执行阶段结束后，转入输出刷新阶段时才把结果传送到物理输出点，从而加快了输入输出响应速度。

必须指出，立即 I/O 指令是直接访问物理输入输出点的，比一般指令访问输入输出映像寄存器占用 CPU 时间要长，因而不能盲目地使用立即指令，否则，会加长扫描周期的时间，反而对系统造成不利的影响。

(3) 立即置位和立即复位（N 位）指令

当执行立即置位或立即复位指令时，从指令操作数（bit）指定的地址开始的 N 个物理输出

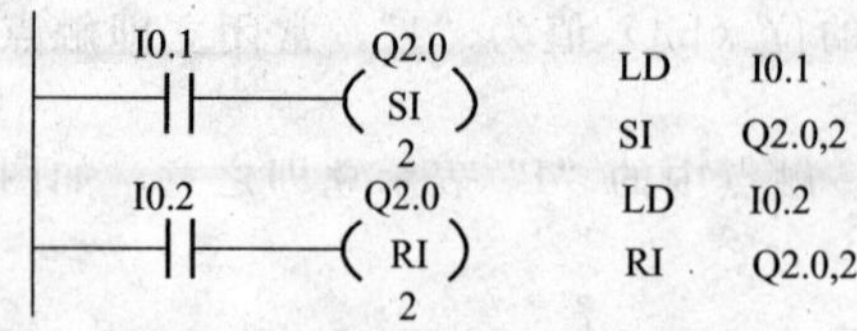

图 4-28 立即置位/复位指令

点将被立即置位或立即复位且保持。立即置位或立即复位的点数 N 可以是 1～128。图 4-28 所示是立即置位、复位指令的应用举例。

执行该指令时，新值被同时写到物理输出点和相应的输出映像寄存器。

在语句表中，当栈顶值为 1 时，把从指令操作数指定的地址开始的 N 个物理输出点立即置位且保持，置位后即使栈顶值变为 0，仍保持置位；执行立即复位指令时，把从指令操作数指定的地址开始的 N 个物理输出点立即复位且保持，复位后即使栈顶值变为 0，仍保持复位。

4.5.3 逻辑堆栈指令

逻辑堆栈指令只用于语句表编程。使用梯形图、功能块图编程时，梯形图、功能块图编辑器会自动插入相关的指令处理堆栈操作。

对复杂的逻辑关系进行编程时，要用到逻辑堆栈指令。逻辑堆栈指令有栈装载与（ALD）、栈装载或（OLD）、逻辑推入栈（LPS）、逻辑读栈（LRD）、逻辑弹出栈（LPP）、装入堆栈（LDS）。其中栈装载“与”（ALD）、栈装载“或”（OLD）指令用于两个或两个以上的触点组的串联或并联编程，编程指令无操作数，属压入/弹出堆栈的操作指令；逻辑推入栈（LPS）、逻辑读栈（LRD）、逻辑弹出栈（LPP）指令，用于一个触点（或触点组）同时控制两个或两个以上线圈的编程，指令无操作数。

（1）栈装载“与”（ALD）指令

ALD（And Load）指令表示两个或两个以上的触点组的串联编程。执行 ALD 指令，将堆栈中的第一级和第二级的值进行逻辑“与”操作，结果置于栈顶（堆栈第 1 级），并将堆栈中的第三级至第九级的值依次上弹一级。

（2）栈装载“或”（OLD）指令

OLD(Or Load）指令表示两个或两个以上的触点组的并联编程。执行 OLD 指令，将堆栈中的第一级和第二级的值进行逻辑“或”操作，结果放入栈顶，并将堆栈中其余各级的内容依次上弹一级。

栈装载“与”和栈装载“或”指令的操作过程如图 4-29 所示，图中“x”表示不确定值。逻辑堆栈指令编程举例如图 4-30 所示。

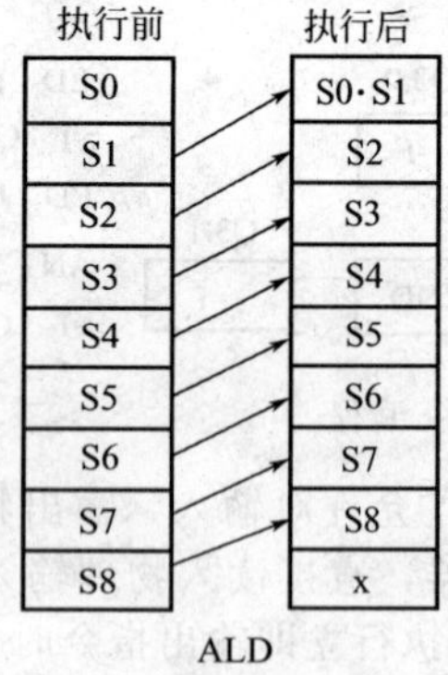

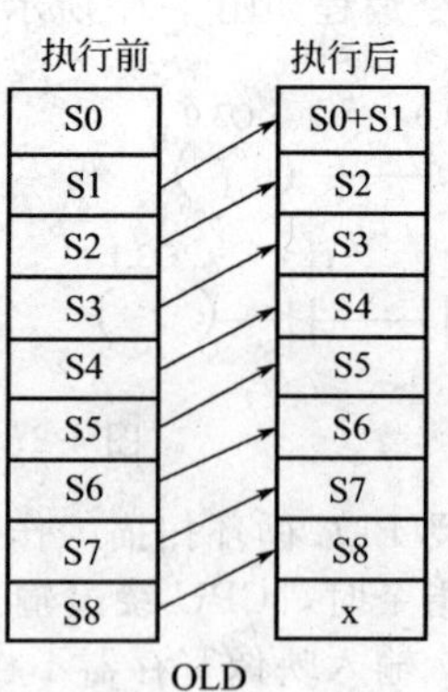

图 4-29 栈装载“与”、栈装载“或”指令操作过程

（3）逻辑推入栈（LPS）指令

执行 LPS（Logic Push）逻辑推入栈指令，复制栈顶的值并将这个值推入栈顶，原堆栈中各级栈值依次下压一级，栈底值丢失。

（4）逻辑读栈（LRD）指令

执行 LRD（Logic Read）读栈指令，把堆栈中第二级的值复制到栈顶。堆栈没有推入栈或弹

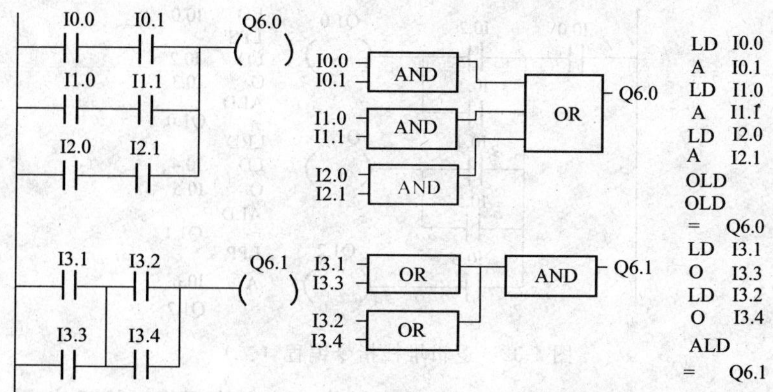

图 4-30 逻辑堆栈指令编程（一）

出栈操作，但原栈顶值被新的复制值取代。

（5）逻辑弹出栈（LPP）指令

执行 LPP（Logic POP）出栈指令，堆栈作弹出栈操作，将栈顶的值弹出，原堆栈各级栈值依次上弹一级，堆栈第二级的值成为新的栈顶值。

合理运用 LPS、LRD、LPP 指令可达到简化程序的目的。但应注意，LPS 与 LPP 必须配对使用。

（6）装入堆栈（LDS）指令

执行 LDS（Load Stack）装入堆栈指令，复制堆栈中的第 n 级的值到栈顶。原堆栈各级栈值依次下压一级，栈底值丢失。

LPS、LRD、LPP、LDS 指令的堆栈操作过程如图 4-31 所示。

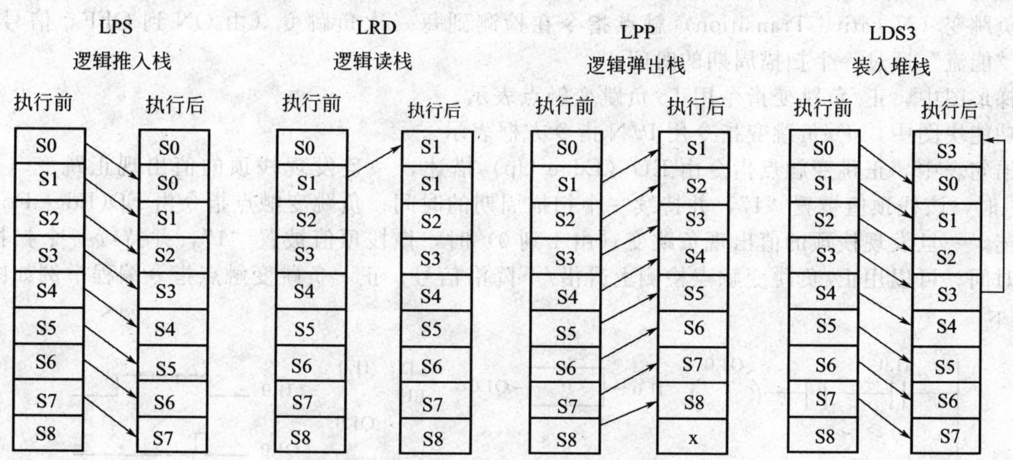

图 4-31 LPS、LRD、LPP、LDS 指令操作过程

注：“x”表示不确定值

逻辑堆栈指令编程例子（二）如图 4-32 所示。

4.5.4 取非触点指令和空操作指令

（1）取非触点指令

取非触点指令可用来改变“能流”的状态。“能流”到达取非触点时，“能流”就停止；“能流”未到达取非触点时，能流就通过。

梯形图（LAD）中，取非触点指令用取非触点表示。

功能块图（FBD）中，取非触点指令用方框的输入端表示，该输入端带有取非圆圈。

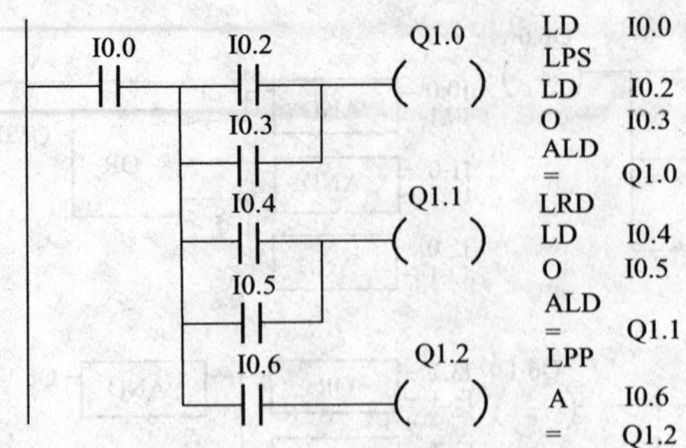

图 4-32 逻辑堆栈指令编程（二）

语句表中，取非触点指令对堆栈的栈顶作取反操作，改变栈顶值。栈顶值由 0 变为 1，或者由 1 变为 0。取非触点指令无操作数。

取非触点指令编程举例如图 4-33 所示。

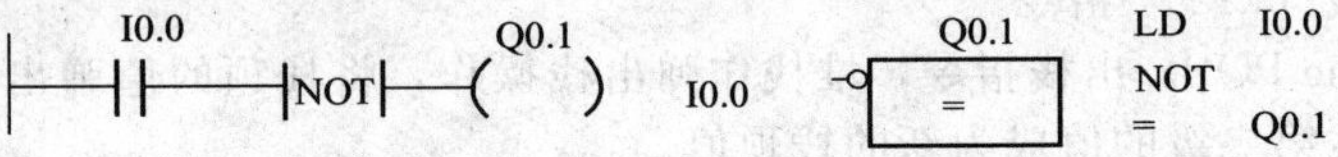

I0.0 NOT Q0.1 I0.0 Q0.1 = LD I0.0 NOT = Q0.1

图 4-33 取非触点指令编程

(2) 空操作指令

空操作（NOP N）指令不影响程序的执行，操作数 N 是一个 0～255 之间的常数。

4.5.5 正/负跳变触点指令

正跳变（Positive Transition）触点指令在检测到每一次正跳变（由 OFF 到 ON）信号后，让“能流”通过一个扫描周期的时间，产生一个宽度为一个扫描周期的脉冲。

负跳变（Negative Transition）触点指令在检测到每一次负跳变（由 ON 到 OFF）信号后，也让“能流”通过一个扫描周期的时间。

梯形图中，正/负跳变指令用正/负跳变触点表示。

功能块图中，正/负跳变指令用 P/N 指令方框表示。

语句表中，正跳变触点指令由 EU（Edge Up）描述，一旦发现栈顶的值出现正跳变（由 0 到 1）时，该栈顶值被置“1”，并持续一个扫描周期的时间；负跳变触点指令由 ED(Edge Down) 来描述。一旦发现栈顶的值出现负跳变（由 1 到 0）时，该栈顶值被置“1”，并持续一个扫描周期的时间。可以用正/负跳变触点检测上升沿/下降沿信号。正、负跳变触点指令编程举例如图 4-34 所示。

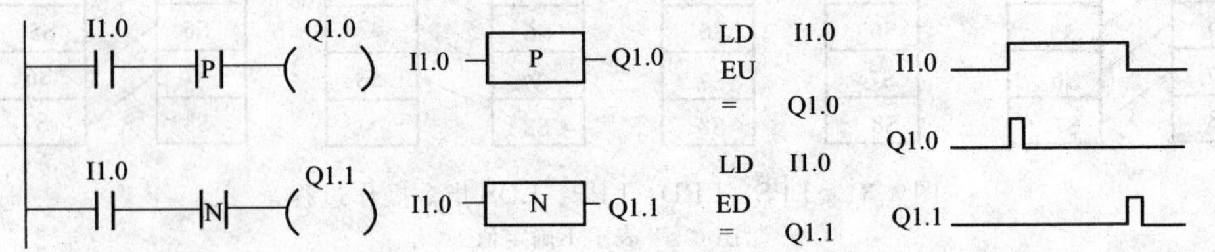

图 4-34 正、负跳变触点指令编程

4.5.6 定时器和计数器指令

4.5.6.1 定时器指令

S7-200 PLC 的定时器类型有三种：接通延时定时器（TON）、有记忆接通延时定时器（TONR）、断开延时定时器（TOF）。

定时器分辨率（时基）有三种：1ms、10ms、100ms。定时器的分辨率由定时器号决定，如表 4-6 所示。

表 4-6 定时器号和分辨率

定时器类型	分辨率/ms	计时范围/s	定 时 器 号
TONR	1	32.767	T0、T64
	10	327.67	T1～T4，T65～T68
	100	3276.7	T5～T31，T69～T95
TON，TOF	1	32.767	T32、T96
	10	327.67	T33～T36，T97～T100
	100	3276.7	T37～T63，T101～T255

定时器总数有 256 个，定时器号范围为（T0～T255）。每个定时器有两个相关的变量：

当前值：定时器累计时间的当前值，它存放在定时器的当前值寄存器（16bit）中。

定时器位：当定时器当前值等于或大于设定值时，该定时器位被置为“1”。

（1）接通延时定时器（TON）

输入端（IN）接通时，接通延时定时器（TON）开始计时，当定时器的当前值等于或大于设定值（PT）时，该定时器位被置位为“1”。定时器（TON）累计值达到设定时间后，TON 继续计时，一直计到最大值 32767。

输入端（IN）断开时，定时器 TON 复位，即当前值为 0，定时器位为“0”。定时器的实际设定时间 T＝设定值（PT）×分辨率，设定值（PT）的数据类型是有符号整数（INT）。接通延时定时器 TON 具有模拟通电延时物理时间继电器的功能。

接通延时定时器（TON）指令编程示例如图 4-35 所示。

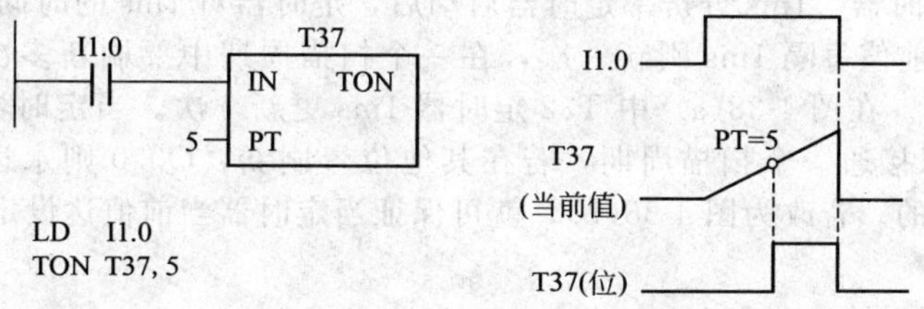

图 4-35 TON 指令编程

（2）有记忆接通延时定时器（TONR）

输入端（IN）接通时，接通有记忆接通延时定时器（TONR），并开始计时，当定时器（TONR）的当前值等于或大于设定值时，该定时器位被置位为“1”。定时器（TONR）累计值达到设定值后，定时器（TONR）继续计时，一直计到最大值 32767。

输入端（IN）断开时，定时器（TONR）的当前值保持不变，定时器位不变。

输入端（IN）再次接通，定时器当前值从原保持值开始往上累计继续计时。可以用定时器（TONR）累计多次输入信号的接通时间。

上电周期或首次扫描时，定时器（TONR）的定时器位为“0”，当前值保持，可利用复位指令（R）清除定时器（TONR）的当前值。

有记忆接通定时器（TONR）指令编程举例如图 4-36 所示。

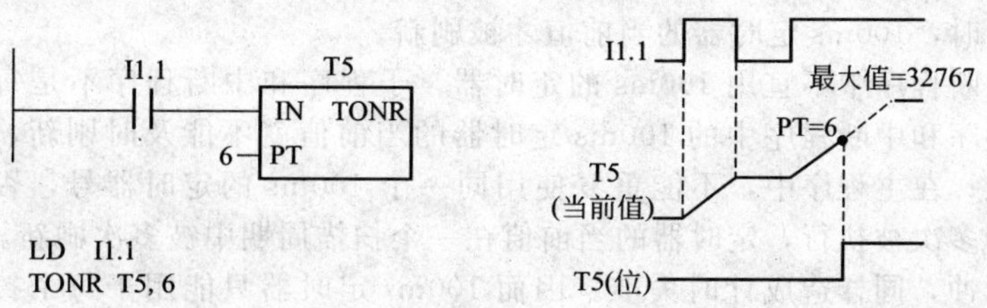

图 4-36 TONR 指令编程

(3) 断开延时定时器（TOF）

输入端（IN）接通时，定时器位立即置为“1”，并把当前值设为0。

输入端（IN）断开时，定时器开始计时，当断开延时定时器（TOF）的计时当前值等于定时时间时，定时器位断开为“0”，并且停止计时。TOF指令必须用负跳变（由ON到OFF）的输入信号启动计时。以上过程与模拟断电延时型物理时间继电器动作过程一样。

断开延时定时器（TOF）指令编程举例如图4-37所示。

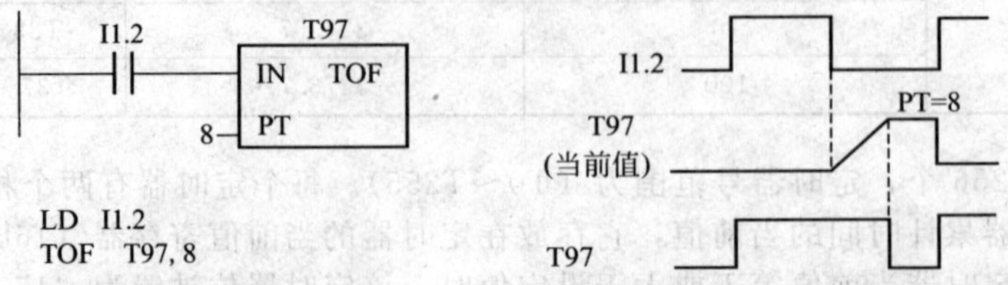

图 4-37 TOF 指令编程

应用定时器指令应注意下述几个问题。

① 不能把一个定时器号同时用作断开延时定时器（TOF）和接通延时定时器（TON）。

② 使用复位（R）指令对定时器复位后，定时器置位为“0”，定时器当前值为0。

③ 有记忆接通延时定时器（TONR）只能通过复位指令进行复位操作。

④ 对于断开延时定时器（TOF），需在输入端有一个负跳变（由ON到OFF）的输入信号启动计时。

⑤ 不同分辨率的定时器，它们当前值的刷新周期是不同的，具体情况如下。

a. 1ms分辨率定时器　1ms分辨率定时器启动后，定时器对1ms的时间间隔（即时基信号）进行计时。定时器当前值每隔1ms刷新一次，在一个扫描周期中要刷新多次，而不和扫描周期同步。如图4-38所示。在图4-38(a) 中T32定时器1ms更新1次。当定时器当前值100在图示A处刷新，Q0.0可以接通一个扫描周期，若在其他位置刷新，Q0.0则永远不会接通。而在A点刷新的概率是很小的。若改为图4-38(b)，就可保证当定时器当前值达设定值时，Q0.0会接通一个扫描周期。

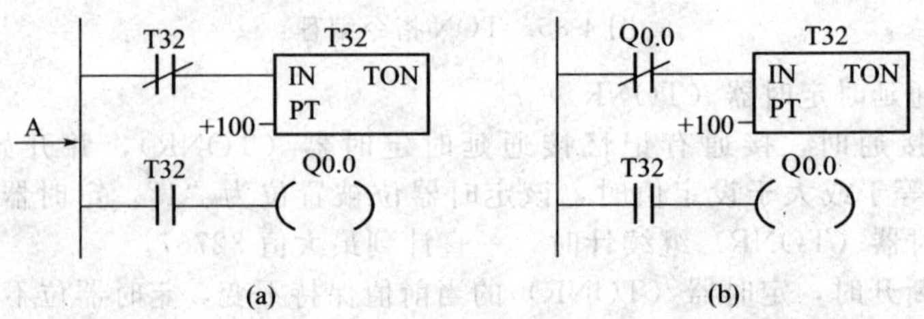

图 4-38 1ms 定时器编程

b. 10ms分辨率定时器　10ms分辨率定时器启动后，定时器对10ms时间间隔进行计时。程序执行时，在每次扫描周期的开始对10ms定时器刷新，在一个扫描周期内定时器当前值保持不变。图4-38(a) 的模式同样不适合10ms分辨率定时器。

c. 100ms分辨率定时器　100ms定时器启动后，定时器对100ms时间间隔进行计时。只有在定时器指令执行时，100ms定时器的当前值才被刷新。

在子程序和中断程序中不宜用100ms的定时器。子程序和中断程序不是每个扫描周期都执行的，那么在子程序和中断程序中的100ms定时器的当前值就不能及时刷新，造成时基脉冲丢失，致使计时失准；在主程序中，不能重复使用同一个100ms的定时器号，否则该定时器指令在一个扫描周期中多次被执行，定时器的当前值在一个扫描周期中被多次刷新。这样，该定时器就会多计了时基脉冲，同样造成计时失准。因而100ms定时器只能用于每个扫描周期内同一定时器指令执行一次，且仅执行一次的场合。100ms定时器的编程例子如图4-39所示。其中定时器

T39 的常开触点每隔 100ms×30＝3s 就闭合一次，且持续一个扫描周期。可以利用这种特性产生脉宽为一个扫描周期的脉冲信号。改变定时器的设定值，就可改变脉冲信号的频率。图 4-39 所示的是一种自复位式的定时器。T39 常开触点状态的时序图如图 4-40 所示。

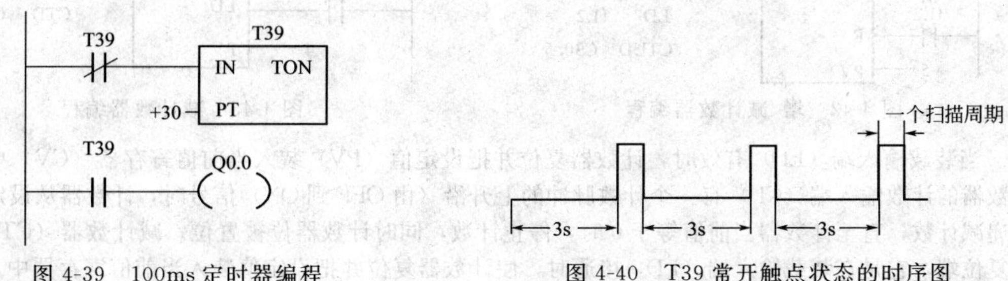

图 4-39 100ms 定时器编程　　图 4-40 T39 常开触点状态的时序图

4.5.6.2 计数器指令

定时器是对 PLC 内部的时钟脉冲进行计数定时，而计数器是对外部的或由程序产生的计数脉冲进行计数。计数器是累计其计数输入端的计数脉冲由低到高的次数。S7-200 PLC 有三种类型的计数器：增计数、减计数、增/减计数器。计数器总数有 256 个，计数器号范围为 C（0～255)。计数器有两个相关的变量：

当前值：计数器累计计数的当前值，它存放在计数器的当前值寄存器（16bit）中。

计数器位：当计数器的当前值等于或大于设定值时，计数器位被置为“1”。

(1) 增计数器（CTU）指令

当增计数器的计数输入端（CU）有一个计数脉冲的上升沿（由 OFF 到 ON）信号时，增计数器被启动，计数值加 1，计数器作递增计数。计数至最大值 32767 时停止计数。当计数器当前值等于或大于设定值（PV）时，该计数器位被置位（ON)。复位输入端（R）有效时，计数器被复位，计数器位为“0”，并且当前值被清零。也可用复位指令（R）复位计数器。设定值（PV）的数据类型为有符号整数（INT)。增计数器指令编程的例子如图 4-41 所示。

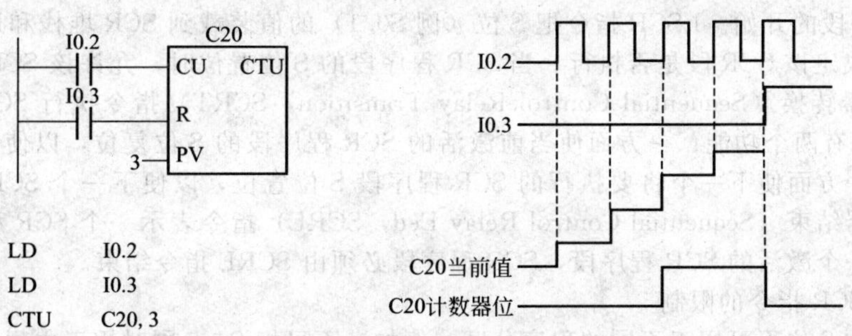

图 4-41 增计数器指令编程及时序图

(2) 增/减计数器（CTUD）指令

当增/减计数器的计数输入端（CU）有一个计数脉冲的上升沿（由 OFF 到 ON）信号时，计数器作递增计数；当增/减计数器的另一个计数输入端（CD）有一个计数脉冲的上升沿（由 OFF 到 ON）信号时，计数器作递减计数。当计数器当前值等于或大于设定值（PV）时，该计数器位被置位。当复位输入端（R）有效时，计数器被复位。

计数器在达到计数最大值 32767 后，下一个 CU 输入端上升沿将使计数值变为最小值（－32768)，同样在达到最小计数值（－32768）后，下一个 CD 输入端上升沿将使计数值变为最大值（32767)。

当用复位指令（R）复位计数器时，计数器位被复位为“0”，并且当前值清零。增/减计数器指令编程的例子如图 4-42 所示。

(3) 减计数器（CTD）指令

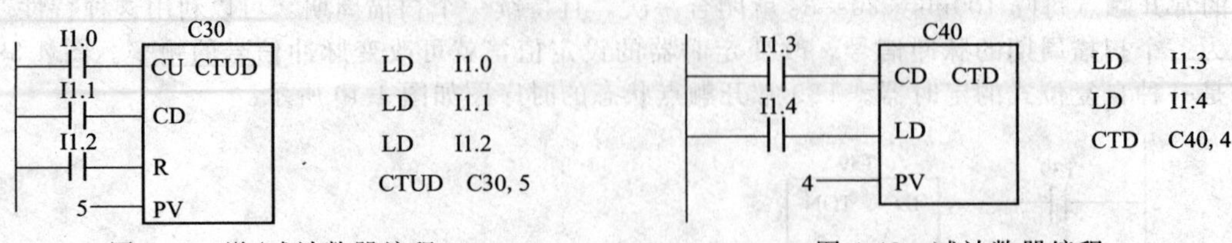

图 4-42 增/减计数器编程　　图 4-43 减计数器编程

当装载输入端（LD）有效时，计数器复位并把设定值（PV）装入当前值寄存器（CV）中。当减计数器的计数输入端（CD）有一个计数脉冲的上升沿（由OFF到ON）信号时，计数器从设定值开始作递减计数，直至计数器当前值等于0时，停止计数，同时计数器位被置位。减计数器（CTD）指令无复位端，它是在装载输入端（LD）接通时，使计数器复位并把设定值装入当前值寄存器中。

注意：每个计数器只有一个16bit的当前值寄存器地址。在一个程序中，同一计数器号不要重复使用，更不可分配给几个不同类型的计数器。减计数器指令编程的例子如图4-43所示。

4.5.7 顺序控制继电器指令

所谓顺序控制，是使生产过程按工艺要求事先安排的顺序自动地进行控制。对于复杂的控制系统，由于内部联锁关系复杂，其梯形图冗长，通常要由熟练的电气工程师才能编制出控制程序。

顺序功能图（Sequential Function Chart）编程语言是基于工艺流程的高级语言。顺序控制继电器（SCR）指令是基于SFC的编程方式。它依据被控对象的顺序功能图（SFC）进行编程，将控制程序进行逻辑分段，从而实现顺序控制。用SCR指令编制的顺序控制程序清晰、明了，统一性强，尤其适合初学者和不熟悉继电器控制系统的人员运用。

（1）SCR指令的功能

SCR指令包括LSCR（程序段的开始）、SCRT（程序段的转换）、SCRE（程序段的结束）指令，从LSCR开始到SCRE结束的所有指令组成一个SCR程序段。一个SCR程序段对应顺序功能图中的一个顺序步。

装载顺序控制继电器（Load Sequential Control Relay，LSCR n）指令标记一个顺序控制继电器（SCR）程序段的开始。LSCR指令把S位（例S0.1）的值装载到SCR堆栈和逻辑堆栈栈顶。SCR堆栈的值决定该SCR段是否执行。当SCR程序段的S位置位时，允许该SCR程序段工作。顺序控制继电器转换（Sequential Control Relay Transition，SCRT）指令执行SCR程序段的转换，SCRT指令有两个功能：一方面使当前激活的SCR程序段的S位复位，以使该SCR程序段停止工作；另一方面使下一个将要执行的SCR程序段S位置位，以便下一个SCR程序段工作。顺序控制继电器结束（Sequential Control Relay Eed，SCRE）指令表示一个SCR程序段的结束，它使程序退出一个激活的SCR程序段，SCR程序段必须由SCRE指令结束。

（2）使用SCR指令的限制

同一地址的S位不可用于不同的程序分区。例如，不可把S0.5同时用于主程序和子程序中。在SCR段内不能使用JMP、LBL、FOR、NEXT、END指令，可以在SCR段外使用JMP、LBL、FOR、NEXT指令。

（3）SCR指令的编程举例

根据舞台灯光效果的要求，控制红、绿、黄三色灯。要求：红灯先亮，2s后绿灯亮，再过3s后黄灯亮。待红、绿、黄灯全亮3min后，全部熄灭。图4-44所示是用SCR指令编写的梯形图程序。

每一个SCR程序段中均包含三个要素：

① 输出对象，在这一步序中应完成的动作；

② 转换条件，满足转换条件后，实现SCR段的转换；

③ 转换目标，转换到下一个步序。

4.5.8 移位寄存器指令

移位寄存器指令可用来进行顺序控制、物流及数据流控制。

移位寄存器指令（SHRB）把输入端（DATA）的数值移入移位寄存器，并进行移位。该移

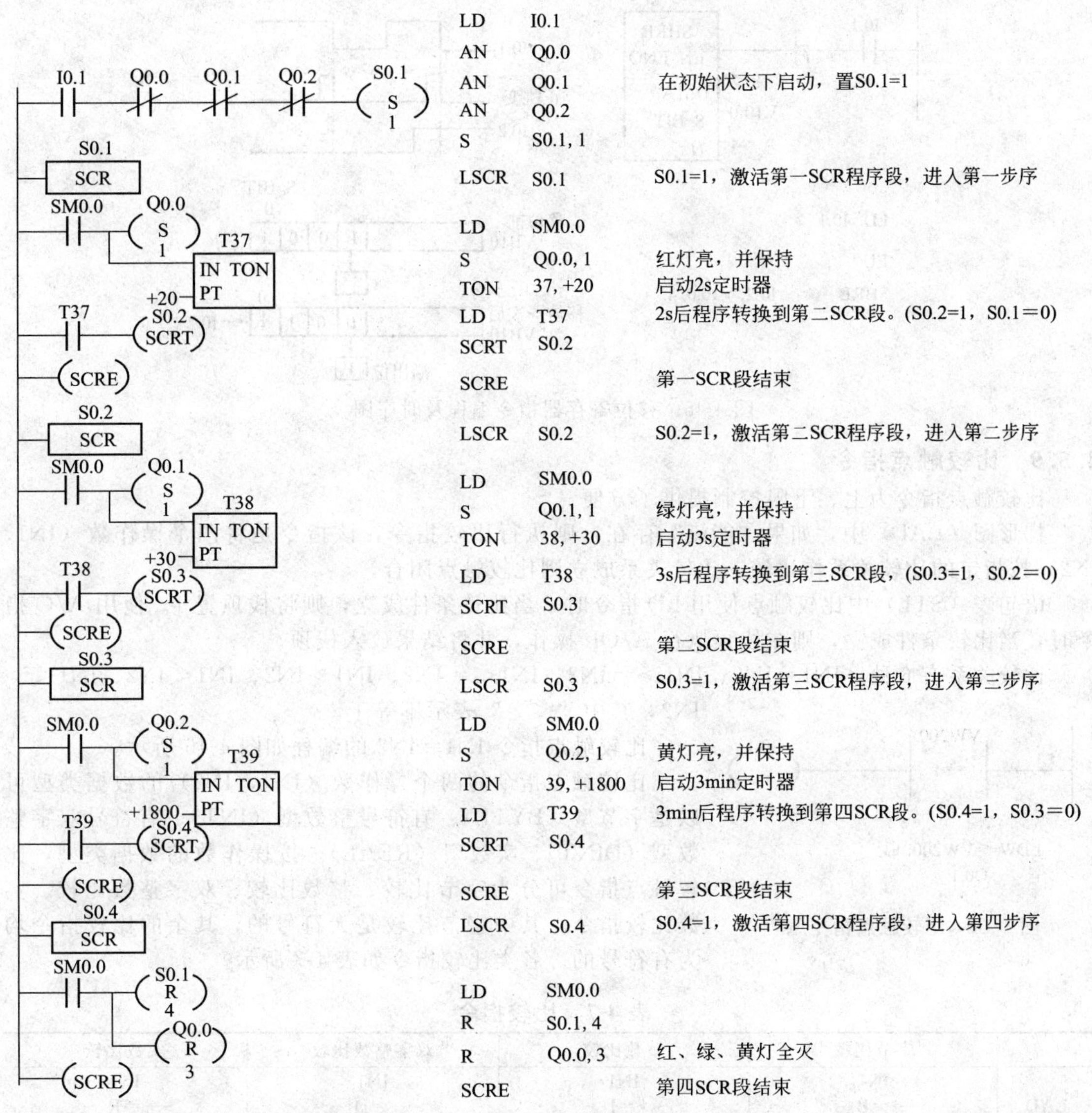

图 4-44 SCR 指令编程

位寄存器是由 S-BIT 和 N 决定的。其中，S-BIT 指定移位寄存器的最低位，N 指定移位寄存器的长度。N 为正数表示正向移位，N 为负数表示反向移位。移位寄存器指令编程及时序图如图 4-45 所示。

由移位寄存器的最低有效位（S-BIT）和移位寄存器的长度（N）可计算出移位寄存器最高有效位（MSB. b）的地址。计算公式：

MSB. b=[S-BIT 的字节号+(| N |−1+S−BIT 的位号)÷8].[被 8 除所得余数]

例如，如果 S-BIT 是 V22.5，N 是 8，那么 MSB. b 是 V23.4。具体计算如下：

MSB. b=V22+(8−1+5)÷8=V22+12÷8=V22+1(余数为 4)=V23.4

当允许输入端（EN）有效时，移位寄存器指令使移位寄存器各位在每个扫描周期都移动一位，且在允许输入端（EN）的每个上升沿时刻对 DATA 端采样一次，把输入端(DATA)的数值移入移位寄存器。正向移位时，输入数据从移位寄存器的最低有效位移入，从最高有效位移出；反向移位时，输入数据从移位寄存器的最高有效位移入，从最低有效位移出。移出的数据送入溢出存储器位（SM1.1）。N 为字节型数据类型，移位寄存器的最大长度为 64 位。操作数 DATA、S-BIT 为 BOOL 型数据类型。

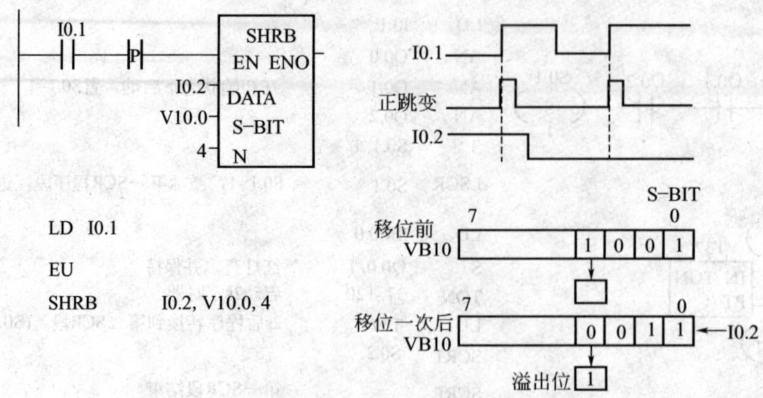

图 4-45 移位寄存器指令编程及时序图

4.5.9 比较触点指令

比较触点指令为上、下限控制提供了方便。

梯形图（LAD）中，如果"能流"存在，则执行比较指令，该指令是将两个操作数（IN1、IN2）按指定的比较关系作比较，比较关系成立则比较触点闭合。

语句表（STL）中比较触点使用LD指令时，当比较条件成立，则将栈顶置1。使用A/O指令时，当比较条件成立，则在栈顶执行A/OR操作，并将结果放入栈顶。

比较关系有6种：IN1＝IN2、IN1＞＝IN2、IN1＜＝IN2、IN1＞IN2、IN1＜IN2、IN1＜＞IN2，其中"＜＞"表示不等于。

VW200
==I
+3
Q0.1

LDW==VW200, +3
= Q0.1

图 4-46 比较触点指令编程

比较触点指令 IN1＝IN2 的编程如图 4-46 所示。

比较触点指令的两个操作数（IN1，IN2）的数据类型可以是字节型（BYTE）、有符号整数型（INT）、有符号双字整数型（DINT）、实数型（REAL）。按操作数的数据类型，比较触点指令可分为字节比较、整数比较、双字整数比较、实数比较指令。其中字节比较是无符号的，其余的比较指令均为有符号的。各类比较指令如表 4-7 所示。

表 4-7 比较指令

	字节比较	整数比较	双字整数比较	实数比较
LAD	IN1 ─|＝B|─ IN2	IN1 ─|＝I|─ IN2	IN1 ─|＝D|─ IN2	IN1 ─|＝R|─ IN2
STL	LDB＝＝ IN1,IN2	LDW＝＝ IN1,IN2	LDD＝＝ IN1,IN2	LDR＝＝ IN1,IN2
	AB＝＝ IN1,IN2	AW＝＝ IN1,IN2	AD＝＝ IN1,IN2	AR＝＝ IN1,IN2
	OB＝＝ IN1,IN2	OW＝＝ IN1,IN2	OD＝＝ IN1,IN2	OR＝＝ IN1,IN2
	LDB＜＞ IN1,IN2	LDW＜＞ IN1,IN2	LDD＜＞ IN1,IN2	LDR＜＞ IN1,IN2
	AB＜＞ IN1,IN2	AW＜＞ IN1,IN2	AD＜＞ IN1,IN2	AR＜＞ IN1,IN2
	OB＜＞ IN1,IN2	OW＜＞ IN1,IN2	OD＜＞ IN1,IN2	OR＜＞ IN1,IN2
	LDB＜ IN1,IN2	LDW＜ IN1,IN2	LDD＜ IN1,IN2	LDR＜ IN1,IN2
	AB＜ IN1,IN2	AW＜ IN1,IN2	AD＜ IN1,IN2	AR＜ IN1,IN2
	OB＜ IN1,IN2	OW＜ IN1,IN2	OD＜ IN1,IN2	OR＜ IN1,IN2
	LDB＜＝ IN1,IN2	LDW＜＝ IN1,IN2	LDD＜＝ IN1,IN2	LDR＜＝ IN1,IN2
	AB＜＝ IN1,IN2	AW＜＝ IN1,IN2	AD＜＝ IN1,IN2	AR＜＝ IN1,IN2
	OB＜＝ IN1,IN2	OW＜＝ IN1,IN2	OD＜＝ IN1,IN2	OR＜＝ IN1,IN2
	LDB＞ IN1,IN2	LDW＞ IN1,IN2	LDD＞ IN1,IN2	LDR＞ IN1,IN2
	AB＞ IN1,IN2	AW＞ IN1,IN2	AD＞ IN1,IN2	AR＞ IN1,IN2
	OB＞ IN1,IN2	OW＞ IN1,IN2	OD＞ IN1,IN2	OR＞ IN1,IN2
	LDB＞＝ IN1,IN2	LDW＞＝ IN1,IN2	LDD＞＝ IN1,IN2	LDR＞＝ IN1,IN2
	AB＞＝ IN1,IN2	AW＞＝ IN1,IN2	AD＞＝ IN1,IN2	AR＞＝ IN1,IN2
	OB＞＝ IN1,IN2	OW＞＝ IN1,IN2	OD＞＝ IN1,IN2	OR＞＝ IN1,IN2

注：梯形图中，只示出了"等于"的比较关系。

4.6 S7-200PLC 的功能指令

功能指令涉及的数据类型多，编程时应确保操作数在表 4-5 所示规定的范围内。由于 S7-200 PLC 不支持完全数据类型检查，因此，要注意操作数所选的数据类型应与指令标识符相匹配，这一点对功能指令尤为突出。

4.6.1 传送指令

(1) 数据传送指令

数据传送指令把输入端（IN）指定的数据传送到输出端（OUT），传送过程中数据值保持不变。数据传送指令按操作数的数据类型可分为字节传送（MOVB）、字传送（MOVW）、双字传送（MOVD）、实数传送（MOVR）指令，如图 4-47 所示。

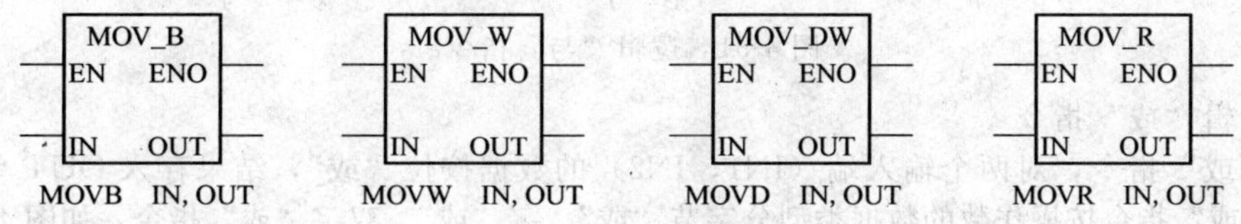

图 4-47 数据传送指令

(2) 数据块传递指令

数据块传送指令把从输入端（IN）指定地址的 N 个连续字节、字、双字的内容传送到从输出端（OUT）指定地址开始的 N 个连续字节、字、双字的存储单元中去。传送过程中各存储单元的内容不变。N 为 1～255。数据块传送指令按操作数的数据类型可分为字节块传送（BMB）、字块传送（BMW）、双字块传送（BMD）指令，如图 4-48 所示。它们均为无符号数操作。

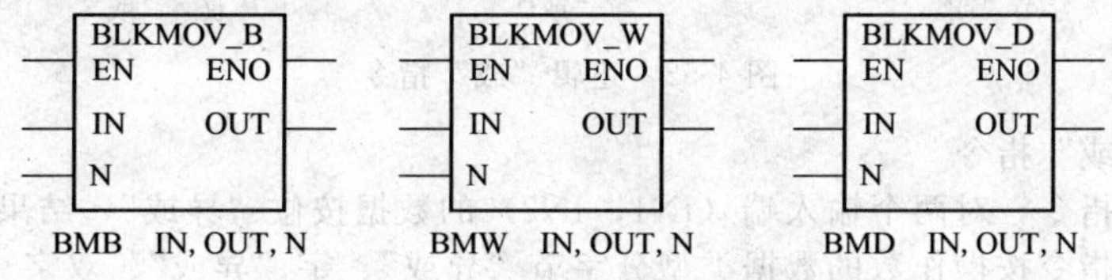

图 4-48 数据块传送指令

(3) 交换字节指令

交换字节（SWAP）指令，把输入端（IN）指定字的高字节内容与低字节内容互相交换。交换结果仍存放在输入端（IN）指定的地址中。变换字节指令如图 4-49 所示。操作数数据类型为无符号整数型（WORD）。

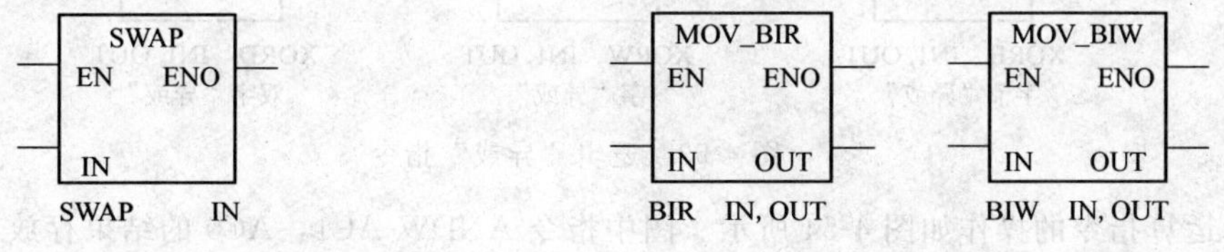

图 4-49 字节交换指令

图 4-50 传送字节立即读、写指令

(4) 传送字节立即读、写指令

传送字节立即读（BIR）指令，读取输入端（IN）指定字节地址的物理输入点（IB）的值，并写入输出端（OUT）指定字节地址的存储单元中。

传送字节立即写（BIW）指令，将从输入端（IN）指定字节地址的内容写入输出端（OUT）指定字节地址的物理输出点（QB）。

传送字节立即读、写指令如图 4-50 所示。传送字节立即读、写指令操作数数据类型为字节型（Byte）。

4.6.2 逻辑运算指令

逻辑运算指令的操作数均为无符号数。

(1) 逻辑“与”指令

逻辑“与”指令，对两个输入端（IN1，IN2）的数据按位“与”，结果存入OUT单元。

逻辑“与”指令按操作数的数据类型分字节“与”、字“与”、双字“与”指令，如图4-51所示。

图4-51 逻辑“与”指令

(2) 逻辑“或”指令

逻辑“或”指令，对两个输入端（IN1，IN2）的数据按位“或”，结果存入OUT单元。

逻辑“或”指令按操作数的数据类型分字节“或”、字“或”、双字“或”指令，如图4-52所示。

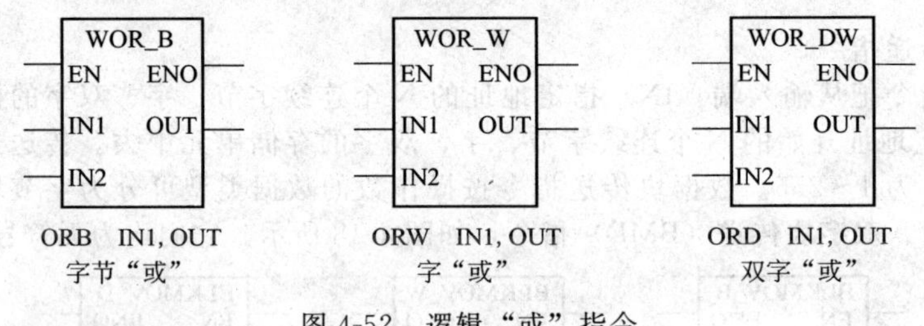

图4-52 逻辑“或”指令

(3) 逻辑“异或”指令

逻辑“异或”指令，对两个输入端（IN1，IN2）的数据按位“异或”，结果存入OUT单元。

逻辑“异或”指令按操作数的数据类型分字节“异或”、字“异或”、双字“异或”指令，如图4-53所示。

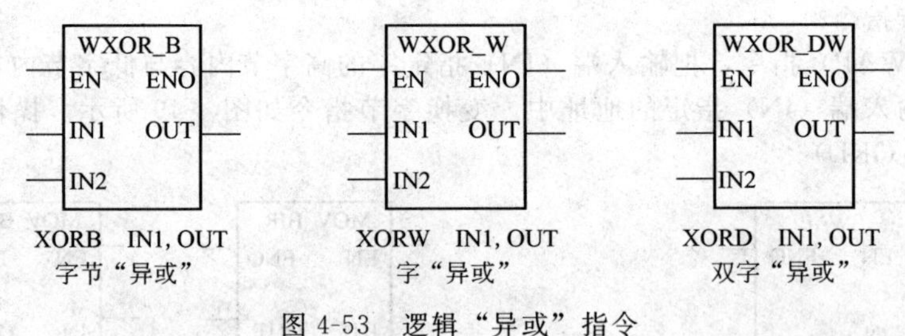

图4-53 逻辑“异或”指令

逻辑运算指令的操作如图4-54所示。图中指令ANDW AC1，AC0的结果存放在AC0。

(4) 取反指令

取反指令，对输入端（IN）的数据按位取反，结果存入OUT单元。

取反指令按操作数的数据类型分字节、字、双字取反指令，如图4-55所示。

逻辑运算指令影响的特殊存储器位：SM1.0（零）。

4.6.3 移位和循环移位指令

移位和循环移位指令均为无符号数操作。

(1) 右移位指令

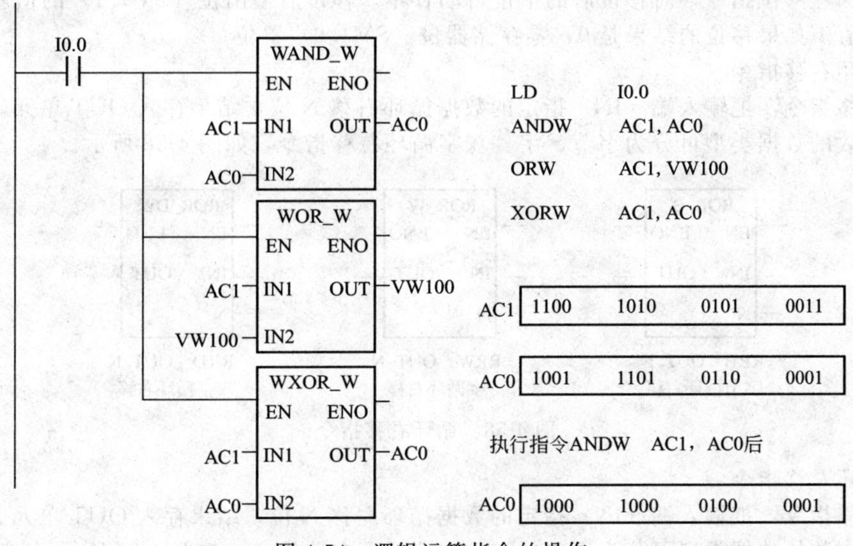

图 4-54 逻辑运算指令的操作

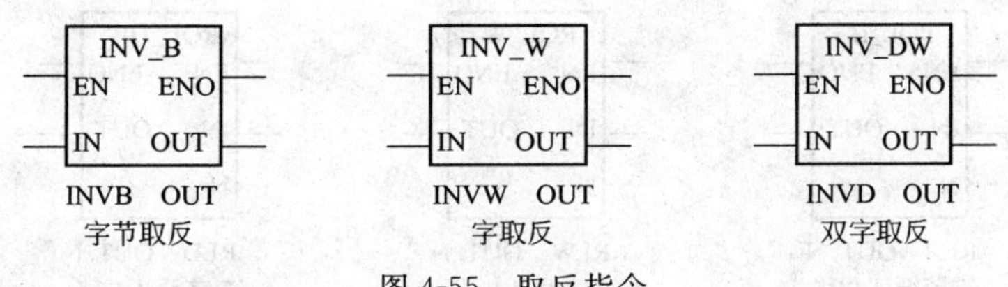

图 4-55 取反指令

右移位指令，把输入端（IN）指定的数据右移 N 位，结果存入 OUT 单元。右移位指令按操作数的数据类型可分为字节、字、双字右移位指令，如图 4-56 所示。

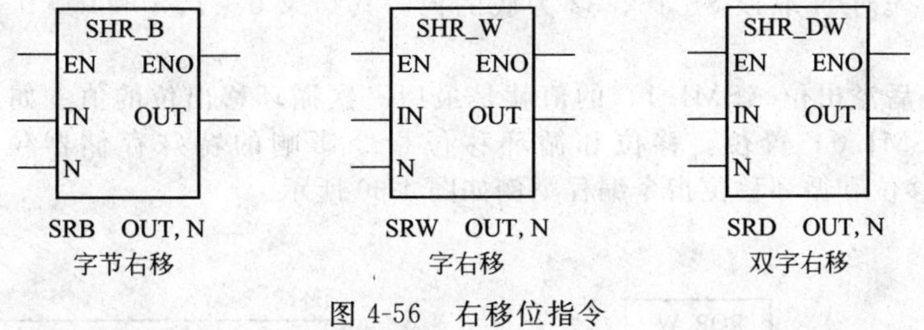

图 4-56 右移位指令

（2）左移位指令

左移位指令，把输入端（IN）指定的数据左移 N 位，结果存入 OUT 单元。左移位指令，按操作数的数据类型可分为字节、字、双字左移位指令，如图 4-57 所示。

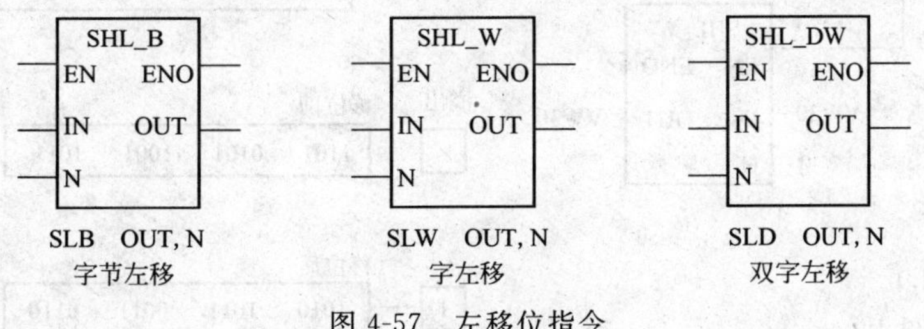

图 4-57 左移位指令

字节、字、双字移位指令的实际最大可移位数分别为 8、16、32。

右移位和左移位指令，对移位后的空位自动补零。移位后溢出位（SM1.1）的值就是最后一次移出的位值。如果移位的结果是0，零存储器位（SM1.0）置位。

（3）循环右移指令

循环右移指令，把输入端（IN）指定的数据循环右移N位，结果存入OUT单元。循环右移指令按操作数的数据类型可分为字节、字、双字循环右移指令，如图4-58所示。

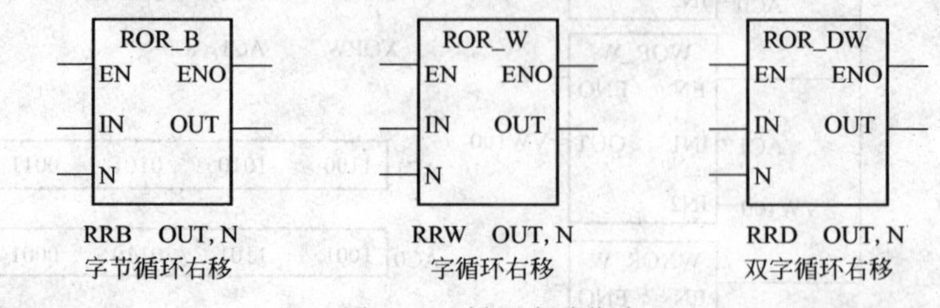

图4-58 循环右移指令

（4）循环左移指令

循环左移指令，把输入端（IN）指定的数据循环左移N位，结果存入OUT单元。循环左移指令，按操作数的数据类型可分为字节、字、双字循环左移指令，如图4-59所示。

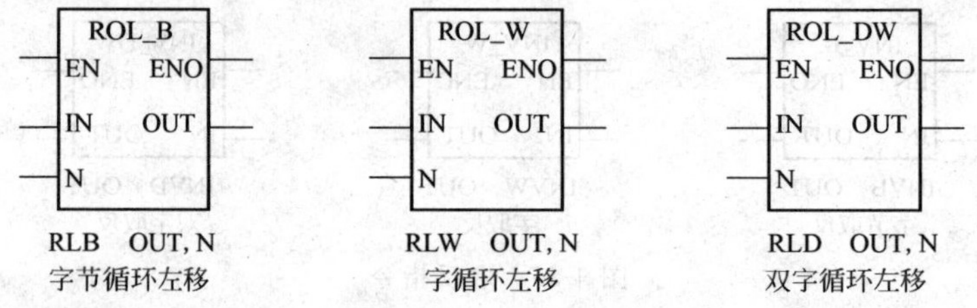

图4-59 循环左移指令

对于字节、字、双字循环移位指令，如果所需移位的位数N大于或等于8、16、32，那么在执行循环移位前，先对N取以8、16、32为底的模，其结果0～7、0～15、0～31为实际移动位数。

执行循环移位后溢出位（SM1.1）的值就是最后一次循环移出位的值。如果移位的结果是0，零存储器位（SM1.0）置位。移位和循环移位指令影响的特殊存储器位：SM1.0（零），SM1.1（溢出）。移位和循环移位指令编程举例如图4-60所示。

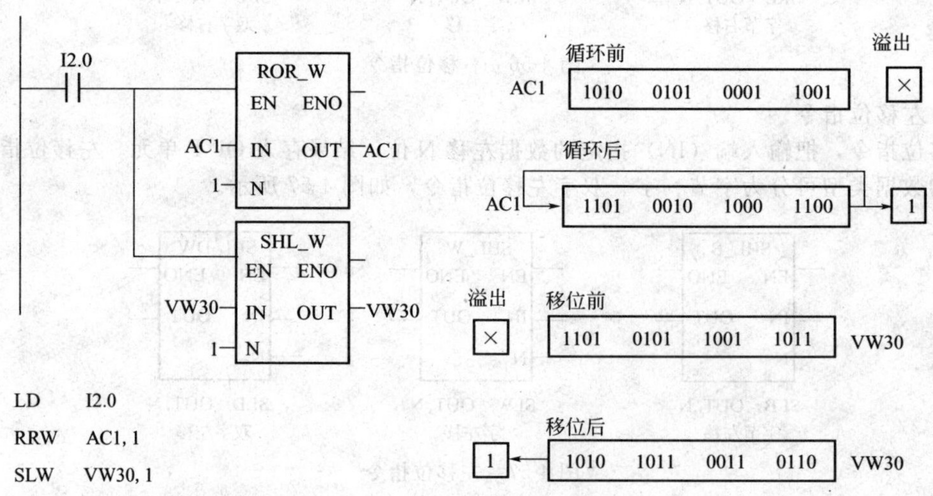

图4-60 移位和循环指令编程

4.6.4 数据转换指令

（1）BCD 码与整数的转换

BCD 码转为整数（BCDI）指令，将输入端（IN）指定的 BCD 码转换成整数，并将结果存放到输出端（OUT）指定的存储单元中去。输入数据的范围是 0～9999。

整数转为 BCD 码（IBCD）指令，将输入端（IN）指定的整数转换成 BCD 码，并将结果存放到输出端（OUT）指定的存储单元中去。输入数据的范围是 0～9999。

BCD 码与整数的转换指令如图 4-61 所示，它们均为无符号数操作。

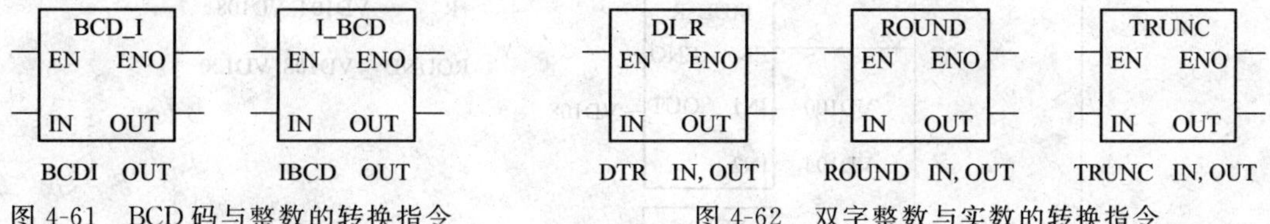

图 4-61 BCD 码与整数的转换指令

图 4-62 双字整数与实数的转换指令

指令影响的特殊存储器位：SM1.6（非法 BCD 码）。

（2）双字整数与实数的转换

双字整数与实数的转换指令如图 4-62 所示。

双字整数转换为实数（DTR）指令，将输入端（IN）指定的 32bit 有符号双字整数转换成实数，并将结果存放到输出端（OUT）指定的存储单元中去。

实数转换为双字整数指令可分为四舍五入取整（ROUND）和舍去尾数后取整（TRUNC）指令。

ROUND 取整指令，将输入端（IN）指定的实数转换成有符号双字整数，并将结果存放到输出端（OUT）指定的存储单元中去。转换时实数的小数部分四舍五入。

TRUNC 取整指令，将输入端（IN）指定的实数舍去小数部分后，再转换成 32bit 有符号双字整数，结果存入输出端（OUT）指定的存储单元中。

取整指令被转换的输入值应是有效的实数，如果实数值太大，使输出无法表示，则溢出位（SM1.1）被置位。

（3）双字整数与整数的转换

双字整数与整数转换指令如图 4-63 所示。

图 4-63 双字整数与整数的转换指令

图 4-64 字节与整数的转换指令

双字整数转为整数（DTI）指令，把输入端（IN）的有符号双字整数转换成整数，并存入 OUT 单元。被转换的输入值应是有效的双字整数，否则溢出位（SM1.1）被置位。

整数转为双字整数（ITD）指令，把输入端（IN）的整数转换成双字整数，并存入 OUT 单元。此时，要进行符号扩展。

欲将整数转换为实数，可先用 ITD 指令把整数转换为双字整数，然后再用 DTR 指令把双字整数转换为实数。

（4）字节与整数的转换

字节与整数的转换指令如图 4-64 所示。

字节转换为整数（BTI）指令，把输入端（IN）指定的字节型数据转换成整数型数据，并存入 OUT 单元。由于字节型数据是无符号的，无需进行符号扩展。

整数转换为字节指令（ITB），把输入端（IN）的无符号整数，转换成一个字节型数据，送入 OUT 单元。被转换的值应是有效的整数，否则溢出位（SM1.1）被置位。转换指令编程举例如图 4-65 所示。

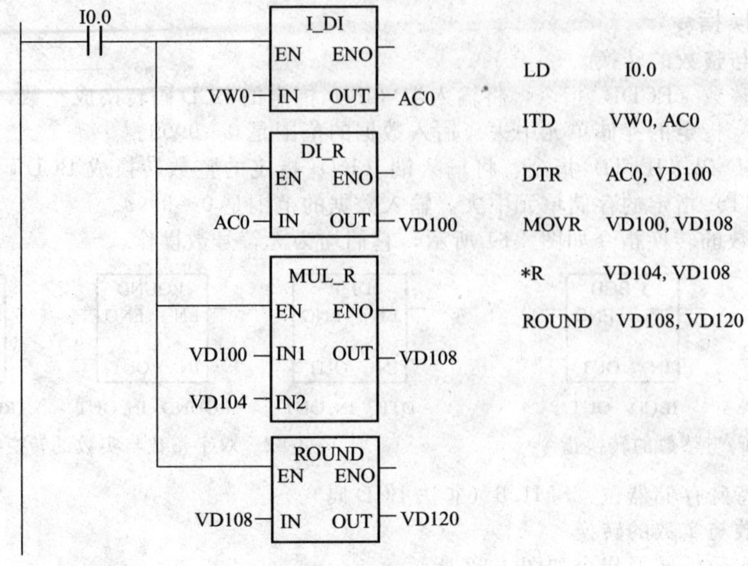

图 4-65 转换指令编程

(5) 段码(SEG)指令

段码(SEG)指令,把输入字节(IN)低 4 位的有效值(16#0～F)转换成七段显示码,送入 OUT 单元。

段码指令(SEG)的七段显示码编码如图 4-66 所示。每个七段显示码占用一个字节,用它显示一个字符。段码指令编程举例如图 4-67 所示。

(IN) LSD	段显示	(OUT) .gfe	dcba		(IN) LSD	段显示	(OUT) .gfe	dcba
0	0	0011	1111	a	8	8	0111	1111
1	1	0000	0110	f g b	9	9	0110	0111
2	2	0101	1011	e c	A	A	0111	0111
3	3	0100	1111	d	B	b	0111	1100
4	4	0110	0110		C	C	0011	1001
5	5	0110	1101		D	d	0101	1110
6	6	0111	1101		E	E	0111	1001
7	7	0000	0111		F	F	0111	0001

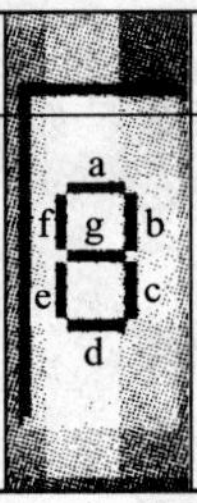

图 4-66 七段显示码编码

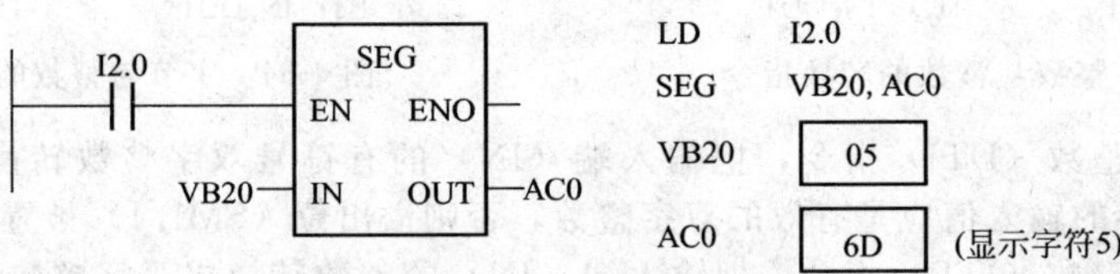

图 4-67 段码指令编程

(6) ASCII 码与十六进制数的转换指令

ATH、HTA 指令如图 4-68 所示。ASCII 码到十六进制数转换指令(ATH)编程举例如图 4-69 所示。

ATH 指令,把 ASCII 字符串转换成十六进制数。输入端(IN)指定 ASCII 字符串的起始字节地址,LEN 指定字符串的长度(最大为 255 个字符),OUT 指定存放转换结果的存储区的起始字节地址。

图 4-69 中,因为 VB30,LEN 为 3,则将 VB30、VB31、VB32 的 ASCII 字符串 33、45、41 转换成十六进制数,并把转换结果(3EA)存放在 OUT 指定的起始字节地址的存储单元中(即 VB40、VB41)。

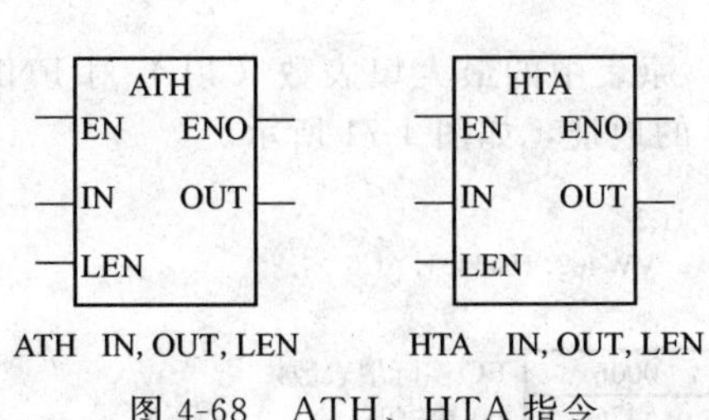

图 4-68 ATH、HTA 指令

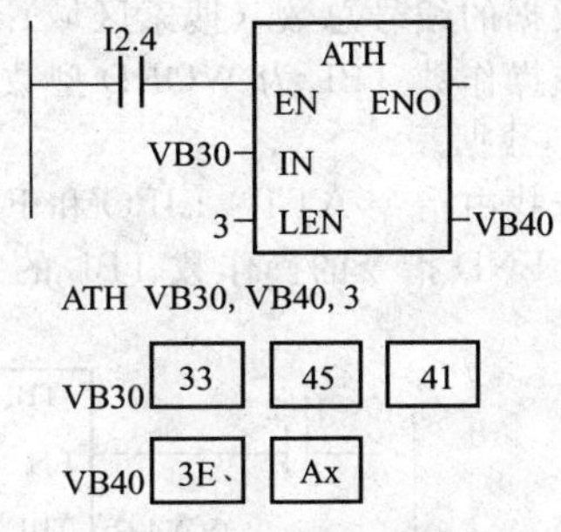

图 4-69 ATH 指令编程举例

HTA 指令是 ATH 指令的逆操作，把从输入端（IN）指定的起始字节地址开始，长度为 LEN 的十六进制数转换成 ASCII 码字符串，并将转换结果存入由 OUT 指定的起始字节地址的存储区。最多可转换 255 个十六进制数。

十六进制数（0～F）对应合法的 ASCII 码字符为 30～39 和 41～46 之间。

ATH、HTA 指令的操作数数据类型均为字节型（BYTE）。

指令影响的特殊存储器标志位：SM1.7（非法 ASCII 码）。

4.6.5 表功能指令

（1）填表、查表指令

填表（ATT）指令，向表（TBL）中填入 DATA 端的数据。TBL 指明表格的首地址，表中第一个数是最大填表数（TL），第二个数是实际填表数（EC），指出已填入表的数据个数。新的数据填加在表的末尾。每向表中填加一个新的数据，EC 会自动加 1。最多可向表中填入 100 个数据。DATA 数据类型是 INT 型，TBL 为 WORD 型。

填表指令编程举例如图 4-70 所示。

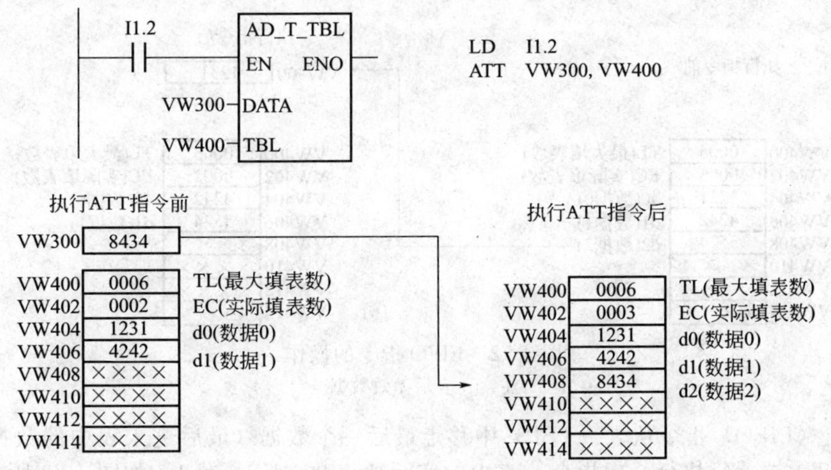

图 4-70 ATT 指令编程举例

注：×表示无效数据

查表（FND）指令从 INDX 开始搜索表（TBL），寻找满足查找条件的数据。TBL 指明被访问表格的首地址；PTN 端用来描述查表时进行比较的数据；命令参数 CMD 表明查找条件，它是一个 1～4 的数值，分别代表＝、＜＞、＜、＞符号；INDX 用来指定表中符合查找条件的数据编号，查表前 INDX 值必须置为 0。

如果发现一个符合条件的数据，那么 INDX 指向表中该数的编号。为了查找下一个符合条件的数据，在激活查表指令前，必须先对 INDX 加 1。如果没有发现符合条件的数据，那么 INDX 等于 EC。

表中数据的编号总数（搜索区域）为 0～99。

指令中操作数 TBL 为 WORD 型数据，PTN 为 INT 型数据，INDX 为 WORD 型数据，CDM 为 BYTE 型数据。

如果查找由指令 ATT、LIFO 和 FIFO 生成的表时，原表中的最大填表数（TL）对 FND 指令无意义。FND 指令的操作数 TBL 的首地址是指向 EC 的地址，如图 4-71 所示。

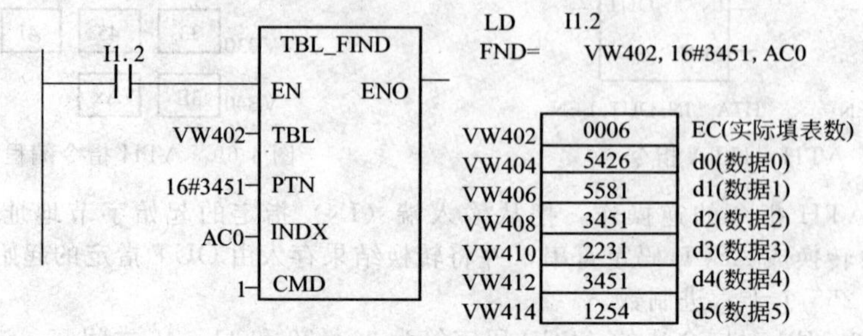

图 4-71 FND 指令及表格式

（2）先进先出、后进先出指令

先进先出（FIFO）指令，从表（TBL）中移走第一个数据（最先进入表中的数据），并将此数据输出到 DATA 端，剩余数据依次上移一个位置。每执行一次指令，表中的实际填表数（EC）减 1。图 4-72 所示是 FIFO 指令的操作过程。

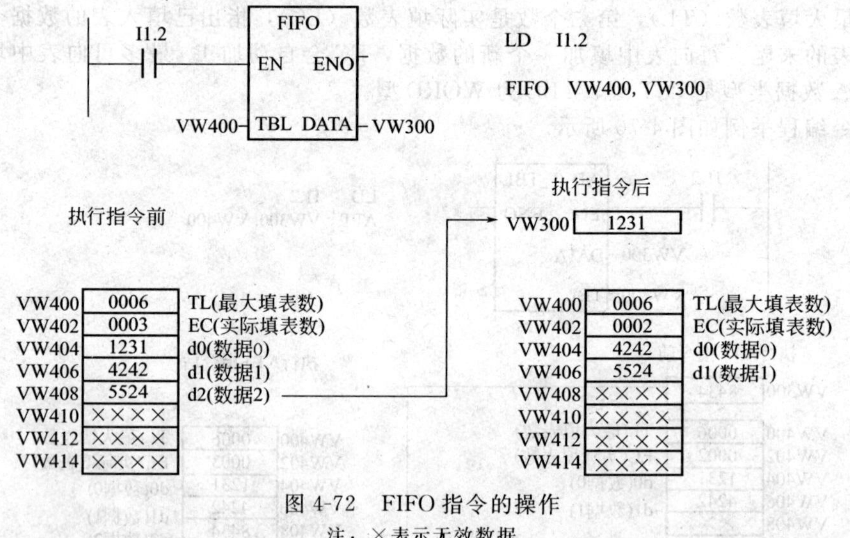

图 4-72 FIFO 指令的操作

注：×表示无效数据

后进先出（LIFO）指令从表（TBL）中移走最后一个数据（最后进入表中的数据），将此数据输出到 DATA 端。每执行一次指令，表中的实际填表数（EC）减 1，如图 4-73 所示。

FIFO、LIFO 指令操作数 TBL 为 WORD 型数据；DATA 为 INT 型数据。FIFO、LIFO 指令影响的特殊存储器标志位：SM1.5（表空）。

（3）存储器填充指令

存储器填充（FILL）指令用输入值（IN）填充从输出单元（OUT）开始的 N 个字的内容。N 为 1～255。

指令操作数 IN、OUT 为 INT 型，N 为 BYTE 型。

FILL 指令编程举例如图 4-74 所示，执行 FILL 指令后，VW400～VW418 的区域被清零。

4.6.6 程序控制指令

（1）有条件结束（END）指令

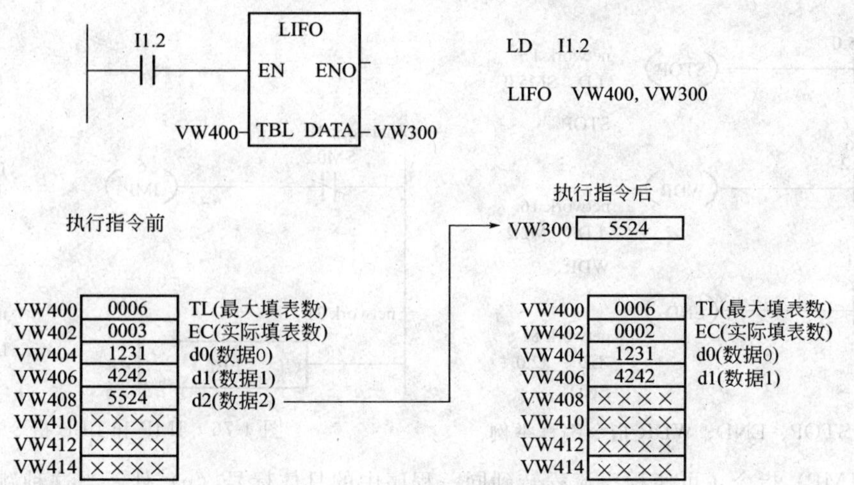

图 4-73 LIFO 指令的操作

注：×表示无效数据

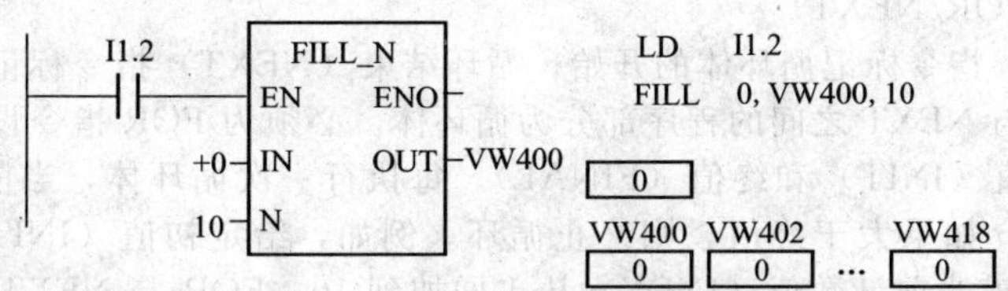

图 4-74 FILL 指令编程举例

有条件结束（END）指令，执行条件成立时结束主程序，返回主程序起点。条件结束指令用在无条件结束（MEND）指令之前。用户程序必须以无条件结束指令结束主程序。STEP7-Micro/WIN32 编程软件自动在主程序结束时加上一个无条件结束（MEND）指令。条件结束指令不能在子程序或中断程序中使用。

（2）暂停（STOP）指令

暂停（STOP）指令，能够引起 CPU 工作方式发生变化，从运行方式（RUN）进入停止方式（STOP），立即终止程序的执行。如果 STOP 指令在中断程序中执行，那么该中断程序立即终止，并且忽略所有挂起的中断，继续扫描主程序的剩余部分。在本次扫描的最后，完成 CPU 从 RUN 到 STOP 方式的转换。

（3）监视定时器复位（Watch Dog Reset，WDR）指令

为了保证系统可靠运行，PLC 内部设置了系统监视定时器 WDT，用于监视扫描周期是否超时。每当扫描到 WDT 定时器时，WDT 定时器将复位。WDT 定时器有一设定值（100～300ms），系统正常工作时，所需扫描时间小于 WDT 的设定值，WDT 定时器被及时复位。系统故障情况下，扫描时间大于 WDT 定时器设定值，该定时器不能及时复位，则报警并停止 CPU 运行，同时复位输入、输出。这种故障称为 WDT 故障，以防止因系统故障或程序进入死循环而引起的扫描周期过长。

系统正常工作时，有时会因为用户程序过长或使用中断指令、循环指令使扫描时间过长而超过 WDT 定时器的设定值，为防止这种情况下监视定时器动作，可使用监视定时器复位（WDR）指令，使 WDT 定时器复位。使用 WDR 指令时，在终止本次扫描之前，下列操作过程将被禁止：通信（自由端口方式除外），I/O 更新（立即 I/O 除外），强制更新，SM 位更新（SM0，SM5～SM29 不能被更新），运行时间诊断，在中断程序中的 STOP 指令等。

STOP、END 和 WDR 指令编程举例如图 4-75 所示。

（4）跳转与标号指令

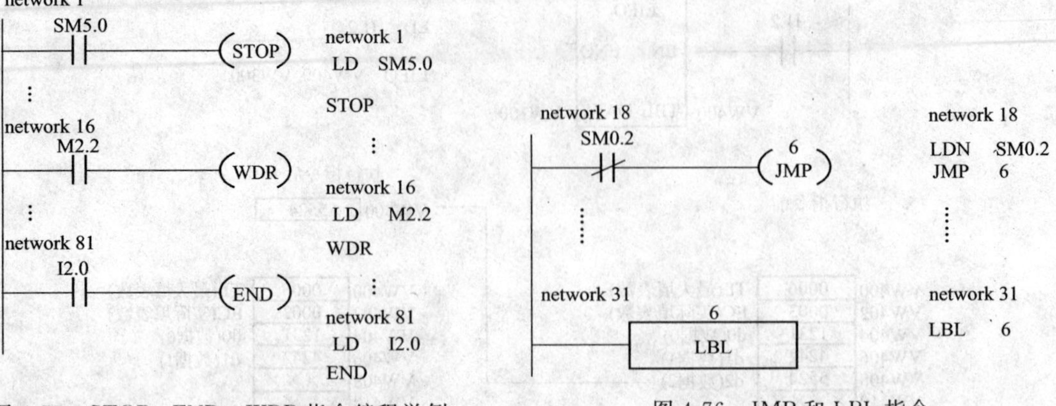

图 4-75 STOP、END、WDR 指令编程举例　　图 4-76 JMP 和 LBL 指令

跳转（JMP）指令，可使程序流程转到同一程序中的具体标号（n）处。当这种跳转执行时，栈顶的值总是逻辑 1。标号指令（LBL），标记跳转目的地的位置（n）。指令操作数 n 为常数（0～255）。跳转指令和相应的标号指令必须用在同一个程序段中，如图 4-76 所示。

（5）循环指令（FOR/NEXT）

循环开始（FOR）指令标记循环体的开始；循环结束（NEXT）指令标记循环的结束，并置栈顶值为“1”。FOR 与 NEXT 之间的程序部分为循环体。必须为 FOR 指令设定当前循环次数的计数器（INDX）、初值（INIT）和终值（FINAL）。每执行一次循环体，当前计数值增加 1，并将其值同终值作比较，如果大于终值，则终止循环。例如，给定初值（INIT）为 1，终值（FINAL）为 10，那么随着当前计数值（INDX）从 1 增加到 10，FOR 与 NEXT 之间的指令被执行 10 次。

允许输入端有效时，执行循环体直到循环结束。在 FOR/NEXT 循环执行的过程中可以修改终值。当允许输入端重新有效时，指令自动将各参数复位（初值 INIT 和终值 FINAL，并将初值拷贝到计数器 INDX 中）。FOR 指令和 NEXT 指令必须成对使用。允许循环嵌套，嵌套深度可达 8 层。

FOR/NEXT 指令的嵌套编程举例如图 4-77 所示，指令操作数 INDX、INIT、FINAL 的数据

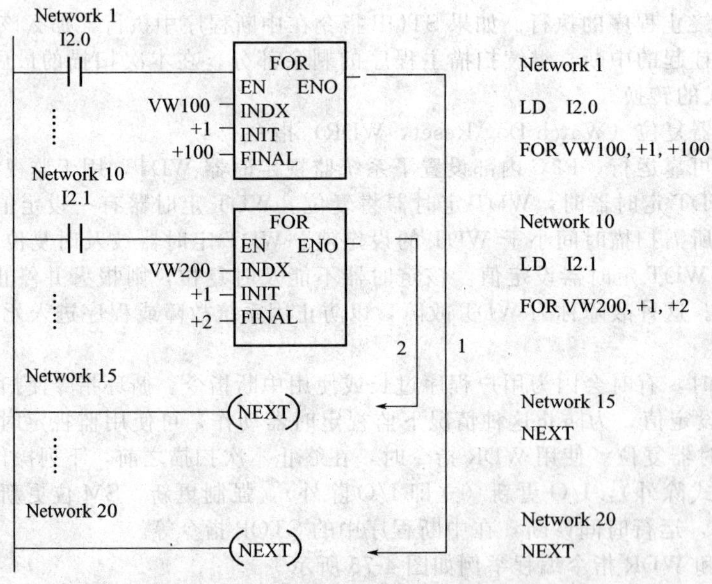

图 4-77 FOR/NEXT 指令的嵌套编程举例

类型都是 INT 型。

(6) 子程序调用指令、子程序返回指令

主程序可以用子程序调用（CALL）指令来调用一个子程序。子程序调用（CALL）指令把程序控制权交给子程序（n）。子程序结束后，必须返回主程序。可以带参数或不带参数调用子程序。每个子程序必须以无条件返回（RET）指令作结束，STEP7-Micro/WIN32 编程软件为每个子程序自动加入无条件返回（RET）指令。有条件子程序返回（CRET）指令，在控制条件有效时，终止子程序（n）。子程序执行完毕，控制程序回到主程序中子程序调用（CALL）指令的下一条指令。

在中断程序、子程序中也可调用子程序，但在子程序中不能调用自己。子程序的嵌套深度为 8 层。调用子程序并从子程序返回的举例如图 4-78所示。

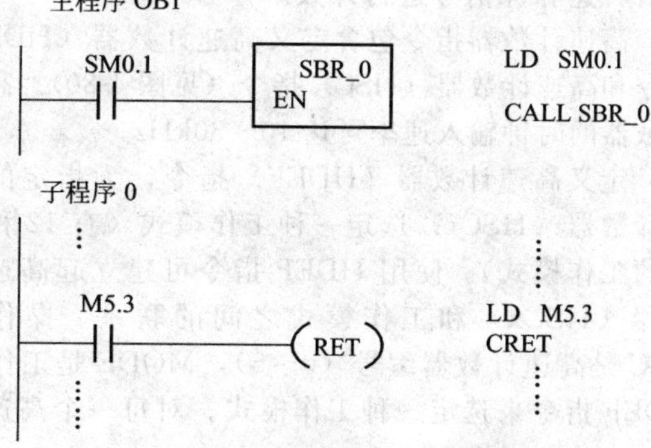

图 4-78 子程序指令编程举例

子程序被调用时，系统会保存当前的逻辑堆栈。保存后再置栈顶值为 1，堆栈的其他值为零，把控制权交给被调用的子程序。子程序执行完毕，通过返回指令自动恢复逻辑堆栈原调用点的值，把控制权交还给调用程序。

主程序和子程序共用累加器，调用子程序时无需对累加器作存储及重装操作。

4.6.7 中断指令

中断指令使系统暂时中断正在执行的程序，而转到中断服务程序去处理那些急需处理的事件，处理后再返回原程序执行。中断指令对特定的内部和外部事件作快速响应。

(1) 全局中断允许、全局中断禁止指令

全局中断允许（EMI）指令，全局地允许所有被连接的中断事件。

全局中断禁止（DISI）指令，全局地禁止处理所有中断事件。执行 DISI 指令后，出现的中断事件就进入中断排队等候，直到 EMI 指令重新允许中断。

CPU 进入 RUN 模式时自动禁止了中断。在 RUN 模式执行 EMI 指令后，允许所有中断。

(2) 中断连接指令、中断分离指令

中断连接（ATCH）指令，用来建立某个中断事件（EVNT）和某个中断程序（INT）之间的联系，并允许这个中断事件。

在调用一个中断程序前，必须用中断连接指令，建立某中断事件与中断程序的连接。当把某个中断事件和中断程序建立连接后，该中断事件发生时会自动开中断。多个中断事件可调用同一个中断程序，但一个中断事件不能同时与多个中断程序建立连接。否则，在中断允许且某个中断事件发生时，系统默认执行与该事件建立连接的最后一个中断程序。

中断分离（DTCH）指令，用来解除某个中断事件（EVNT）和某个中断程序之间的联系，并禁止该中断事件。指令操作数 INT、EVNT 的数据类型均为 BYTE。

可以用 DTCH 指令截断某中断事件和中断程序之间的联系，以单独禁止某中断事件。DTCH 指令使中断回到不激活或无效状态。

(3) 中断返回指令

有条件中断返回（CRETI）指令，根据控制的条件从中断程序中返回到主程序。可用中断程序入口点处的中断程序标号来识别每个中断程序。中断程序由位于中断程序标号和无条件中断返回指令间的所有指令组成。中断程序在响应与之关联的内部或外部中断事件时执行。可以用无条件中断返回（RETI）指令或有条件中断返回（CRETI）指令退出中断程序，从而将控制权交还给主程序。在中断程序中，必须用 RETI 指令结束每个中断程序。程序编译时，由编程软件自动在中断程序结尾加上 RETI 指令。

所有的中断程序必须放在主程序的无条件结束指令之后。在中断程序中不能使用 DISI、

ENI、HDEF、LSCR 和 END 指令。中断指令编程举例如图 4-79 所示。

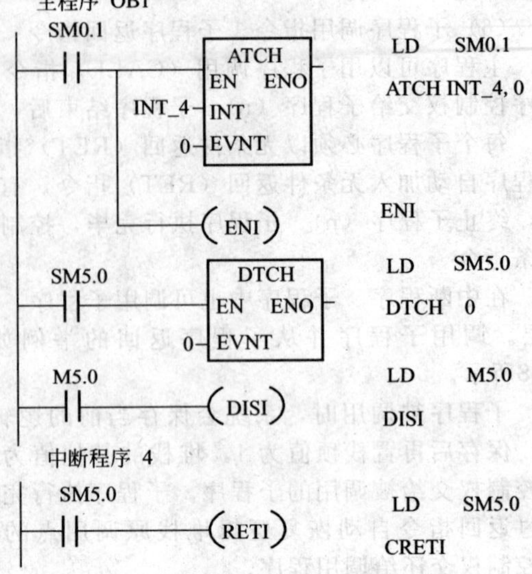

图 4-79 中断程序指令编程举例

4.6.8 高速计数器指令

普通计数器会受 CPU 扫描速度的影响，对高速脉冲信号的计数会发生脉冲丢失的现象。高速计数器脱离主机的扫描周期而独立计数，它可对脉宽小于主机扫描周期的高速脉冲准确计数。高速计数器常用于电动机转速检测等场合，使用时可由编码器将电动机的转速转化成脉冲信号，再用高速计数器对转速脉冲信号进行计数。

高速计数器指令包含定义高速计数器（HDEF）指令和高速计数器（HSC）指令（见图 4-80）。高速计数器的时钟输入速率可达 10～30kHz。

定义高速计数器（HDEF）指令，为指定的高速计数器（HSCx）选定一种工作模式（有 12 种不同的工作模式）。使用 HDEF 指令可建立起高速计数器（HSCx）和工作模式之间的联系。操作数 HSC 是高速计数器编号（0～5），MODE 是工作模式（0～11）。在使用高速计数器之前必须使用 HDEF 指令来选定一种工作模式。对每一个高速计数器只能使用一次 HDEF 指令。

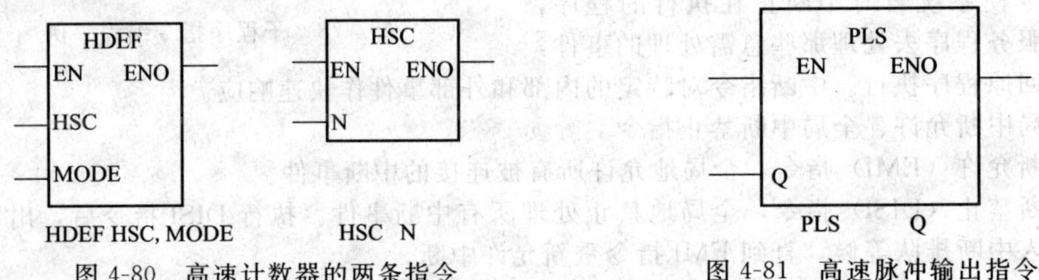

图 4-80 高速计数器的两条指令　　图 4-81 高速脉冲输出指令

高速计数器（HSC）指令，根据有关特殊标志位来组态和控制高速计数器的工作。操作数 N 指定了高速计数器号（0～5）。

高速计数器装入预置值后，当前计数值小于当前预置值时计数器处于工作状态。当当前值等于预置值或外部复位信号有效时，可使计数器产生中断；除模式 0～2 外，计数方向的改变也可产生中断。可利用这些中断事件完成预定的操作。每当中断事件出现时，采用中断的方法在中断程序中装入一个新的预置值，从而使高速计数器进入新一轮的工作。

由于中断事件产生的速率远低于高速计数器的计数速率，用高速计数器可以实现精确的高速控制，而不会延长 PLC 的扫描周期。

4.6.9 高速脉冲输出指令

（1）高速脉冲输出指令

高速脉冲输出指令，使 PLC 某些输出端产生高速脉冲，用来驱动负载实现精确控制（例如对步进电动机的控制）。

高速脉冲输出（PLS）指令如图 4-81 所示，检测为脉冲输出（Q0.0 或 Q0.1）设置的特殊存储器位，然后激活由特殊存储器定义的脉冲输出指令。指令操作数 Q 为 0 或 1。

S7-200CPU 有两个 PTO/PWM 发生器，分别产生高速脉冲和脉冲宽度可调的波形。PTO/PWM 发生器的编号分配在数字输出点 Q0.0 和 Q0.1。PTO/PWM 发生器和输出映像寄存器共同使用 Q0.0 和 Q0.1。当 Q0.0 或 Q0.1 设置为 PTO 或 PWM 功能时，PTO/PWM 发生器控制输出，在输出点禁止使用数字量输出的通用功能。输出波形不受输出映像寄存器的状态、输出强置或立即输出指令的影响。当不使用 PTO/PWM 发生器功能时，输出点 Q0.0、Q0.1 使用通用功能，输出由输出映像寄存器控制。建议在允许PTO或PWM操作前把Q0.0和Q0.1的输出映像寄存器设定为0。

脉冲串（PTO）功能提供方波（50%占空比）输出，用户控制脉冲周期和脉冲数。脉冲宽度调制（PWM）功能提供连续、占空比可调的脉冲输出，用户控制脉冲周期和脉冲宽度。

PTO/PWM发生器有一个控制字节寄存器（8bit），一个无符号的周期值寄存器（16bit），PWM有一个无符号的脉宽值寄存器（16bit），PTO有一个无符号的脉冲计数值寄存器（32bit）。这些值全部存储在指定的特殊存储器（SM）中，特殊存储器的各位设置完毕，即可执行脉冲指令（PLS）。PLS指令使CPU读取特殊存储器中的位，并对相应的PTO/PWM发生器进行编程。修改特殊存储器（SM）区（包括控制字节），并执行PLS指令，可以改变PTO或PWM特性。当PTO/PWM控制字节的允许位（SM67.7或SM77.7）置为0，则禁止PTO或PWM的功能。

所有控制字节、周期、脉冲宽度和脉冲数的默认值都是0。

（2）PTO/PWM控制寄存器

PLS指令从PTO/PWM控制寄存器中读取数据，使程序按控制寄存器中的值控制PTO/PWM发生器。因此执行PLS指令前，必须设置好控制寄存器。控制寄存器各位的功能如表4-8所示。SMB67控制PTO/PWM Q0.0，SMB77控制PTO/PWM Q0.1；SMW68/SMW78、SMW70/SMW80、SMD72/SMD82分别存放周期值、脉冲宽度值、脉冲数值。在多段脉冲串操作中，执行PLS指令前应在WMW166/SMW176中填入管线的总段数，在SMW168/SMW178中装入包络表的起始偏移地址，并填好包络表的值。状态字节用于监视PTO发生器的工作。

表4-8 PTO/PWM控制寄存器

	Q0.0	Q0.1	描 述
状态字节	SM66.4	SM76.4	PTO包络由于增量计算错误而终止 0=无错误；1=有错误
	SM66.5	SM76.5	PTO包络由于用户命令而终止 0=不终止；1=终止
	SM66.6	SM76.6	PTO管线溢出 0=无溢出；1=溢出
	SM66.7	SM76.7	PTO空闲 0=执行中；1= PTO空闲
控制字节	SM67.0	SM77.0	PTO/PWM更新周期值 0=不更新；1=更新周期值
	SM67.1	SM77.1	PWM更新脉冲宽度值 0=不更新；1=更新脉冲宽度值
	SM67.2	SM77.2	PTO 更新脉冲数 0=不更新；1=更新脉冲数
	SM67.3	SM77.3	PTO/PWM时间基准选择 0=1μs；1=1ms
	SM67.4	SM77.4	PWM更新方法 0=异步更新；1=同步更新
	SM67.5	SM77.5	PTO操作 0=单段操作；1=多段操作
	SM67.6	SM77.6	PTO/PWM模式选择 0=选择PTO；1=选择PWM
	SM67.7	SM77.7	PTO/PWM允许 0=禁止PTO/PWM；1=PTO/PWM
其他寄存器	SMW68	SMW78	PTO/PWM周期值（范围：2～65535）
	SMW70	SMW80	PWM脉冲宽度值（范围：0～65535）
	SMD72	SMD82	PTO脉冲计数值（范围：1～4294967295）
	SMW166	SMW176	操作中的段数（仅用在多段PTO操作中）
	SMW168	SMW178	包络表的起始位置，用从V0开始的字节偏移量表示

（3）PWM操作

PWM功能提供占空比可调的脉冲输出。周期和脉宽的增量单位为微秒（μs）或毫秒（ms）。周期变化范围分别为50～65535μs或2～65635ms。脉宽变化范围分别为0～65535μs或0～65535ms。当脉宽大于等于周期时，占空比为100%，即输出连续接通。当脉宽为0时，占空比为0%，即输出断开。如果周期小于最小值，那么周期时间被默认为最小值。

有两个方法可改变PWM波形的特性：同步更新和异步更新。

同步更新：PWM的典型操作是当周期时间保持常数时变化脉冲宽度，所以，不需要改变时间基准。不改变时间基准，就可以进行同步更新。同步更新时，波形特性的变化发生在周期边沿，可提供平滑过渡。

异步更新：如果需要改变PWM发生器的时间基准，就要使用异步更新。异步更新会造成PWM功能被瞬时禁止，与PWM输出波形不同步。这会引起被控设备的振动。因此，建议选择一个适合于所有周期时间的时间基准来采用PWM同步更新。

控制字节中的PWM更新方法状态位（SM674或SM774）用来指定更新类型。执行PLS指令激活这些改变。

(4) PTO操作

PTO功能提供指定脉冲数和周期的方波（50%占空比）脉冲串发生功能。周期以微秒或毫秒为单位。周期的范围是50～65535μs，或2～65535ms。如果设定的周期是奇数，会引起占空比的一些失真。脉冲数的范围是1～429497295。

如果周期时间小于最小值，就把周期默认为最小值。如果指定脉冲数为0，就把脉冲数默认为1个脉冲。

状态字节中的PTO空闲位（SM66.7或SM76.7）为1时，则指示脉冲串输出完成。可根据脉冲串输出的完成调用中断程序。

若要输出多个脉冲串，PTO功能允许脉冲串的排队，形成管线。当激活的脉冲串输出完成后，立即开始输出新的脉冲串。这保证了脉冲串顺序输出的连续性。

PTO发生器有单段管线和多段管线两种模式。

① 单段管线模式　单段管线中，只能存放一个脉冲串的控制参数。一旦启动了PTO起始段，就必须立即为下一个脉冲串更新控制寄存器，并再次执行PLS指令。第二个脉冲串的属性在管线一直保持到第一个脉冲串发送完成。第一个脉冲串发送完成，紧接着就输出第二个脉冲串。重复上述过程可输出多个脉冲串。单段管线编程较复杂。

如果时间基准变化或在用PLS指令捕捉到新脉冲前，启动的脉冲已经发送完毕，则在脉冲串之间会出现不平滑转换。

当管线满时，如果试图装入另一个脉冲串的控制参数，状态寄存器中的PTO溢出位(SM66.6或SM76.6）将置位。在检测到溢出后，必须手动清除这个位，以便恢复检测功能。当PLC进入RUN方式时，这个位初始化为0。

② 多段管线模式　多段管线中，CPU在变量（V）存储区建立一个包络表。包络表中存储各个脉冲串的控制参数。多段管线用PLS指令启动。执行指令时，CPU自动从包络表中按顺序读出每个脉冲串的控制参数，并实施脉冲串输出。当执行PLS指令时，包络表内容不可改变。

在包络表中周期增量可以选择微秒或毫秒，但在同一个包络表中的所有周期值必须使用同一个时间基准。包络表由包络段数和各段参数构成，包络表的格式如表4-9所示。

表4-9　多段PTO操作的包络表格式

从包络表开始的字节偏移	包络段数	描　述
0		段数(1～255)；数0产生一个非致命性错误，不产生PTO输出
1	#1	初始周期(2～65535时间基准单位)
3		每个脉冲的周期增量(有符号数)(－32768～32768时间基准单位)
5		脉冲数(1～4294967295)
9	#2	初始周期(2～65535时间基准单位)
11		每个脉冲的周期增量(有符号数)(－32768～32768时间基准单位)
13		脉冲数(1～4294967295)
⋮	⋮	⋮

包络表每段的长度是8个字节，由周期值（16bit）、周期增量值（16 bit）和脉冲计数值（32 bit）组成。8个字节的参数表征了脉冲串的特性，多段PTO操作的特点是按照每个脉冲的个数自动增减周期。周期增量区的值为正值，则增加周期；为负值，则减少周期；0值则周期不变。

除周期增量为 0 外，每个输出脉冲的周期值都发生着变化。

如果在输出若干个脉冲后指定的周期增量值导致非法周期值，会产生溢出错误，SM66.6 或 SM76.6 被置为 1，同时停止 PTO 功能，PLC 的输出变为通用功能。另外，状态字节中的增量计算错误位（SM66.4 或 SM76.4）被置为 1。

如果人为地终止一个正进行中的 PTO 包络，只需要把状态字节中的用户终止位（SM66.5 或 SM76.5）置为 1。

（5）包络表参数的计算

PTO 发生器的多段管线功能在实际应用中非常有用。例如步进电动机的控制，电动机的转动受脉冲控制。

图 4-82 示出了步进电动机启动加速、恒速运行、减速停止过程中脉冲频率与时间的关系。下面按图 4-82 的频率-时间关系生成包络表参数。

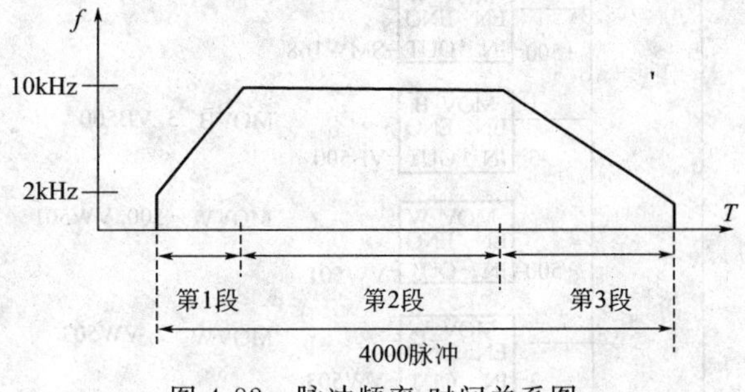

图 4-82 脉冲频率-时间关系图

步进电动机的运动分成 3 段（启动、运行、减速）共需要 4000 个脉冲。启动和结束的频率是 2kHz，最大脉冲频率是 10kHz。由于包络表中的值是用周期表示的，而不是用频率，需要把给定的频率值转换成周期值。启动和结束时的周期是 500μs，最大频率对应的周期是 100μs。

要求加速部分在 200 个脉冲内达到最大脉冲频率（10kHz），减速部分在 400 个脉冲内完成。

PTO 发生器用来调整给定段脉冲周期的周期增量为：

$$周期增量=(ECT-ICT)/Q$$

式中 ECT——该段结束周期；

ICT——该段初始周期；

Q——该段脉冲数。

计算得出：加速部分（第 1 段）的周期增量是 −2，减速部分（第 3 段）的周期增量是 1。第 2 段是恒速控制，该段的周期增量是 0。

假定包络表存放在从 VB500 开始的 V 存储器区，相应的包络表参数如表 4-10 所示。依据表 4-10 设计的步进电动机控制程序如图 4-83 所示。

表 4-10 包络表值

V 存储器地址	参数值	V 存储器地址	参数值
VB500	3(总段数)	VW511	0(2 段周期增量)
VW501	500(1 段初始周期)	VD513	3400(2 段脉冲数)
VW503	−2(1 段周期增量)	VW517	100(3 段初始周期)
VD505	200(1 段脉冲数)	VW519	1(3 段周期增量)
VW509	100(2 段初始周期)	VD521	400(3 段脉冲数)

4.6.10 时钟指令

读实时时钟（TODR）指令从实时时钟读取当前时间和日期，并装入以 T 为起始字节地址的 8 个字节缓冲区，依次存放年、月、日、时、分、秒和星期。操作数 T 的数据类型为字节型。

设定实时时钟（TODW）指令把含有时间和日期的 8 个字节缓冲区内容装入时钟。时钟指令如图 4-84 所示。

年、月、日、时、分、秒、星期的数值范围分别是 00～99、01～12、01～31、00～23、00～59、00～59、01～07。必须用 BCD 码表示所有的日期和时间值。对于年份用最低两位数表示，例 2000 年用 00 年表示。

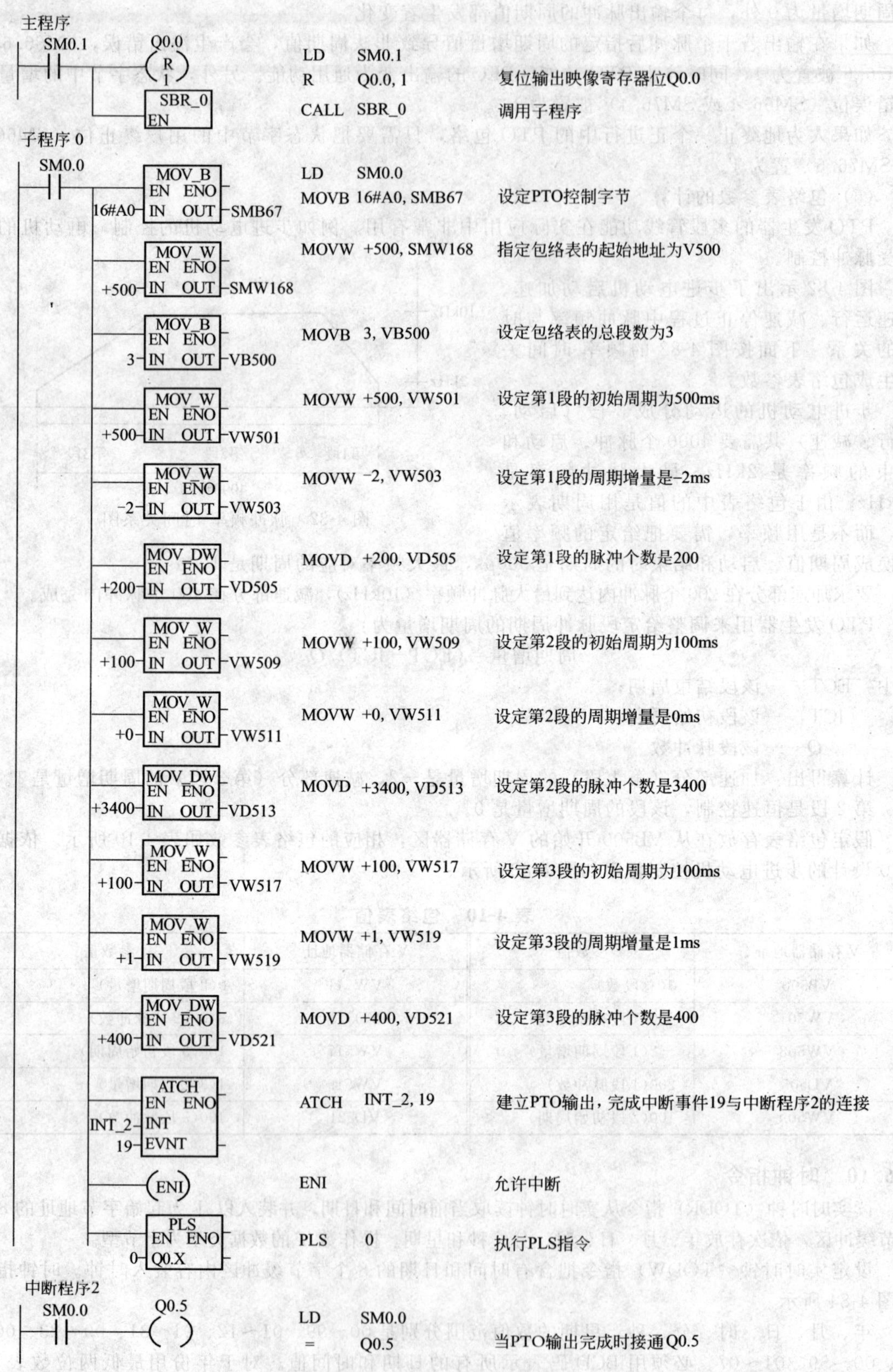

图 4-83 步进电动机控制程序

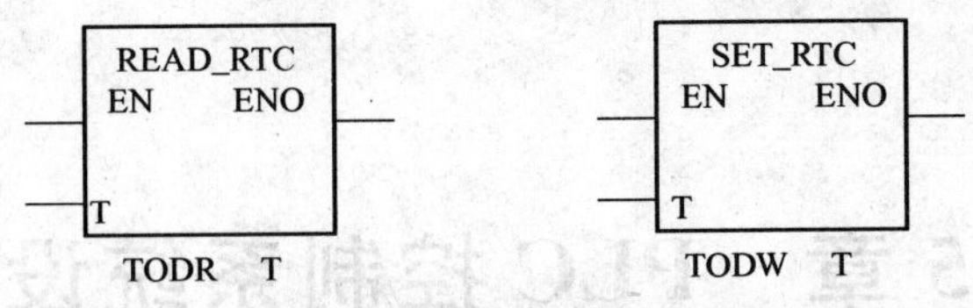

图 4-84 时钟指令

S7-200PLC 不执行检查和核实日期是否准确。无效日期（如 2 月 30 日）可以被接受，因此，必须确保输入数据的准确性。

不要同时在主程序和中断程序中使用 TODR/TODW 指令，否则会产生非致命错误。

习题 4

4-1 S7-200 指令参数所用的基本数据类型有哪些？

4-2 立即 I/O 指令有何特点？它应用于什么场合？

4-3 逻辑堆栈指令有哪些？各用于什么场合？

4-4 定时器和计数器各有几种类型？相关的变量有哪些？梯形图中如何表示这些变量？

4-5 写出图 4-85 所示梯形图的语句表程序。

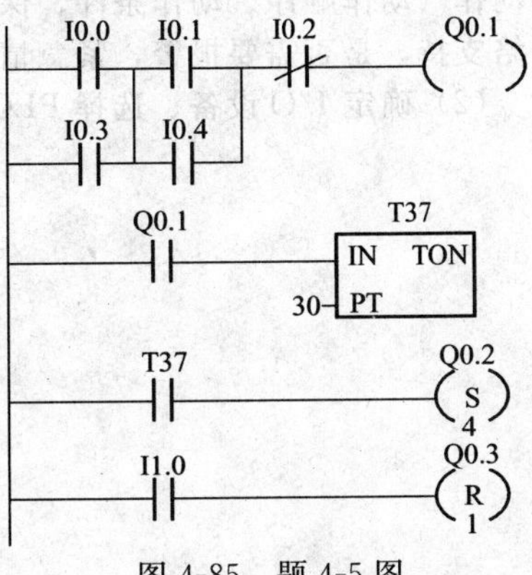

图 4-85 题 4-5 图

4-6 设计一个计数范围为 50000 的计数器。

4-7 用置位、复位（S、R）指令设计一台电动机的启、停控制程序。

4-8 用自复位式定时器设计一个周期为 10s，脉宽为一个扫描周期的脉冲串信号。

4-9 用顺序控制继电器（SCR）指令设计一个居室通风系统控制程序，使三个居室的通风机自动轮流地打开和关闭。轮换时间间隔为 1h。

4-10 用移位寄存器指令（SHRB）设计一个路灯照明系统的控制程序，三路灯按 H1→H2→H3 的顺序依次点亮。各路灯之间点亮的间隔时间为 5s。

4-11 将 AIW0 中的有符号整数（3400）转换成（0.0～1.0）之间的实数，结果存入 VD200。

4-12 用定时中断设计一个每 0.1s 采集一次模拟量输入值的控制程序。

4-13 以输出点 Q0.1 为例，简述 PTO 多段操作初始化及其操作过程。

4-14 用 TODR 指令从实时时钟读取当前日期，并将“星期”的数字用段码指令（SEG）显示出来。

4-15 指出图 4-86 所示的梯形图中的语法错误，并改正。

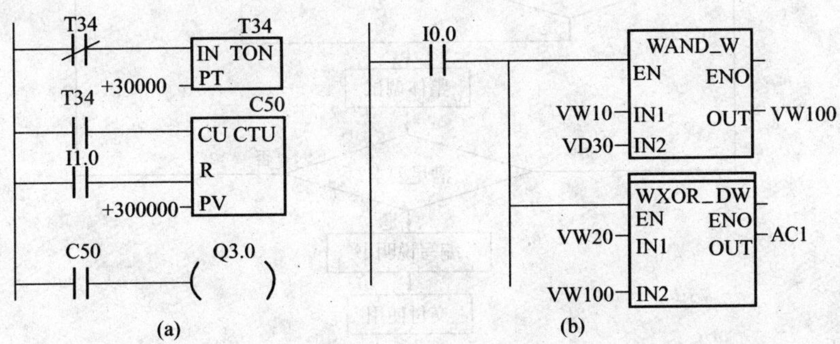

图 4-86 题 4-15 图

第 5 章　PLC 控制系统设计

PLC 控制系统的设计包括三个重要的环节，首先是通过对控制任务的分析，确定控制系统的总体设计方案；其次，根据控制要求确定硬件构成方案；第三，设计出满足控制要求的应用程序。本章主要介绍控制系统设计的基本步骤和应用程序设计的基本方法。

5.1　PLC 控制系统设计的基本步骤

如图 5-1 所示，PLC 控制系统的设计一般包括以下几个基本步骤。

（1）深入了解被控对象的工艺条件和控制要求

要详细了解工艺过程和控制要求，例如机械、液压、仪表、电气系统之间的关系，需要完成的动作（动作顺序、动作条件、保护和联锁等），工作方式（手动、自动、半自动等），是否需要网络支持，是否需要报警，紧急情况的处理等。

（2）确定 I/O 设备、选择 PLC 机型

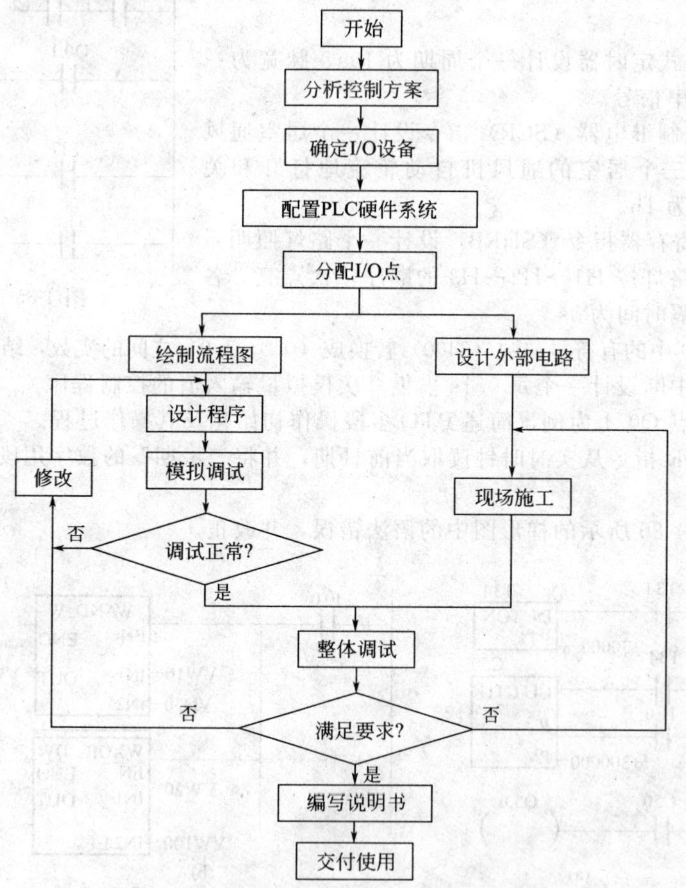

图 5-1　PLC 控制系统设计的基本步骤

根据被控对象的功能要求，进一步确定系统的硬件构成。选择合适的输入设备（按键、操作开关、限位开关、传感器等）、输出设备（继电器、接触器、信号指示灯等执行机构）、输出设备启动的控制对象（电磁阀、电机等）。根据被控对象对PLC的动作要求和I/O设备所需点数选择合适的PLC。选择时应考虑PLC的内存容量、I/O模块和电源模块，如果需要网络支持还应当考虑网络通信系统。

(3) 分配I/O点，绘制I/O连接图

将所要控制的设备或系统的输入输出信号进行赋值，与PLC的输入输出编号相对应，并画出I/O分配表或I/O接线图。

(4) 设计应用程序

包括设计控制系统流程图、梯形图或语句表。控制程序是整个控制系统的核心，是保证系统正常工作的关键。应认真选择最佳编程方案。当控制系统复杂时，可将其分成多个相对独立的子任务，最后将各子任务的程序合理地连接在一起。控制程序的设计必须经过反复调试、修改，直到能够满足要求为止。

(5) 设计控制台、电气柜

画出电气控制主回路电气图；在设计主回路时要全面地考虑各种保护和联锁等问题；在控制柜布置和敷线时，应采取抑制各种干扰信号的措施，同时注意防尘、防静电、防雷电等问题。

(6) 进行软件测试以及系统整体调试

程序输入PLC后，在将PLC连接到现场设备上去之前，应先进行软件测试工作，以排除程序中的错误，同时也为整体调试打好基础，缩短整体调试的周期。

(7) 系统的联机调试

在PLC软硬件设计和控制柜现场施工完成后，就可以进行整个系统的联机调试。如果控制系统是由几个部分组成，则应先做局部调试，然后再进行整体调试；如果控制程序的步序较多，则可先进行分段调试，然后再连接起来总调，直至调试成功为止。

(8) 编制控制系统技术文件

包括说明书、电气原理图、电器布置图、元件明细表、流程图或语句表以及必要的文字说明等。

5.2 PLC控制系统的硬件配置

PLC的硬件设计是指硬件的选型。PLC的产品越来越多，近年来，国内为众多厂商提供的PLC产品已经有几十个系列，几百种产品。PLC的品种繁多，其结构形式、性能、容量、指令系统、I/O点数、编程方法、价格等各有不同，适合的场地也有所侧重。因此，合理选择PLC对于提高PLC系统的技术和经济指标起着重要作用。

5.2.1 PLC机型选择

机型选择的基本原则应是在满足要求的前提下，保证系统工作可靠性、维护使用方便以及更佳的性能价格比。具体应考虑以下几个方面。

(1) 结构合理

整体式PLC的每一个I/O点数的平均价格比模块式的价格便宜，所以在对于工艺过程比较固定、环境条件较好、维修量较小的场合，选用整体式结构的PLC。

模块式PLC的功能扩展方便灵活、I/O点数的多少、输入输出点数的比例、I/O模块的种类和块数以及特殊I/O模块的使用等方面与整体式PLC相比都有较大的选择余地，而且模块式PLC在维护时也较方便。因此，对于结果较复杂或要求较高的系统一般选择模块式PLC。

(2) 功能上要适当

对于以开关量为主、带有少量模拟量控制的工程项目，可以选用带有A/D、D/A转换的模拟输入/输出模块，以及具有加减乘除运算和数据传送功能的低档PLC。

对于控制比较复杂、控制功能要求较高的工程项目，例如要求PID运算、闭环控制、通信联网等功能，可以根据控制规模和复杂程度，选用中档机或高档机。其中高档机主要用于大规模过程控制、全PLC的分布式控制系统和整个工厂的自动化等。

(3) 机型统一

一个大型企业选用PLC时，应尽量做到机型统一。选用统一机型的PLC，其模块可以互为备用，以便备件的采购和管理；另外，功能及编程方法统一，有利于技术人员的培训；其外部设备通用，资源可共享。选用统一机型PLC的另外一个好处是：在使用上位机对PLC进行管理与控制时，通信程序的编制比较方便。若配备了上位机，可以把独立系统的多台PLC连成一个多级分步式控制系统，相互通信，集中管理，充分发挥网络通信优势。

(4) 是否在线编程

PLC的特点之一是使用灵活。当被控设备的工艺过程改变时，只需用编程器重新修改程序，就能满足新的控制要求，给生产带来很大方便。

PLC的编程分为离线编程和在线编程两种。

离线编程的PLC主机与编程器共用一个CPU，在编程器上有一个“编程/运行”选择开关，当选择“编程”状态时，CPU将不再执行用户程序，从而失去对现场的控制，转交给编程器，这就是“离线”编程。当程序编制完成后，再把选择开关设为“运行”状态，CPU将执行用户程序，对现场进行控制。由于此类编程器与主机共用同一个CPU，因此节约了大量的硬件与软件，编程器的价格也比较便宜。中、小型PLC多采用离线编程的方法。

在线编程的PLC主机和编程器各有一个CPU。编程器的CPU可以随时处理由键盘输入的各种程序指令。主机CPU功能是对现场进行控制，并在一个扫描周期的末尾和编程器通信，编程器把编好或修改好的程序发给PLC，在下一个扫描周期，PLC将按照新送入的程序控制现场，这就是“在线”编程。由于这类PLC增加了软件和硬件，所以价格相对较贵，但应用领域较宽。大型PLC多采用在线编程。

(5) 对网络通信的要求

随着工业自动化的迅速发展，企业的可编程控制设备越来越多，将不同厂家的设备连在同一个网络上，由企业集中管理，进行数据交换，已经成为很多企业所考虑的问题。

如果要将PLC纳入工厂自动控制网络中，就要求PLC具有通信联网功能。在一般中型以上的PLC中都提供了一个或一个以上的串行通信接口RS-232C，以便与其他设备进行连接。

5.2.2 I/O分配

PLC容量包括两个方面：一是I/O的点数，二是用户存储器的容量。

(1) I/O点数的估算

根据功能说明书，可统计出PLC系统的开关量I/O点数及模拟量I/O通道数，以及开关量和模拟量的信号类型，并考虑到I/O端口的分组情况以及隔离与接地要求，应在统计后得出I/O总点数的基础上，增加10%～15%的余量。考虑余量的I/O总点数即为I/O点数估计值，该估计值是PLC选型的主要技术依据。应尽量避免使PLC能力接近饱和，为了以后的调整扩充，选定的PLC机型的I/O能力一般应有30%左右的余量。

(2) I/O模块的选择

① 开关量输入模块的选择　PLC的输入模块用来检测来自现场（如按钮、行程开关、温控开关、压力开关等）的电平信号，并将其转换为PLC内部的低电平信号。开关量输入模块按输入点数分，常用的有8点、12点、16点、32点等；按工作电压分，常用的有直流5V、12V、24V，交流110V、220V等；按外部接线方式又可分为汇点输入、分隔输入等。

选择输入模块主要应考虑以下两点。

a. 根据现场输入信号与PLC输入模块距离的远近来选择电压的高低。一般24V以下传输距离不宜太远。

b. 高密度的输入模块，一般同时接通的点数不得超过总的输入点数的60%。

② 开关量输出模块的选择　输出模块的任务是将PLC内部低电平的控制信号转换为外部所需电平的输出信号，驱动外部负载。输出模块有三种方式：继电器输出、双向可控硅输出和晶体

管输出。

a. 输出方式的选择　继电器输出价格便宜，使用电压范围广，导通压降小，承受瞬间过电压和过电流的能力较强，且有隔离作用。但其有触点，寿命较短，且有响应速度慢的缺点。主要适用于不频繁的交流/直流负载。最大开闭频率不得超过 1Hz。

晶闸管输出和晶体管输出都属于无触点开关输出，适用于通断频繁的感性负载。

b. 输出电流的选择　模块的输出电流必须大于负载电流的额定值。如果负载电流较大，输出模块不能驱动，则应增加中间放大环节。

c. 允许同时接通的输出点数　在选用输出模块时，不但要看一个输出点的驱动能力，还要看整个输出模块的满负荷能力，即输出模块同时接通点数的总电流不得超过模块规定的最大允许电流。

③ 模拟量及特殊功能模块的选择　除了开关量信号以外，工业控制中还要对温度、压力、液位、流量等过程变量进行检测和控制。模拟量输入、模拟量输出以及温度控制模块就是用于将过程变量转换为 PLC 可以接收的数字信号以及将 PLC 内的数字信号转换成模拟信号输出。

5.3　PLC 应用程序

PLC 的应用程序设计就是在软件系统的基础上，根据 PLC 控制系统的硬件结构和工艺要求，使用各种编程语言，对用户控制程序的编制和相应文件的形成过程。

PLC 应用程序的设计流程应该包括：熟悉被控对象、熟悉编程器及其语言、定义输入/输出、程序框图设计、编写程序及其测试、编写程序说明。

5.3.1　PLC 应用程序设计的内容

应用程序应最大限度地满足系统控制功能的要求，在构思程序主体的框架后，要以它为主线，逐一编写实现各控制功能或各子任务的程序，经过不断地调整和完善，使程序能完成指定的功能。通常应用程序还应包括以下几个方面的内容。

① 初始化程序。在 PLC 上电后，一般都要做一些初始化的操作。其作用是为启动做必要的准备，并避免系统发生误动作。初始化程序的主要内容为：将某些数据区、计数器进行清零；使某些数据区恢复所需数据；对某些输出位置位或复位；显示某些初始状态等。

② 检测、故障诊断、显示程序。应用程序一般都设有检测、故障诊断和显示程序等内容，这些内容可以在程序设计基本完成时再进行添加。有时，它们也是相对独立的程序段。

③ 保护、联锁程序。各种应用程序中，保护和联锁是不可缺少的部分。它可以杜绝由于非法操作而引起的控制逻辑混乱，保证系统的运行更安全、可靠，因此要认真考虑保护和联锁的问题。通常在 PLC 外部也要设置联锁和保护装置。

5.3.2　应用程序的质量

对同一个控制要求，即使选用同一个机型的 PLC，用不同设计方法所编写的程序，其结构也可能不同。尽管几种程序都可以实现同一控制功能，但是程序的质量却可能差别很大。程序的质量可以由以下几个方面来衡量。

① 程序的正确性。应用程序的好坏，最根本的一条就是正确。所谓正确的程序必须能经得起系统运行实践的考验。离开这一条，对程序所做的评价都是没有意义的。

② 程序的可靠性好。好的应用程序，可以保证系统在正常和非正常（短时掉电再复电、某些被控量超标、某个环节有故障等）工作条件下都能安全可靠地运行，也可保证在出现非法操作（例如按动或误触动了不该动作的按钮）等情况下不至于出现系统控制失误。

③ 参数的易调整性好。PLC 控制的优越性之一就是灵活性好，容易通过修改程序或参数而改变系统的某些功能。例如，有的系统在一定情况下需要变动某些控制量的参数（如定时器或计数器的设定值等），在设计程序时必须考虑怎样编写才能易于参数的修改。

④ 程序要简练。编写的程序应尽可能简练，减少程序的语句，以便减少程序扫描时间，提高 PLC 对输入信号的响应速度。当然，如果过多地使用那些执行时间较长的指令，虽然程序的

语句较少，但是其执行时间也不一定短。

⑤ 程序的可读性好。程序不仅仅给编者自己看，系统的维护人员也要读。另外，为了有利于交流，也要求程序有一定的可读性。

5.4 PLC应用程序设计方法

要想顺利地完成控制系统的设计，不仅要熟练掌握各种指令的功能及使用规则，还要学习如何编程；在工程中编制 PLC 程序的方法有很多，这里主要介绍五种典型的编程方法。

5.4.1 逻辑设计法

逻辑设计法是根据数字电子技术中的逻辑设计方法进行 PLC 的程序设计。逻辑设计法的基础是逻辑代数。在程序设计时，对控制任务进行逻辑分析和综合。该方法是用逻辑表达式描述问题，在得出逻辑表达式后，根据逻辑表达式画出梯形图，也可以直接根据逻辑表达式写出助记符程序。当主要对开关量进行控制时，使用逻辑设计法比较好，在和时间有关的控制系统中显得较复杂。这种方法的设计思路清晰，所编写的程序易于优化，是一种较为实用可靠的程序设计方法。

【例 1】 某系统中有四台通风机，要求在以下几种运行状态下应发出不同的显示信号：三台及三台以上开机时，绿灯常亮；两台开机时，绿灯以 5Hz 的频率闪烁；一台开机时，红灯以 5Hz 的频率闪烁；全部停机时，红灯常亮。

由控制任务可知，这是一个对通风机运行状态进行监视的问题。显然，必须把 4 台通风机的各种运行状态的信号输入到 PLC 中（由 PLC 外部的输入电路来实现）；各种运行状态对应的显示信号是 PLC 的输出。

为了讨论问题方便，设四台通风机分别为 A、B、C、D，红灯为 F1，绿灯为 F2。由于各种运行情况所对应的显示状态是唯一的，故可将几种运行情况分开进行程序设计。

（1）红灯常亮的程序设计

当四台通风机都不开机时红灯常亮。设灯常亮为“1”，灭为“0”，通风机开机为“1”，停为“0”（下同）。其状态见表 5-1。根据逻辑函数（1）容易画出其梯形图如图 5-2 所示。

表 5-1 红灯常亮的状态表

A	B	C	D	F1
0	0	0	0	1

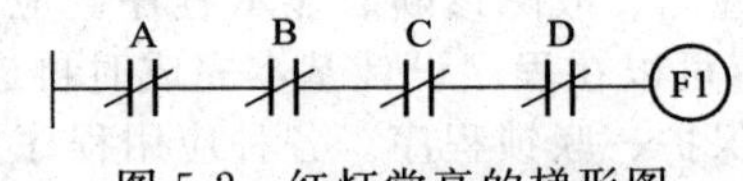

图 5-2 红灯常亮的梯形图

由状态表可得 F1 的逻辑函数：

$$F1=\overline{A}\,\overline{B}\,\overline{C}\,\overline{D} \tag{1}$$

（2）绿灯常亮的程序设计

能引起绿灯常亮的情况有 5 种，其状态见表 5-2。

表 5-2 绿灯常亮的状态表

A	B	C	D	F2
0	1	1	1	1
1	0	1	1	1
1	1	0	1	1
1	1	1	0	1
1	1	1	1	1

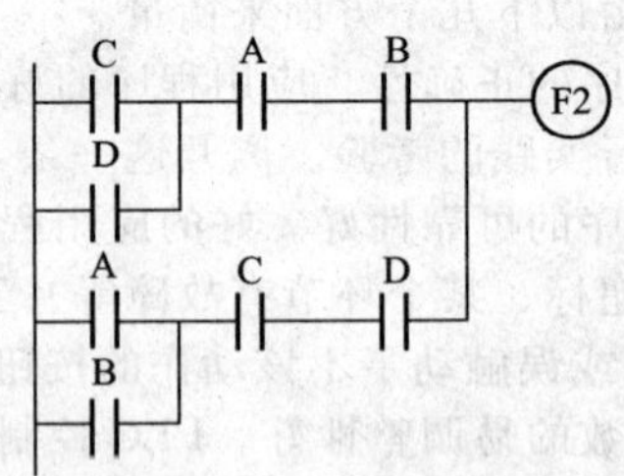

图 5-3 绿灯常亮的梯形图

由状态表可得 F2 的逻辑函数为：

$$F2=\overline{A}BCD+A\overline{B}CD+AB\overline{C}D+ABC\overline{D}+ABCD \tag{2}$$

根据这个逻辑函数直接画梯形图时，梯形图会很繁琐，所以要先对逻辑函数（2）进行化简。例如将式(2) 化简成下式：

$$F2=AB(D+C)+CD(A+B) \tag{3}$$

根据式(3) 画出的梯形图如图 5-3 所示。

(3) 红灯闪烁的程序设计

设红灯闪烁为“1”，其状态见表 5-3。

表 5-3 红灯闪烁的状态表

A	B	C	D	F1
0	0	0	1	1
0	0	1	0	1
0	1	0	0	1
1	0	0	0	1

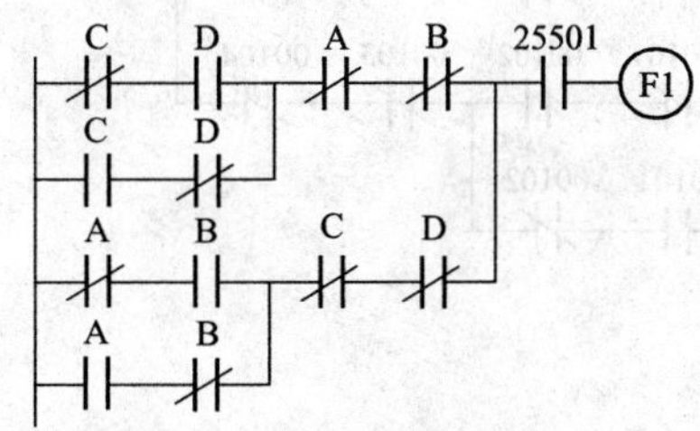

图 5-4 红灯闪烁的梯形图

由状态表可得 F1 的逻辑函数为：

$$F1=\overline{A}\,\overline{B}\,\overline{C}\,D+\overline{A}\,\overline{B}\,C\,\overline{D}+\overline{A}\,B\,\overline{C}\,\overline{D}+A\,\overline{B}\,\overline{C}\,\overline{D} \tag{4}$$

将式(4) 化简为：

$$F1=\overline{A}\,\overline{B}(\overline{C}\,D+C\,\overline{D})+\overline{C}\,\overline{D}(\overline{A}\,B+A\,\overline{B}) \tag{5}$$

由式(5) 画出的梯形图如图 5-4 所示。其中 25501 能产生 0.2s 即 5Hz 的脉冲信号。

(4) 绿灯闪烁的程序设计

设绿灯闪烁为“1”，其状态见表 5-4。

表 5-4 绿灯常亮的状态表

A	B	C	D	F2
0	0	1	1	1
0	1	0	1	1
0	1	1	0	1
1	0	0	1	1
1	0	1	0	1
1	1	0	0	1

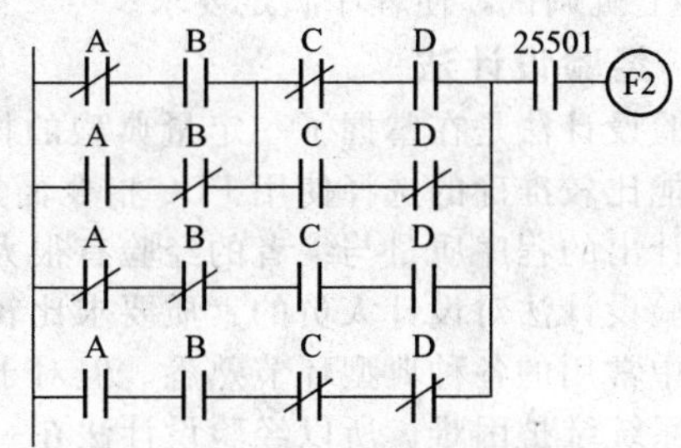

图 5-5 绿灯闪烁的梯形图

由状态表可得 F2 的逻辑函数为：

$$F2=\overline{A}\,\overline{B}\,CD+\overline{A}\,B\,\overline{C}\,D+\overline{A}\,BC\,\overline{D}+A\,\overline{B}\,\overline{C}\,D+A\,\overline{B}\,C\,\overline{D}+AB\,\overline{C}\,\overline{D} \tag{6}$$

将式(6) 化简为：

$$F2=(\overline{A}B+A\,\overline{B})(\overline{C}D+C\,\overline{D})+AB\,\overline{C}\,\overline{D}+AB\,\overline{C}\,\overline{D} \tag{7}$$

根据式(7) 画出其梯形图如图 5-5 所示。

(5) 选择 PLC 机型，作 I/O 点分配

本例只有 A、B、C、D 四个输入信号，F1、F2 两个输出，若系统选择的机型是 CPM1A，作出 I/O 分配如表 5-5 所示。

表 5-5 I/O 分配表

输 入				输 出	
A	B	C	D	F1	F2
00101	00102	00103	00104	01101	01102

由 I/O 分配及图 5-2、图 5-3、图 5-4、图 5-5 综合在一起，便得到总梯形图 5-6。

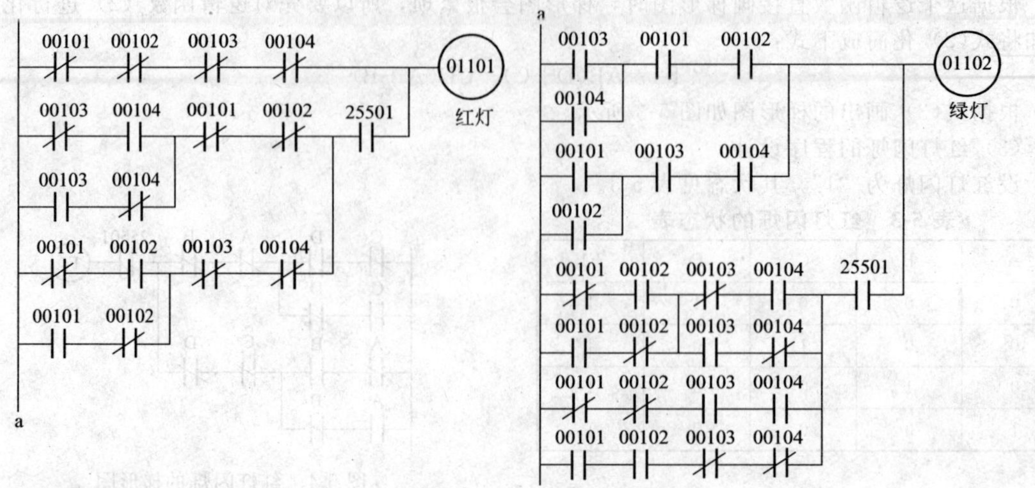

图 5-6　通风机运行状态监视总梯形图

下面把逻辑设计法归纳如下。

① 用不同的逻辑变量来表示各输入、输出信号，并设定对应输入、输出信号各种状态时的逻辑值。

② 根据控制要求，列出状态表或画出时序图。

③ 由状态表或时序图写出相应的逻辑函数，并进行化简。

④ 根据化简后的逻辑函数画出梯形图。

⑤ 上机调试，使程序满足要求。

5.4.2　经验设计法

经验设计法是在掌握了一定量典型的控制环节设计的基础上，熟悉 PLC 各种指令功能，凭借经验能比较准确的选择使用 PLC 指令而进行相应的程序设计。经验设计法没有固定的模式可循，设计出的程序质量与编者的经验有很大关系。

经验设计法对设计人员的素质要求比较高，特别是一些实践要求，要求设计者对控制系统以及工业中常用的各种典型环节熟悉。但对于结构复杂、不易掌握的系统，经验设计法花费时间较长，且系统维护困难。所以经验设计法在一些结构简单的控制系统设计中比较适合。下面通过例子说明经验设计法的大体步骤。

【例 2】 有一部电动运输小车供 8 个加工点使用。对小车的控制有以下几点要求。

① PLC 上电后，车停在某加工点（下称工位），若没有用车呼叫（下称呼车）时，则各工位的指示灯亮，表示各工位可以呼车。

② 若某工位呼车（按本位的呼车按钮）时，各位的指示灯均灭，表示此后再呼车无效。

③ 停车位呼车则小车不动。当呼车位号大于停车位号时，小车自动向高位行驶，当呼车位号小于停车位号时，小车自动向低位行驶。当小车到达呼车位时自动停车。

④ 小车到达某位时应停留 30s 供该工位使用，不立即被其他工位呼走。

⑤ 临时停电后再复电，小车不会自行启动。

对本例的控制要求，可参照下面的步骤进行程序设计。

① 确定输入、输出电器。每个工位应设置一个限位开关和一个呼车按钮，系统要有用于启动和停机的按钮，这些是 PLC 的输入元件；小车要用一台电动机拖动，电动机正转时小车驶向高位，反转时小车驶向低位，电动机正转和反转各需要一个接触器，是 PLC 的执行元件。

另外各工位还要有指示灯作呼车显示。电动机和指示灯是 PLC 的被控对象。各工位的限位开关和呼车按钮的布置如图 5-7 所示，图中 ST 和 SB 的编号也是各工位的编号。ST 为滚轮式，可自动复位。

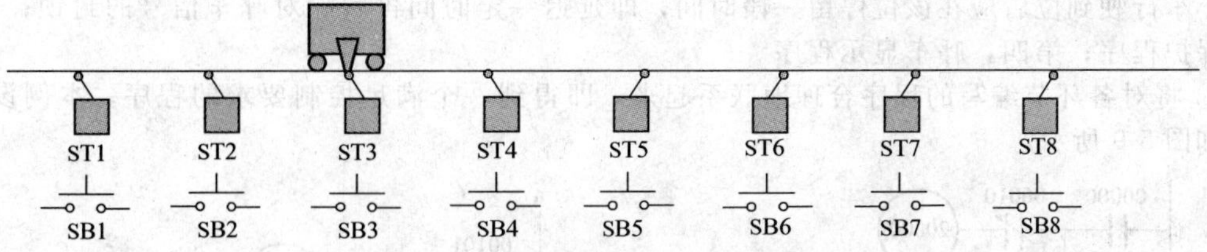

图 5-7 各加工位的限位开关、呼车按钮布置图

② 确定输入和输出点的个数，选择 PLC 机型，作出 I/O 分配。为了尽量减少占用 PLC 的 I/O点个数，对本例，由于各工位的呼车指示灯状态一致，因此可选用小电流的发光元件并联在一起，然后接在一个 PLC 输出点上。使用 CPM1A 时所作的 I/O 分配如表 5-6 所示。

表 5-6 I/O 分配表

输入				输出	
信号名称	地址	信号名称	地址	信号名称	地址
限位开关 ST1	00001	呼车按钮 SB1	00101	呼车指示灯	01107
限位开关 ST2	00002	呼车按钮 SB2	00102	电动机正转接触器线圈	01000
限位开关 ST3	00003	呼车按钮 SB3	00103	电动机反转接触器线圈	01001
限位开关 ST4	00004	呼车按钮 SB4	00104		
限位开关 ST5	00005	呼车按钮 SB5	00105		
限位开关 ST6	00006	呼车按钮 SB6	00106		
限位开关 ST7	00007	呼车按钮 SB7	00107		
限位开关 ST8	00008	呼车按钮 SB8	00108		
系统启动按钮	00000	系统停止按钮	00010		

③ 为了分析问题方便，可先作出系统动作过程的流程图，如图 5-8 所示。

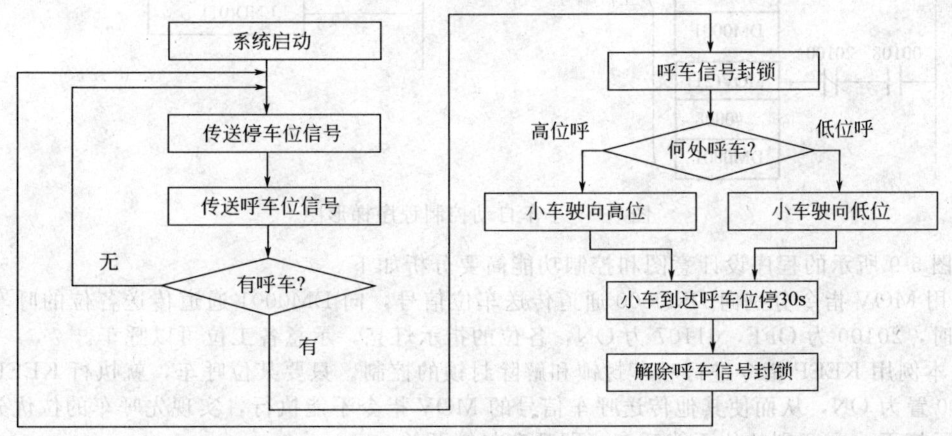

图 5-8 小车 PLC 控制系统流程图

④ 选择 PLC 指令并编写程序。选择指令是一个经验问题。对于本例的控制要求，一般会想到用 MOV 指令和 CMP 指令，即先把小车所在的工位号传送到一个通道中，再把呼车的工位号传送到另一个通道中，然后将这两个通道的内容进行比较，若呼车的位号大于停车的位号，则小车向高位行驶，若呼车的位号小于停车的位号，则小车向低位行驶。这是本例程序设计的主线。

⑤ 编写其他控制要求的程序。第一，若有某位呼车，则应立即封锁其他位的呼车信号；第

二，小车行驶到位后应在该位停留一段时间，即延迟一定时间再解除对呼车信号的封锁；第三，失压保护程序；第四，呼车显示程序。

⑥ 将对各环节编写的程序合理地联系起来，即得到一个满足控制要求的程序。本例设计的程序如图 5-9 所示。

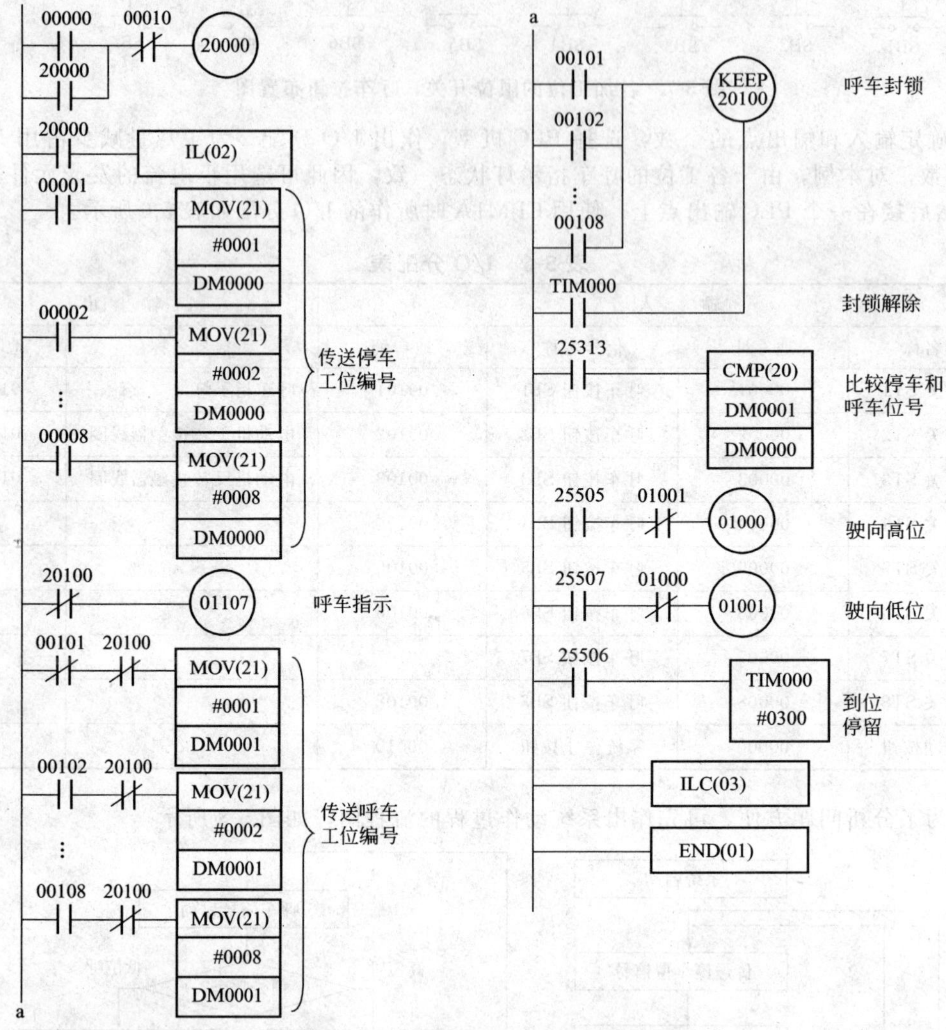

图 5-9 小车自动控制程序梯形图

对图 5-9 所示的程序设计意图和控制功能简要分析如下。

a. 用 MOV 指令分别向 DM0000 通道传送车位信号，向 DM0001 通道传送各位的呼车信号。无呼车时，20100 为 OFF，01107 为 ON，各位的指示灯亮，示意各工位可以呼车。

b. 本例用 KEEP 指令进行呼车封锁和解除封锁的控制。只要某位呼车，就执行 KEEP 指令，将 20100 置为 ON，从而使其他传送呼车信号的 MOV 指令不能执行，实现先呼车的位优先用车。同时指示灯灭，示意别的位不能呼车，即呼车封锁开始。

c. 执行 CMP 指令可以判别呼车位号比停车位号大还是小，从而决定小车的行驶方向。若呼车位号比停车位号大，则 01000 为 ON，小车驶向高位。在行车途中经由各位时必然要压动各位的限位开关，即行车途中 DM0000 通道的内容随时改变，但由于其位号都比呼车位号小(DM0001中的呼车位号不变)，故可继续行驶直至到达呼车位。若呼车位号比停车位号小，则小车驶向低位。在行车途中要压动各位的限位开关，但其位号都比呼车位号大，故可继续行驶直至到达呼车位。

d. 当小车到达呼车位时，其一，使 25505 或 25507 变为 OFF，使 01000 或 01001 为 OFF，小车停在呼车位；其二，使 25506 变为 ON，则立即启动 TIM000 开始定时，使小车在呼车位停留 30s。30s 到，使 20100 复位，指示灯亮并解除呼车封锁。此后各工位又可以开始呼车。

e. 若系统运行过程中掉电再复电时，不按下启动按钮程序是不会执行的。另外，在 PLC 外部也设置失压保护措施，所以掉电再复电时，小车不会自行启动。

5.4.3 时序图法

时序图法是先画出控制系统的时序图，再根据时序图的关系画出对应的程序框图，最后根据程序框图写出 PLC 程序。对于输出信号状态变化有一定时间顺序的系统可以使用时序图法设计程序，对于这类系统，画出输出信号的时序图后，状态转换的时刻和转换条件就很容易理解了，对于建立清晰的设计思路很有帮助。下面以交通指示灯应用系统设计为例介绍时序图法。

【例 3】 在十字路口上设置的红、黄、绿交通信号灯，其布置如图 5-10 所示。由于东西方向的车流量较小，南北方向的车流量较大，所以南北方向的放行（绿灯亮）时间为 30s，东西方向的放行时间（绿灯亮）为 20s。当东西（或南北）方向的绿灯灭时，该方向的黄灯与南北（或东西）方向的红灯一起以 5Hz 的频率闪烁 5s，以提醒司机和行人注意。闪烁 5s 之后，立即开始另一个方向的放行。要求只用一个控制开关对系统进行启停控制。下面介绍用时序图法编程的思路。

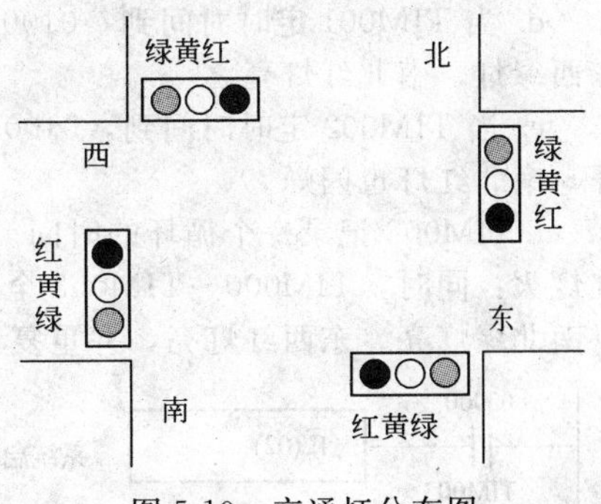

图 5-10 交通灯分布图

① 分析 PLC 的输入和输出信号，以作为选择 PLC 机型的依据之一。在满足控制要求的前提下，应尽量减少占用 PLC 的 I/O 点。由上述控制要求可见，由控制开关输入的启、停信号是输入信号。由 PLC 的输出信号控制各指示灯的亮、灭。在图 5-10 中，南北方向的三色灯共 6 盏，同颜色的灯在同一时间亮、灭，所以可将同色灯两两并联，用一个输出信号控制。同理，东西方向的三色灯也照此办理，只占 6 个输出点。

② 为了弄清各灯之间亮、灭的时间关系，根据控制要求，先作时序图，如图 5-11 所示。

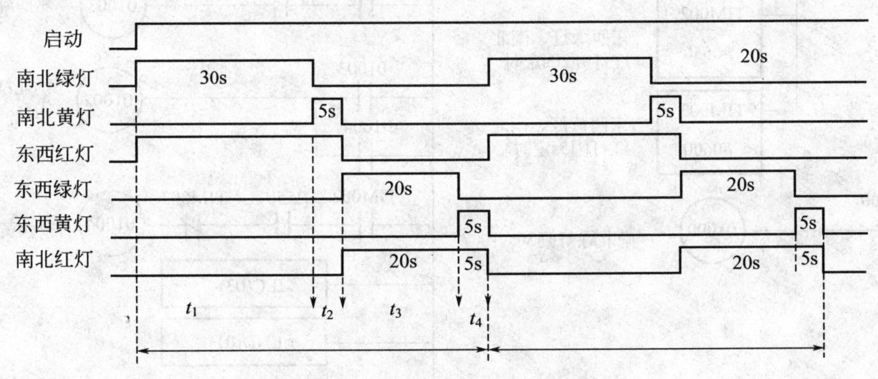

图 5-11 交通信号的时序图

③ 由时序图分析各输出信号之间的时间关系。图 5-11 中，南北方向放行时间可分为两个时间区段：南北方向的绿灯和东西方向的红灯亮，换行前东西方向的红灯与南北方向的黄灯一起闪烁；东西方向放行时间也分为两个时间区段，东西方向的绿灯和南北方向的红灯亮，换行前南北方向的红灯与东西方向的黄灯一起闪烁。一个循环内分为 4 个区段，这 4 个时间区段对应着 4 个分界点：t_1、t_2、t_3、t_4 在这 4 个分界点处信号灯的状态将发生变化。

④ 4 个时间区段必须用 4 个定时器来控制，为了明确各定时器的职责，以便于理顺各色灯状态转换的准确时间。

⑤ 进行 PLC 的 I/O 分配。开关量 I/O 分配情况如表 5-7 所示。

表 5-7 I/O 地址分配

输入	输出					
控制开关	南北绿灯	南北黄灯	南北红灯	东西绿灯	东西黄灯	东西红灯
00000	01000	01001	01002	01003	01004	01005

⑥ 根据定时器功能明细表和 I/O 分配，设计程序梯形图如图 5-12 所示。对图 5-12 的设计意图及功能简要分析如下。

a. 程序用 IL/ILC 指令控制系统启停，当 00000 为 ON 时程序执行，否则不执行。

b. 程序启动后 4 个定时器同时开始定时，且 01000 为 ON，使南北绿灯亮、东西红灯亮。

c. 当 TIM000 定时时间到，01000 为 OFF 使南北绿灯灭；同时，01001 为 ON 使南北黄灯闪烁（25501 以 5Hz 的频率 ON、OFF），东西红灯也闪烁。

d. 当 TIM001 定时时间到，01001 为 OFF 使南北黄灯、东西红灯灭；同时，01003 为 ON 使东西绿灯、南北红灯亮。

e. 当 TIM002 定时时间到，01003 为 OFF 使东西绿灯灭；同时，01004 为 ON 使东西黄灯闪烁，南北红灯也闪烁。

f. TIM003 记录一个循环的时间。当 TIM003 定时时间到，01004 为 OFF 使东西黄灯、南北红灯灭；同时，TIM000～TIM003 全部复位，并开始下一个循环的定时。由于 TIM000 OFF，所以南北绿灯亮、东西红灯亮，并重复上述过程。

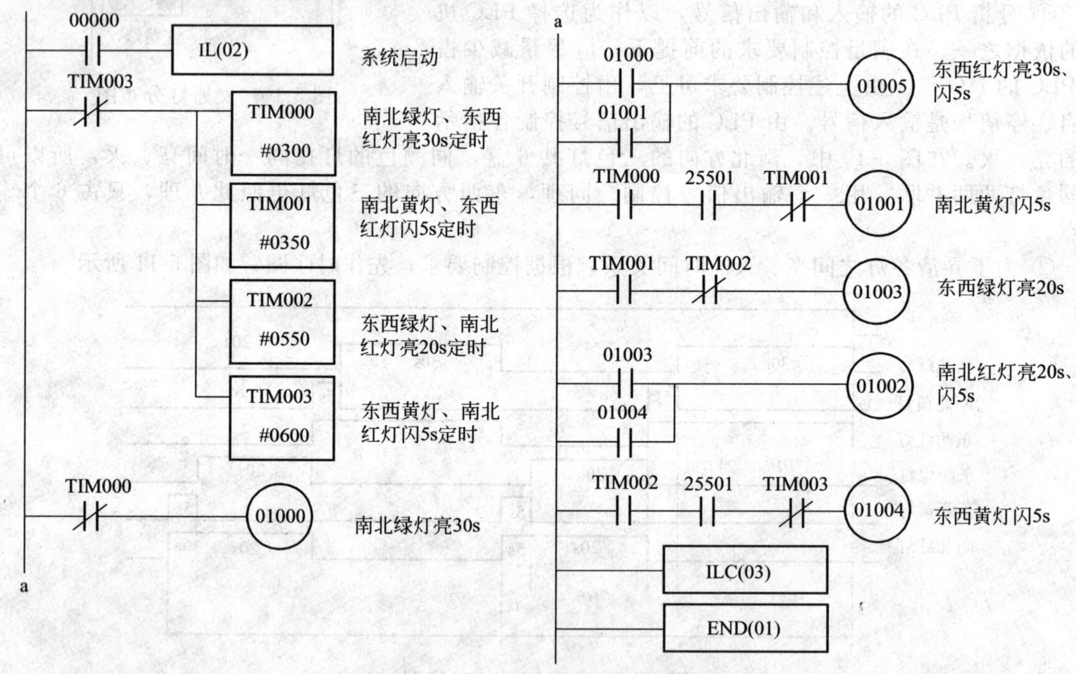

图 5-12 交通信号灯控制梯形图

时序图设计法归纳如下。

a. 详细分析控制要求，明确各输入/输出信号个数，合理选择机型。

b. 明确各输入和各输出信号之间的时序关系，画出各输入和输出信号的工作时序图。

c. 把时序图划分成若干个时间区段，确定各区段的时间长短。找出区段间的分界点，弄清分界点处各输出信号状态的转换关系和转换条件。

d. 根据时间区段的个数确定需要几个定时器，分配定时器号，确定各定时器的设定值，明确各定时器开始定时和定时时间到这两个关键时刻对各输出信号状态的影响。

e. 对 PLC 进行 I/O 分配。

f. 根据定时器的功能明细表、时序图和 I/O 分配画出梯形图。

g. 作模拟运行实验，检查程序是否符合控制要求，进一步修改程序。

对一个复杂的控制系统，若某个环节属于这类控制，也可以用这个方法去处理。

5.4.4 顺序控制法

顺序控制法非常适合于那些按动作先后顺序进行控制的系统。顺序控制法规律性强，虽然编译的程序偏长，但结构清晰、可读性强。在顺序控制指令的配合下也可运行复杂的程序，一般复杂的程序可以分成若干个简单的功能程序段。因此，系统控制的任务可以认为是在不同时刻或者不同进程中完成对各个步的控制。

在用顺序控制设计法编程时，功能表图是很重要的工具。功能表图能清楚地表现出系统各工作步的功能、步与步之间的转换顺序及其转换条件。

（1）功能表的组成

功能表图的基本元素是流程步、有向连线、转移和动作说明，下面进行具体介绍。

① 流程步　流程步是控制系统中的一个稳定状态。流程步用矩形方框表示，框中的数字表示该部的编号，编号可以是实际的控制步序号，也可以是 PLC 中的工作位编号。系统的初始状态工作步称为初始步。初始步是一个系统的起点，一个系统至少需要一个初始步。初始步和流程步如图 5-13 所示。

② 有向线段　步与步之间用有向线段相连，箭头表示步的转换方向，在简单的功能表图可以不画箭头。

③ 转移　转移就是一个步与另外一个步之间的转换条件。通常转移用有向连线上的一段横线表示，在横线旁边可以用文字、图形或逻辑表达式等标注转换条件。当相邻步之间的转换条件满足时，就从一个步按照有向连线的方向进行切换。如图 5-14。

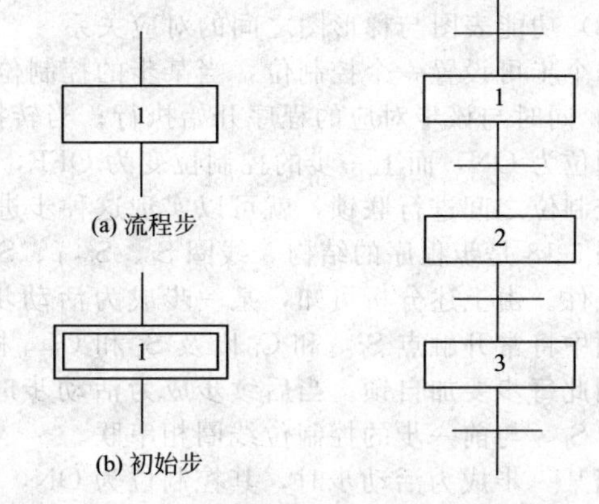

图 5-13　初始步和流程步

图 5-14　转移与有向线段连线

④ 动作说明　在功能表图中步只是控制系统中的一个稳定状态，步并不是 PLC 的输出触点的动作。在一个步中可以有一个或多个 PLC 的输出动作，也可以没有输出动作。

（2）功能表图的类型

功能表图从结构上来分，可以分为顺序结构、选择序列结构和并行序列结构。

① 顺序结构　图 5-15 所示的是顺序结构。顺序结构是最简单的一种结构，这种结构没有分支，每一个步后只有一个步，步与步之间只有一个转换条件。

② 选择序列结构　从多个分支状态或分支状态序列中只选择执行其重点某一个分支状态或分支状态序列，即为选择性分支。选择性分支的转移条件画在水平单线之下的分支上。每个分支上必须具有一个或一个以上的转移条件。

图 5-16 是选择序列结构的功能表图。选择序列的开始称为分支，如图中的步 1 之后有三个分支，各选择分支不能同时执行。当步 1 为活动步且条件 a 满足时则转向步 2；当步 1 为活动步且条件 b 满足时则转向步 3；当步 1 为活动步且条件 c 满足时则转向步 4。无论步 1 转向哪个分支，当其后续步成为活动步时，步 1 自动变为不活动步。

③ 并行序列结构　所有的分支状态或分支状态流程序列都被选中执行，即为并行序列结构。并行序列的开始也称为分支，为了区别于选择序列结构的功能表图，用双线来表示并行序列分支的开始，在水平双线之上的干支上必须有一个或一个以上的转移条件。

图 5-17 是并行序列结构的功能表图。图中的步 1 之后有三个并行分支，当步 1 为活动步且条件 a 满足时，则步 2、步 3、步 4 同时变为活动步，而步 1 则变为不活动步。图中步 2 和步 5、步 3 和步 6、步 4 和步 7 是三个并行的单序列。

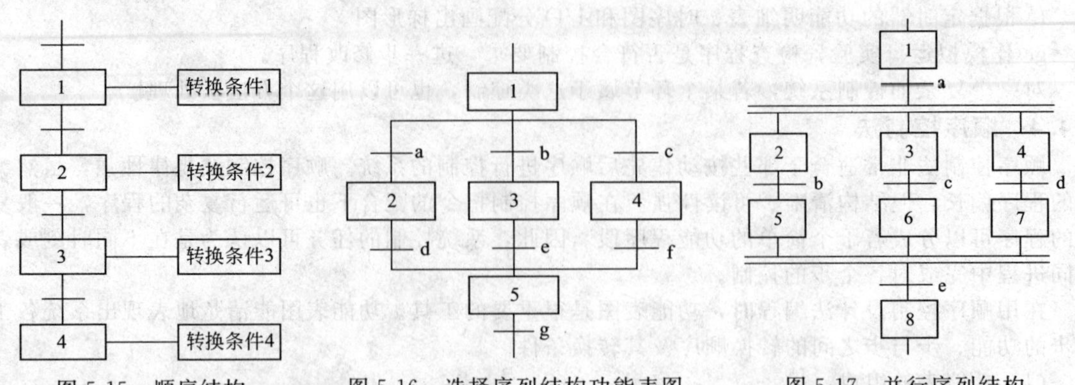

图 5-15 顺序结构　　图 5-16 选择序列结构功能表图　　图 5-17 并行序列结构

并行序列的结束称为合并，用双线表示并行序列的合并，转换条件放在双线之下。在图 5-17 中，当各并行序列的最后一步即步 5、步 6、步 7 都为活动步且条件 e 满足时，将同时转换到步 8，且步 5、步 6、步 7 同时刻变为个活动步。

(3) 功能表图与梯形图之间的对应关系

每个步可设置一个控制位，当某步的控制位为 ON 时，该步成为活动步（激活下一步的条件之一），同时与该步对应的程序开始执行；当转换条件满足时（激活下一步的条件之二），下一步的控制位为 ON，而上一步的控制位变为 OFF，且上一步对应的程序停止执行。只要在顺序上相邻的控制位之间进行联锁，就可以实现这种步进控制。

图 5-18 是步程序的结构。线圈 S_i、S_{i+1}、S_{i+2} 等是各步的控制位，C_i、C_{i+1}、C_{i+2} 是各步的转换条件。由上述分析可知，某一步成为活动步的条件是：前步是活动步且转换条件满足。所以，图中将常开触点 S_{i-1} 和 C_i 以及 S_i 和 C_{i+1} 相串联作为步启动的条件。由于转换条件是短信号，因此每步要加自锁。当后续步成为活动步时，前一步要变为活动步，所以图中将常闭触点 S_{i+1} 和 S_{i+2} 与前一步的控制位线圈相串联。

当某一步成为活动步时，其控制位为 ON，这个 ON 信号可以控制输出继电器以实现相应的控制，例如图 5-18 中的 B1 和 B2。

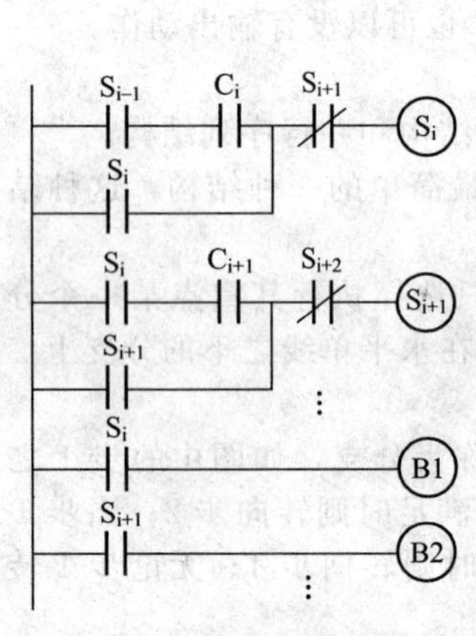

图 5-18 步的梯形图

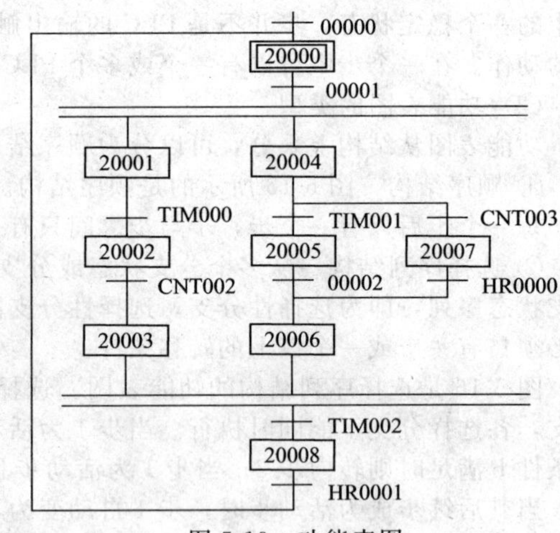

图 5-19 功能表图

(4) 根据功能表图画梯形图的方法

下面以图 5-19 为例，说明由功能表画梯形图的方法。该功能表总体上是并行的，其中包括了一个单序列和一个选择序列。

① 步 20000　该步为初始步，它是前面两个选择分支的合并步。因此，使 20000 成为活动步的条件是：00000 为 ON，或步 20008 为活动步且 HR0001 为 ON。当步 20001 和 20004 成为活动

步时，步 20000 变为不活动步。所以把常闭触点 20001 或 20004 与步 20000 的控制位线圈相串联，再加上本位的自锁，即画出梯形图如图 5-20(a) 所示。

② 步 20001、步 20002 和步 20003　步 20001 是单序列的开始步，其成为活动步的条件是：步 20000 为活动步的转换条件 00001 为 ON。当步 20002 成为活动步时，步 20001 变为不活动步，所以把常闭触点 20002 与步 20001 的线圈相串联，再加上本位的自锁，画出的梯形图如图 5-20(b) 所示。

步 20002 和步 20003 的梯形图与步 20001 相似。

③ 步 20004　步 20004 是选择序列的开始，该步后续是两个选择分支。步 20004 的梯形图与 20001 相似，但其线圈要与常闭触点 20005 和 20007 相串联。这是因为无论选择了哪个分支，即不论步 20005 还是步 20007 成为活动步，步 20004 都要成为不活动步。画出梯形图如图 5-20(c) 所示。

④ 步 20005 和步 20007　步 20005 的梯形图如 5-20(d) 所示。线圈 20005 与常闭触点 20006 和 20007 相串联。这样，如果步 20007 已经成为活动步，即使步 20005 的条件满足也不会成为活动步，从而实现了步 20005 和步 20007 之间（即两个选择分支之间）的联锁。步 20007 的梯形图与步 20005 相似，只是其转换条件是 20004 和 CNT003 的串联，其线圈要与常闭触点 20006 和 20005 相串联。

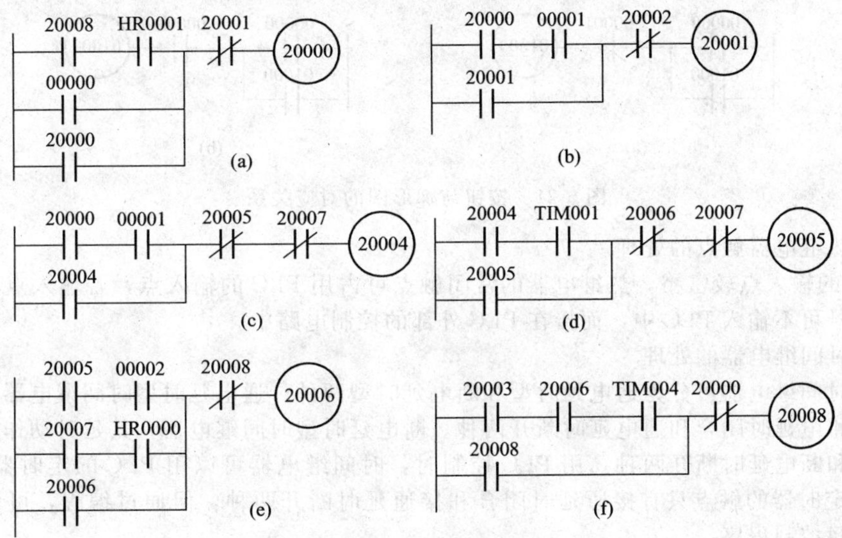

图 5-20　与图 5-19 相对应的各步梯形图

⑤ 步 20006　步 20006 是选择分支的合并步。步 20006 成为活动步的条件是：步 20005 为活动步且 00002 为 ON，或 20007 为活动步且 HR0000 为 ON，所以这两个条件之间是“或”的关系。当 20008 为活动步时，步 20006 要变为不活动步，所以 20006 的线圈要与常闭触点 20008 串联。画出的梯形图如图 5-20(e) 所示。

⑥ 步 20008　步 20008 是并行序列的合并步，其成为活动步的条件为：步 20003 和步 20006 均为活动步，且 TIM002 为 ON，三个条件是“与”的关系。当 20000 成为活动步时其变为不活动步，所以 20008 的线圈要与常闭触点 20000 串联。画出的梯形图如图 5-20(f) 所示。

顺序控制设计法举例说明见第 8 章。

5.4.5　继电器控制电路图转换设计法

用 PLC 控制的系统或设备功能完善，可靠性好，所以用 PLC 控制取代继电器控制已是大势所趋。有些继电器控制的系统或设备，经过多年的运行实践证明其设计是成功的，若欲改用 PLC 控制，可以在原继电器控制电路的基础上，经过合理的转换，或者说经适当的“翻译”，从而设计出具有相同功能的 PLC 控制程序。把继电器控制转换成 PLC 控制时，要注意转换方法以确保转换后系统的功能不变。

(1) 对各种继电器、电磁阀等的处理

在继电器控制的系统中，大量使用各种控制电器，例如交直流接触器、电磁阀、电磁铁、中间继电器等。交直流接触器、电磁阀、电磁铁的线圈是执行元件，要为它们分配相应的 PLC 输出继电器号。中间继电器可以用 PLC 内部的辅助继电器来代替。

（2）对常开按钮、常闭按钮的处理

在继电器控制电路中，一般启动用常开按钮，停车用常闭按钮。用 PLC 控制时，启动和停车一般都用常开按钮。尽管使用哪种按钮都可以，但是画出的 PLC 梯形图却不同。

图 5-21(a) 和 (b) 中，SB1 是启动按钮，SB2 是停车按钮，KM 是交流接触器。图 (a) 的停车用常开按钮，对应梯形图中的 00001 是常闭触点；图 (b) 中的停车用常闭按钮，对应梯形图中的 00001 是常开。在转换时这一点要务必注意。

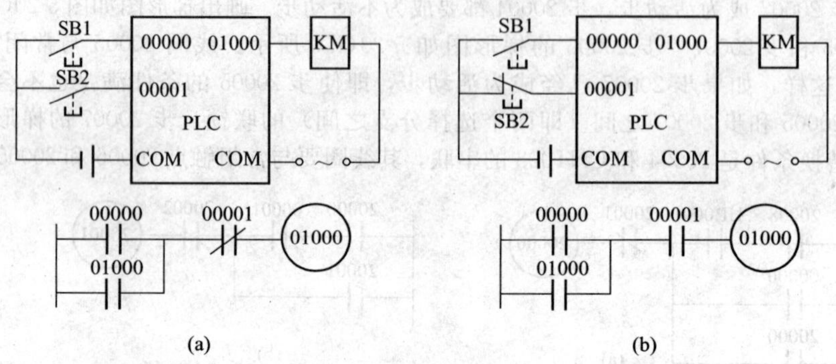

图 5-21　按钮与梯形图的对应关系

（3）对热继电器触点的处理

若 PLC 的输入点较富裕，热继电器的常闭触点可占用 PLC 的输入点，若输入点较紧张，热继电器的信号可不输入 PLC 中，而接在 PLC 外部的控制电路中。

（4）对时间继电器的处理

物理的时间继电器可分为通电延时型和断电延时型两种。通电延时型时间继电器，其延时动作的触点有通电延时闭合和通电延时断开两种。断电延时型时间继电器，其延时动作的触点有断电延时闭合和断电延时断开两种。用 PLC 控制时，时间继电器可以用 PLC 的定时器/计数器来代替。PLC 定时器的触点只有接通延时闭合和接通延时断开两种，但通过编程，可以设计出满足要求的时间控制程序。

对图 5-22(a) 的一段控制电路，时间继电器是通电延时型的。当过流继电器 KA 的常开触点接通时，时间继电器开始定时，延时后 KM 线圈得电，该图对 KM 实现了延时接通的控制。对图 (a) 中的各电器作 I/O 分配：KA 对应 PLC 输入点为 00000，KM 对应输出点为 01000。KT 用 TIM000 代替。画出 PLC 的梯形图如 (b) 所示。

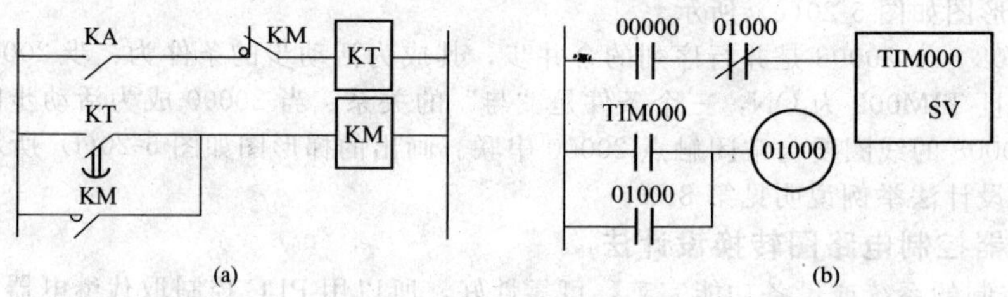

图 5-22　通电延时接通的控制

（5）处理电路的连接顺序

在转换成 PLC 的梯形图时，一般要把控制电路图作一些调整，这样能方便转换。例如将图 5-23(a) 转换成 PLC 梯形图时，要先对图 (a) 中电路图的部分接线进行调整。线圈 KM2 和 K 之间连接着常开触点 KM2，PLC 的梯形图不允许有这种结构，对这种接线图要进行调整。由于 K 接通的条件有两个，一个是 KM2 接通，或者是时间继电器的常开触点 KT 闭合。所以，应将

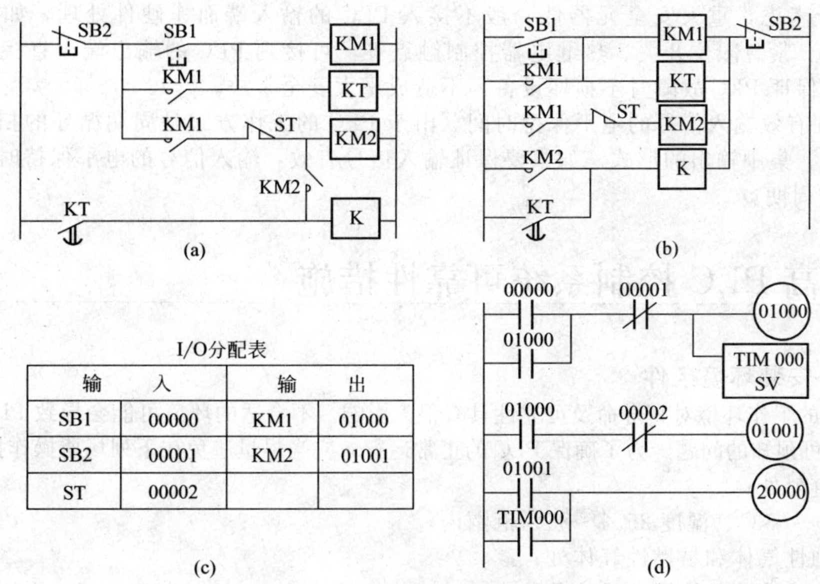

I/O分配表

输	入	输	出
SB1	00000	KM1	01000
SB2	00001	KM2	01001
ST	00002		

(c)

图 5-23 控制电路图接线的调整

KM2 的常开触点与 KT 的延时闭合的常开触点并联作为 K 的接通条件。根据这个原则，画出调整后的控制电路如图（b）所示。对图（b）的电路作 I/O 分配如图（c），中间继电器用 20000 来代替，时间继电器用 TIM000 来代替。由 I/O 分配画出 PLC 的梯形图如图（d）所示。

由继电器控制电路转换成 PLC 梯形图后，一定要仔细校对、认真调试，以保证其控制功能与原图相符。对复杂的控制电路可以化整为零，先进行局部的转换，最后再综合起来。当控制电路很复杂时，大量的中间继电器、时间继电器、计数器等都可以用 PLC 的内部器件来取代，复杂的控制逻辑可用程序来实现。这时，用 PLC 取代继电器控制的优越性就显而易见了。

5.5 PLC 应用程序设计中应注意的几个问题

① 先编制 I/O 分配表，后设计梯形图。先对输入输出信号及内部线圈进行编号分配，再确定 PLC 各输入输出接线端子的实际接线图，特别要注意接入 PLC 的输入信号是电器的常开触点还是常闭触点，然后再设计梯形图。

② 合理排列梯形图，使输入、输出响应滞后现象不影响实际响应速度。由于 PLC 的工作方式是周期循环扫描的工作方式，因而语句的安排直接影响着输入输出响应速度。通常可根据工艺流程图按照先后顺序排列各输出线圈，同时兼顾内部线圈、时间继电器等线圈的排列顺序，使输入输出延迟响应不影响实际输出对响应速度的要求。

③ 高速计数指令、高速脉冲输出指令应尽量放在整个用户程序的前部。由于高速计数器和高速脉冲串发生器与 CPU 之间的信息交换是在 I/O 扫描时进行的，所以在执行直接 I/O 命令时就会影响调整计数器、调整脉冲串发生器与 CPU 之间的信息交换，甚至有可能丢失脉冲。为了防止这种现象，在使用高速计数器指令和高速脉冲输出指令时，应将它们放在整个用户程序的前部。

④ 在 PLC 输入端子接线图中，对于同一个发信元件通常只需选其中某一触点接入到输入端子，即对一个发信元件它只能占一个输入地址编号。

⑤ 合理接入输入信号的触点，提高设备的可靠性、安全性。PLC 实际 I/O 接线图中，某输入信号是接入电器的常开触点还是常闭触点，应从设备的可靠性、安全性角度考虑。当输入端接线故障断线时，设备应向着安全状态发展。因此，一般停止按钮用常闭触点接入 PLC 输入接线端子，而启动按钮用常开触点接入 PLC 输入接线端子。

⑥ 从安全考虑，重大安全元器件一般不接入 PLC 的输入端而作硬件处理。如紧急停车按钮、互锁触点、紧急限位开关、热继电器控制触点等，可接到 PLC 的输出端，直接对输出负载进行控制，以保证 PLC 故障时不损坏设备，不造成重大安全事故。

⑦ 应保证有效输入信号的电平保持时间。由于 PLC 的工作方式是周期循环的扫描方式，且采用集中采样、集中输出的形式。如果要保证输入信号有效，输入信号的电平保持时间必须大于 PLC 一个扫描周期。

5.6 提高PLC控制系统可靠性措施

5.6.1 PLC安装环境条件

PLC系统的工作环境对其寿命及可靠性具有很大影响。不合适的环境可能会导致 PLC 系统故障、失灵及其他不可预知的问题。为了确保 PLC 的正常运行，应当尽量避免在下列场所操作控制系统：

① 阳光直射处；

② 温度 0～65℃、湿度 25%～85%范围内；

③ 有腐蚀性气体和易燃性气体处；

④ 有尘埃（特别是铁屑）或盐雾处；

⑤ 暴露于水、油、或化学品处；

⑥ 易受冲击或振动处。

5.6.2 抗干扰措施

PLC 由于具有较强的适应恶劣工业环境的能力，经常直接连接在被控电子设备上，周围经常存在很多干扰。混入电路的干扰容易引起错误的输入信号，从而运算出错误的结果，造成错误的输出信号。所以为了保证控制系统的工作可靠性，在控制系统设计时应采取一些有效的抗干扰措施。

（1）抑制电源系统引入的干扰

电网的干扰，频率的波动，将影响到 PLC 系统的稳定性。减少电源系统引入的干扰主要措施如下。

① 加装滤波、隔离、屏蔽电源系统　可以使用隔离变压器来抑制电网中带来的干扰。滤波器也有抑制干扰信号从电源线传导到系统中的作用，但是滤波器只在一定频率范围内有较好的抗干扰作用，而且选择合适滤波器的工作频率范围非常困难。因此，常用滤波器加隔离变压器的方法。使用隔离变压器时应注意屏蔽层要良好接地。

② 分离供电系统　PLC 与 I/O 系统分别由各自的供电系统供电，并与主电源分开。这样可以减少 I/O 系统对 PLC 的电源干扰。

（2）抑制接地系统引入的干扰

良好的接地系统可以减少由于电位差引起的干扰电流和防止漏电流引起的感应电压以及混入输入输出信号线的干扰。

PLC 系统分为逻辑电路接地和功率电路接地，常用的有浮地方式、直接接地方式和电容接地三种方式。一般采用控制器与其他设备分别接地，接地线应尽量选粗些；接地点应尽量靠近控制器，尽量避开强电回路和主回路的电线，特别是避免与电动机、变压器等动力设备共同接地，不能避开时应尽量缩短平行走线的长度。

接地时还应该注意：

① 采用共地方式接地时，接地线把系统的地连接一个小于等于 100Ω 的电阻，若不连接到小于等于 100Ω 的接地电阻会导致电击；

② 接地线应尽量选粗些，一般应大于 $2mm^2$；

③ 接地线应尽量避开强电回路和主回路的电线，不能避开时应垂直交叉，尽量缩短长度。

（3）抑制 I/O 电路引入的干扰

① 防输入信号干扰的措施　输入信号中的差模干扰用输入模块中的滤波器可以将其减弱；

输入信号中的共模干扰在控制器内部产生大电位差，这也是造成控制器误动作的主要原因。因此，为了解决控制器的共模干扰，应保证控制器的良好接地。

输入电路中的感应电压也是造成控制器误动作的主要原因，感应电压是通过输入信号线间的寄生电容、输入信号线与其他线间的寄生电容以及大电流线的电气耦合产生的。为了解决感应电压的干扰，在感应电压大的场合，将交流输入改为直流输入；在长距离配线或大电流的场合，若感应电流很大，可以改用继电器转换。

② 防输出信号干扰的措施

a. 在感性负载场合，可以在负载两端并联 RC 电路或续流二极管。

b. 在开关产生较大干扰的场合，如果是交流负载，可以选用双向晶闸管输出。

c. 电动机或变压器开关干扰，可以并联 RC 电路吸收浪涌。

在有干扰的场合选择装有浪涌吸收器的输出模块，没有浪涌吸收器的模块仅在电子式或电动机、小型继电器、指示灯驱动等场合使用。

习题 5

5-1 简述 PLC 系统的设计步骤。

5-2 PLC 应用软件设计内容包括哪些？

5-3 PLC 应用程序设计中应注意的几个问题？

5-4 PLC 主要抗干扰措施有哪些？

5-5 三台电动机 M1、M2、M3 按下面的顺序启动和停车：启动时，M1、M2 同时启动，此后 10minM3 才能启动；停车时，M3 必须先停，M3 停 5min 后 M1、M2 同时停。

按上述要求，提出所需控制电气元件，选择 PLC 机型（CPM1A 系列），作 I/O 分配，画出 PLC 外部的接线图及电动机的主电路图，设计一个满足要求的梯形图程序。

5-6 四台电动机的运行状态用 L1、L2、L3 三个指示灯显示。要求：只有一台电动机运行时 L2 亮；两台电动机运行时 L1 亮；三台以上电动机运行时 L3 亮；都不运行时三个灯都不亮。

按上述要求，提出所需控制电气元件，选择 PLC 机型（CPM1A 系列），作 I/O 分配，画出 PLC 外部的接线图及电动机的主电路图，用逻辑设计法设计一个满足要求的梯形图程序。

5-7 在本章第 4 节的交通灯控制要求基础上，增加一个控制要求：若有紧急情况，能手动控制信号灯停止当前状态的显示，让急车通过。急车过后，信号灯能连续停止前的状态继续指挥交通。请作出 PLC 的 I/O 分配，编写一个梯形图程序。

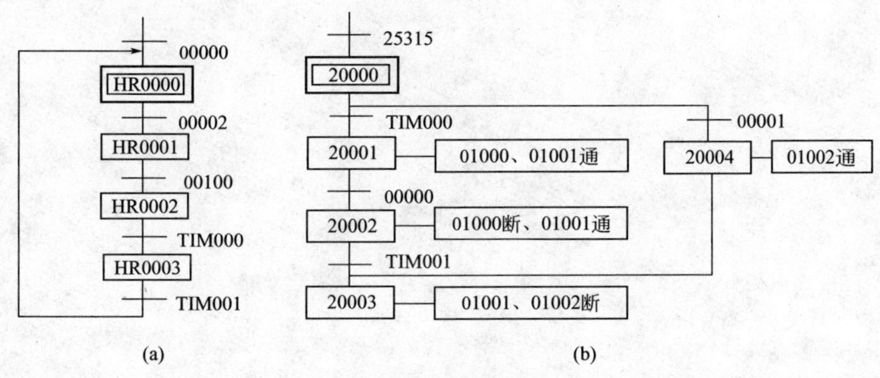

图 5-24 题 5-9 图

5-8 某包装机，当光电开关检测到空包装箱放在指定位置时，按一下启动按钮，包装机按下面的动作顺序开始运行。

① 料斗开关打开，物料落进包装箱。当箱中物料达到规定重量时，重量检测开关动作使料

斗开关关闭，并启动封箱机对包装箱进行5s的封箱处理。封箱机用单线圈的电磁阀控制。

② 当搬走处理好的包装箱再搬上一个空箱时（均为人工搬）时，又重复上述过程。

③ 当成品包装箱满50个时，包装机自动停止运行。

按上述要求，提出所需控制电气元件，选择PLC机型（CPM1A系列），作I/O分配，画出PLC外部的接线图和控制电路的主电路图，设计一个满足要求的梯形图程序。

5-9　根据题图5-24所示的功能表图，画出PLC的梯形图程序。

5-10　皮带传输机用了M1、M2、M3、M4四台电动机，4号为编号最大。控制要求如下。

① 启动顺序为：编号最大的先启动，号大的启动5s后，相邻低位号的才能启动。

② 停车顺序为：编号最小的先停止，号小的停5s后，相邻高位号的才能停。

按上述要求，提出所需控制电气元件，选择PLC机型（CPM1A系列），作I/O分配，画出PLC的外部接线图及电动机的主电路图，利用功能表图设计一个满足要求的梯形图程序。

第 6 章 PLC 通信技术

近年来，工厂自动化网络得到了迅速的发展，相当多的企业已经在大量地使用可编程设备，如 PLC、工业控制计算机、变频器、机器人、柔性制造系统等。将不同厂家生产的这些设备连在一个网络上，相互之间进行数据通信，由企业集中管理，已经是很多企业必须考虑的问题。

当任意两台设备之间有信息交换时，它们之间就产生了通信。PLC 通信是指 PLC 与 PLC、PLC 与计算机、PLC 与现场设备或远程 I/O 之间的信息交换。

PLC 通信的任务就是将地理位置不同的 PLC、计算机，各种现场设备等，通过通信介质连接成一定的网络结构，按照规定的通信协议，以某种特定的通信方式高效率地完成数据传送、交换和处理。

PLC 的通信包括 PLC 与 PLC 之间、PLC 与上位计算机之间和其他的智能设备之间的通信。PLC 和计算机之间具有 RS-232 接口，用双绞线、同轴电缆将它们连成网络，以实现信息的交换。还可以构成“集中管理，分散控制”的分布控制系统。I/O 模块按功能各自放置在生产现场，进行分散控制，然后利用网络连接构成集中管理信息的分布式网络系统。

并不是所有的 PLC 都具有上述的全部功能，有的小型 PLC 只具上述部分功能，但价格比较便宜。

6.1 通信网络基础知识

6.1.1 通信基础

数字数据通信（Digital Data Communication）指直接利用数字传输技术在数字设备之间传输数字数据，或模拟数据对应的数字信号。由于计算机使用二进制数字信号，因而计算机与其外部设备之间，以及计算机局域网、城域网大多直接采用数字数据通信。此外，目前北美采用的 24 路 PCM 脉码调制（速率为 1.544Mbit/s），以及欧洲和我国采用的 30 路 PCM 脉码调制（速率为 2.048Mbit/s）电话系统均是数字数据通信系统。

由于数字数据通信传送的是离散的数字信号，即逐位传送二进制数字代码，因此要求系统能准确知道传输线上正在传送的数位是 0 还是 1。

数字数据通信具有下列优点。

① 来自声音、视频和其他数据源的各类数据均可统一为数字信号的形式，并通过数字通信系统传输。

② 以数据帧为单位传输数据，并通过检错编码和重发数据帧来发现与纠正通信错误，从而有效保证通信的可靠性。

③ 在长距离数字通信中可通过中继器放大和整形来保证数字信号的完整及不累积噪声。

④ 使用加密技术可有效增强通信的安全性。

⑤ 数字技术比模拟技术发展更快，数字设备很容易通过集成电路来实现，并与计算机相结合，而由于超大规模集成电路技术的迅速发展，数字设备的体积与成本的下降速度大大超过模拟设备，性能/价格比高。

⑥ 多路光纤技术的发展大大提高了数字通信的效率。

6.1.1.1 数据传输的一些主要指标

（1）数据传输速率

数据传输速率指的是单位时间内传输线上传送的信息量。对于不同的传输方式，数据传输速率的表示方法也不同，有三种表示传输速率的方法。

① 信号速率　信号速率是指单位时间内所传信号的二进制位数，单位为位/秒，记作 bit/s (bits per second)，用字母 S 表示。

② 调制速率　调制速率是指脉冲数字信号经过调制后的传输速率，或者说是信号在调制过程中每秒信号状态变化的次数，以波特（Baud）为单位，通常称为波特率，用字母 B 表示。调制速率一般用于表示调制解调器之间传输信号的速率。

以上两种速率之间有下列关系：

$$S=B\log_2 n$$

在二进制调制方式中，$n=2$，故 $S=B$，即信号速率和调制速率是一样的。

③ 信息传输速率　信息传输速率是指数据通信系统在单位时间内能够传输的用户信息量。信息传输速率一般小于信号速率。

（2）误码率

误码率是衡量数据传输系统在正常工作情况下传输可靠性的指标。它的定义是：二进制位（码元）被传输出错的概率。误码率以接收码元中错误码元数占传输总码元数的比例来计算，在计算机网络中，误码率要求低于 10～6。

（3）信道容量

信道容量是指信道能传输信息的最大能力，以信道每秒能传送的信息比特数为单位。常常记为 bit/s。

6.1.1.2　并行与串行方式

根据一次传输数位的多少可将基带传输分为并行（Parallel）方式和串行（Serial）方式。前者是通过一组传输线，多位同时传输数字数据，后者是通过一对传输线逐位传输数字代码。通常，计算机内部以及计算机与并行打印机之间采用并行方式，而传输距离较远的数字通信系统多采用串行方式。并行与串行传输方式见图 6-1。

并行传输方式要求并行的各条线路同步，因此需要传输定时和控制信号，而并行的各路信号在经过转发与放大处理时，将引起不同的延迟与畸变，故较难实现并行同步。若使用更复杂的技术、设备与线路，其成本会显著上升。故在远距离数字通信中一般不使用并行方式。

串行通信双方常以数据帧为单位传输信息，但由于串行方式只能逐位传输数据，因此，在发送方需要进行信号的并/串转换，而接收方则需要进行信号的串/并转换。

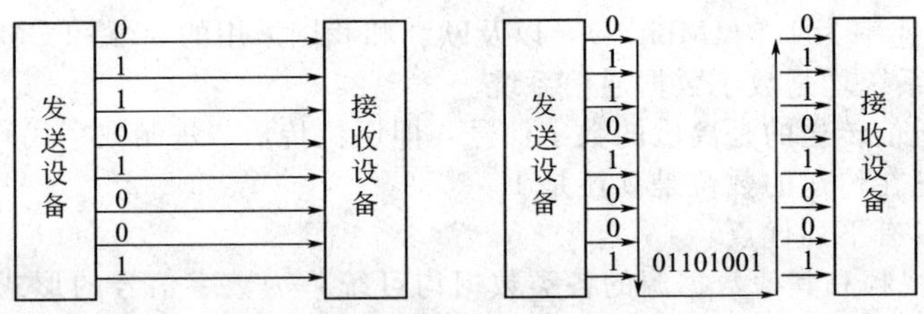

图 6-1　并行与串行传输方式

6.1.1.3　数据通信方式

数据通信按信号在传输线路上的传输方向，可分为单工通信、半双工通信和全双工通信。数据通信方式见图 6-2。

① 单工通信：单工通信是指数据信息总是沿着单方向传送，即信道传输方向是固定不变的。

② 半双工通信：半双工通信是指数据信息可沿着两个方向传送，但同一时刻只能沿一个方向传送。

③ 全双工通信：指数据信息可同时沿相反的两个方向传送。

6.1.1.4　基带和频带传输

数据按照在通信信道上是否经过了调制变形处理再进行传输，数据传输可分为基带传输和频带传输。

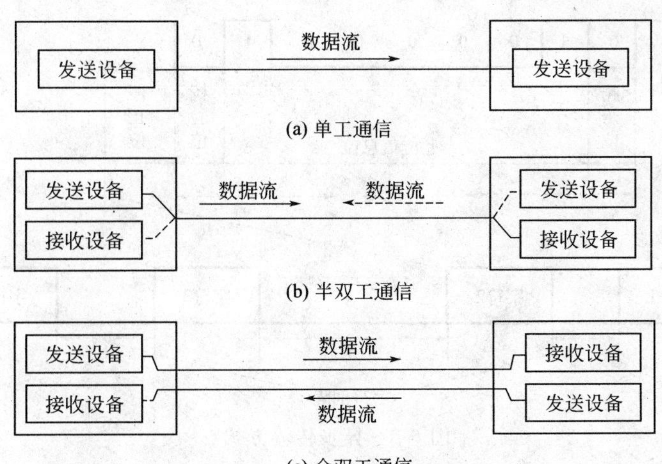

图 6-2 数据通信方式

① 基带传输：计算机的终端接收或发送的信号是数字信号，把这个数字信号直接在通信信道上传输就是基带传输。基带传输一般用于短距离的数据传输，如在局域网中用基带同轴电缆作传输介质的数据传输。

② 频带传输：频带传输是指将数字信号变换成一定频率范围内的模拟信号，在某一频带内传送的方式。如采用"多路复用技术"可将多路信号通过调制技术调制到各自不同的载波频率上，在各自的频段范围内进行传输，从而实现在一个信道中同时传播声音、图像和数据多种信息，是系统具有多种用途。

6.1.1.5 异步传输与同步传输

(1) 同步问题的重要性

在数字通信中，同步（Synchronous）是十分重要的。当发送器通过传输介质向接收器传输数据信息时，如每次发出一个字符（或一个数据帧）的数据信号，接收器必须识别出该字符（或该帧）数据信号的开始位和结束位，以便在适当的时刻正确地读取该字符（或该帧）数据信号的每一位信息，这就是接收器与发送器之间的基本同步问题。

当以数据帧传输数据信号时，为了保证传输信号的完整性和准确性，除了要求接收器应能识别每个字符（或数据帧）对应信号的起止，以保证在正确的时刻开始和结束读取信号，即保持传输信号的完整性外，还要求使其时钟与发送器保持相同的频率，以保证单位时间读取的信号单元数相同，也即保证传输信号的准确性。

因此当以数据帧传输数据信号时，要求发送器应对所发送的信号采取以下两个措施：①在每帧数据对应信号的前面和后面分别添加有别于数据信号的开始信号和停止信号；②在每帧数据信号的前面添加时钟同步信号，以控制接收器的时钟同步。

(2) 异步传输与同步传输

异步传输与同步传输均存在上述基本同步问题：一般采用字符同步或帧同步信号来识别传输字符信号或数据帧信号的开始和结束。两者之间的主要区别在于发送器或接收器之一是否向对方发送时钟同步信号。

异步传输（Asynchronous Transmission）以字符为单位传输数据，采用位形式的字符同步信号，发送器和接收器具有相互独立的时钟（频率相差不能太多），并且两者中任一方都不向对方提供时钟同步信号，如图 6-3 所示。异步传输的发送器与接收器双方在数据可以传送之前不需要协调：发送器可以在任何时刻发送数据，而接收器必须随时都处于准备接收数据的状态。计算机主机与输入输出设备之间一般采用异步传输方式，如键盘、典型的 RS-232 串口（用于计算机与调制解调器或 ASCII 码终端设备之间），发送方可以在任何时刻发送一个字符。

同步传输（Synchronous Transmission）以数据帧为单位传输数据，可采用字符形式或位组

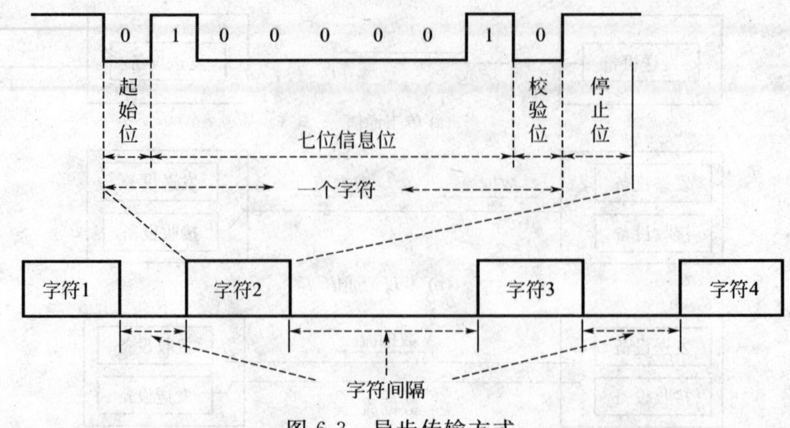

图 6-3 异步传输方式

合形式的帧同步信号（后者的传输效率和可靠性高），由发送器或接收器提供专用于同步的时钟信号，如图 6-4 所示。在短距离的高速传输中，该时钟信号可由专门的时钟线路传输；计算机网络采用同步传输方式时，常将时钟同步信号植入数据信号帧中，以实现接收器与发送器的时钟同步。

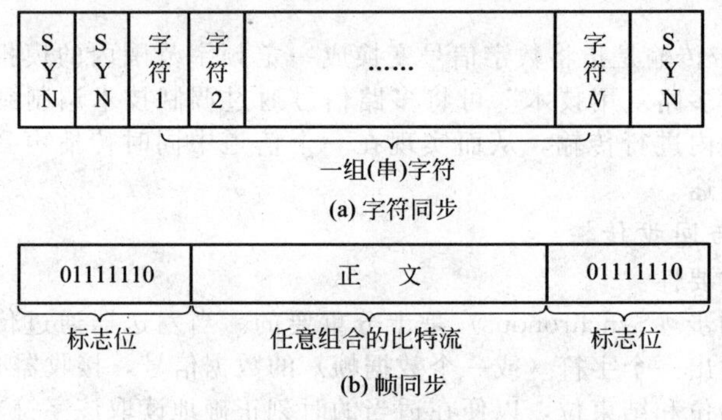

图 6-4 同步传输方式

6.1.1.6 错误检测与修正

在数字数据通信中，由发送器发送的数据信号帧（Frame）在经由网络传到接收器后，由于多种原因可能导致错误位（Bit Errors）的出现，因此必须由接收器采取一定的措施探测出所有的错误位，并进而采取一定的措施予以修正。

（1）错误检测的基本原理

发送器向所发送的数据信号帧添加错误检验码（Check Bits），并取该错误检测码作为该被传输数据信号的函数；接收器根据该函数的定义进行同样的计算，然后将两个结果进行比较，如果结果相同，则认为无错误位，否则认为该数据帧存在有错误位。

一般说来，错误检测可能出现三种结果：

① 在所传输的数据帧中未探测到，也不存在错误位；

② 所传输的数据帧中有一个或多个被探测到的错误位，但不存在未探测到的错误位；

③ 被传输的数据帧中有一个或多个没有被探测到的错误位。

显然我们希望尽可能好地选择该检测函数，使检测结果可靠，即所有的错误最好都能被检测出来；如检测出现无错结果，则应不再存在任何未被检测出来的错误。

实际采用的错误检测方法主要有两类：奇偶校验（Parity）和 CRC 循环冗余校验（Cyclic Redundancy Check）。

（2）奇偶校验（Parity）

① 单向奇偶校验　单向奇偶校验（Row Parity）由于一次只采用单个校验位，因此又称为单

个位奇偶校验（Single Bit Parity）。发送器在数据帧每个字符的信号位后添一个奇偶校验位，接收器对该奇偶校验位进行检查。典型的例子是面向 ASCII 码的数据信号帧的传输，由于 ASCII 码是 7 位码，因此用第 8 个位码作为奇偶校验位。

单向奇偶校验又分为奇校验（Odd Parity）和偶校验（Even Parity）。发送器通过校验位对所传输信号值的校验方法如下：奇校验保证所传输每个字符的 8 个位中 1 的总数为奇数；偶校验则保证每个字符的 8 个位中 1 的总数为偶数。

显然，如果被传输字符的 7 个信号位中同时有奇数个（例如 1、3、5、7）位出现错误，均可以被检测出来；但如果同时有偶数个（例如 2、4、6）位出现错误，单向奇偶校验是检查不出来的。

一般在同步传输方式中常采用奇校验，而在异步传输方式中常采用偶校验。

② 双向奇偶校验　为了提高奇偶校验的检错能力，可采用双向奇偶校验（Row and Column Parity），也可称为双向冗余校验（Vertical and Longitudinal Redundancy Checks）。

（3）错误修正（Error Correction）

对数据信号帧传输过程中的位错进行修正的方法主要有两种。

① 由发送器提供错误修正码，然后由接收器自己修正错误。

② 在接收器发现接收到的错误帧中有位错误时，通知发送器重新发送数据信号帧。

前一种方法中的错误修正码需要发送器由被传送数据信号帧计算得到，然后添加到数据帧的后面，其长度几乎等于数据位数，导致效率降低 50%，实际采用不多；一般采用后一种较为有效的重发送方法。

6.1.1.7　通信介质

目前广泛使用的通信介质分为双绞线、同轴电缆和光纤三种。

（1）双绞线

在 100m 的距离内支持 10Mbit/s 的以太网、100Mbit/s 的快速以太网、155Mbit/s 的 ATM 等，在实验室环境下可支持 622～1000Mbit/s 的传输速率。

（2）同轴电缆（50Ω、70Ω—CATV）

50Ω 同轴电缆可以 10Mbit/s 的速率将基带数字信号传送 1km。

70Ω 同轴电缆又称为宽带同轴电缆，使用频分复用技术，用来传送模拟信号，其频率可高达 300～450MHz 或更高，传输距离可达 100km。宽带电缆通常都划分为若干个独立信道，每一个 6MHz 的电缆可以支持传送一路模拟电视信号。当用来传送数字信号时，速率一般可达 3Mbit/s。

把计算机连接到同轴电缆上有两种方式：T 形插头连接，要求剪断电缆；吸血蝙蝠抽头设备（Vampire Tap），在电缆上打空，要求粗细深度非常精确，无需剪断电缆。

（3）光纤（Optical Fiber：光导纤维）

光纤主要有多模光纤（发光二极管发光）和单模光纤（半导体激光器）。光纤传输的特点主要有：

① 传输损耗小，中继距离长，远距离传输特别经济；

② 抗雷电和电磁干扰性好；

③ 无串音干扰，保密性好，体积小，重量轻。

④ 通信容量大，每波段都具有 25000～30000GHz 的带宽。

一个光传输系统由三部分组成：传输介质、光源和检测器。传输介质是极细的玻璃纤维或石英玻璃纤维；光源是发光二极管或半导体激光器；检测器是一种光电二极管。

6.1.2　通信网络拓扑结构

6.1.2.1　通信网络拓扑结构的形式

根据实际应用需要，数据通信网可以连成多种拓扑结构。典型的拓扑结构有 6 种，如图 6-5 所示。从拓扑结构来看，网络内部的主机、终端、交换机都可以称为节点。

总线结构通常采用广播式信道，即网上的一个节点（主机）发信时，其他节点均能接收总线上的信息，如图 6-5(a) 所示。

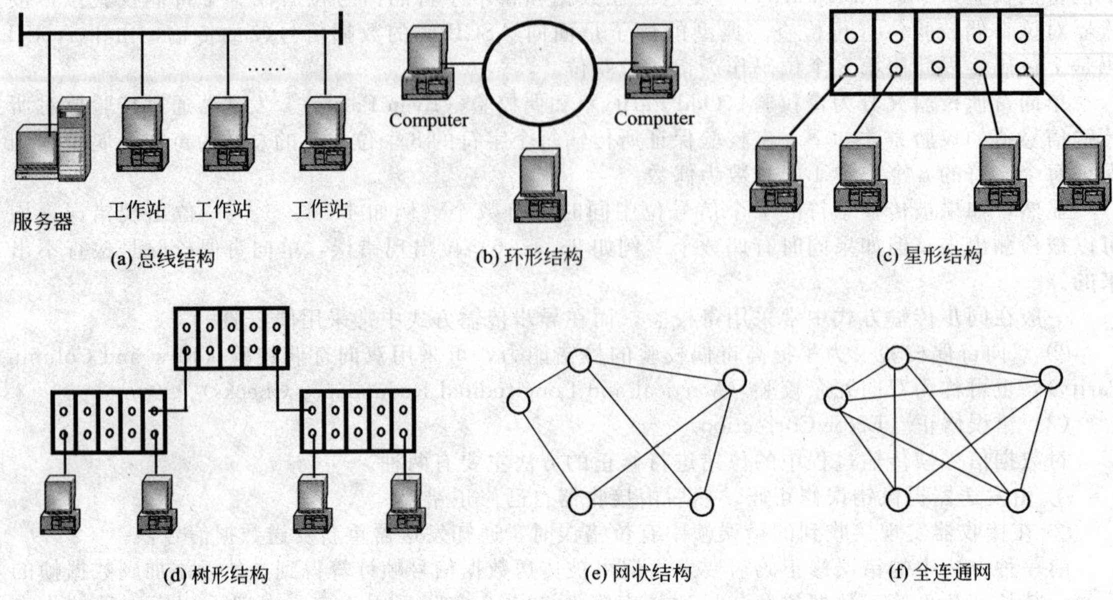

图 6-5　网络拓扑结构

环形结构采用点到点通信，即一个网络节点将信号沿一定方向传送到下一个网络节点，在环内依次高速传输，如图 6-5(b) 所示。为了可靠运行，也常使用双环结构。

如图 6-5(c) 所示，星形结构中有一中心节点（集线器 HUB），执行数据交换网络控制功能。这种结构易于实现故障隔离和定位，但它存在瓶颈问题，一旦中心节点出现故障，将导致网络失效。为了增强网络的可靠性，应采用容错系统，设立热备用中心节点。

树形结构的连接方法像树一样从顶部开始向下逐步分层分叉，有时也称其为层形结构，如图 6-5(d) 所示。这种结构中执行网络控制功能的节点常处于树的顶点，在树枝上很容易增加节点，扩大网络，但同样存在瓶颈问题。

网状结构的特点是节点的用户数据可以选择多条路由通过网络，网络的可靠性高，但网络结构协议复杂，如图 6-5(e) 所示。目前大多数复杂交换网都采用这种结构。

当网络节点为交换中心时，常将交换中心互连成全连通网，如图 6-5(f) 所示。

6.1.2.2　PLC 常用通信接口

PLC 通信主要采用串行异步通信，其常用的串行通信接口标准有 RS-232C、RS-422A 和 RS-485 等。

(1) RS-232C

RS-232C 是美国电子工业协会（EIA）于 1969 年公布的通信协议，它的全称是“数据终端设备（DTE）和数据通信设备（DCE）之间串行二进制数据交换接口技术标准”。RS-232C 接口标准是目前计算机和 PLC 中最常用的一种串行通信接口。

RS-232C 采用负逻辑，用－5～－15V 表示逻辑“1”，用＋5～＋15V 表示逻辑“0”。噪声容限为 2V，即要求接收器能识别低至＋3V 的信号作为逻辑“0”，高到－3V 的信号作为逻辑“1”。RS-232C 只能进行一对一的通信，RS-232C 可使用 9 针或 25 针的 D 形连接器，表 6-1 列出了 RS-232C 接口各引脚信号的定义以及 9 针与 25 针引脚的对应关系。PLC 一般使用 9 针的连接器。

图 6-6(a) 所示为两台计算机都使用 RS-232C 直接进行连接的典型连接。图 6-6(b) 所示为通信距离较近时只需 3 根连接线。

如图 6-7 所示，RS-232C 的电气接口采用单端驱动、单端接收的电路，容易受到公共地线上的电位差和外部引入的干扰信号的影响，同时还存在以下不足之处：

表 6-1 RS-232C 接口引脚信号的定义

引脚号(9 针)	引脚号(25 针)	信 号	方 向	功 能
1	8	DCD	IN	数据载波检测
2	3	RXD	IN	接收数据
3	2	TXD	OUT	发送数据
4	20	DTR	OUT	数据终端装置(DTE)准备就绪
5	7	GND		信号公共参考地
6	6	DSR	IN	数据通信装置(DCE)准备就绪
7	4	RTS	OUT	请求传送
8	5	CTS	IN	清除传送
9	22	CI(RI)	IN	振铃指示

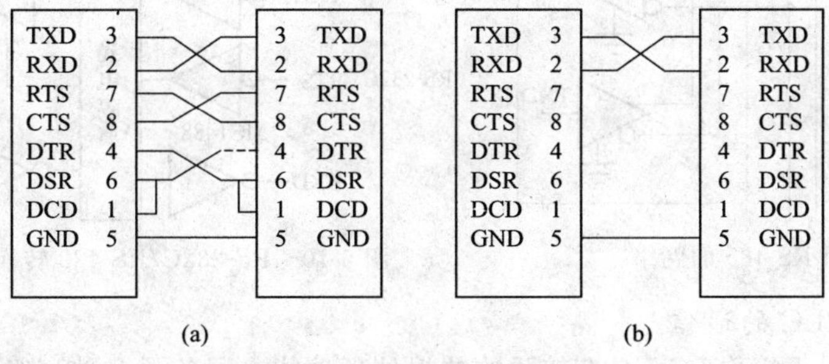

图 6-6 两个 RS-232C 数据终端设备的连接

① 传输速率较低，最高传输速率为 20Kbit/s；

② 传输距离短，最大通信距离为 15m；

③ 接口的信号电平值较高，易损坏接口电路的芯片，又因为与 TTL 电平不兼容，故需使用电平转换电路方能与 TTL 电路连接。

(2) RS-422

针对 RS-232C 的不足，EIA 于 1977 年推出了串行通信标准 RS-499，对 RS-232C 的电气特性作了改进，RS-422A 是 RS-499 的子集。

如图 6-8 所示，由于 RS-422A 采用平衡驱动、差分接收电路，从根本上取消了信号地线，大大减少了地电平所带来的共模干扰。平衡驱动器相当于两个单端驱动器，其输入信号相同，两个输出信号互为反相信号，图中的小圆圈表示反相。外部输入的干扰信号是以共模方式出现的，两极传输线上的共模干扰信号相同，因接收器是差分输入，共模信号可以互相抵消。只要接收器有足够的抗共模干扰能力，就能从干扰信号中识别出驱动器输出的有用信号，从而克服外部干扰的影响。

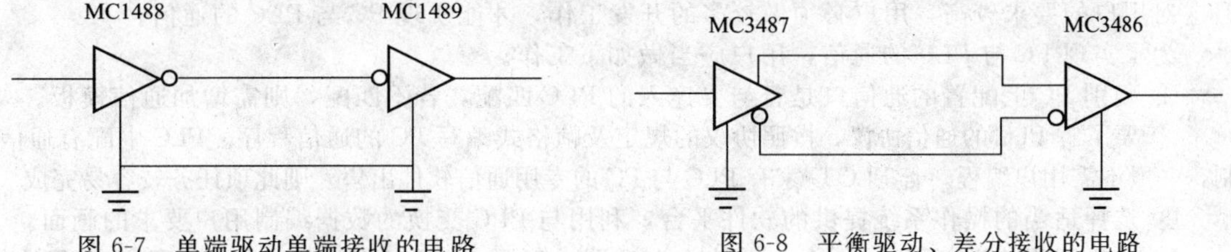

图 6-7 单端驱动单端接收的电路　　图 6-8 平衡驱动、差分接收的电路

RS-422 在最大传输速率 10Mbit/s 时，允许的最大通信距离为 12m。传输速率为 100Kbit/s 时，最大通信距离为 1200m。一台驱动器可以连接 10 台接收器。

(3) RS-485

RS-485 是在 RS-422 的基础上设计出的，RS-422A 是全双工，两对平衡差分信号线分别用于发送和接收，所以采用 RS-422 接口通信时最少需要 4 根线。RS-485 为半双工，只有一对平衡差分信号线，不能同时发送和接收，最少只需两根连线。

如图 6-9 所示，使用 RS-485 通信接口和双绞线可组成串行通信网络，构成分布式系统，系统最多可连接 128 个站。

RS-485 的逻辑“1”以两线间的电压差为＋2～＋6V 表示，逻辑“0”以两线间的电压差为－2～－6V 表示。接口信号电平比 RS-232C 降低了，就不易损坏接口电路的芯片，且该电平与 TTL 电平兼容，可方便与 TTL 电路连接。由于 RS-485 接口具有良好的抗噪声干扰性、高传输速率（10Mbit/s）、长的传输距离（1200m）和多站能力（最多 128 站）等优点，所以在工业控制中广泛应用。

RS-422/RS-485 接口一般采用 9 针的 D 形连接器。普通微机一般不配备 RS-422 和 RS-485 接口，但工业控制微机基本上都有配置。图 6-10 所示为 RS-232C/RS-422 转换器的电路原理图。

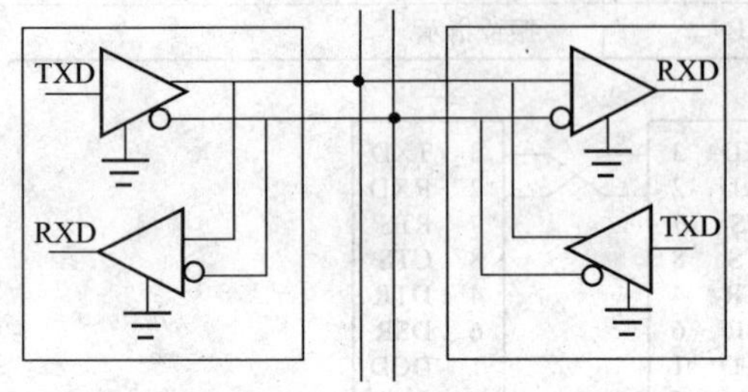

图 6-9 采用 RS-485 的网络

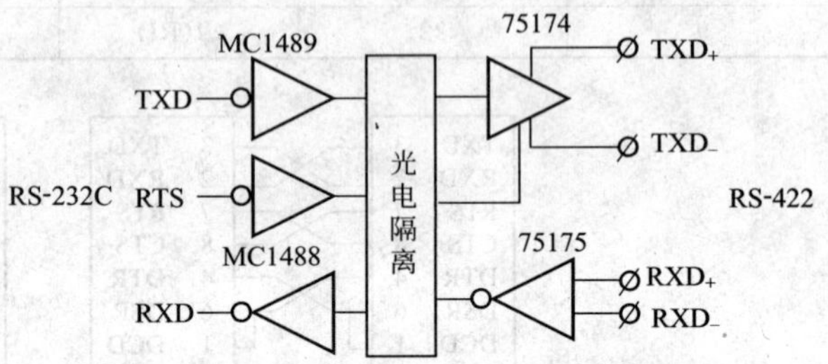

图 6-10 RS-232C/RS-422 转换器的电路原理

6.1.2.3 PC 与 PLC 的通信

个人计算机（以下简称 PC）具有较强的数据处理功能，配备了多种高级语言，若选择适当的操作系统，则可提供优良的软件平台，开发各种应用系统，特别是动态画面显示等。随着工业 PC 的推出，PC 在工业现场运行的可靠性问题也得到了解决。用户普遍感到，把 PC 连入 PLC 应用系统可以带来一系列的好处。

（1）PC 与 PLC 实现通信的意义

把 PC 连入 PLC 应用系统具有以下四个方面作用。

① 构成以 PC 为上位机，单台或多台 PLC 为下位机的小型集散系统，可用 PC 实现操作站功能。

② 在 PLC 应用系统中，把 PC 开发成简易工作站或者工业终端，可实现集中显示、集中报警功能。

③ 把 PC 开发成 PLC 编程终端，可通过编程器接口接入 PLC，进行编程、调试及监控。

④ 把 PC 开发成网间连接器，进行协议转换，可实现 PLC 与其他计算机网络的互连。

（2）PC 与 PLC 实现通信的方法

把 PC 连入 PLC 应用系统是为了向用户提供诸如工艺流程图显示、动态数据画面显示、报表编制、趋势图生成、窗口技术以及生产管理等多种功能，为 PLC 应用系统提供良好的人机界面。但这对用户的要求较高，用户必须做较多的开发工作，才能实现 PC 与 PLC 的通信。

为了实现 PC 与 PLC 的通信，用户应当做如下工作。

① 判别 PC 上配置的通信口是否与要连入的 PLC 匹配，若不匹配，则需增加通信模板。

② 要了解 PLC 的通信协议，按照协议的规定及帧格式编写 PC 的通信程序。PLC 中配有通信机制，一般不需用户编程。若 PLC 厂家有 PLC 与 PC 的专用通信软件出售，则此项任务较容易完成。

③ 选择适当的操作系统提供的软件平台，利用与 PLC 交换的数据编制用户要求的画面。

④ 若要远程传送，可通过 Modem 接入电话网。若要求 PC 具有编程功能，应配置编程软件。

（3）PC 与 PLC 实现通信的条件

从原则上讲，PC 连入 PLC 网络并没有什么困难，只要为 PC 配备该种 PLC 网专用的通信卡以及通信软件，按要求对通信卡进行初始化，并编制用户程序即可。用这种方法把 PC 连入 PLC 网络存在的唯一问题是价格问题。在 PC 上配置 PLC 制造厂生产的专用通信卡及专用通信软件，常会使 PC 的价格升高数倍甚至十几倍。

用户普遍感兴趣的问题是能否利用 PC 中已普遍配有的异步串行通信适配器加上自己编写的通信程序把 PC 连入 PLC 网络，这也正是本节所要重点讨论的问题。

带异步通信适配器的 PC 与 PLC 通信并不一定行得通，只有满足如下条件才能实现通信。

① 只有带异步通信接口的 PLC 及采用异步方式通信的 PLC 网络才有可能与带异步通信适配器的 PC 互连。同时，还要求双方采用的总线标准一致，都是 RS-232C，或者都是 RS-422（RS-485），否则要通过“总线标准变换单元”变换之后才能互连。

② 要通过对双方的初始化，使波特率、数据位数、停止位数、奇偶校验都相同。

③ 用户必须熟悉互连的 PLC 采用的通信协议。严格按照协议规定为 PC 编写通信程序。在 PLC 一方不需用户编写通信程序。

满足上述三个条件，PC 就可以与 PLC 互连通信。如果不能满足这些条件，则应配置专用网卡及通信软件实现互连。

（4）PC 与 PLC 互连的结构形式

用户把带异步通信适配器的 PC 与 PLC 互连通信时通常采用图 6-11 所示的两种结构形式。一种为点对点结构，PC 的 COM 口与 PLC 的编程器接口或其他异步通信口之间实现点对点连接，如图 6-11（a）所示。另一种为多点结构，PC 与多台 PLC 共同连在同一条串行总线上，如图 6-11（b）所示。多点结构采用主从式存取控制方法，通常以 PC 为主站，多台 PLC 为从站，通过周期轮询进行通信管理。

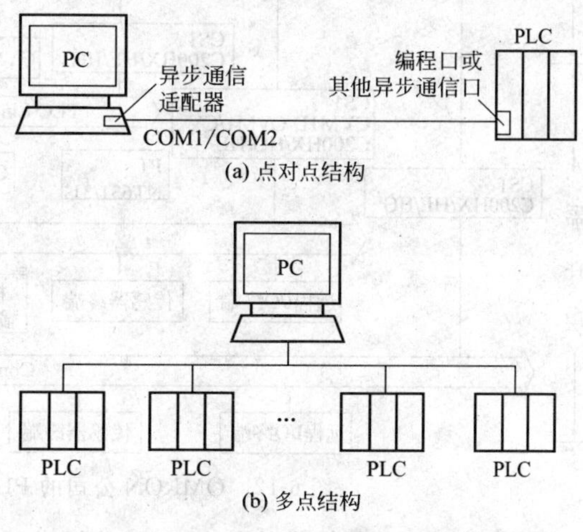

图 6-11　常用结构形式

（5）PC 与 PLC 互连通信方式

目前 PC 与 PLC 互连通信方式主要有以下几种。

① 通过 PLC 开发商提供的系统协议和网络适配器构成特定公司产品的内部网络，其通信协议不公开。互连通信必须使用开发商提供的上位组态软件，并采用支持相应协议的外设。通过这种方式，其显示画面和功能往往难以满足不同用户的需要。

② 购买通用的上位组态软件，实现 PC 与 PLC 的通信。这种方式除了要增加系统投资外，其应用的灵活性也受到一定的限制。

③ 利用 PLC 厂商提供的标准通信口或由用户自定义的自由通信口实现 PC 与 PLC 互连通信。这种方式不需要增加投资，有较好的灵活性，特别适合于小规模控制系统。

6.2　CPM1A 系列 PLC 的通信与网络

OMRON 公司的 PLC 网络类型较多，功能齐全，可以适用各种层次工业自动化网络的不同需要。图 6-12 所示为 OMRON 公司的 PLC 网络系统的结构体系示意图。

OMRON 的 PLC 网络结构体系大体分为三个层次：信息层、控制层和器件层。信息层是最高层，负责系统的管理与决策，除了 Ethernet 网外，HOST Link 网也可算在其中，因为 HOST Link 网主要用于计算机对 PLC 的管理和监控。控制层是中间层，负责生产过程的监控、协调和优化，该层的网络有 SYSMAC NET、SYSMAC Link、Controller Link 和 PLC Link 网。器件层是最底层，为现场总线网，直接面对现场器件和设备，负责现场信号的采集及执行元件的驱动，有 CompoBus/D、CompoBus/S 和 Remote I/O 网。

Ethernet 属于大型网，它的信息处理功能很强，支持 FINS 通信、TCP/IP 和 UDP/IP 的 Socket（接驳）服务、FTP 服务。

HOST Link 网是 OMRON 推出较早、使用较广的一种网。上位计算机使用 HOST 通信协议

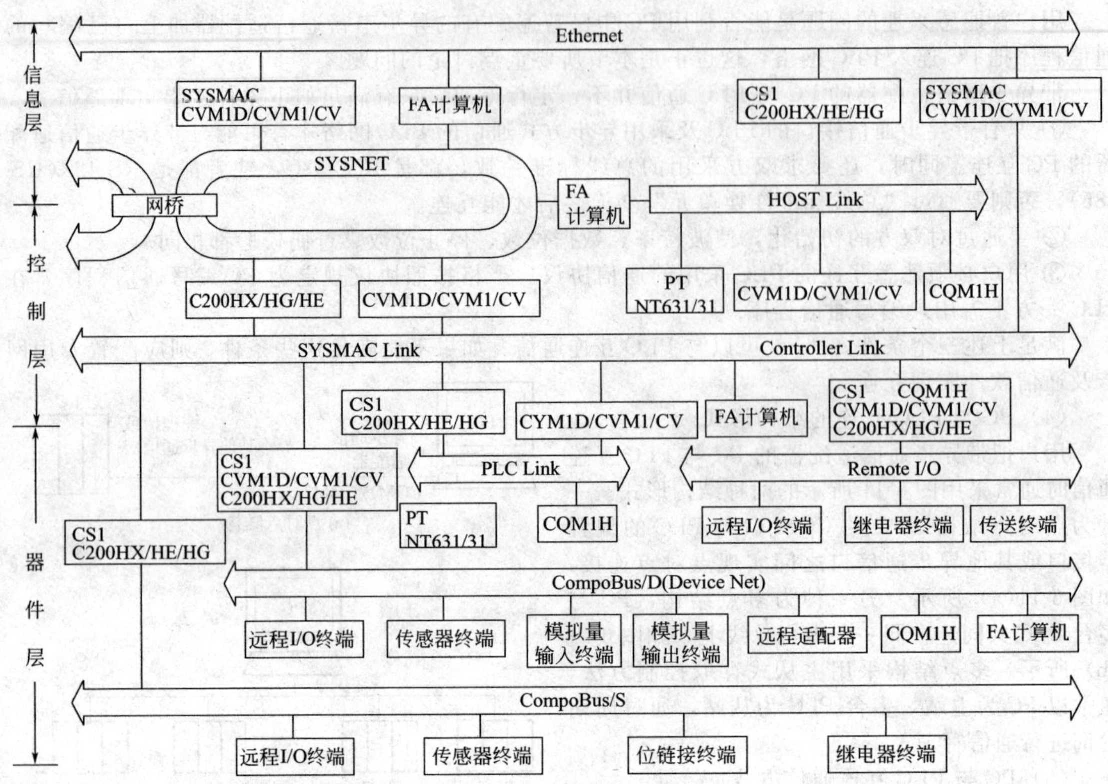

图 6-12　OMRON 公司的 PLC 网络系统的结构体系示意图

与 PLC 通信，可以对网中的各台 PLC 进行管理与监控。

SYSMAC NET 网属于大型网，是光纤环网，主要是实现大容量数据链接和节点间信息通信。它适用于地理范围广、控制区域大的场合，是一种大型集散控制的网络。SYSMAC Link 网属于中型网，采用总线结构，适用于中规模集散控制的网络。Controller Link 网（控制器网）是 SYSMAC Link 网的简化，相比而言，规模要小一些，但实现简单。

PLC Link 网的主要功能是各台 PLC 建立数据链接（容量较小），实现数据信息共享，它适用于控制范围较大，需要多台 PLC 参与控制且控制环节相互关联的场合。

CompoBus/D 是一种开放的、多主控的器件网，开放性是其特色。它采用了美国 AB 公司制定的 DeviceNet 通信规约，只要符合 DeviceNet 标准，就可以接入其中。其主要功能有远程开关量和远程模拟量的 I/O 控制及信息通信。这是一种较为理想的控制功能齐全、配置灵活、实现方便的控制网络。

CompoBus/S 也为器件网，是一种高速 ON/OFF 现场控制总线，使用 CompoBus/S 专用通信协议。CompoBus/S 的功能虽不及 CompoBus/D，但它实现简单，通信速度更快。主要功能有远程开关量的 I/O 控制。

Remote I/O 网实际上是 PLC I/O 点的远程扩展，适用于工业自动化的现场控制。

Controller Link 网推出时间较晚，随着 Controller Link 网的不断发展和完善，其功能已覆盖了控制层其他三种网络。

目前，在信息层、控制层和器件层这三个网络层次上，OMRON 主推 Ethernet、Controller Link 和 CompoBus/D 三种网。

6.2.1　Ethernet 通信系统

（1）概述

以太网（段）的基本结构如图 6-13 所示。以太网分为段，段与段之间通过中继器相连，以构成网络。

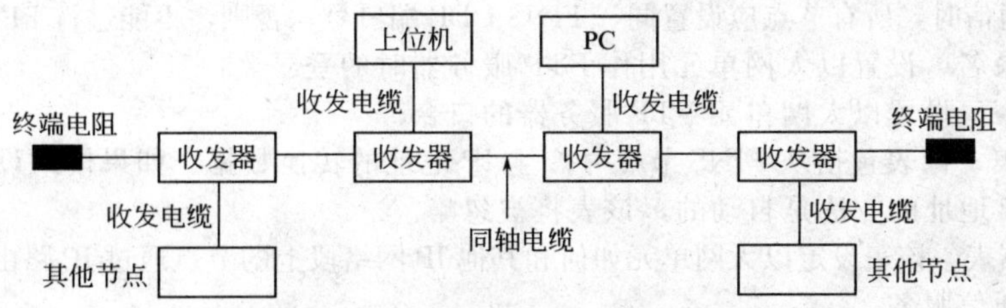

图 6-13 以太网（段）的基本结构

OMRON 的以太网基于 Ethernet 版本 2.0 标准，与国际通用 IEEE 802.3 标准有区别，主要是链路层数据帧格式不同，但物理层相同，都是 10BASE5 标准。

CV500-ETN01 以太网单元提供以下功能。

① 以太网通信　以太网单元支持两种标准国际通信协议：TCP/IP 和 UDP/IP。利用这些协议可以实现上位机与 PLC 通信。以太网单元提供 8 个通信端口，因此多种进程可以同时进行。在网络的 UNIX 平台上，以太网通信通过 Socket 界面支持。

② 内存卡文件传输　以太网单元支持 FTP 服务器功能，上位机和 PLC 内存卡可以进行文件传送。FTP 服务器允许上位机使用简单命令读写内存卡上大量数据，而无需在 PLC 上编程。

③ FINS 通信　以太网单元支持 FINS 通信，PLC 与 PLC 以及上位机与 PLC 之间可以通过以太网单元传送数据。上位机可在程序里使用 FINS 指令。PLC 可以使用 SEND、RECV、CMND 指令，CMND 指令用来发送 FINS 指令。

④ 网络间通信　FINS 通信也由其他 SYSMAC CV 机网络支持，如 SYSMAC NET、SYSMAC Link 等网络，处在互联网不同类型网络上的节点通过网关进行通信。例如，在以太网上的一台上位机可以读写 SYSMAC NET、SYSMAC Link 或其他互连网络上的 PLC 内存中的数据。这些网络上的 PLC 可以利用 SEND、RECV 和 CMND 指令跨网与其他的 PLC 进行通信。在互连的网络上任一节点的编程设备，例如 CVSS，也可以跨网进行远距离编程和监控。网间通信限制在三级网络内进行。

(2) 以太网通信设置

以太网使用 IP 地址进行通信。IP 地址（互联网地址）可以识别以太网和以太网上的节点（上位机、Ethernet 单元等）。IP 地址由 32 位二进制数组成，分 4 段以十进制数表示，段间用点分隔开。例如二进制地址 10000010 00111010 00010001 00100000 表示为 130.58.17.32。这 4 段二进制数提供网络号和主机号（节点号）。

网络上的节点太多时，其操作及管理变得非常困难。方便的办法是把单一网络分成几个子网络，把 IP 地址中的部分作为子网号。为此，设定子网模来标识。对应于 IP 地址中网络号或子网号的子网模位设为“1”，剩余子网模位对应于 IP 地址中主机号，设为“0”。例如，子网模 11111111 11111111 11111111 00000000(FFFFFF00) 表示 IP 地址前 24 位为子网号，后 8 位为主机号。

以太网通信前，必须使用编程设备，如 CVSS，对以太网单元进行设置。设定内容从设定区的第一个字节开始存放，各种设定简介如下。

① 模式设定　用位 0～位 4 设定。位 0 指定以太网单元的节点号是否用作 IP 地址的节点号（主机号）；位 1 指定是否广播传送；位 2、位 3 指定把 FINS 节点号转换为 IP 地址的方法，自动转换、IP 地址表、复合转换三者选一；位 4 指定 FINS 通信服务时，UDP 端口号的确定方法，是缺省设置还是用户设置。

② 本地 IP 地址　设定本地以太网单元的 IP 地址。IP 地址不设置，以太网单元无法通信。如果模式设置中指定以太网单元的节点号用作 IP 主机号，仅需设置本地 IP 地址中的前 3 段，当单元的节点号旋转开关改变地址时，IP 的主机号会自动修改。

③ 子网模　子网模中对应于 IP 地址网络号和子网号的位为“1”，对应主机号的位为“0”。

④ FINS UDP 端口号　FINS UDP 端口号是用来进行 FINS 通信服务的。设定值在 1024 和 65535 之间，如果设为 0，缺省值为 9600。当模式设定指明 UDP 端口号由用户设定时，设定值有效。以太网

单元进行FINS通信时，所有节点应设置同一FINS UDP端口号，否则，不能进行FINS通信。

⑤ FTP登录名　设置以太网单元用作FTP服务器时的登录名。

⑥ FTP口令　设置以太网单元FTP服务器的口令。

⑦ IP地址表　该表包括从FINS节点号产生IP地址的转换数据。如果模式设置中指明FINS节点号转换为IP地址的方法是自动的，该表将被忽略。

⑧ IP路由器表　该表设定以太网单元如何和其他IP网络段上的节点通过IP路由器进行通信。

(3) FINS通信服务

FINS通信服务是OMRON公司为自己的FA（工厂自动化）网络开发的。FINS通信使用一组专门的地址，它不同于以太网的地址系统，不管目标节点是在以太网还是在另一个FA网络（如SYSMAC NET网或SYSMAC Link网）上，这种寻址系统提供了一致的通信方法。

以太网单元通过UDP/IP端口提供FINS通信服务。例如，当上位机与PLC进行FINS通信时，通过简单地向以太网单元FINS UDP端口发送包含FINS命令的数据报，可以读写PLC的内存数据或控制PLC运行。

使用FINS通信时，要注意以下几个问题。

① 以太网通信使用IP地址，而FINS通信使用FINS节点号。因此，以太网单元应能在IP地址和FINS节点号之间进行转换。

② FINS通信的UDP端口号的缺省值是9600（十进制）。UDP端口号可以在系统设置中改变。在这个端口接收到的数据报作为FINS信息处理；同样，当PLC使用SEND（192）/RECV（193）指令发送数据或中继从另一个网络接收到的FINS信息时，把数据从这个端口使用相同的端口号发送到目标端口。因此，在以太网上使用FINS通信时，设置所有节点（以太网单元）相同的UDP端口号，两个节点有不同的FINS UDP端口号不可能进行FINS通信。

③ 两个以太网可以通过PLC网关或IP路由器互联。在一个PLC上安装多个通信单元（包括以太网单元）后，便可以在以太网节点和其他类型FA网络节点之间进行FINS通信。PLC网关仅能使用FINS命令进行FINS通信服务，它不能用来进行Socket服务。

④ PLC使用SEND(192)、RECV(193)、CMND(194)进行FINS通信。网络间的节点交换数据时，对每个节点要建立路径表，包括本地网络表和中继网络表。

⑤ 从上位计算机发出的命令和响应必须使用一定的帧格式要求，并提供合适的FINS报头信息。这些格式也可以对来自其他网络节点的命令和响应解码。

(4) FTP服务器通信

文件传输协议FTP支持以太网中的上位机读写PLC内存卡中的文件。内存卡有RAM、EPROM、EEPROM等类型，插在PLC的CPU单元上。FTP基于客户-服务器模式，由客户向服务器发出文件操作指令。以太网单元不支持FTP客户功能，仅可作为FTP服务器。

在使用FTP服务器功能之前，上位机必须与FTP服务器建立连接，必要时需输入登录名及口令。连接FTP的登录名和口令必须放在CPU总线单元的系统设置区中，登录名、口令分别是1～12个、1～8个字符组成的字符串，这些字符由字母、数字和“－”或“_”构成，每个字符在设置区中用对应的ASCII码来表示。如果没有登录名，缺省名是“CONFIDENTIAL”，此时不需要口令。

FTP服务器状态可以根据以太网单元面板上的FTP指示灯或CPU总线单元数据区CIO里的FTP状态字来检查。FTP指示灯闪亮表示正在进行FTP操作，不亮表示FTP空闲。FTP状态字地址＝1500＋(25×单元号)＋17，它的第00位表示FTP服务器状态，“0”为空闲，“1”为正在操作。

上位机与以太网单元建立连接后，PLC内存卡中的文件安装在根目录下的MEMCARD子目录下，MEMCARD不是内存卡的一个物理目录，而是一个虚拟的工作目录。内存卡中文件名为8个字符再加上3个字符的扩展名，所存储文件的数量和大小取决于内存卡的类型。

上位机使用UNIX操作系统时，FTP由一组Shell命令实现，其中最重要的命令是FTP。上位机调用FTP命令与以太网单元建立连接，一旦成功，双方进入交互式会话状态，然后上位机调用其他 FTP 命令与以太网单元传输数据（如文件拷贝等），用户键入 close 和 quit（或 bye）命令，退出 FTP 会话。

（5）Socket 服务

Socket 是一种通信编程界面，它允许用户程序直接使用 TCP 和 UDP 协议，在以太网的节点之间交换数据。Socket 服务也称为接驳服务。

在上位计算机中，Socket 被写成 C 语言的库函数，在用户程序中可以调用。

CV 机的 Socket 服务是从用户程序向以太网单元发送 FINS 命令，上位机和 PLC 通过 Socket 使用 TCP 和 UDP 进行数据交换。

Socket 支持客户-服务器模式。TCP Socket 启动数据传输之前，要在两个节点之间建立连接，称为“虚电路”。建立连接时执行一个打开 Socket 命令，作为服务器的节点使用被动打开命令，并等待连接；作为客户的节点使用主动打开命令，发出连接请求。

TCP 提供高可靠性服务，通信时要求目标节点应答，加以确认。数据分包传送，每个数据包最大长度为 1024 字节。

UDP 提供高效率服务，通信时不要求目标节点应答，通信可靠性要由用户程序解决。数据分包传送，每个数据包最大长度为 1472 字节。

CV 机通过 CMND（194）向以太网单元发送 FINS 命令来执行 Socket 服务，每一个以太网单元有 8 个 TCP Socket 和 8 个 UDP Socket。每一个 Socket 都有一个状态字相对应。

Socket 操作有打开、关闭、发送和接收。打开是对一个指定的 Socket 使能通信。使用 Socket 服务时，首先要打开，打开一个 TCP Socket 就是建立一个连接。关闭是结束 Socket 的使用，对于 TCP Socket 是拆除连接。发送是从一个指定的已打开的 Socket 发送数据。接收是指定一个已打开的 Socket，并从这个 Socket 接收数据。

6.2.2 Controller Link 通信系统

6.2.2.1 概述

Controller Link 通信系统也称为控制器网，它是 OMRON 将 SYSMAC Link 网简化改进后新近推出的一种 FA（工厂自动化）网络。网络中的每个节点需安装相应的通信单元，PLC 上安装 Controller Link(CLK) 单元，个人计算机在扩展槽上插上 Controller Link（CLK）支持卡。

图 6-14 所示为 Controller Link 网的基本结构，网络用屏蔽双绞线或光纤连接，光缆系统只有 CS1 系列 PLC 支持。

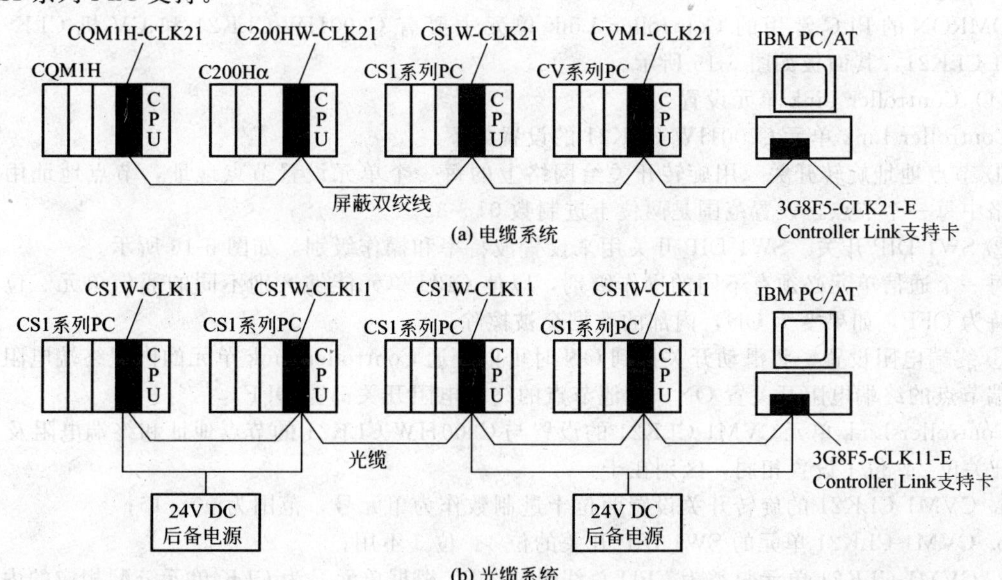

图 6-14　Controller Link 网的基本结构

Controller Link 网具有如下特点。

① 通信介质采用双绞线电缆或光缆 线缆型的 Controller Link 网采用双绞线电缆连接，双绞线比同轴电线或光缆容易处理和维护，减少了连网费用，通信距离可达 1km。CLK 单元通过端子板、CLK 支持卡通过上面专用插件与双绞线连接，接线非常方便。CLK 单元上内置了终端电阻，通过简单的开关设置就可以配备网络两端点所需的终端电阻。

光缆型的 Controller Link 网采用光纤电缆连接，能够获得更大容量的数据链接和更长距离的通信，它的通信距离可达 20km。

② 高速度的数据通信 控制器网的通信波特率可达 2Mbit/s，远远高于 PC Link 网的 128Kbit/s。

③ 大容量的数据链接 PC Link 网仅可使用 LR 区的几十个字进行数据链接，而控制器网除使用 LR 区外，还可以使用 IR、CIO、DM 和扩展 DM 区进行数据链接，每台 PC 发送的字数可达 1K，发送和接收的总字数可达 8K，远远大于 PC Link 网数据链接的容量。

数据链接可以自动设置，也可以根据实际需要由用户人工设置，使用非常灵活。

④ 信息通信 信息通信是在用户程序中执行通信指令 SEND、RECV、CMND 来实现的。SEND、RECV 指令用来发送、接收数据，CMND 指令用来执行 FINS 指令。

⑤ 灵活的网络互连 Controller Link 网可以配置成单级，即所有的 PLC 仅安装一个 CLK 单元，并由双绞线连接在一起，单级的最大节点数为 32。若有一台 PLC 安装 2 个或 2 个以上 CLK 单元，分别与其他 PLC 的 CLK 单元连成各自的子网，则形成了多级系统。

在安装 CLK 单元的一台 CV 机上还可以同时安装 SYSMAC NET Link、SYSMAC Link 或 Ethernet 通信单元。这样，Controller Link 网通过这台 CV 机可以连接 SYSMAC NET、SYSMAC Link 或 Ethernet 网，可以实现不同网络节点间的信息通信，但限制在三级网络内进行，即两个网络间信息通信时，中间仅能再隔一个网。从连接在 PLC 的 CPU 单元上的编程装置可以完成对互联网上其他 PLC 的编程和监控，范围同样不超过三级网络。

⑥ 改进的错误处理 由于出错记录中有错误发生的时间和细节，使得快速处理错误成为可能。

令牌节点发生错误时，另一个节点会自动变成令牌节点，防止网络中一个节点出错影响其他节点，保证系统的可靠性。

6.2.2.2 Controller Link 单元

OMRON 的 PLC 常用的 Controller Link 单元主要有 C200HW-CLK21 和 CV 机 CLK 单元 CVM1-CLK21，其面板如图 6-15 所示。

(1) Controller Link 单元设置

Controller Link 单元 C200HW-CLK21 的设置如下。

① 节点地址旋转开关 用旋转开关给网络上的每一个单元设置节点地址，节点地址用来识别网络中每一个节点，设置范围是两位十进制数 01～32。

② SW1 DIP 开关 SW1 DIP 开关用来设置波特率和操作级别，如图 6-16 所示。

每一个通信单元必须有不同的操作级别，以使 CPU 单元能够区别不同的通信单元。位 3 始终保持为 OFF，如果变为 ON，内部的数据会被擦除。

③ 终端电阻设置 将滑动开关拨到 ON 时可以接通 Controller Link 单元的内置终端电阻。网络两端节点的终端电阻开关置 ON，其他节点的终端电阻开关都置 OFF。

Controller Link 单元 CVM1-CLK21 的设置与 C200HW-CLK21 的节点地址和终端电阻及 SW1 DIP 开关位 2、位 1 设置相同，区别在于：

a. CVM1-CLK21 的旋转开关设置两位十进制数作为单元号，范围为 00～15；

b. CVM1-CLK21 单元的 SW1 DIP 开关的位 4、位 3 不用；

c. CVM1-CLK21 单元归类为 CPU 总线单元，PC 根据单元号为 CLK 单元分配相应的内存工作区，其中，CIO 区 25 个字。DM 区 100 个字，确定如下：

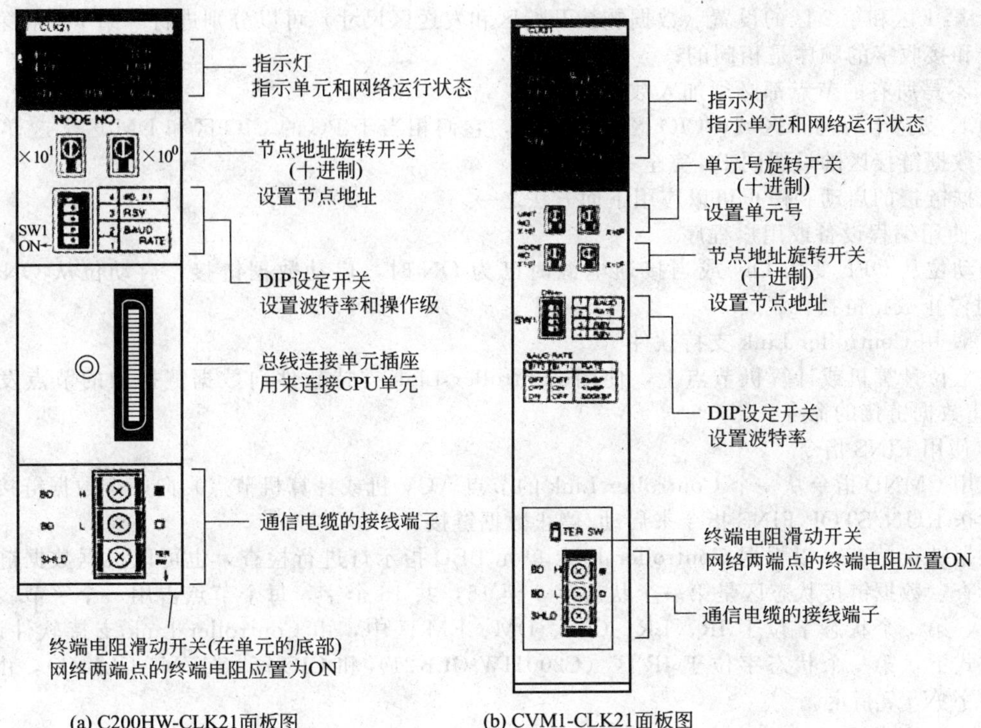

图 6-15 Controller Link 单元面板图

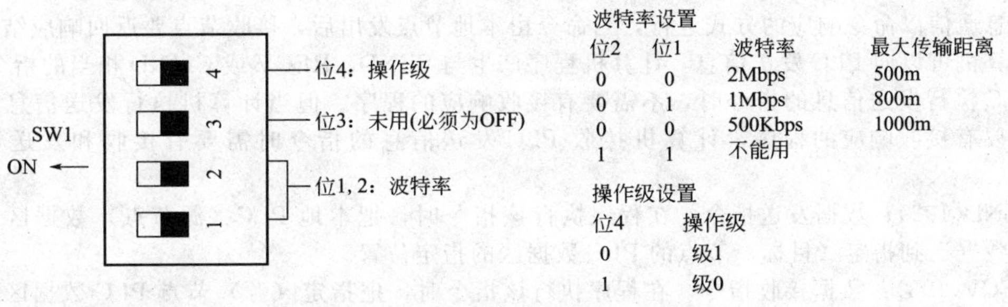

图 6-16 SW1 DIP 开关设置

CPU 总线单元区（CIO）

起始地址＝1500＋25×单元号

结束地址＝起始地址＋24

DM 区

起始地址＝D02000＋100×单元号

结束地址＝起始地址＋99

（2）数据链接

建立数据链接后，网络的节点之间可以自动地交换在预置区域内的数据。每个节点可以设置两个数据链接区域：第 1 区和第 2 区。数据链接可以用下列的任一种方式来设置。

① 人工设置数据链接：用 Controller Link 支持软件输入数据链接表来进行人工设置。数据链接表定义了数据链接，人工设置可以自由设定数据链接区的位置。

② 自动设置数据链接：使用编程设备（如编程器），在启动节点的 DM 参数区中设置自动数据链接模式，自动设置数据链接时所有的链接区域具有相同的尺寸。

人工设置和自动设置不能在同一个网络中同时使用，这两种方式都符合下列规则：

a. 第 1 区和第 2 区的数据链接同时生效；

b. 第1区和第2区的设置（数据链接开始区和发送区尺寸）可以分别进行，第1区和第2区的发送和接收字的顺序是相同的；

c. 不是所有的节点都必须加入数据链接。

CLK支持卡有两个区域；CIO区和DM区，它们相当于PC的CIO区和DM区。这样CLK支持卡数据链接区的设置同PC完全一致。

数据链接的启动和停止可以应用下面方法之一。

a. 使用编程设备或用户程序

启动位从OFF变为ON或当接通电源时已为ON时，启动数据链接，启动位从ON变为OFF时停止数据链接。

b. 使用Controller Link支持软件

在上位计算机或计算机节点上，使用Controller Link支持软件向数据链接中的节点发出启动/停止数据链接的命令。

c. 使用FINS指令

使用CMND指令从一个Controller Link的节点（CV机或计算机节点）向一个数据链接中的节点发送RUN/STOP FINS指令来启动/停止数据链接。

数据链接状态可以根据Controller Link单元LED指示灯进行检查，也可以根据数据链接状态区检查。数据链接状态区是第一个状态字0至15，共16个字，每个节点占用一个字节。人工方式下，第一个状态字位于IR、LR、CIO、DM、EM区中，由Controller Link支持软件设定。自动方式下，第一个状态字位于IR区（C200HW-CLK21）和CIO区（CVM1-CLK21），由DM区中的字 $N+7$ 指定。

6.2.2.3 信息通信

在Controller Link网中，可以实现PLC至PLC、PLC至计算机、计算机至PLC的信息通信。信息通信以命令响应的方式进行，当命令由本地节点发出后，接收节点要返回响应结果。

计算机可以向PLC发送信息，计算机程序产生与SEND、RECV或CMND相当的指令。

PLC执行发送信息的指令时，不需要有接收响应的程序。但当计算机执行发送信息的指令时，需要有接收响应的程序，计算机接收PLC发送信息的指令时需要有接收和发送数据的程序。

SEND(192)；数据发送指令。在程序执行该指令时，把本地PLC（源节点）数据区中指定的一段数据送到指定（目标）节点的PLC数据区的指定位置。

RECV(193)：数据接收指令。在程序执行该指令时，把指定（源）节点PLC数据区中指定的一段数据读到本地（目标）节点的PLC并写入数据区的指定位置。

CMND(194)；发送FINS指令的指令。在程序执行该指令时，可以向指定节点发送FINS指令，读写指定节点PLC的存储区，读取状态数据，改变操作模式以及执行其他功能。

Controller Link、SYSMAC NET、SYSMAC Link三种网络通过PLC互连后，使用SEND/RECV、CMND指令可以跨网进行信息通信。信息通信的命令和响应能够跨网发送和接收，不同网络节点之间的通信和同一网络内节点之间的通信一样方便。网络间通信可以在包括本地网络在内的三级网络内进行。

Controller Link网是一种使用令牌总线通信的网络。令牌，即总线的发送权，它在网络的节点中循环传送。一个节点接到令牌才有权发送数据。如果该节点有数据要发送，它会将数据附在令牌上一起发送。如果该节点没有数据要发送，它将令牌传递至下一个节点。

Controller Link网总有一个控制网络通信的单元，称为发牌节点，其他节点上的单元称为接牌节点。发牌节点通常由网络中节点地址最小的单元担任，它控制令牌、检查网络和执行其他相关的任务。如果发牌节点出现故障，下一个最小节点地址的节点会自动成为发牌节点，以防止整个网络的崩溃。

6.2.3 CompoBus/D通信系统

（1）概述

CompoBus/D 是 OMRON 一种开放式的网络，它遵循 DeviceNet（器件网）开放现场网络标准，非 OMRON 公司生产的设备，如主单元和从单元，可以连接到该网络上。CompoBus/D 是 OMRON 主推的网络之一，它的内容丰富，功能强大。随着各种新器件或单元的不断推出，CompoBus/D 的功能会更超强。

CompoBus/D 支持下列两种类型的通信。

① 远程 I/O 通信，即无需编写特别的程序，装有主单元 PLC 的 CPU 可以直接读写从单元的 I/O 点，实现远程控制。

② 信息通信，安装主单元的 PLC 在 CPU 单元里执行特殊指令 SEND、RECV、CMND 和 IOWR，向其他主单元、安装主单元 PLC 的 CPU 单元、从单元、甚至其他公司的主单元或从单元读写信息，控制它们的运行。

图 6-17 所示给出了 CompoBus/D 网的三种典型结构。

配置器是在一台个人计算机上运行的应用软件，而该计算机是作为 CompoBus/D 网的一个节

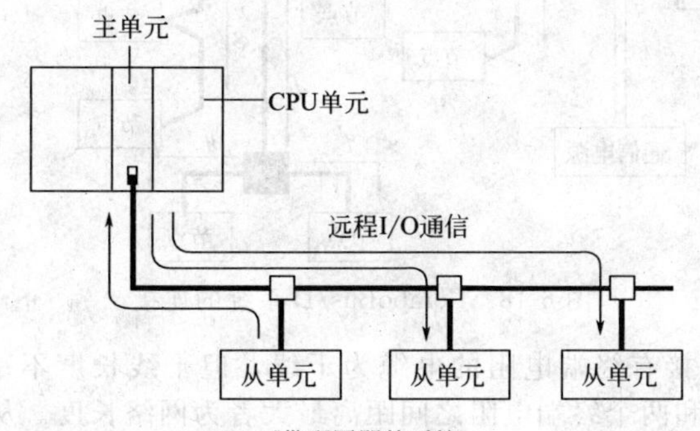

(a) 不带配置器的系统

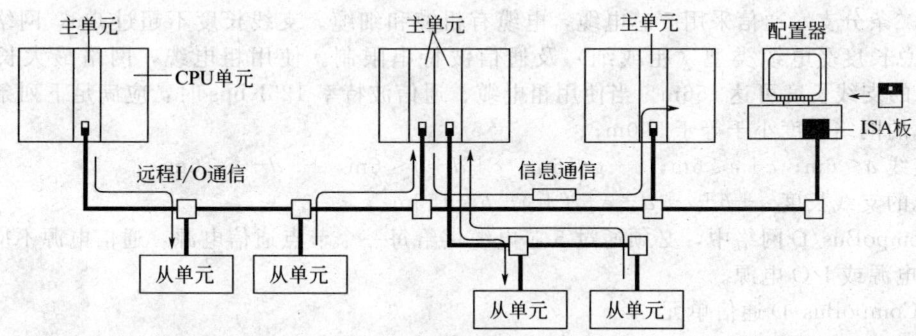

(b) 带配置器的系统

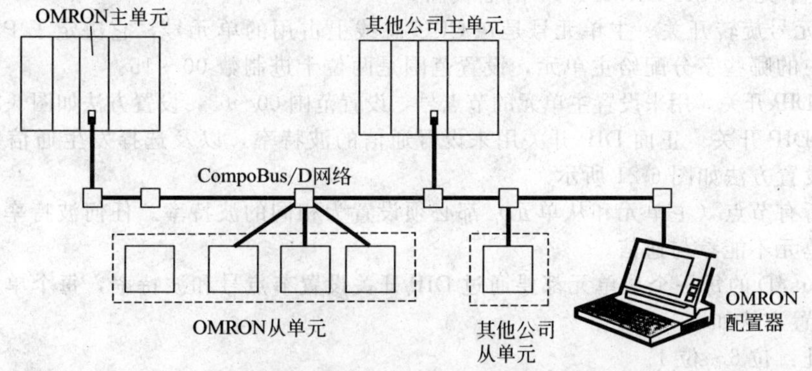

(c) 连接其他公司的设备(主单元和从单元)

图 6-17　CompoBus/D 网的结构

点。当使用下述任意功能时，要使用配置器：

① 用户设定远程 I/O 分配；

② 在同一台 PLC 上安装一个以上的主单元；

③ 在同一个网络中连接多个主单元；

④ 设定通信参数。

CompoBus/D 系统的连接如图 6-18 所示。

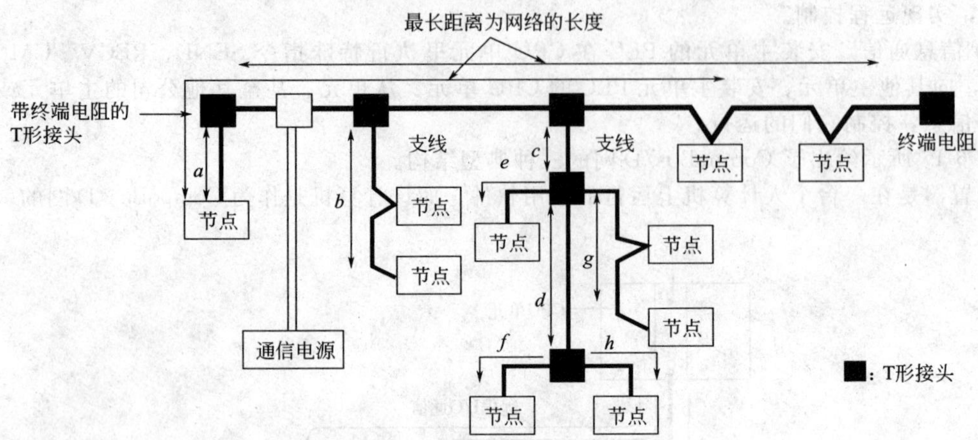

图 6-18 CompoBus/D 系统的连接

在图 6-18 中，两端连接有终端电阻的电缆为干线，但干线长度不一定是网络的最大长度，两个最远节点之间的距离和两个终端电阻之间距离最大者为网络长度。从干线分出的支线电缆称为支线。每一个节点通过 T 分支或 M 多分支方式连接到 CompoBus/D 网络中，从一条分支线可以产生第二条分支。通信采用 5 芯电缆，电缆有粗缆和细缆。支线长度不超过 6m，网络最大长度和支线总长度受电缆类型（粗或细）及通信波特串限制。使用粗电缆，网络最大长度可达 500m，总的支线长度可达 156m。当使用粗电缆、通信波特率 125Kbps 时，应满足下列条件：

① 总的网络长度小于等于 500m；

② 支线 $a \leqslant 6$m，$c+e \leqslant 6$m，$c+g \leqslant 6$m；$c+d+f \leqslant 6$m，$c+d+h \leqslant 6$m；

③ 总的支线长度 $a+b+c+d+e+f+g+h \leqslant 156$m。

在 CompoBus/D 网络中，必须通过 5 芯电缆供给每一个节点通信电源，通信电源不应该作为内部回路电源或 I/O 电源。

（2）CompoBus/D 通信单元

CompoBus/D 网络有两种类型的主单元：CVM1-DRM21-V1 和 C200HW-DRM21-V1，图 6-19所示为主单元 CVM1-DRM21-V1 的面板图。

① 主单元号旋转开关　主单元号是在 CPU 总线上占用的单元号，它决定了 PLC 的 CPU 总线单元区域中的哪些字分配给主单元，设置范围是两位十进制数 00～15。

② 背面 DIP 开关　用来设置主单元的节点号，设置范围 00～63，设置方法如图 6-20 所示。

③ 正面 DIP 开关　正面 DIP 开关用来设置通信的波特率，以及选择发生通信错误时通信继续或停止，设置方法如图 6-21 所示。

网络中所有节点（主单元和从单元）都必须设置为相同的波特率。任何波特率与主单元波特率不同的从单元不能参与通信。

CompoBus/D 的每一个从单元都要通过 DIP 开关设置节点号和波特率，每个单元的 DIP 开关有 10 位，设置方法如下。

节点地址：位 6～位 1。

波特率：位 8～位 7。

位 9 和位 10 的功能取决于所使用的从单元类型。从单元节点号的设置范围取决于安装主单

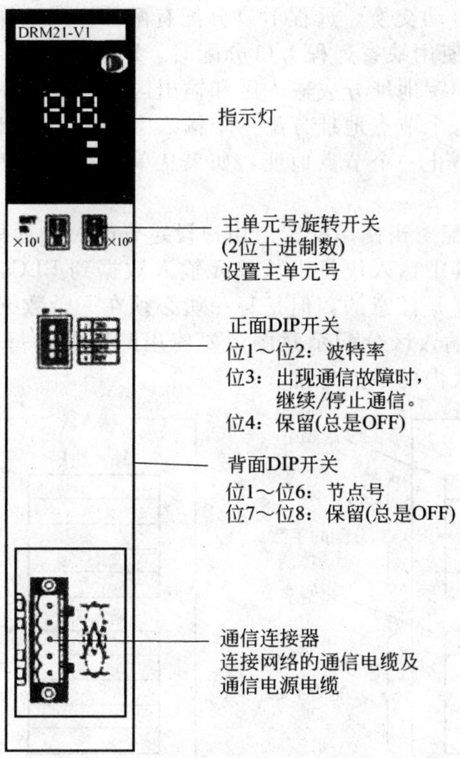

图 6-19　CVM1-DRM21-V1 的面板

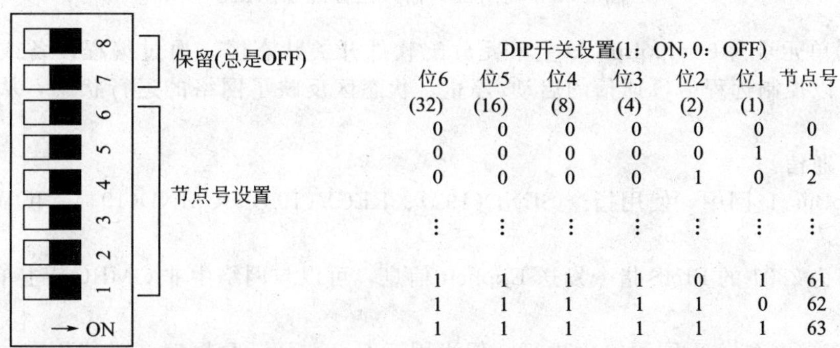

位6 (32)	位5 (16)	位4 (8)	位3 (4)	位2 (2)	位1 (1)	节点号
0	0	0	0	0	0	0
0	0	0	0	0	1	1
0	0	0	0	1	0	2
⋮	⋮	⋮	⋮	⋮	⋮	⋮
1	1	1	1	0	1	61
1	1	1	1	1	0	62
1	1	1	1	1	1	63

图 6-20　背面 DIP 开关设置

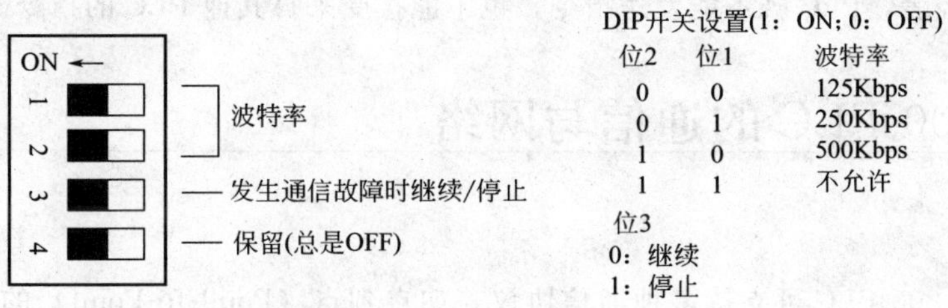

位2	位1	波特率
0	0	125Kbps
0	1	250Kbps
1	0	500Kbps
1	1	不允许

位3
0：继续
1：停止

图 6-21　正面 DIP 开关设置

元的 PLC 的类型。

从单元节点号及波特率的设置方法和主单元的设置方法相同，在此不再详述。

(3) 远程 I/O 通信

远程 I/O 通信时，安装主单元的 PLC 应在 CPU 的 I/O 存储区中为每个从单元分配字地址，以实现与从单元I/O数据的自动交换。远程I/O分配有两种形式：缺省分配和用户设定分配。

① 缺省远程I/O分配　使用缺省远程I/O分配时，PLC存储区中的字地址是根据从单元的节点地址进行分配的。分配的字地址分成输入区和输出区，I/O由输入区接受从单元的输入，由输出区输出数据到从单元。每个节点地址分配一个输入字和一个输出字。如果从单元需要不止一个输入或输出字，它将占有不止一个节点地址，如果从单元需要的字少于1个字，它仅占有分配给它的字的最右边的位。

② 用户设定远程I/O分配　当使用配置由用户设定分配时，远程I/O区域由输入块1和块2以及输出块1和块2组成，其中输入块是由从单元输入数据到PLC，输出块是由PLC输出数据到从单元。这些块的分配顺序是任意的，但是每一块必须在一个数据区域中由连续字组成。图6-22所示为用户设定输出区、输入区分配示意图，要使用配置器为每一块设定区域类型起始字以及分配的字数，并分配每一块内的节点地址。

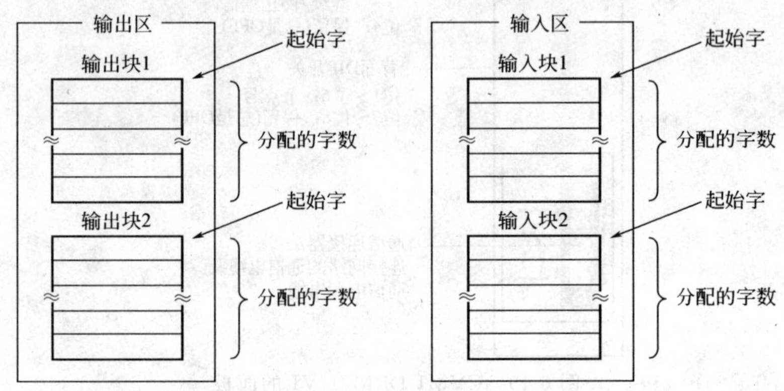

图6-22　输出区、输入区分配示意图

PLC根据单元号为CompoBus/D主单元分配软件开关状态区。通过编程设备或配置器设置软件开关，可以控制远程I/O通信的启动/停止。状态区反映了网络的运行状态，从中可以发现出错的原因。

(4) 信息通信

在CompoBus/D网中，使用指令SEND(192)、RECV(193)、CMND(194)、IOWR进行信息通信。

使用代码为2801的FINS指令发送Explicit信息，可以与网络中非OMRON主单元或从单元节点通信。

尽管FINS通信能在不同网络内进行，但当用于CompoBus/D网时，只能用在一个网内。使用SEND、RECV、CMND指令时，CompoBus/D主单元必须登记在PLC路径表的本地网络表内，如果没有路径表，PLC既不能发送指令，也不能接受来自其他PLC的指令。

6.3 S7-200 PLC的通信与网络

6.3.1 概述

SEMENS S7-200 PLC可支持多种通信协议，如点到点（Point-to-Point）的协议（PPI）、多点协议（MPI）及PROFIBUS协议。这些协议的结构模型都是基于开放系统互连参考模型(OSI)的7层通信结构。PPI协议和MPI协议通过令牌环网实现。令牌环网遵守欧洲标准EN50170中的过程现场总线（PROFIBUS）标准。它们都是异步、基于字符的协议，传输的数据带有起始位、8位数据、奇校验和一个停止位。每组数据都包含特殊的起始和结束标志、源站地址和目的站地址、数据长度、数据完整性检查几部分。只要相互的波特率相同，三个协议可在同一网络上运行而不互相影响。

除上述三种协议外，利用 S7-200 的自由通信口及有关的网络通信指令，可以将 S7-200PLC 加入 ModBus 网络和以太网络。

进行通信网络的初始组态及网络调试时，一般要有 PC、笔记本计算机或 SIMATIC 编程器参与，这时要在这些设备上运行 STEP 7-Micro/Win32 软件。通过 STEP 7-Micro/Win32 软件可以设置通信速率、通信的数据格式、通信协议等网络参数。

6.3.2 S7-200 PLC 的通信协议

6.3.2.1 PPI 通信协议

PPI 是一个主/从协议。在这个协议中，主站（其他 CPU，SIMATIC 编程器或 TD200）给从站发送申请，从站进行响应。从站不能初始化它本身，只有当主站发出申请或查询时，从站才响应。在 PPI 协议下 S7-200 进行通信时可以建立一定数目的逻辑连接，在波特率为 9.6K，19.2K，187.5K 三种波特率下只能建立 4 个逻辑连接。

S7-200 PLC 在 RUN 模式下才可以作为 PPI 主站。一旦进入 PPI 主站模式，就可以利用网络读（NETR）和网络写（NETW）指令读写其他 PLC。作为 PPI 主站的 S7-200PLC 还可以响应其他主站的请求。对于任何一个从站有多少个主站和它通信，PPI 协议没有限制，但是在网络中最多只能有 32 个主站。

图 6-23 是一台 PC 采用 PPI 协议与 S7-200PLC 通信的示意图。图中 PC 和 TD200（文本显示器）均作为网络的主站，S7-200PLC 作为网络的从站。在该种连接下 STEP7-Micro/Win 每次与一个 PLC 进行通信，但可以访问网络中的任何一个 PLC。

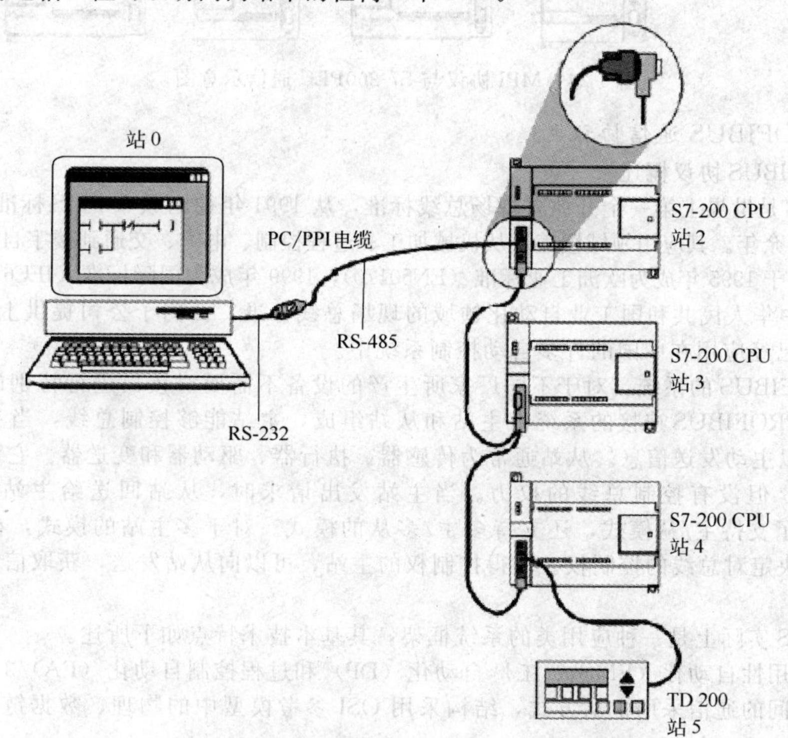

图 6-23 PPI 协议与 S7-200PLC 通信示意图

6.3.2.2 MPI 通信协议

MPI 协议允许主/主和主/从两种通信方式。选择何种方式依赖于设备类型。如果设备是 S7-300 PLC，那么就进行主/主通信方式，因为所有的 S7-300PLC 都必须是网络主站。如果设备是 S7-200 PLC，那么就进行主/从通信方式，因为 S7-200 PLC 是从站。MPI 协议总是在两个相互通信的设备之间建立逻辑连接。一个逻辑连接可能是两个设备之间的非公用连接。另一个主站不能干涉两个设备之间已经建立的逻辑连接。主站可以短时间建立一个逻辑连接，或者无限地保持逻辑连接断开。

由于设备之间的逻辑连接是非公用的，并且需要PLC中的资源，每个PLC只能支持一定数目的逻辑连接，每个PLC最多可支持4个逻辑连接。但每个PLC在应用中要保留2个逻辑连接，一个给SIMATIC编程器或计算机，另一个给操作面板。这些保留的连接不能由其他类型的主站（如PLC）使用。

图6-24显示了一个采用MPI协议进行通信的网络，计算机通过CP卡连接至MPI网络电缆。进行通信时PC与TD200和OP15建立主/主连接，而与S7-200建立主/从连接。两个S7-200 PLC进行通信时，通过主站进行协调。

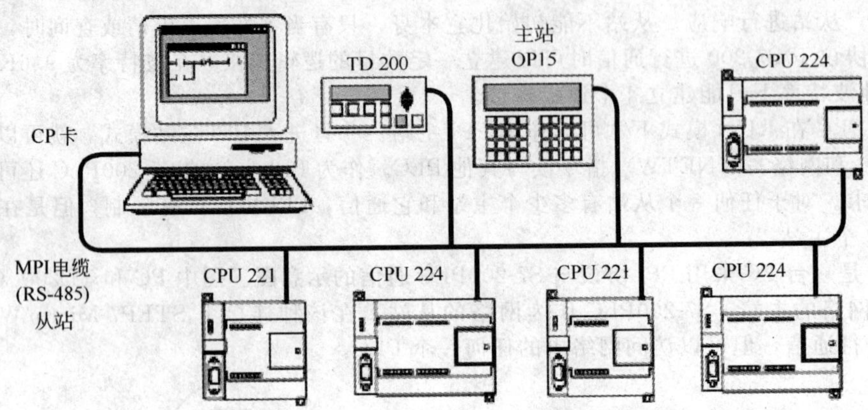

图6-24 MPI协议与S7-200PLC通信示意图

6.3.2.3 PROFIBUS通信协议

(1) PROFIBUS协议概述

PROFIBUS是世界上第一个开放式现场总线标准，从1991年德国颁布FMS标准（DIN19245）至今已经历了十余年。其应用领域覆盖了从机械加工、过程控制、电力、交通到楼宇自动化的各个领域。PROFIBUS于1995年成为欧洲工业标准（EN50170），1999年成为国际标准（IEC61158-3），2001年被批准成为中华人民共和国工业自动化领域的现场总线标准。西门子公司提供上千种PROFIBUS产品，并已经应用在中国的许多自动控制系统中。

采用PROFIBUS的系统，对于不同厂家所生产的设备不需要对接口进行特别的处理和转换就可以通信。PROFIBUS连接的系统由主站和从站组成，主站能够控制总线，当主站获得总线控制权后，可以主动发送信息。从站通常为传感器、执行器、驱动器和变送器。它们可以接收信号并给予响应，但没有控制总线的权力。当主站发出请求时，从站回送给主站相应的信息。PROFIBUS除了支持主/从模式，还支持多主/多从的模式。对于多主站的模式，在主站之间按令牌传递顺序决定对总线的控制权。取得控制权的主站，可以向从站发送，获取信息，实现点对点的通信。

PROFIBUS实际上是一种应用类的系统框架，其基本技术特点如下所述。

① 分为通用性自动化（FMS）、工厂自动化（DP）和过程控制自动化（PA）3个系列。

② 设备之间的通信采用主从方式，结构采用OSI参考模型中的物理、数据链路和应用的3层结构。

③ 标准采用EN50170，其接口标准，PA采用IEC1158-2，FMS和DP采用RS-485。

④ 信号线可用设备电源线，传输速率可在9.6Kbit/s～12Mbit/s间选择。

⑤ 每条总线区段可连接32个设备，不同区段用中继器连接。

⑥ 提供通用的功能模块管理规范，设有统一的设备描述语言。

⑦ 传输介质可以用金属双绞线或光纤。

⑧ 提供系统通信管理软件（包括波形识别、速率识别和协议识别等功能）。

⑨ 在一定范围内可实现互操作。

⑩ 提供 244B 报文格式，提供通信接口的故障安全模式（当 I/O 出故障时输出全为零）。

（2）PROFIBUS 的组成

PROFIBUS 由三个相互兼容的部分组成，即 PROFIBUS-FMS，PROFIBUS-DP 及 PROFIBUS-PA。

① PROFIBUS-DP(Distributed Periphery) PROFIBUS-DP 是制造业自动化主要应用的协议内容，是满足用户快速通信的最佳方案，每秒可传输 12Mbit。扫描 1000 个 I/O 点的时间少于 1ms。它可以用于设备级的高速数据传输，位于这一级的 PLC 或工业控制计算机可以通过 PROFIBUS-DP 同分散的现场设备进行通信。

② PROFIBUS-PA(Process Automation) PA 主要用于过程自动化的信号采集及控制，它是专为过程自动化所设计的协议，可用于安全性要求较高的场合。

③ PROFIBUS-FMS(Fieldbus Message Specification) FMS 主要用于非控制信息的传输，可以用于车间级监控网络。FMS 提供了大量的通信服务，用以完成以中等级传输速度进行的循环和非循环的通信服务。对于 FMS 而言，它考虑的主要是系统功能而不是系统响应时间，应用过程中通常要求的是随机的信息交换，如改变设定参数。FMS 服务向用户提供了广泛的应用范围和更大的灵活性，通常用于大范围、复杂的通信系统。

（3）PROFIBUS 协议结构

PROFIBUS 协议以 ISO/OSI 参考模型为基础，共分为七层，第一层为物理层，定义了物理的传输特性；第二层为数据链路层；第三层至第六层 PROFIBUS 未使用；第七层为应用层，定义了应用的功能。

PROFIBUS-DP 是高效、快速的通信协议，它使用了第一层、第二层及用户接口，第三层到第七层未使用。这种简化了的结构确保了 DP 高速的数据传输。直接数据链路映像程序（DDLM）提供了访问用户接口。在用户接口中规定了用户和系统可以使用的应用功能及各种 DP 设备类型的行为特性。

（4）传输技术

传输介质和总线接口的选择是应用时很重要的问题，PROFIBUS 对于不同的传输技术定义了惟一的介质存取协议。

① RS-485 RS-485 是 PROFIBUS 使用最频繁的传输技术。

② IEC1158-2 根据 IEC1158-2，在过程自动化中使用固定波特率 31.25Kbit/s 的同步传输，它可以满足化工和石化工业对安全的要求，采用双线技术通过总线供电，这样PROFIBUS就可以用于危险区域了。

③ 光纤 在电磁干扰强度很高的环境和高速、远距离传输数据时，PROFIBUS 可使用光纤传输技术。使用光纤传输的 PROFIBUS 总线段可以设计成星形或环形结构。现在在市面上已经有 RS-485 传输链接与光纤传输链接之间的耦合器，这样就实现了系统内 RS-485 和光纤传输之间的转换。

④ PROFIBUS 介质存取协议 PROFIBUS 通信规程采用了统一的介质存取协议，此协议由 OSI 参考模型的第二层来实现。在 PROFIBUS 协议设计时充分考虑了满足介质存取控制的两个要求，即：在主站间通信时，必须保证在分配的时间间隔内，每个主站都有足够的时间来完成它的通信任务；在 PLC 与从站（PLC 或其他设备）间通信时，必须快速、简捷地完成循环，进行实时的数据传输。

为此，PROFIBUS 提供了两种基本的介质存取控制：令牌传递方式和主/从方式。

令牌传递方式可以保证每个主站在事先规定的时间间隔内都能获得总线的控制权。令牌是一种特殊的报文，它在主站之间传递着总线控制权，每个主站均能按次序获得一次令牌，传递的次序是按地址升序进行的。

主/从方式允许主站在获得总线控制权时，可以与从站通信，每一个主站均可以向从站发送或获得信息。

上述的介质存取方式，PROFIBUS可以实现三种系统配置：

a. 纯主-从系统（单主站）

b. 纯主-主系统（多主站）

c. 以上两种配置的组合系统（多主-多从）

图6-25是一个由3个主站和7个从站构成的PROFIBUS系统结构示意图。

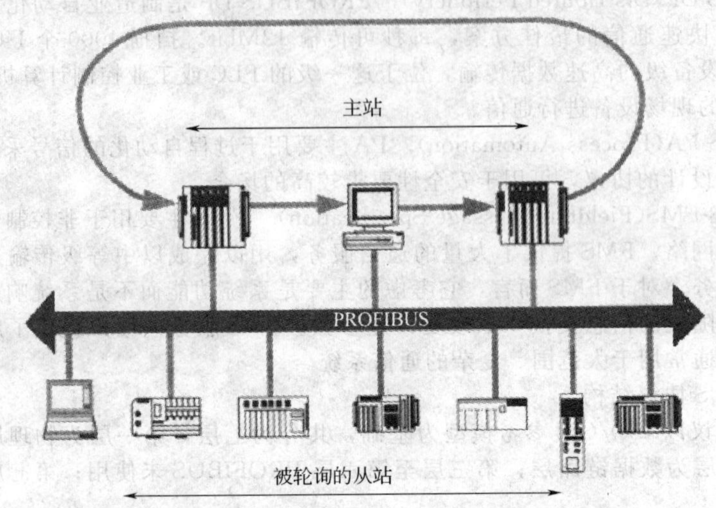

图6-25 PROFIBUS系统结构示意图

由图可以看出，3个主站构成了一个令牌传递的逻辑环，在这个环中，令牌按照系统预先确定的地址升序从一个主站传递给下一个主站。当一个主站得到了令牌后，它就能在一定的时间间隔内执行该主站的任务，可以按照主/从关系与所有从站通信，也可以按照主/主关系与所有主站通信。在总线系统建立的初期阶段，主站的介质存取控制（MAC）的任务是决定总线上的站点分配并建立令牌逻辑环。在总线的运行期间，损坏的或断开的主站必须从环中撤除，新接入的主站必须加入逻辑环。MAC的其他任务是检测传输介质和收发器是否损坏，检查站点地址是否出错，以及令牌是否丢失或有多个令牌。

PROFIBUS第二层的另一个重要作用是保证数据的安全性。它按照国际标准IEC870-5-1的规定，通过使用特殊的起始位和结束位、无间距字节异步传输及奇偶校验来保证传输数据的安全。

PROFIBUS第二层按照非连接的模式操作，除了提供点对点通信功能外，还提供多点通信的功能，即广播通信和有选择的广播、组播。所谓广播通信，即主站向所有站点（主站和从站）发送信息，不要求回答。所谓有选择的广播、组播是指主站向一组站点（从站和主站）发送信息，不要求回答。

(5) S7-200 PLC接入PROFIBUS网络

S7-200PLC不能直接接入PROFIBUS网络进行通信，它必须通过PROFIBUS-DP模块EM277连接到网络。EM277经过串行I/O总线连接到S7-200 PLC。PROFIBUS网络经过其DP通信端口，连接到EM277模块。这个端口支持9600bit/s～12Mbit/s之间的任何传输速率。EM277模块在PROFIBUS网络中只能作为PROFIBUS从站出现。作为DP从站，EM277模块接受从主站来的多种不同的I/O配置，向主站发送和接收不同数量的数据。这种特性使用户能修改所传输的数据量，以满足实际应用的需要。与许多DP站不同的是，EM277模块不仅仅传输I/O数据。EM277能读写S7-200 PLC中定义的变量数据块。这样，使用户能与主站交换任何类型的数据。通信时，首先将数据移到S7-200 PLC中的变量存储区，就可将输入、计数值、定时器值或其他计算值传输到主站。类似地，从主站来的数据存储在S7-200 PLC中的变量存储区内，进而可移到其他数据区。

EM277 模块的 DP 端口可连接到网络上的一个 DP 主站上，但仍能作为一个 MPI 从站与同一网络上如 SIMATIC 编程器或 S7-300/S7-400 PLC 等其他主站进行通信。图 6-26 显示了一个 PROFIBUS 网络。

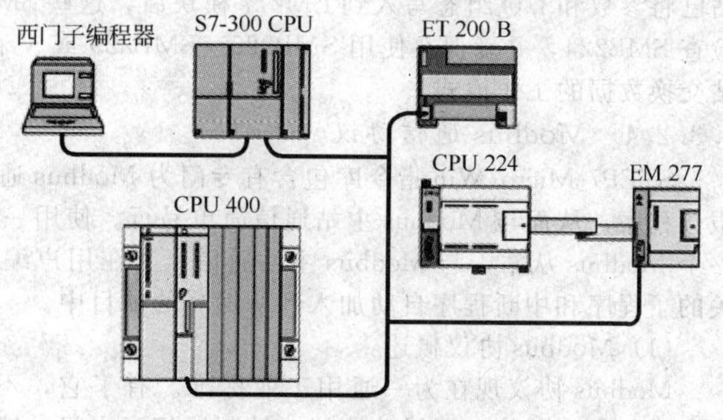

图 6-26 PROFIBUS 网络

图中，CPU224 通过 EM277 模块接入 PROFIBUS 网络。在这种场合，CPU315-2 是 DP 主站，该主站已通过一个带有 STEP7 编程软件的 SIMATIC 编程器进行组态。CPU224 是 CPU315-2 所拥有的一个 DP 从站，ET200I/O 模块也是 CPU315-2 的从站。S7-400 PLC 连接到 PROFIBUS 网络，并且借助 S7-400 PLC 用户程序中的 XGET 指令，可从 CPU224 读取数据。

为了将 EM277 作为一个 DP 从站使用，用户必须设定与主站组态中的地址相匹配的 DP 端口地址。从站地址是使用 EM277 模块上的旋转开关设定的。在变动旋转开关之后，用户必须重新启动 PLC 电源，以便使新的从站地址起作用。主站通过将其输出区来的信息发送给从站的输出缓冲区（称为“接收信箱”），与每个从站交换数据。从站将其输入缓冲区（称为发送信箱）的数据返回给主站的输入区，以响应从主站来的信息。

EM277 可用 DP 主站组态，以接收从主站来的输出数据，并将输入数据返回给主站。输出和输入数据缓冲区驻留在 S7-200 PLC 的变量存储区（V 存储区）内。当用户组态 DP 主站时，应定义 V 存储区内的字节位置。从这个位置开始为输出数据缓冲区，它应作为 EM277 的参数赋值信息的一个部分。用户也要定义 I/O 配置，它是写入到 S7-200 PLC 的输出数据总量和从 S7-200 PLC 返回的输入数据总量。EM277 从 I/O 配置确定输入和输入缓冲区的大小。DP 主站将参数赋值和 I/O 配置信息写入到 EM277 模块，然后，EM277 将 V 存储器地址和输入及输出数据长度传输给 S7-200 PLC。

输入和输出缓冲区的地址可配置在 S7-200 PLC V 存储区中的任何位置。输入和输出缓冲区器的默认地址为 VB0。输入和输出缓冲地址是主站写入 S7-200 PLC 赋值参数的一部分。用户必须组态主站以识别所有的从站及将需要的参数和 I/O 配置写入每一个从站。一旦 EM277 模块已用一个 DP 主站成功地进行了组态，EM277 和 DP 主站就进入数据交换模式。在数据交换模式中，主站将输出数据写入到 EM277 模块，然后，EM277 模块响应最新的 S7-200 PLC 输入数据。EM277 模块不断地更新从 S7-200 PLC 来的输入，以便向 DP 主站提供最新的输入数据。然后，该模块将输出数据传输给 S7-200 PLC。从主站来的输出数据放在 V 存储区中（输出缓冲区）由某地址开始的区域内，而该地址是在初始化期间由 DP 主站提供的。传输到主站的输入数据取自 V 存储区存储单元（输入缓冲区），其地址是紧随输出缓冲区的。

在建立 S7-200 PLC 用户程序时，必须知道 V 存储区中的数据缓冲区的开始地址和缓冲区大小。从主站来的输出数据必须通过 S7-200 PLC 中的用户程序，从输出缓冲区转移到其他所用的数据区。类似地，传输到主站的输入数据也必须通过用户程序从各种数据区转移到输入缓冲区，进而发送到 DP 主站。

从 DP 主站来的输出数据，在执行程序扫描后立即放置在 V 存储区内。输入数据（传输到主站）从 V 存储区复制到 EM277 中，以便同时传输到主站。当主站提供新的数据时，则从主站来的输出数据才写入到 V 存储区内。在下次与主站交换数据时，将送到主站的输入数据发送到主站。

SMB200～SMB249 提供有关 EM277 从站模块的状态信息（如果它是 I/O 链中的第一个智能模块）。如果 EM277 是 I/O 链中的第二个智能模块，那么，EM277 的状态是从 SMB250～SMB299 获得的。如果 DP 尚未建立与主站的通信，那么，这些 SM 存储单元显示默认值。当主站已将参数和I/O组态写入到EM277模块后，这些SM存储单元显示DP主站的组态集。用户应检查SMB224，并确保在使用SMB225～SMB229或V存储区中的信息之前，EM277已处于与主站交换数据的工作模式。

6.3.2.4　Modbus通信协议

STEP7-Micro/Win指令库包含有专门为Modbus通信设计的预先定义的专门的子程序和中断服务程序，从而与Modbus主站通信简单易行。使用一个Modbus从站指令可以将S7-200组态为一个Modbus从站，与Modbus主站通信。当在用户编制的程序中加入Modbus从站指令时，相关的子程序和中断程序自动加入到所编写的项目中。

（1）Modbus协议概述

Modbus协议现在为一通用工业标准。有了它，不同厂商生产的控制设备可以连成工业网络，进行集中监控。通过此协议，控制器相互之间、控制器经由网络（例如以太网）和其他设备之间可以通信。该协议定义了一个控制器能认识使用的消息结构，而不管它们是经过何种网络进行通信的。它描述了控制器请求访问其他设备的过程，以及怎样检测错误并进行记录。它确定了消息域格式及内容的公共格式。

当在Modbus网络上通信时，每个控制器需要知道它们的设备地址，识别按地址发来的消息，决定要产生何种行动。如果需要回应，控制器将生成反馈信息并用Modbus协议发出。在其他网络上，包含了Modbus协议的消息转换为在此网络上使用的帧或包结构。这种转换也扩展了根据具体的网络解决节地址、路由路径及错误检测的方法。

① Modbus协议网络选择　在Modbus网络上传输时，标准的Modbus口是使用与RS-232C兼容的串行接口，它定义了连接口的引脚、电缆、信号位、传输波特率、奇偶校验。控制器能直接或经由Modem组网。控制器通信使用主/从技术，即指只有一个设备（主设备）能初始化传输（查询），其他设备（从设备）则根据主设备查询提供的数据做出相应反应。典型的主设备有主机和可编程仪表；典型的从设备有PLC。主设备可单独与从设备通信，也能以广播方式和所有从设备通信。如果单独通信，从设备返回消息作为回应，如果是以广播方式查询的，则不做任何回应。Modbus协议建立了主设备查询的格式：设备（或广播）地址、功能代码、所有要发送的数据、错误检测域。从设备回应消息也由Modbus协议构成，包括确认要行动的域、任何要返回的数据和错误检测域。如果在消息接收过程中发生错误，或从设备不能执行其命令，从设备将建立错误消息并把它作为回应发送出去。

在其他类型网络上传输时，控制器使用对等技术通信，故任何控制器都能初始其他控制器的通信。这样在单独的通信过程中，控制器既可作为主设备也可作为从设备。提供的多个内部通道可允许同时发生传输进程。在消息位，Modbus协议仍提供了主-从原则，尽管网络通信方法是“对等”的。如果控制器作为主设备发送消息并期望从设备得到回应，当控制器接收到消息，它将建立从设备回应格式并返回给发送的控制器。

② Modbus数据传输模式　控制器能设置为两种传输模式（ASCII或RTU）中的任何一种。在配置每个控制器的时候，一个Modbus网络上的所有设备都必须选择相同的传输模式和串口通信参数（波特率、校验方式等）。所选的ASCII或RTU方式仅适用于标准的Modbus网络，它定义了在这些网络上连续传输的消息段的每一位，以及决定怎样将信息打包成消息域和如何解码。在其他网络上（像MAP和Modbus Plus）Modbus消息被转成与串行传输无关的帧。

两种传输模式中（ASCII或RTU），传输设备将Modbus消息转为有起点和终点的帧，这就允许接收的设备在消息起始处开始工作，读地址分配信息，判断哪一个设备被选中（广播方式则传给所有设备），判知何时信息已完成。其消息帧包括：ASCII帧和RTU帧。消息帧的地址域包含两个字符（ASCII）或8Byte(RTU)。可能的从设备地址是0～247（十进制）。单个设备的地址范围是1～247。主设备通过将要联络的从设备的地址放入消息中的地址域来选通从设备。当从设备发送回应消息时，它把自已的地址放入回应的地址域中，以便主设备知道是哪一个设备做出回应。地址0用做广播地址，以使所有的从设备都能认识。当Modbus协议用于更高水准的网络，广播可能不允许或以其他方式代替。消息帧中的功能代码域包含了两个字符（ASCII）或

8Byte(RTU)。可能的代码范围是十进制的1～255。当然，有些代码适用于所有控制器，有些只适用某种控制器，还有些保留以备后用。

当消息从主设备发往从设备时，功能代码域将告之从设备需要执行哪些行为。例如去读取输入的开关状态，读一组寄存器的数据内容，读从设备的诊断状态，允许调入、记录、校验在从设备中的程序等。

当从设备回应时，它使用功能代码域来指示是正常回应（无误）还是有某种错误发生（称为异议回应）。对正常回应，从设备仅回应相应的功能代码。对异议回应，从设备返回到一个等同于正常代码的代码，但最重要的位置为逻辑1。

除功能代码因异议错误做了修改外，从设备将一独特的代码放到回应消息的数据域中，以便告诉主设备发生了什么错误。主设备应用程序得到异议的回应后，典型的处理过程是重发消息，或者诊断发给从设备的消息并报告给操作员。数据域是由两个十六进制数集合构成的，范围为00～FF。根据网络传输模式，这可以由一对ASCII字符组成或由一RTU字符组成。

主设备发给从设备消息的数据域包含附加的信息，从设备必须用于执行由功能代码所定义的所为。这包括了不连续的寄存器地址，要处理项的数目，以及域中实际数据字节数。例如，如果主设备需要从设备读取一组保持寄存器（功能代码03），数据域指定了起始寄存器及要读的寄存器数量。如果主设备写一组从设备的寄存器（功能代码10十六进制），数据域则指明了要写的起始寄存器，要写的寄存器数量，数据域的数据字节数，以及要写入寄存器的数据。

如果没有错误发生，从设备返回的数据域包含请求的数据。如果有错误发生，此域包含有异议代码，主设备应用程序可以用来判断采取下一步行动。在某种消息中数据域可以是不存在的(0长度)。例如，主设备要求从设备回应通信事件记录（功能代码0BH)，从设备不需任何附加的信息。

标准的Modbus网络有两种错误检测方法：ASCII模式和RTU检测。错误检测域的内容有赖于所选的检测方法。

a. 当选用ASCII模式做字符帧时，错误检测域包含两个ASCII字符。这是使用LRC（纵向冗长检测）方法对消息内容计算得出的，不包括开始的冒号符及回车换行符。LRC字符附加在回车换行符前面。

b. 当选用RTU模式做字符帧时，错误检测域包含一个16Byte的值（用两个8Byte的字符来实现)。错误检测域的内容是通过对消息内容进行循环冗长检测方法得出的。CRC域附加在消息的最后，添加时先是低字节然后是高字节，故CRC的高位字节是发送消息的最后一个字节。

标准的Modbus串行网络采用两种错误检测方法：奇偶校验和检测帧。奇偶校验对每个字符都可用，帧检测（LRC或CRC）应用于整个消息。它们都是在消息发送前由主设备产生的，从设备在接收过程中检测每个字符和整个消息帧。

用户要给主设备配置预先定义的超时时间间隔，这个时间间隔要足够长，以使任何从设备都能做出正常回应。如果从设备检测到传输错误，将不会接收消息，也不会向主设备做出回应。这样，超时事件将触发主设备来处理错误，发往不存在的从设备的地址也会产生超时错误。

(2) Modbus协议指令

STEP7-Micro/Win指令库包含有两条用于Modbus通信的指令：MBUS _ INIT和MBUS _ SLAVE。MBUS _ INIT指令用于初始化Modbus通信，而指令MBUS _ SLAVE对Modbus主站的请求做出响应，这两条从站协议指令内部包括3个子程序及2个中断子程序来完成其功能。Modbus从站协议指令运行时需要1857个字节的程序空间，以及779个字节的变量存储模块(V)。变量存储模块起始地址由用户进行设置，保留给Modbus变量使用。

在使用Modbus从站协议进行通信时，从站协议指令将独占端口0，因此端口0不能用于其他用途，包括与STEP7通信。Modbus初始化指令进行初始化时将配置端口0为Modbus模式或PPI模式。Modbus从站协议指令将影响所有与端口0有关的标志寄存器（SM)。

① MBUS _ INIT指令

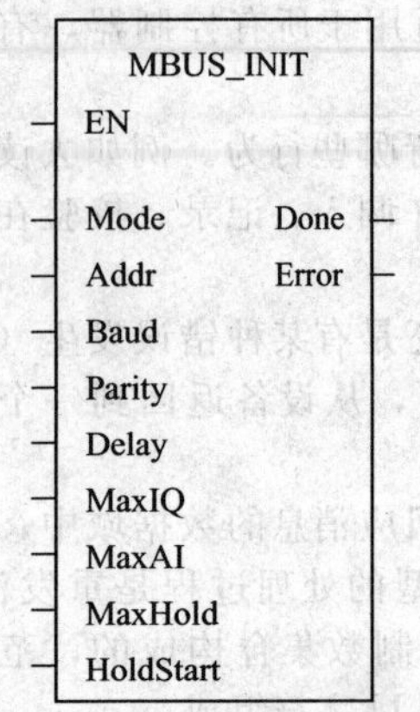

图 6-27　ModBusINIT 指令

MBUS_INIT 指令用于使能、初始化或禁止 ModBus 通信。其梯形图指令如图 6-27 所示。只有当 MBUS_INIT 指令执行无误后，才能执行 MBUS_SLAVE 指令。在执行下一条指令前，MBUS_INIT 指令必须执行完且 Done 位立即置位。当 EN 位使能时，在每个周期 MBUS_INIT 指令都被执行。但使用时，只有当改变通信的有关参数时，MBUS_INIT 指令才重新执行，因此 EN 位的输入端应采用脉冲输入，并且该脉冲的产生应采用边沿检测方式产生，或者采取措施使得 MBUS_INIT 只执行一次。

参数说明如下。

参数 Baud 用于设置波特率，波特率可为 1200，2400，4800，9600，19200，38400，57600 或 115200。

参数 Addr 用于设置地址，地址范围为 1～247。

参数 Parity 用于设置校验方式使之与 Modbus 主站匹配。其值可为 0（无校验）、1（奇校验）、2（偶校验）。

参数 MaxIQ 用于设置最大可访问的 I/O 点数。

② MBUS_SLAVE 指令

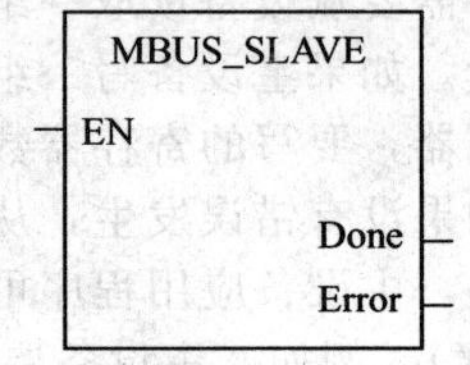

图 6-28　MBUS_SLAVE 指令

MBUS_SLAVE 指令用于响应 Modbus 主站发出的请求。该指令应该在每个扫描周期都被执行，以检查是否有主站的请求。其梯形图指令如图 6-28 所示。只有当指令的 EN 位输入有效时，该指令在每个扫描周期才被执行。当响应 ModBus 主站的请求时，Done 位有效，否则 Done 处于无效状态。位 Error 显示指令执行的结果。Done 有效时 Error 才有效，但 Done 由有效变为无效时，Error 状态并不发生改变。

Modbus 通信采用 CRC（循环冗余校验）来保证所传输信息的正确性。为降低计算 CRC 校验码的时间，Modbus 协议使用一个预先计算好了的 CRC 校验码表来计算 CRC 校验码，初始化该校验表需要 425ms 的时间。该初始化工作由 Modbus 初始化指令 MBUS_INIT 完成，而且通常是在进入 RUN 模式的第一个用户周期完成。如果初始化的时间大于 500ms，则需要复位看门狗，以使程序能够正确执行。当 MBUS_SLAVE 响应一个请求时，用户程序的扫描时间将延长。进行扫描时，由于大部分的扫描时间用于执行 CRC 校验码的计算，一个字节的数据就需要大约 650μs 的时间用于计算 CRC 校验码。最大的请求/响应（读或写 120 字）所延长的时间大约为 165ms。

Modbus 的地址帧一般为 5～6 个字节，包括数据类型和偏移量。前一个或前两个字节说明数据类型，最后四个字节为对应数据类型的一个数值。Modbus 主设备将这一数值与相应的功能对应起来。Modbus 从站协议指令可以对 Modbus 主机可访问的输入、输出、模拟输入和保持寄存器（位于 V 存储区）的数量进行限制。

第 7 章　编程软件 CX-Programmer

计算机辅助编程时要安装专用编程软件，还要和 PLC 建立通信连接。使用编程软件可以实现的功能有：梯形图或语句表编程；编译检查程序；数据和程序的上载、下载及比较；对 PLC 的设定区进行设置；对 PLC 的运行状态及内存数据进行监控和测试；打印程序清单等文档；文件管理等。CX-P(CX-Programmer) 是 OMRON 公司开发的编程软件，在 Windows 环境下使用。

7.1　CX-Programmer 简介

CX-Programmer 是一个 PLC 程序设计及编辑工具，可以进行 PLC 程序建立、测试以及维护操作。CX-Programmer 主要针对 OMRON CS1 系列 PLC、CV 系列 PLC，以及 C 系列 PLC。它是一个支持 PLC 设备和地址信息、OMRON 的 PLC 和这些 PLC 支持的网络设备进行通信的工具。

CX-Programmer 在运行微软 Windows 环境（Microsoft Windows 95 或者更新版本，或 Microsoft Windows NT 4.0 或者更新版本）的标准 IBM 及其兼容（基于 Pentium 或者更高）台式机上面运行。

7.2　CX-Programmer 的使用

7.2.1　启动 CX-Programmer

启动 CX-Programmer 可以直接双击桌面快捷方式，或是从 Microsoft Windows 的任务条的“开始”按钮来启动。启动后，CX-Programmer 程序窗口见图 7-1。

图 7-1　CX-Programmer 程序窗口

7.2.2 CX-Programmer 工程

CX-Programmer 工程由梯形图、地址和网络细节、PLC 内存内容、I/O 表、扩展指令以及符号组成。每一个 CX Programmer 工程文件都是独立的，是一个单独的文档。CX-Programmer 在同一时刻只能够打开一个工程文件，但是能够使用 CX-Programmer 处理多个工程文件。CX-Programmer 工程文件具有“.CXP”或者“.CXT”的文件扩展名。

7.2.3 CX-Programmer 视图

CX-Programmer 主要包括梯形图工作区、工程工作区、输出窗口、查看窗口、地址引用工具，如图 7-2 所示。

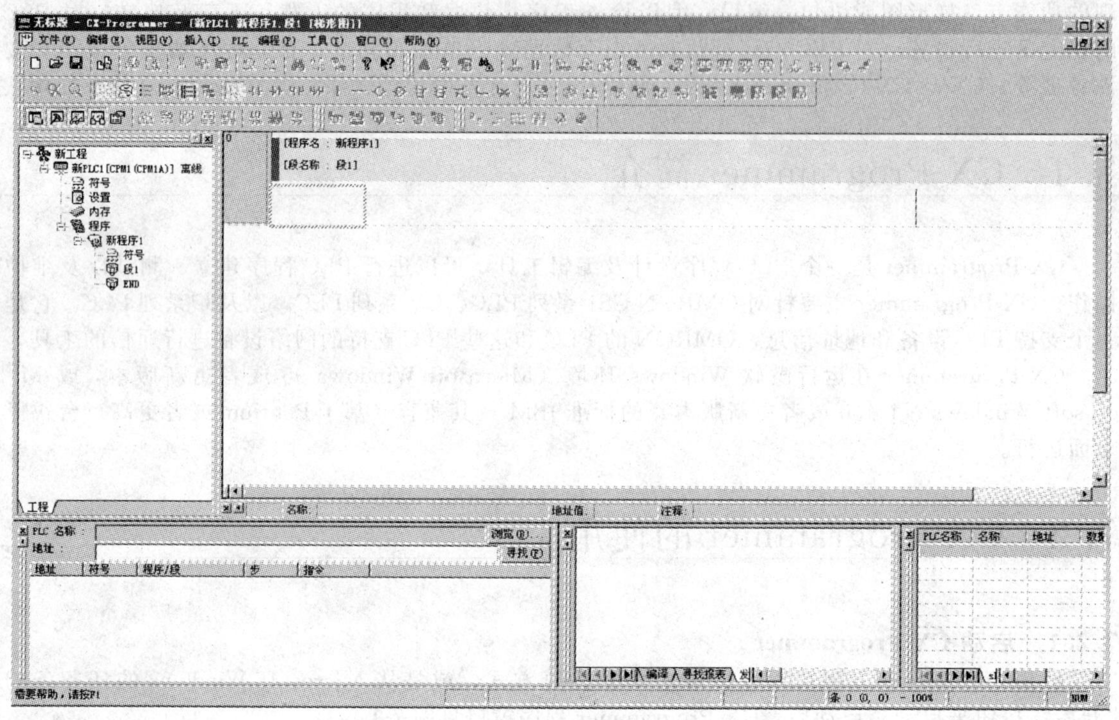

图 7-2 CX-Programmer 视图

(1) 图形工作区

图形工作区可以显示梯形图程序、梯形图程序相应符号表、程序编码以及 I/O 注释。当建立一段新的 PLC 程序后，在工程工作区右侧启动一个空白的梯形图工作区，符号表、输出窗口和地址引用窗口需在选取以后才能显示出来，梯形图程序以图形方式从左到右显示 PLC 电流，并从上向下显示程序顺序。

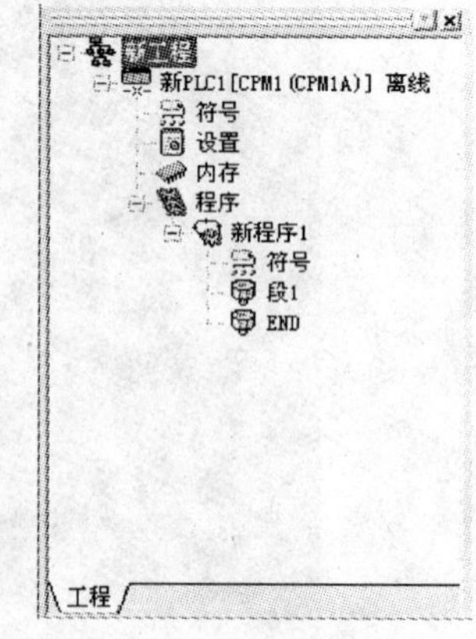

图 7-3 工程工作区

(2) 工程工作区

在工程工作区中显示成一个树状结构，通过这个树状结构显示相关工程 PLC 和每个程序细节。从工具栏上面选择显示工程工作区按钮来激活此视图。同样，可以再次选择显示工程工作区按钮来关闭工程工作区视图，如图 7-3 所示。

(3) 助记符视图

助记符视图是一个使用助记符指令进行编程的格式化编辑器。此视图是由一个 6 列的表组成的，这 6 列分别是梯级号码、步号、指令、操作数、值以及注释。助记符指令是 PLC 程序的一种“低级”视图，但比梯形图要高级一些。

打开助记符视图，从工具栏中单击查看助记符按钮，助记

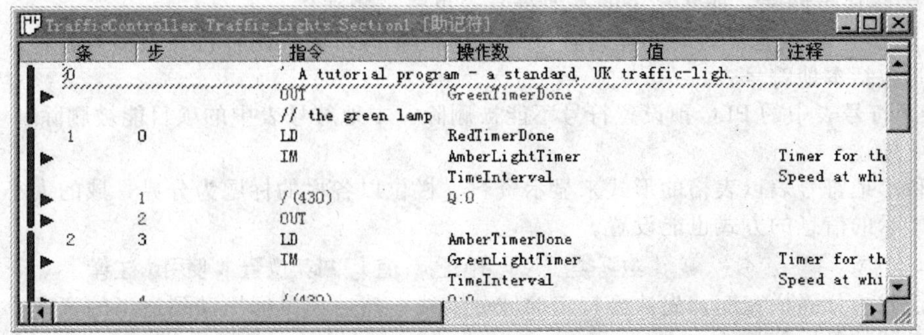

图 7-4　助记符视图

符视图就会显示在梯形图工作区中，如图 7-4 所示。

7.2.4　在 CX-P 中使用 Microsoft Windows 特性

在 CX-Programmer 环境中，可以使用标准 Microsoft Windows 的一些特性，例如打开、保存、复制、粘贴等操作，本节对部分特性进行具体介绍。

(1) 打开和保存工程

在 CX-Programmer 中把工程文件保存到硬盘上的方法和其他 Windows 应用程序所用的方法是一样的。CX-Programmer 工程中使用的工程文件类型主要包括 CXP（工程本身)、OPT（工程参数文件)、BAK（ 工程文件备份)、CXT（基于文本格式的文件)。

打开和保存操作也类似于 Windows 程序。每当一个现存的工程被打开，其都会被重新编译，在装载和编译过程中，将显示一个进度条。具体步骤如下。

① 在工具栏选择打开按钮。打开 CX-Programmer 文件，对话框将被显示。

② 在文件类型栏中选择要导入的文件类型。

③ 在文件名称栏中选择要打开的文件名称，或者输入文件名称。

④ 选择打开按钮来打开文件。相关文件将被编译，一个进度条将会被显示。

⑤ 在工具栏中选择保存工程按钮保存工程。选择文件菜单中的“另存为”选项来把现存的工程保存为另一个名称。

(2) 剪切、复制和剪贴

剪切、复制和剪贴可以在工程内、工程间甚至程序间进行操作。可以在梯形图程序、助记符视图和符号表内部或两者之间来复制、剪切和剪贴各个对象，例如文本、接触点、线圈。也可以使用标准 Microsoft Windows 拖放操作。在 CX-Programmer 中复制和移动信息具体操作步骤如下。

① 选择窗口中一个或者多个对象，和 Windows 的其他程序相同，可以通过按住 Shift 键来选择这两个对象之间所有的对象，或者通过按住 Ctrl 键添加一个选择或是选择不连续的几个对象。

② 在工具栏选择复制或者剪切按钮来复制或移动对象。

③ 选择一个目标区域，例如另一个窗口，或者工程树中另一个地方。

④ 选择工具栏上的剪贴按钮来剪贴对象，可以无需再复制对象就多次执行剪贴操作。

(3) 删除对象

工程中的大多数对象都可以被删除，但是 PLC 在线工作的时候不能删除工程。删除一个对象时，应注意以下几点。

① 如果删除和 PLC 相关的所有部件，其本身也将被删除。独立部件例如 I/O 表不能被单独删除。

② 如果 PLC 作为一个网关 PLC 或者 PLC 正在被打开用于通信的时候不能被删除。

③ 如果程序被删除，那么相关的本地符号表也将被删除。

④ 在删除 PLC 或程序时并不能删除符号表。删除 PLC 时，两种符号表都被删除；对程序而言，删除时包括本地符号表。

⑤ 全局符号表中的 PLC 预设置符号不能被删除。本地符号表中的项目能被删除。

（4）域描述

全局和本地符号表以表格的形式来显示资料。栏位以各栏的标题为分界，域的大小也能够被调整，其显示的信息的方式也能设置。

名称	数据类型	地址 / 值	机架位置	使用	注释

要调整域的分隔栏宽度，先选择特定的域分隔线，然后用鼠标拖动到适当的宽度。可以通过以下图标来调整显示信息的方式。

选择工具栏中的大图标按钮，以大图标方式来显示内容；选择工具栏中的小图标按钮，以小图标方式来显示内容；选择工具栏中的列表按钮，以列表方式来显示内容；选择工具栏中的详细资料按钮，以详细资料方式来显示内容。

（5）梯级/步号码

CX-Programmer 可以指定梯形图或者步号指定位置，让画面跳转到特定的位置，将显示跳转到特定的程序或者程序节。在跳转对话框允许选择梯级和步号码。有效的梯级和步号码范围如图 7-5 所示，也可以使用组合键 Ctrl＋G 来显示此对话框。

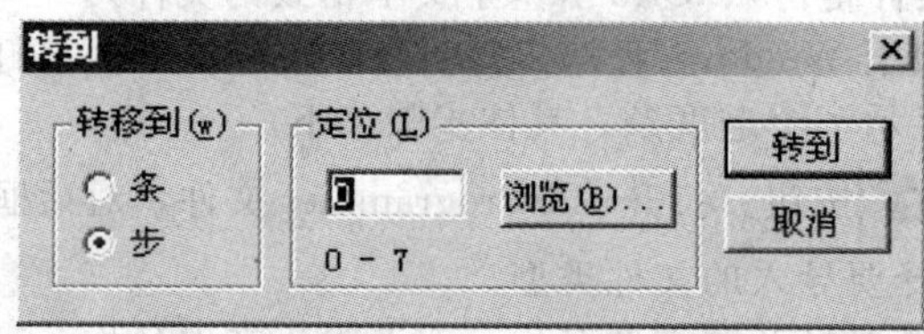

图 7-5　跳转对话框

在对话框中点击浏览按钮，可以对梯级进行浏览。浏览器将列出程序中节的列表，以及每一节相应的已注释的梯形图。可以在这个列表中选择一个梯级来查看。当在定位栏中输入对应步号并选择转到按钮时，将按输入要求显示目的地点的内容。

（6）显示、隐藏和定制工具栏

自定义对话框允许按要求自定义显示的工具栏，也可以创建新的工具栏、自定义对话框，如图 7-6 所示。按照以下步骤在 CX-Programmer 环境中添加和删除工具栏，具体操作步骤如下。

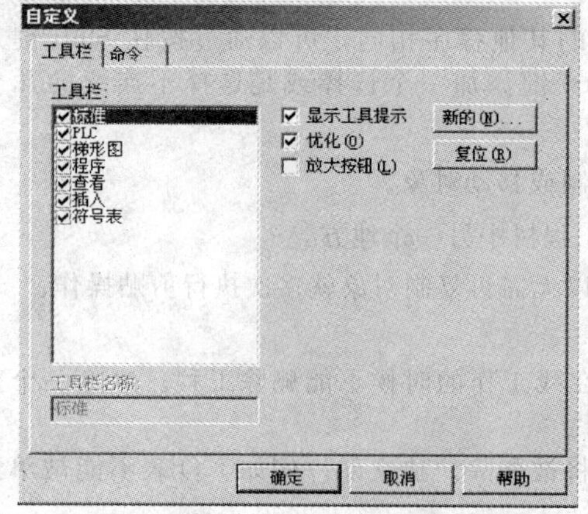

图 7-6　自定义对话框

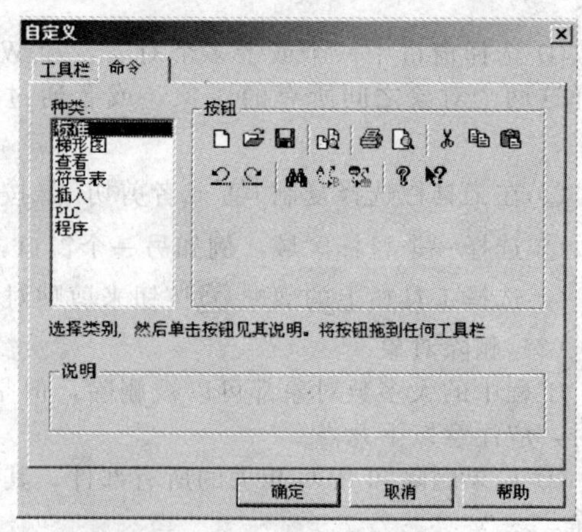

图 7-7　定制工具栏

① 在视图菜单中选择“工具栏”命令，在工具栏对话框中选择工具栏标签。

② 在工具栏列表中选择要在 CX-Programmer 环境中显示的工具栏，不选择则不显示这个工具栏。

③ 将“显示工具提示”设置框设置为打开，这样工具栏按钮相应的提示就会被显示；将“优化”设置框设置为打开，除去在工具栏按钮四周的边框；将“大按钮”设置框设置为打开，可以增大按钮的尺寸。

④ 选择“确认”按钮接受设置，选择“取消”按钮放弃操作。

(7) 定制工具栏

在自定义对话框下的命令栏中可以自定义工具栏中的按钮，修改工具栏中的按钮，从特定种类的按钮中拖放，或者在工具栏之间进行拖放来定制工具栏，如图 7-7。按照以下步骤来添加、删除和移动工具栏按钮。

① 在视图菜单中选择“工具栏”命令，在工具栏对话框中选择“命令”标签。

② 从分类列表中选择要显示的按钮类型。相关类型的按钮就会被显示。

③ 选择需要的按钮，将其拖放到适当的工具栏上面。

④ 要从工具栏删除一个按钮，选择包含要删除按钮的按钮种类，把这个按钮拖出工具栏即可。

⑤ 要在工具栏中移动按钮，选择要移动的按钮，将其拖放到适当的工具栏上即可。

(8) 创建和删除一个新的工具栏

在自定义对话框下也可以创建一个新的工具栏。创建工具栏后，从现有的工具栏上移动和向其添加按钮来定制新工具栏。这样创建的工具栏也能被删除，虽然所有的按钮都能从工具栏上被删除，但是按钮并不能删除其本身。

按照以下步骤来创建和删除一个工具栏。

① 从视图菜单选择“工具栏”命令。工具栏对话框将被显示。

② 选择“新建”按钮，新建工具栏对话框将被显示。

③ 输入新工具栏的名称，然后选择确定。新建的对话框将被添加到工具栏列表中，并且被显示在屏幕上，可以通过拖放来重新定位工具栏的位置。

④ 通过拖放，将现有工具栏上的按钮移动到新建的工具栏上面去。

⑤ 选择需要的按钮，将其拖放到新建的工具栏上面去。如果没有需要使用的按钮，选择命令标签，从种类列表中选择要显示的按钮的类型。

⑥ 要删除一个定制工具栏，从工具栏列表中选中它，然后选择删除按钮。

7.3 CX-Programmer 编程

7.3.1 生成符号和地址

以往 PLC 程序员在编程过程中使用符号或数值作为操作数，地址本身看起来没有明显的实际意义，如果没有说明文件作进一步的说明，会使程序变得复杂难懂。CX-Programmer 支持这样一种特性，在 CX-Programmer 中存在一个程序包，允许对地址进行维护，这样就使程序具备一些可以阅读的文档。但是与之相比，使用符号来编程更加有力，因为使用符号编程可以使用名称代替地址。符号是一个具有名称的变量，其具有地址或数值，在编程中使用符号的名称，这样有助于增加程序的可读性和维护性。另外，CX-Programmer 还允许符号定义在 PLC 或者程序中，这就使得程序员可以为一个程序定义特定的专有符号，避免与其他符号相混淆。定义在 PLC 中的符号也可以在多个程序中使用。程序符号保存在本地符号表中，PLC 符号保存在全局符号表中。

(1) 全局符号

PLC 全局符号表中最初会依据不同的 PLC 类型，在符号表中填入一些预订值。例如，许多类型的PLC都生成符号‘P_1s’(1s的脉冲)。所有的预置符号都有前缀‘P_’，其不能被删除或者编辑。全局符号表包含PLC的符号，这些符号能被PLC内的任意一个程序使用。

(2) 本地符号

本地符号只属于某一个特定的程序，这些符号不能在其他程序中被引用。在程序编辑中尽量对每一个程序定义本地符号，除非该地址要供多个程序中使用，这样可以使工程更加容易管理和维护。

程序的本地符号表被创建时是空的，在工具栏中选择查看符号表按钮可以查看符号表。可以在本地符号表中定义和全局符号表中相同名称的符号，这样本地符号会被视为优先的符号定义，程序会优先使用本地符号表定义。这是一个有用的特性，但容易发生错误，因此CX-Programmer会在验证符号时发出提示警告。

(3) 添加符号

添加符号可以从工程工作区、符号表、程序窗口来添加。在每一种情况下，都要使用插入符号对话框，如图7-8所示。

按照以下步骤来添加符号。

① 点击查看本地符号按钮，打开符号表。从插入菜单中选择符号选项，或在符号表中点击鼠标右键选择插入符号选项，添加符号对话框将被显示（如图7-8）。

② 输入一个符号的名称。

③ 在地址或数值栏中输入地址或者值。如果是数据类型的符号，则输入一个十进制的值，或在前面加以“#”表示十六进制数，也可以输入一个正的或者负的浮点数。如果地址自动定位，将这一栏保持空白。

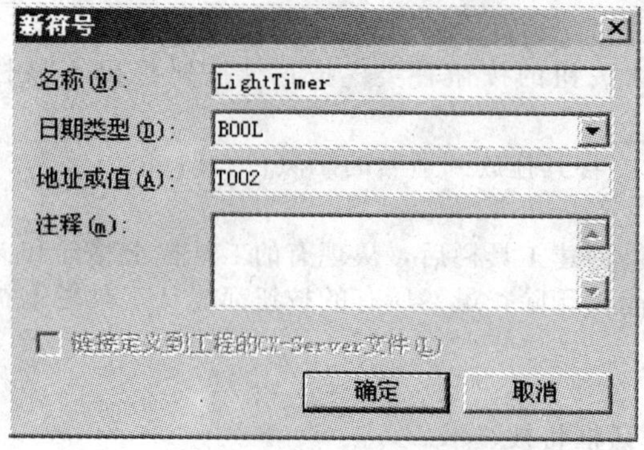

图7-8 新符号对话框

④ 如果有必要的话，在注释栏中输入注释。

⑤ 对于全局符号，通过设置将定义链接到CX-Server文件栏，来设置是否将符号定义与工程链接的CX-Server文件分享。

⑥ 选择“确定”按钮来接受设定，选择“取消”按钮放弃操作。

(4) 自动生成符号

在CX-Programmer中可以建立符号而不用输入名称。但是有一点要注意自动生成符号只适用于全局符号表，自动生成符号时必须指定地址和注释，其数据类型必须是BOOL型或CHANNEL型。

在CX-Programmer中通过选项可以自动将未命名符号生成符号名。打开工具菜单中选项对话框，选择符号栏中的“自动产生符号名”选项，如图7-9所示。如果选择该选项，系统会自动为未命名的符号生成符号名，其格式为AutoGen_[Address]，其中的“Address”以符号的位地址表示。如果有两个或两个以上的符号有相同的地址，会在其名称后加上（Copy Of #），其中#是一个惟一的编号。

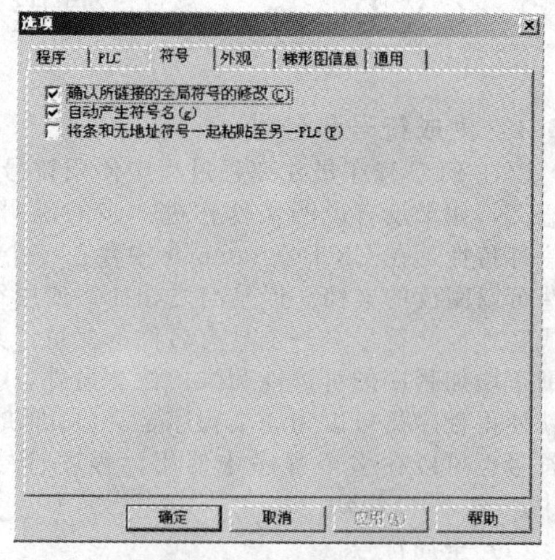

图7-9 选项对话框

(5) 自动配置

自动配置可以帮助符号自动指定一个位地址，设置自动配置时选择PLC菜单下的自动配置选项，会弹出 PLC 自动内存分配对话框，如图 7-10 所示。

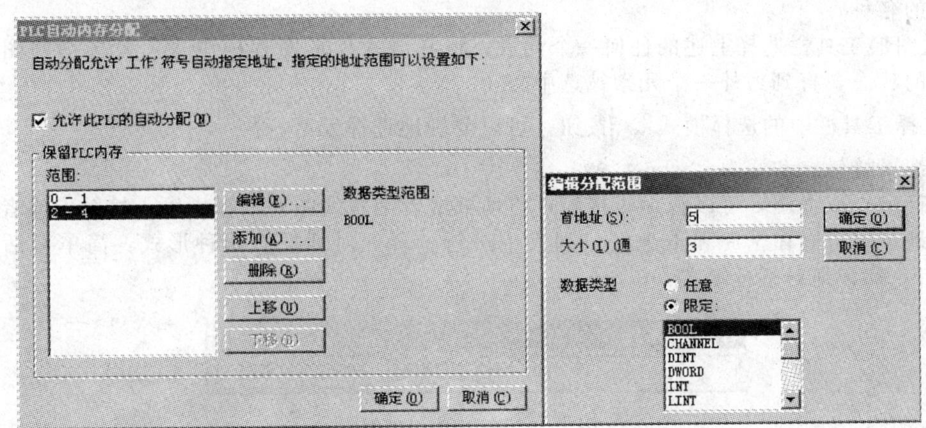

图 7-10 PLC 自动内存分配对话框

按照下面步骤套用自动配置功能。

① 选取允许此 PLC 自动配置选项。

② 点击“添加”按钮将一个区域新建到保留 PLC 内存栏中，此时会弹出编辑分配范围对话框，此对话框中可以输入分配的详细资料。

③ 在编辑分配范围对话框中输入首地址和分配内存的大小，并定义要供 CX-Programmer 配置使用的 PLC 地址范围。

④ 选择对话框中的一个或多个数据类型。根据初值设定，所有可用的资料类型都会使用这个区域的配置。

⑤ 在 PLC 自动配置选项中选择“删除”按钮，可以将选取的配置范围从列表中删除。

⑥ 使用上移或下移按钮，可以将选取的范围向上或向下移动，改变其配置的优先顺序。

以上操作完成后，按下“OK”按钮，在自动配置区域可供使用的情况下，系统会依照程序在列表中的位置依次寻找每个程序。在每个程序中，首先要搜索具有固定地址的接点、线圈和指令。如果搜索的指令有固定地址在自动配置区域内的，则这些位置将会被标为已使用，而且无法再将其分配给其他符号。如果固定符号中有任何符号位在自动配置区域中时，那么这些符号就会被标为已使用，而且无法再配置给其他符号。最后，会在自动配置区域内的剩余位置中，分配一个位置给自动位置符号，分配时会依据在符号表中的字母顺序配置。

操作完成后，每当程序员输入一个有固定地址的新接点、线圈、指令或符号时，如果该位置在自动配置区域内，就会被标为已使用。当使用者输入一个没有固定地址的符号时，会被立刻在地址中配置一个地址。

7.3.2 程序编辑

在 CX-Programmer 中可以在梯形图程序中进行一系列编辑操作，但是其取决于选择的是指令、接触点、线圈还是工作区。

查看梯形图程序，从工具栏选择查看梯形图程序按钮。可以在图表工具栏选择，直接将其放置到梯形图上去。主要按钮包括新建常开接触点、新建常闭接触点、垂直线、水平线、新建常开线圈、新建常闭线圈、指令按钮。另外，程序中的梯级和元素都能通过属性框来给出能在梯形图程序中显示的注释。

可以按照以下步骤来创建一个梯形图程序。

① 选择工程工作区中的 PLC 对象。

② 在工具栏中选择新建程序按钮来新建一个程序。梯形图编辑窗口将被显示。

③ 从工程工作区中选择程序对象。再次选择程序对象可以使其变成一个可以编辑的区域，输入程序的名称。

④ 从图形工具栏选择上述的任何一个元素，将其放入梯形图程序中去。被选择的图标将保持被选择的状态，直到另外一个元素被选中。

⑤ 选择工具栏中的选择模式 按钮，可以分别地选择元素。

(1) 编辑接触点和线圈

编辑接触点或线圈，可以在编辑接触点对话框或者编辑线圈对话框中输入接触点或者线圈的名称或地址，也可以在全局和本地符号列表中进行选择。对话框有两种形式：简单对话框模式（如图 7-11）和详细对话框模式。

图 7-11 新接点对话框

可以按照以下步骤在简单对话框方式下来编辑一个接触点或者线圈。

① 在梯形图程序中双击需要编辑的接触点，将显示编辑接触点对话框或者编辑线圈对话框。

② 输入接触点或者线圈的名称或者地址，可以直接输入或者在列表中进行选择。如果要输入一个自动定位地址的符号，输入名称。要输入一个没有名称的符号，只要输入地址和注释即可。

③ 选择“确定”按钮来完成操作。选择“取消”按钮来放弃操作。

(2) 编辑指令

编辑指令对话框允许输入一个指令，并输入到梯形图中去，也可以对已有梯形图程序的属性进行进一步编辑。

编辑指令可以按照以下步骤来完成。

① 在梯形图程序中双击已存在的指令符号，即显示指令编辑对话框，如图 7-12 所示。

② 使用对应的指令的名称或者号码输入一个指令。当输入了正确的号码，相应的指令名称将自动匹配。也可以选择“查找指令”按钮查询可选用的指令。

③ 输入指令操作数。

④ 选择编辑指令对话框中的“确定”按钮完成操作，选择“取消”按钮放弃操作。

(3) 给程序添加注释

对于一段较长的程序，为了方便后期的程序修改和调试，作为良好编程习惯的一部分，推荐使用注释。当选择了选项对话框中的标签选项时，程序的注释就会出现在梯形图画面的上方。

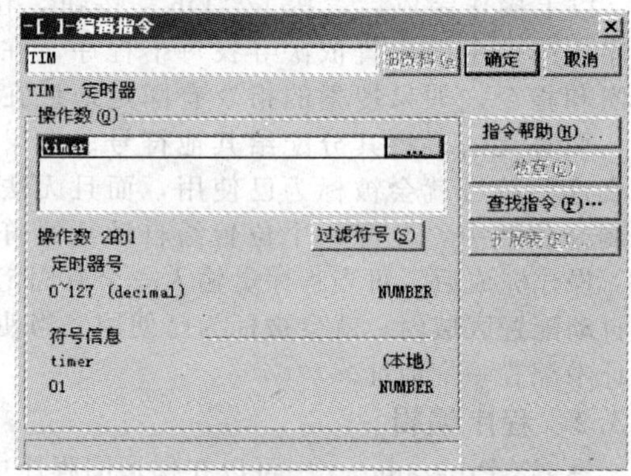

图 7-12 指令编辑对话框

添加注释时，选择梯形图中元素的属性框 按钮来为其设置文本注释。文本作为注释，被添加到梯形图程序中，梯形图编译时注释并不被编译，而是被添加到梯级中时被编译为代码。编译后梯级注释一般用来说明和解释代码段。

7.3.3 程序编译

当梯形图程序编写完成时，程序运行前要对整个程序进行检查和编译，并产生对象代码。在一个工程内可以包含多个程序，此外 CX-Programmer 允许同时编译多个程序。也可选择某个程序，单独进行编译。编译过程可以按以下步骤进行。

① 选择工程工作区中的 PLC 对象。

② 选择工具栏的编译 PLC 程序按钮，或者选择工具栏中的编译程序按钮来编译一个程序，在界面的下方将显示一个编译状态的对话框，结果显示在输出窗口的编译标签下面。

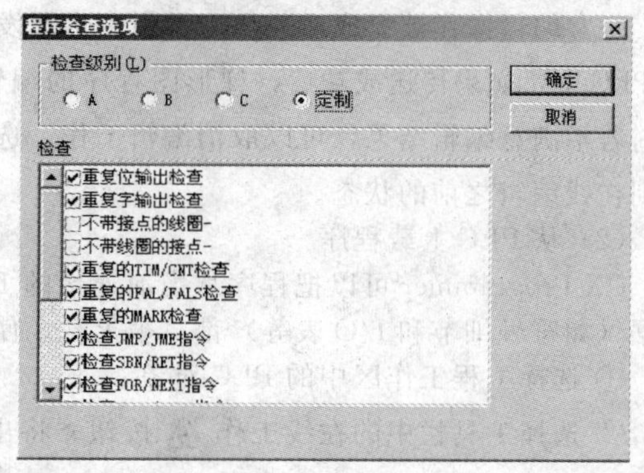

图 7-13 程序检查选项

编译时所执行的检查可以通过选择 PLC 菜单中的程序检查选项进行设置，如图 7-13 所示。可以在三个检查等级（“A”是最严格的，“C”则最宽松）之间进行选择，或者定制检查。选择合适的检查。对于定制设定，允许在选择框内对每一项检查进行设置，也允许单独的选择或者不选择每一项。选择“确认”按钮来接受设置，选择“取消”按钮放弃操作。

7.3.4 在线工作

CX-Programmer 允许通过工程把 PLC 连接到计算机，一旦连接到 PLC 以后，就可以进行编程的后续操作。进行在线工作，从工具栏中选择在线工作按钮，连接到 PLC。

PLC 能够被设置成四种工作模式中的一种：程序模式，调试模式（仅仅适用于 CV 系列 PLC），监视模式和运行模式。

① 程序模式：在这种模式下，PLC 不执行其程序。这种模式用来下载程序和数据资料。

② 调试模式：这种模式对 CV 系列 PLC 可用，能够实现用户程序的基本调试。

③ 监视模式：这种模式允许在开发时使用，在线工作的情况下对运行的程序进行监视和编辑。在线编辑必须在这种模式下进行。

④ 运行模式：这种模式可以将 PLC 置于正常工作状态下运行程序。这种模式只用于在程序进行完整的测试和调试以后的最终测试。PLC 处于此模式时，CX-Programmer 不能对程序进行编辑操作。

改变 PLC 工作模式按照以下步骤来改变。

a. 选择工程工作区中的 PLC 对象。

b. 选择工具栏中的在线工作按钮。将出现一个确认信息选择，“是”，连接到 PLC 进入在线工作。

c. 从工具栏选择程序模式，调试模式，监视模式或者运行模式按钮。

（1）在线编程

梯形图编辑完成并通过程序编译后，满足工程和 PLC 设定，就可以连接 PLC 执行在线操作了。当使用在线编辑功能时，PLC 通常都运行在监视模式下。

按照以下步骤来进行在线编程。

① 选择工程工作区中的 PLC 对象。

② 选择工具栏的在线工作按钮。将弹出一个对话框，选择“是”按钮，和 PLC 建立连接。工程工作区内的图标将发生变化。梯形图程序的背景颜色将发生变化，表示该区域现在是不可编辑状态。

③ 选择工具栏上的在线编辑梯级按钮。所选择的区域将同 PLC 相应的区域进行比较，以确认其是相同的。如果不一样，将无法进行在线编辑。通过按住鼠标左键在梯级上方进行拖曳，可以一次选取多个梯级。

④ 被选取区域背景颜色将发生变化，表明该区域现在已经是可编辑区域。但是其周围的梯级仍然不能被编辑，但是可以把这些不可编辑梯级里面的元素或者梯级本身复制到可编辑区域。

按照以上步骤操作后就可以进行在线编辑，就如同离线状态下一样。但是最后的 END 指令不能被编辑。

正常编辑操作被完成后，从工具栏中选择发送在线编辑改变按钮。将更改后的程序套用到PLC中，如果传送成功后，梯形图程序的编辑区域将重新变回只读方式。另外，在改变传送之前若不满意编辑结果，可以取消编辑工作，选择工具栏中的取消在线编辑按钮，程序将恢复到在线编辑之前的状态。

(2) 从PLC上载程序

CX-Programmer可以把程序从当前连接的PLC上载到打开的工程中，同时所有相关的程序数据（如符号细节和I/O表等）都将被上载。使用以下步骤从PLC传送程序。

① 选择工程工作区中的PLC对象。

② 选择工具栏中的在线工作按钮。将出现一个确认对话框，选择“是”按钮与PLC建立连接。

③ 选择工具栏上的从PLC传送按钮。将显示一个警告对话框，提示工程中当前的程序将被覆盖。上载选项对话框将被显示，允许使用者对某些PLC部件传送进行单独选择（例如程序、扩展函数、内存分配、设置、I/O表和内存等）。

④ 按照需要进行数值设置，然后选择“确认”按钮。

⑤ 上载对话框将显示成功或者失败的操作，此过程中发生的任何错误将被记录在错误日志中，选择“确认”按钮完成操作。

(3) 把程序下载到PLC

当PLC处于编程模式时，可以将程序下载到PLC。如果没有处于这种状态，CX-Programmer将自动改变为编程模式。按照以下步骤来将程序传送到PLC。

① 选择工程工作区中的PLC对象。

② 选择工具栏中的在线工作按钮。将出现一个确认对话框，选择“是”按钮与PLC建立连接。选择工具栏上的传送到PLC按钮。将显示下载选项对话框，可以选择同时下载或者单独下载程序、设置、I/O表。

③ 按照需要进行数值设置，选择“确认”按钮确认。不同的PLC型号可下载的项目也有所不同。操作完成后程序将被编译，随之显示一个确认对话框。梯形图程序将变灰，以防止在下载过程中程序被编辑。

(4) 比较程序

CX-Programmer中工程PLC程序能够与PLC内的数据进行比较。按照以下步骤比较工程PLC程序和PLC内的数据。

① 选择工程工作区中的PLC对象。

② 选择工具栏中的在线工作按钮。将出现一个确认对话框，选择“是”按钮与PLC建立连接。

③ 从工具栏选择同PLC进行比较按钮。比较选项对话框将被显示，允许设置单独比较还是一起比较程序、设置、I/O表。

④ 按照需要进行数值设置，选择“确认”按钮确认。不同的PLC型号可下载的项目也有所不同。PC和PLC程序之间比较的细节将在输出窗口中的编译标签下显示，如图7-14所示。

(5) 程序监视

程序监视功能可以在程序执行时显示PLC运行的电流量。当有电流流穿过梯形图程序时，程序会用一根穿过梯形图程序项目的细线来表示。程序监视功能可同时监视来自几个PLC的程序，但要确保程序都已经被下载，而且PLC处于监视模式。具体操作按照以下步骤进行。

① 在工程工作区选择程序对象，在图表工作区显示梯形图程序。

② 选择工具栏中的在线工作按钮。将出现一个确认对话框，选择“是”按钮与PLC建

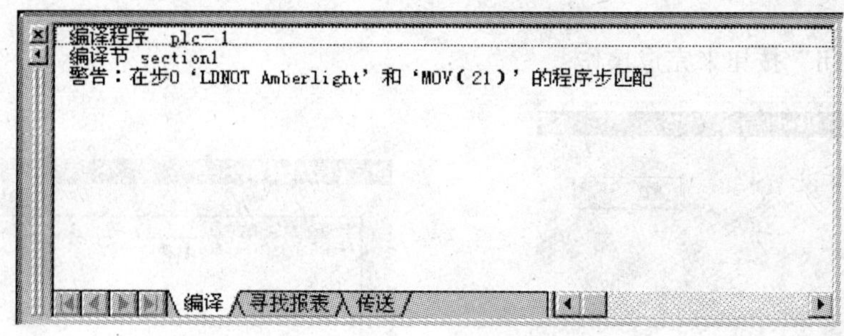

图 7-14 编译标签

立连接。

③ 选择工具栏中的监视模式按钮或者运行模式按钮，只能在这两个模式下进行程序监视工作。

④ 选择工具栏中的切换 PLC 监视按钮，启动在梯形图程序中监视电流量的功能。

⑤ 再次选择工具栏中的切换 PLC 监视按钮，停止监视动作。

(6) 暂停监视

暂停监视是一种在线功能，能够将普通监视及时冻结在某一点，因此可以检查程序的逻辑。可以通过手动或者触发条件来触发暂停。按照以下步骤来暂停监视。

① 在选择暂停监视功能之前，应先选择 PLC 监控功能，这样让监视正常工作。

② 选择一个要监控的梯形图范围，要监视的范围越小，与 PLC 通信所需的时间也就越少，这样就能尽可能快地进入监视状态。

③ 选择已触发器暂停命令，将显示一个允许选择触发类型的对话框，选择手动或者触发器触发。

触发器触发 当要使用触发器触发时，必须先设置触发条件。所谓触发器触发就是当某个地址中的值达到某个特定内容或者发生特定改变的时候，使触发器的条件被满足。触发条件可以是输入一个符号的值，或者使用浏览器来定位一个符号。当暂停监视功能工作时，选择区域以外的区域将会变暗，而且监视只发生在所选的区域内。

手动触发 这个选择意味着监视将在获取命令的时候停止。在对话框中选择暂停按钮，然后选择"确认"按钮开始监视。要暂停监控，等到屏幕上显示想暂停的内容时，从工具栏或者 PLC 监视菜单选择"暂停"按钮。暂停功能发生作用，工具栏上的"暂停"按钮处于被按下去的状态。要恢复监视，再次选择暂停按钮，监视将被恢复，选择另一个触发。

如果用触发条件进行暂停监控，则画面将会持续显示，直到符合条件，发生触发才会暂停。此时暂停按钮将会变成按下状态，监视被冻结。若要恢复监控操作等待下次触发条件，只需再按一次暂停按钮。但要注意即使在触发器触发状态下也可以进行手动暂停监视操作，要恢复到完整的监控操作，只要再次选择触发器暂停按钮即可。

(7) PLC 循环时间

PLC 循环时间对话框允许设置和测量 PLC 循环时间。PLC 循环时间总是被显示在程序状态条上。按照以下步骤来设置 PLC 循环时间。

① 确定程序处于线上工作状态。

② 在 PLC 下拉菜单中选择编辑菜单中的循环时间命令，打开循环时间对话框，如图 7-15 所示。

③ 在循环时间栏中将显示平均时间、最短和最长循环时间。

④ 选择重置按钮，清空 PLC 为这些栏保存的历史缓冲区，这些值将会被 PLC 随后使用的最

新的数值所代替。

⑤ 选择“关闭”按钮来完成操作。

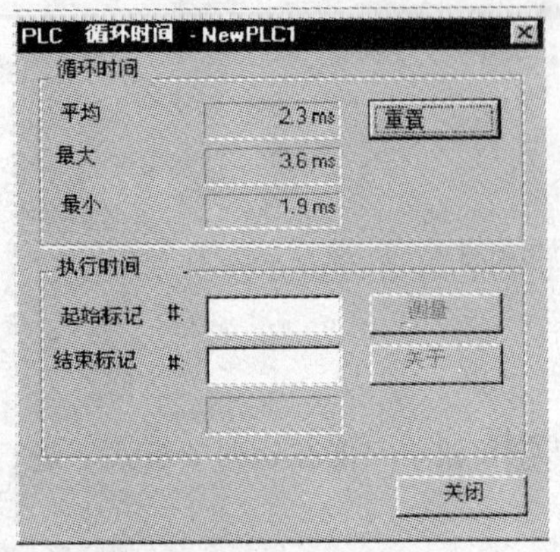

图 7-15 循环时间对话框

图 7-16 工程 PLC 程序

(8) PLC 程序分配

工程 PLC 程序指定对话框列出了所有的任务和工程中已经分配给它们的 PLC 相关程序的名称，这个列表也可以被打印，如图 7-16 所示。

按照以下步骤来打印 PLC 程序分配。

① 选择工程工作区中的 PLC 对象。

② 从 PLC 菜单选择程序指定命令。

③ 选择“打印”按钮来打印程序分配。

④ 结束操作选择“关闭”按钮。

(9) PLC 信息

PLC 程序对话框显示和 PLC 设备相关的信息，包括设备类型、程序存储器（可用容量和是否被保护）、存储器类型、文件存储卡是否存在、数据存储容量、扩展内存容量、I/O 记忆容量、计时器/计数器存储容量。不同的 PLC 类型会报告不同类型的信息。要使用 PLC 信息对话框，在 PLC 菜单中编辑栏下选择信息命令。选择“关闭”按钮来退出 PLC 信息对话框。

(10) 设置 PLC 时钟

当 PLC 在线时，其时钟（如果存在）可以和计算机时钟同步或者被设定为某个特定的时间。按照以下步骤来设置 PLC 时钟。

① 在工程工作区选择程序对象，在图表工作区显示梯形图程序。

② 选择工具栏中的在线工作按钮，将出现一个确认信息，选择“是”按钮连接到 PLC。

③ 如果 PLC 拥有一个时钟，工程工作区将会显示一个 PLC 时钟图标。双击这个图标，就会出现 CX-Server 时钟对话框。

(11) 数据跟踪/时间图监视

为了便于分析程序状态，程序一旦被下载到 PLC 中而且被执行，就可以使用性能监视分析工具来对程序和任何相关的数据进行图形跟踪。

在执行数据跟踪时，PLC 记录数据值，并把它们保存在一个内部缓冲区。当跟踪结束时，这些值从 PLC 上载，并且被显示在屏幕上。

(12) I/O 表

I/O 表允许对 PLC 程序使用的机架和单元映射进行编辑。其还允许 PLC 在在线的时候将需要的映射同 PLC 相连接时的实际映射进行比较。一旦 I/O 分配备确定，相关的地址在 CX-Programmer 程序编辑器中将以前缀来表示，“I：”前缀表示此地址被映射给输入单元，“Q：”前缀表示此地址被映射给输出单元。

第 8 章　PLC 的电气控制实践

8.1　欧姆龙（OMRON）PLC 在工业控制中的应用

8.1.1　液体混合装置的控制

（1）液体混合装置 PLC 控制系统设计

① 工艺过程分析　图 8-1 所示是一个液体混合装置的工作示意图，用于将两种液体按一定的比例进行充分混合。

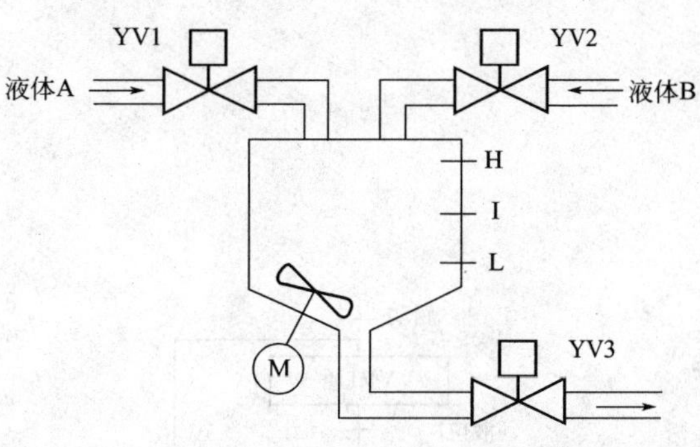

图 8-1　液体混合装置示意图

混合装置的工作过程如下：按启动按钮 SB1 后，电磁阀 YV1 通电打开，液体 A 流入容器→当液位高度到达 I 时，液位传感器 I 接通，此时电磁阀 YV1 断电关闭，而电磁阀 YV2 通电打开，液体 B 流入容器→当液位高度到达 H 时，液位传感器 H 接通，这时电磁阀 YV2 断电关闭，同时启动电动机 M 搅拌→1min 后，电动机 M 停止搅拌，这时电磁阀 YV3 通电打开，放出混合后的液体到下一道工序→当液位高度下降到 L 后，再延时 2s，使电磁阀 YV3 断电关闭，并自动开始新的工作周期。

此外，该液体混合装置在按下停止按钮 SB2 时，要求不要立即停止工作，而是将停止信号记忆下来，直到完成一个工作循环时才停止工作。

② PLC 选型与 I/O 分配　系统的输入信号有：按钮 2 个，液位传感器 3 个，共 5 个输入信号；系统的输出信号有：电磁阀 3 个，电动机接触器 1 个，共 4 个输出点。考虑到留有 15%的备用点，可选 OMRON 公司的 CPM1A-20CDR-A 型 PLC，它有 12 个输入点，8 个输出点，交流供电，满足本例的要求。PLC 的输入/输出端子分配如表 8-1 所示。

表 8-1　液体混合装置控制系统 PLC 的 I/O 分配表

输入信号	名称及符号	端子号	输出信号	名称及符号	端子号
1	启动按钮 SB1	00000	1	接触器 KM	01000
2	停止按钮 SB2	00001	2	电磁阀 YV1	01001
3	液位传感器 H	00002	3	电磁阀 YV2	01002
4	液位传感器 I	00003	4	电磁阀 YV3	01003
5	液位传感器 L	00004			

（2）液体混合装置 PLC 控制梯形图设计

根据该液体混合装置的控制要求，并考虑到各个执行机构动作的转步条件，可画出其控制流程图如图 8-2 所示。可以看出，这是一种典型的步进控制，可以用移位寄存器指令（SFT）很方便地实现。梯形图程序如图 8-3 所示，工作原理简述如下。

① 考虑到移位寄存器的移位脉冲用窄脉冲较为合适，所以将各启动按钮信号和各液位传感器信号用微分指令转换成窄脉冲。

② 按下启动按钮时，用 MOV 指令将移位寄存器通道的最低位 HR0000 置“1”，并由该位控

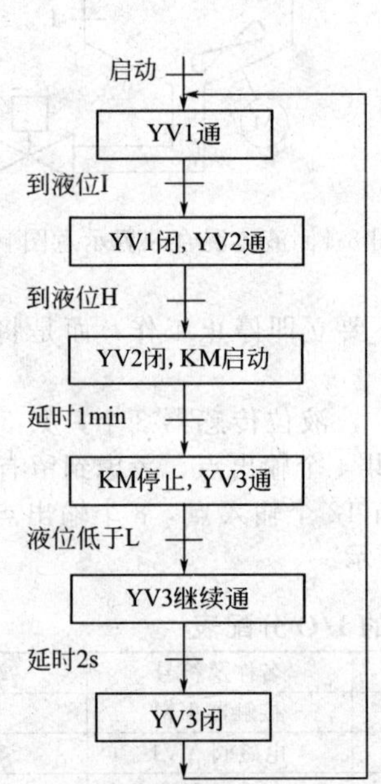

图 8-2　液体混合装置控制流程图

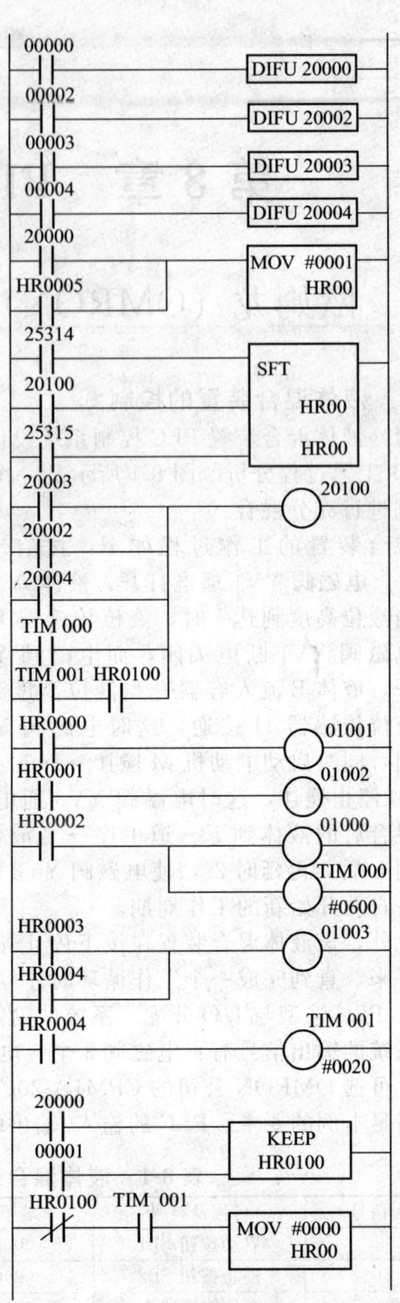

图 8-3　液体混合装置控制梯形图

制输出继电器 01001 接通，使外接的 YV1 电磁阀通电打开，液体 A 流入容器。在按下启动按钮的同时，保持继电器 HR0100 接通并锁存。

③ 当液位高度上升到 I 时，液位传感器 I 闭合，输入继电器 00003 接通，其上升沿经微分后使 20100 接通一个扫描周期，而 20100 就作为移位寄存器的移位脉冲，使 HR00 通道中的各位依次移一位，即 HR0001＝1。由于移位继电器的输入端逻辑为 25314，这是始终保持 OFF 的特殊功能寄存器，从而保证每次移位时均是“0”移入 HR00 通道的最低位。这时输出继电器 01001 断开，使 YV1 电磁阀断电，而 HR0001＝1 控制输出继电器 01002 接通，使外接的 YV2 电磁阀通电打开，液体 B 流入容器。

④ 当液位高度到达 I 时，输入继电器 00003 接通，其上升沿经微分后使 20100 又接通一个扫描周期，使移位寄存器通道 HR00 中的各位再移一位，即 HR0002＝1，此时输出继电器 01002 断开使 YV2 电磁阀断电，而输出继电器 01000 接通，使外接的接触器 KM 线圈通电，电动机启动运转，同时内部定时器 TIM000 开始定时。

⑤ 当定时器 TIM000 定时 60s 时间到时，其常开触点闭合，使 20100 接通，移位寄存器通道 HR00 中的各位再移一位，即 HR0003＝1，此时输出继电器 01000 断开，使 KM 接触器线圈断电，电动机停转，而输出继电器 01003 接通，使外接的 YV3 电磁阀通电，混合后的液体排放到下道工序去。

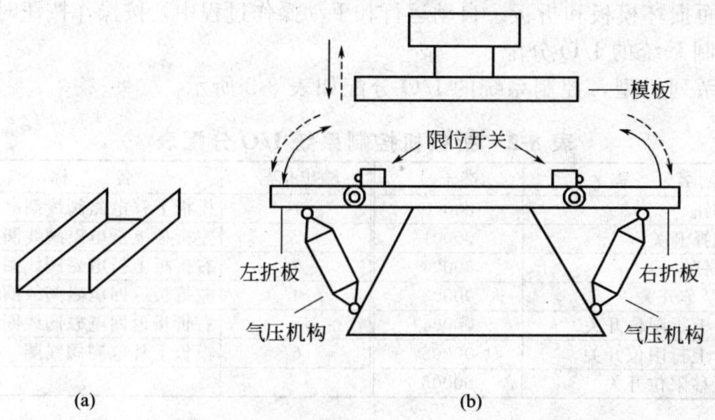

图 8-4　U 形板折板机的结构及动作示意图

⑥ 当液位下降到传感器位置 L 以下时，液位传感器 L 断开，输入继电器 00004 断开，经下降沿微分后使 20100 接通一个扫描周期，移位寄存器 HR00 中的各位再移动一位，即 HR0004＝1，它一方面控制 YV3 电磁阀继续通电，同时使内部定时器 TIM001 开始定时。

⑦ 当定时器 TIM001 定时 2s 时间到时，其常开触点闭合使 20100 接通，移位寄存器通道 HR00 中的各位再移动一位，即 HR0005＝1，此时输出继电器 01003 断开，使 YV3 电磁阀断电，完成一个循环的工作。同时，HR0005 接点闭合，使 MOV 指令被执行，将移位寄存器通道的最低位 HR0000 置为“1”，从而又开始了新的循环。

⑧ 当按下停止按钮 SB2 时，输入继电器 00001 接通，使保持继电器 HR0100 复位，HR0100 的常开触点断开。因此在液体放完、定时器 TIM001 的延时时间到时，不再接通内部继电器 20100，而是执行 MOV 指令，将移位寄存器通道 HR00 全部清“0”，使整机停止工作。

8.1.2　折板机的控制

（1）折板机工艺流程

U 形板折板机可以把金属板折成如图 8-4(a) 所示的形状。其结构示意图如图 8-4(b) 所示。模板两端的形状不同，加工出来的 U 形板的折角形状就不同，折角的大小由左右的限位开关的位置决定。在气压的推动下，模板与模板座一起下移或上移，当模板下移压紧板料后，工作平台上的左、右折板在气压机构的推动下，把板料加工成 U 形。

U 形板折板机的加工工艺过程如图 8-5 所示。

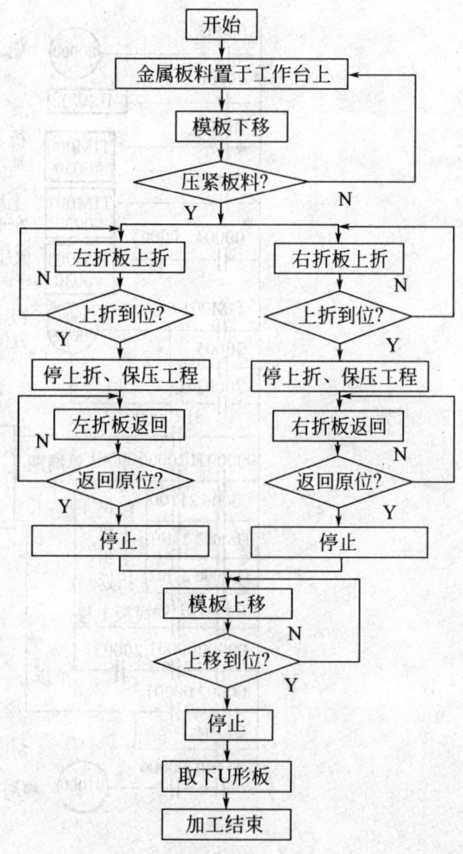

图 8-5　折板机工艺流程图

（2）折板机的工作方式

折板机的控制分为单步和单周期两种方式。单步方式时，按一次操作按钮执行一个工作步。单周期时，按一次操作按钮，连续完成组成一个加工周期的各工作步后自动停止，加工过程循环。模板下移和上移用双线圈的电磁阀控制。当一个线圈通电时模板上移，另一个线圈通电时模板下移。左、右折板上折和折回各用一个两线圈的电磁阀控制，当电磁阀的一个线圈通电时折板上折，另一个线圈通电时折板返回。两个折板必须都上折到位才能开始保压。折板机运行过程中可以停机。完成一个加工过程自动停机时，模板应在上方原位，左、右折板应返回到水平原位。停机再开机时，如果模板和左、右折板都在原位，使模板上移和折板的折回动作不能同时启动，以免两者发生摩擦而损坏模板和折板。自动运行和手动操作过程中，按操作按钮时不应出现误动作。

(3) 折板机控制系统的I/O分配

选择CPM1A系列机型，控制系统的I/O分配如表8-2所示。

表8-2　折板机控制系统I/O分配表

输入信号	名　称	端子号	输出信号	名　称	端子号
1	操作按钮	00000	1	模板下移电磁阀线圈	01000
2	方式选择开关	00001	2	左折板上折电磁阀线圈	01001
3	复位按钮	00002	3	右折板上折电磁阀线圈	01002
4	启动/停车开关	00003	4	左折板返回电磁阀线圈	01003
5	左折板上折限位开关	00004	5	右折板返回电磁阀线圈	01004
6	右折板上折限位开关	00005	6	模板上移电磁阀线圈	01005
7	模板下移限位开关	00006			

(4) 折板机控制系统梯形图及控制方式

U形板折板机控制系统梯形图如图8-6所示。折板机能完成复位、单周期加工、单步加工、

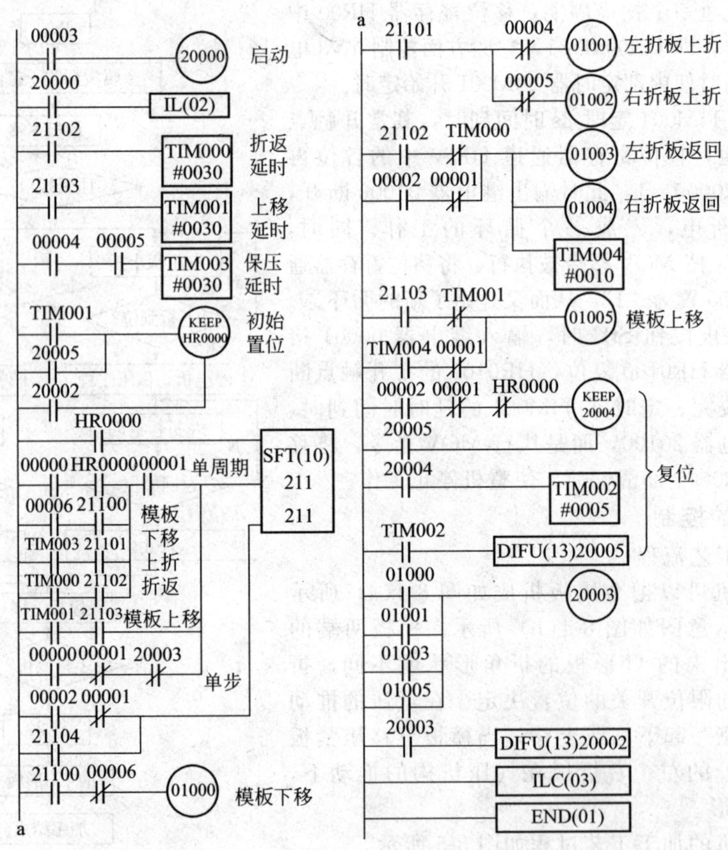

图8-6　U形板折板机控制系统梯形图

误操作禁止控制。

① 复位 复位操作是针对开机时模板和折板不在原位进行的操作。在单步加工状态下（00001 为 OFF）可以进行复位操作，自动运行不能进行复位操作。按下复位按钮不放，移位寄存器 211 通道被复位，并且 20004 被置位，TIM002 开始计时，0.5s 后将 HR0000 置位，为板料加工做好准备。01003 和 01004 均为 ON，两个折板开始返回。为了避免模板和折板互相摩擦，要自折板开始返回 1s 后，再让模板启动上移，因此设置 TIM004 定时 1s。TIM004 定时 1s 到，模板开始上移。当模板和折板都返回原位时，可以松开复位按钮。

② 单周期加工 模板和折板都返回原位时，将剪好的板料放在平台上，接通单周期加工开关，动合触点 00001 闭合，使 SFT 的移位脉冲输入端接通，而单步运行方式被禁止。按一下操作按钮 00000，第一次执行移位，21100 和 01000 均为 ON，则模板开始下移；20003 为 ON 并通过 20002 将 HR0000 复位，使下一次移位时移位输入为“0”。模板下移到位，压下限位开关 00006。一方面，使 01000 为 OFF，模板下移停止并压紧板料；另一方面，输入一个移位脉冲，使 21100 为 OFF，21101 为 ON，于是 01001 和 01002 为 ON，两个折板开始上折。当两个折板上折到位，压动限位开关 00004 和 00005 时，使 01001 和 01002 均为 OFF，折板上折停止；另外，当 00004 和 00005 均为 ON 时，TIM003 开始计时，进行 2s 保压。TIM003 计时到，输入一个移位脉冲，使 21101 为 OFF，21102 为 ON，则 01003 和 01004 均为 ON，折板开始返回，TIM000 进行折板返回计时。TIM000 定时时间到，输入一个移位脉冲使 21102 为 OFF，21103 为 ON，01003 和 01004 为 OFF，折板返回停止；01005 为 ON，使模板开始上移，TIM001 开始对模板计时。TIM001 计时到，输入一个移位脉冲使 21103 为 OFF，21104 为 ON。其一，01005 为 OFF，模板上移停止；其二，TIM001 为 ON，将 HR0000 置位，为下一次加工做好准备；其三，21104 为 ON 使移位寄存器复位。一块板料加工结束。

③ 单步加工 单步加工应将方式开关拨在单步位，动合触点 00001 断开，自动方式被禁止，单步方式被允许。按一下操作按钮，00000 为 ON 一次，输入一个移位脉冲，21100 和 01000 均为 ON。模板开始下移，同时 20003 为 ON 并通过 20002 将 HR0000 复位，使下一次移位时输入的是“0”；当模板下移到位压限位开关 00006 时，模板下移停止并压紧板料。再按一下操作按钮 00000，又输入一个移位脉冲，21100 为 OFF，21101 为 ON。使 01001 和 01002 均为 ON，两折板开始上折。折板上折到位压限位开关 00004 和 00005，则 01001 和 01002 均为 OFF，使折板上折停止，同时 TIM003 开始计时进行 2s 保压。2s 后再按一下操作按钮，又输入一个移位脉冲，21101 为 OFF，21102 为 ON。于是折板开始返回，TIM000 进行返回计时。TIM000 计时到，01003 和 01004 均为 OFF，折板返回停止。再按一下操作按钮，又输入一个移位脉冲，21102 为 OFF，21103 为 ON。于是模板开始上移，TIM001 开始模板上移计时。TIM001 计时到，其一，输入一个移位脉冲，使 21103 为 OFF，21104 为 ON，则 01005 为 OFF，模板上移停止；其二，21104 为 ON，使移位寄存器复位；其三，TIM001 为 ON 将 HR0000 置位，为下一次加工做好准备。

④ 误操作禁止 误操作禁止分为单步加工和单周期加工。

a. 单步加工时误操作的禁止。所谓单步加工误操作禁止是指当按一下操作按钮，且正在执行某单步加工的过程中又误按了一下按钮时，不会产生误动作。因为每一步启动时按一次按钮 00000 后，对应各个步，分别使 01000、01001、01003、01005 为 ON，都能使 20003 为 ON，其动断触点断开。所以在某步运行过程中误按操作按钮 00000 时，不会再输入移位脉冲，也就避免了误动作。

另外，由手动开关产生的信号一般都可能产生抖动，如按一下按钮因抖动而连续发出几个脉冲信号。为了避免由这种现象造成的误动作，将动断触点 20003 与 00000 串联，由于 00000 第一次 ON 就使 20003 为 ON，其动断触点断开，这样 00000 的后几次 ON 就不会起作用了。

b. 单周期加工时误操作的禁止。当第一次按下操作按钮 00000 设备启动后，01000 为 ON，20003 为 ON，并通过 20002 将 HR0000 复位。由于 00000 与 HR0000 的动合触点串联后连接在移位寄存器的移位脉冲输入端，在整个加工过程中，由于 HR0000 的动合触点总是断开的，即使误操作按钮 00000，也不会产生错误的移位脉冲输入，所以由误按操作按钮而产生的误动作不会出现。

在设备运行过程中，其他动作部件误撞动操作按钮的情况也是难免的。由上述分析可知，即使发生这种情况，也能避免误动作。

8.1.3 机械手的控制

(1) 机械手工作的控制要求

图 8-7 所示为某生产车间中自动搬运机械手，用于将左工作台上的工件搬运到右工作台上。机械手的全部动作由汽缸驱动，汽缸由电磁阀控制。机械手的上升/下降、左移/右移运动由双线圈两位电磁阀控制，即上升电磁阀得电时机械手上升，下降电磁阀得电时机械手下降。机械手的加紧或放松运动由单线圈两位电磁阀控制，线圈得电时机械手加紧，断电时机械手放松。

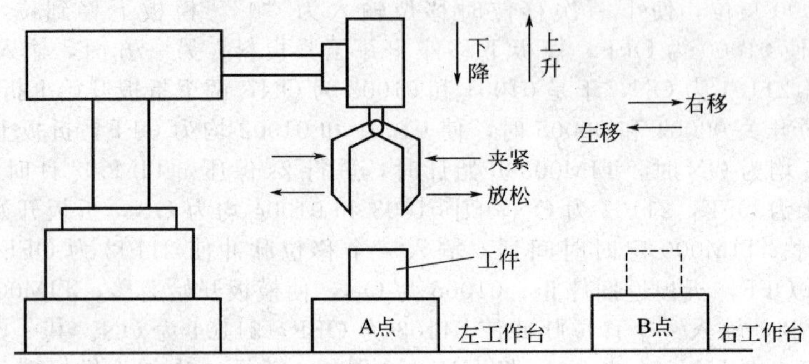

图 8-7 机械手工作示意图

(2) 机械手动作过程分析

机械手的原始状态定为左位、高位、放松状态。在原始状态下，当光电开关检测到左工作台上有工件时，机械手才下降到低位，夹紧工件，然后上升到高位，右移到右位。当检测到右工作台上无工件时，机械手下降到低位，松开工件。最后机械手上升到高位，左移回原位。当右工作台上有工件时，在右、高位等待。其动作逻辑关系如图 8-8 所示。

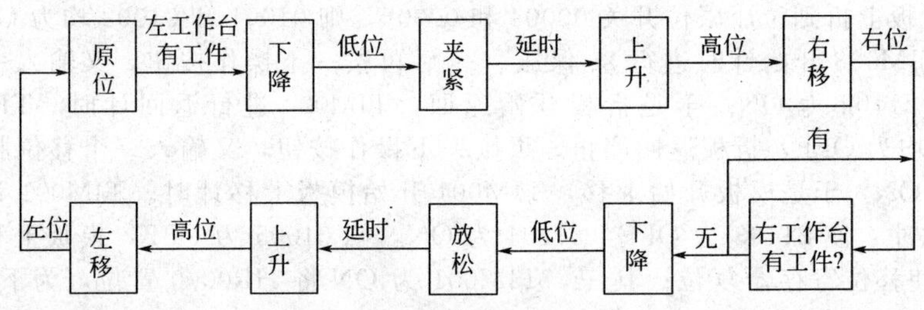

图 8-8 机械手动作逻辑关系图

动作过程中，上升、下降、左移、右移、夹紧及状态指示为输出信号。放松和夹紧共用一个线圈，线圈得电时夹紧，失电时放松，故放松不作为单独的输出信号。机械手的位置检测用行程开关，有无工件检测用光电开关来实现。手动操作按钮、低位、高位、左位、右位及工作台上有无工件信号为输入信号。

(3) 控制系统设计方案一

① 功能要求　为便于控制系统调试和维护，本控制系统应有手动功能和显示功能。当手动/自动转换开关置于“手动”位置时，按下相应的手动操作按钮，可实现上升、下降、左移、右移、加紧、放松的手动控制，同时“手动”指示灯亮。当机械手处于原位时，将手动/自动转换开关置于“自动”位置，“自动”指示灯亮，进入自动工作状态，手动按钮无效。

② 方案一的硬件设计　从以上分析可知，该系统有 13 个输入信号，7 个输出信号，输入全部采用动合触点，逻辑关系简单。选用 CPM2A-40 型 PLC 来实现。系统 I/O 分配如表 8-3 所

示。其中工作台有无工件的检测使用光电开关，动作指示利用发光二极管，与输出接触器并联。

③ 方案一的软件设计

控制梯形图如图 8-9 所示。控制原理简述如下。

a. 机械手在左位、高位、放松状态下，将自动/手动开关打至“自动”位置，02000 变为 ON，程序进入自动状态。

b. 当光电开关检测到左工作台上有工件时，00004 为 ON，使得 02001 变为 ON，机械手下降。当下降到低位时，压合低位开关 00001 为 ON，使得 02002 为 ON，HR0000 变为 ON，02001 复位，从而停止下降，开始夹紧工件。

c. 经 3s 延时后，TIM000 为 ON，发出 02003 脉冲，表示已经夹紧。02003 脉冲使得 02004 为 ON，上升开始。上升到高位时，压合高位开关 00000 为 ON，使得 02005 为 ON，因而 02006 变为 ON，02004 复位，上升停止，右移开始。右移到右位时，右位开关 00003 为 ON，使得 02007 为 ON，因而 02008 变为 ON，02006 复位，右移停止，进入等待下降状态。

d. 在光电开关检测到右工作台上无工件时，00004 为 OFF，02009 变为 ON，使得 02010 为 ON，02008 复位，下降开始。下降到低位时，压合低位开关 00001 为 ON，02011 变为 ON，使得 02012 为 ON，02010 复位，HR0000 复位，下降停止，开始放松工件。

表 8-3 机械手 I/O 分配表

	序号	名称	端子号
输入信号	1	高位	00000
	2	低位	00001
	3	左位	00002
	4	右位	00003
	5	工作台有工件	00004
	6	自动	00005
	7	手动	00006
	8	手动上升	00007
	9	手动下降	00008
	10	手动左移	00009
	11	手动右移	00010
	12	手动夹紧	00011
	13	手动放松	00012
输出信号	1	上升	01000
	2	下降	01001
	3	左移	01002
	4	右移	01003
	5	夹紧	01004
	6	手动指示	01005
	7	自动指示	01006

e. 延时 3s 后，TIM001 为 ON，使得 02013 为 ON，02012 复位，上升开始。上升到高位，压合高位开关 00000 为 ON，02014 变为 ON，使得 02015 为 ON，02013 复位，上升停止，左移开始。左移到左位时，压合左位开关。00002 为 ON，使得 02015 复位，左移停止。至此，一次工作完成。当再检测到左工作台上有工件时，重复上述动作。

f. 在自动工作过程中，若将自动/手动开关打到“手动”位置，则 00006 为 ON，输出 02000～02015 均复位，自动工作停止。这时，按相应的手动操作按钮，可实现手动上升、下降、左移、右移、夹紧、放松动作。利用手动操作使机械手回到原点后，将自动/手动开关打到“自动”位置，即可再进入自动工作状态。

(4) 控制系统设计方案二——流程图法设计机械手控制程序

流程图法是计算机程序设计时常用的方法。它用方框图描述控制过程，方框代表动作，圆圈代表起始位与终了位，连线代表流向，短横线代表状态转换条件。这种图可以把控制对象的工作状态及控制过程清晰地表示出来。

流程图法特别适合于步进控制逻辑的设计，机械手控制就是典型的步进顺序控制，它的一个动作相应于一个步，而步的转换取决于转换条件是否满足。

现以机械手控制为例说明怎样用流程图法进行步进指令程序设计。

① 依工作状态把控制对象的工作过程划分为步，明确步间的衔接关系，进行 I/O 分配。

图 8-10 的动作（输出）分配如下：

下降——00500　ON，下降；OFF，下降停止

上升——00502　ON，上升；OFF，上升停止

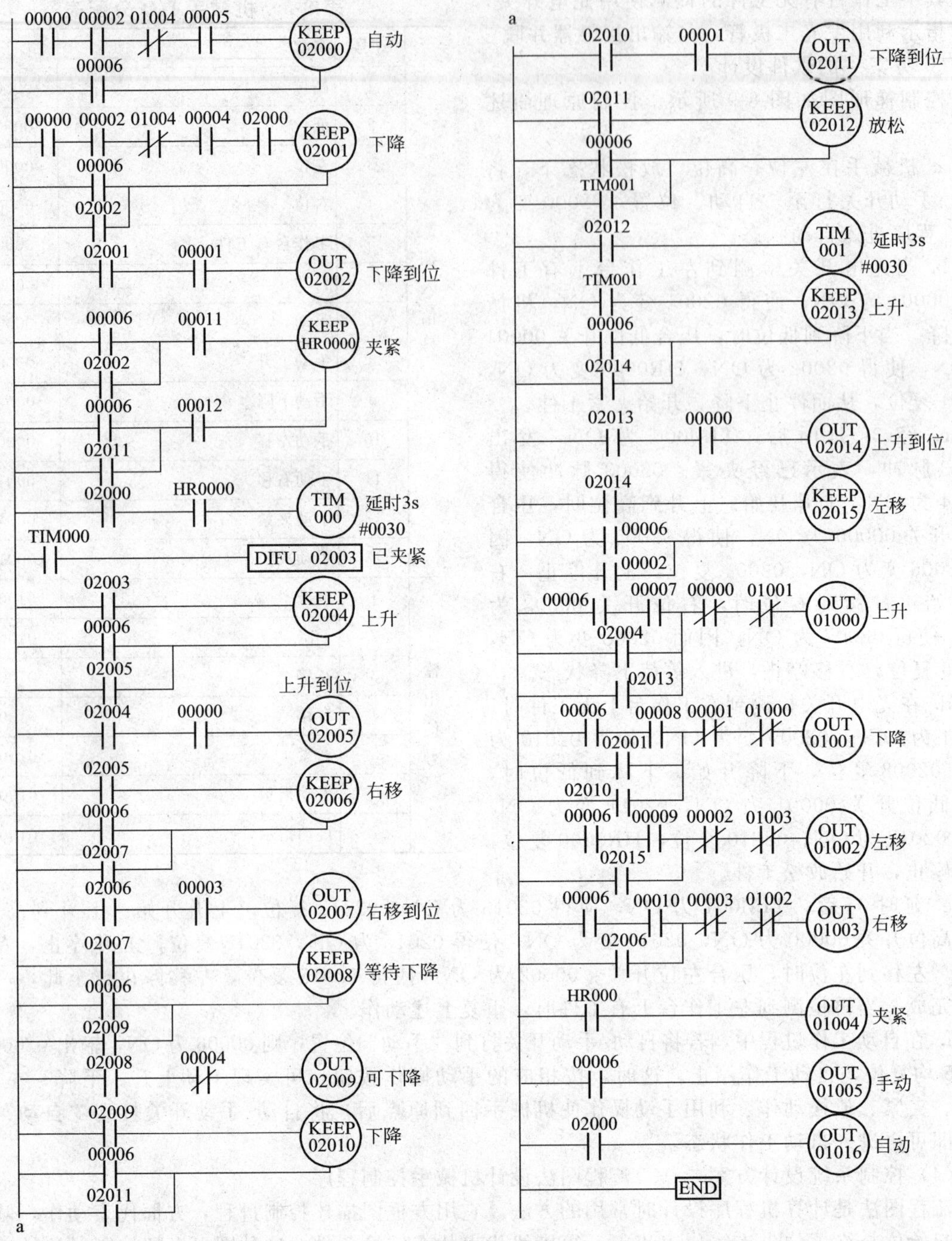

图 8-9　机械手控制梯形图

夹紧——00501　ON，放松工件；OFF，夹紧工件

右移——00503　ON，右移；OFF，右移停止

左移——00504　ON，左移，OFF，左移停止

条件（输入）分配如下：

下限位开关——00401　ON，到达下位；OFF，离开下位

上限位开关——00402　ON，到达上位；OFF，离开上位

有工件夹住——00405　ON，有工件夹住；OFF，无工件

右限位开关——00403 ON，到达右位；OFF，离开右位
左限位开关——00404 ON，到达左位；OFF，离开左位
启动开关——00000 ON，启动；OFF，停止

② 根据步间的衔接关系和 I/O 分配，控制程序流程图如图 8-10 所示。

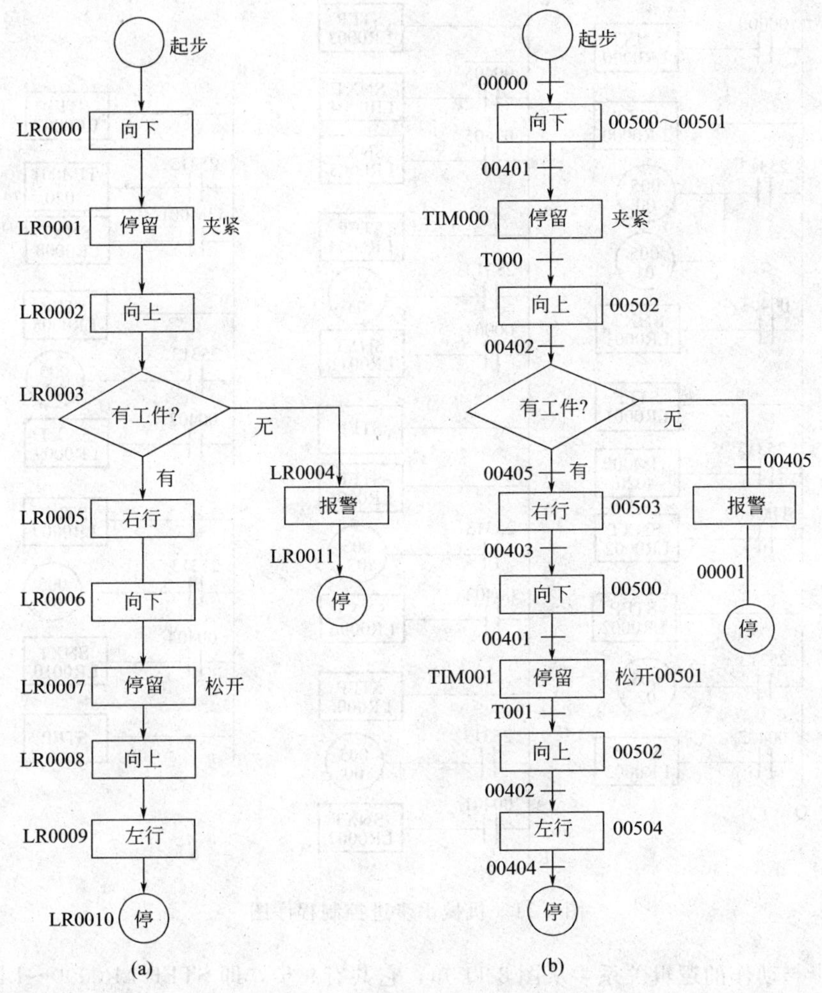

图 8-10 机械手控制程序流程图

从图 8-10 可知，启动后（00000 ON），即进入第一步。这时，00500 ON，00501 ON，机械手松开下降，准备抓取工件。当机械手到达下位（00401 ON）时，使 00500、00501 OFF，下降停止，并开始夹紧工件。为保证可靠夹紧工件，此时启动定时器 TIM000，延时 2s。定时器定时到，使机械手上升，即 00502 ON。

当机械手到达上限，即 00402 ON 后，上升停止。判断机械手是否夹到工件。若有工件，00405 ON，即有工件夹住，则机械手右移（00503 ON）。若无工件，00405 OFF，它的常闭接点 00405 的非为 ON，这时产生报警，即 00505 ON（图中未示出），机械手不再工作。这时，若使 00001 ON，可停止报警，步进程序结束。

右移到右位时，00403 ON，右移停止，并开始下降，即 00504 ON。下降到下限位，00401 ON，00501 ON，松开工件。为可靠松开，也延时 2s，为此启动定时器 TIM001。TIM001 时间到，则 00502 ON，使机械手上升。当机械手上升到上限位，00402 ON，上升停，并使 00504 ON，开始左移。左移到左限位（原位），00404 ON，步进程序结束。

此后，机械手在原位等待启动命令（00000 ON），再重复上述过程。

图 8-10(b) 与图 8-10(a) 不同的是，它的动作与条件是以 I/O 编号表示的，更详细一些。

③ 建立步进逻辑程序　本例采用的是 CPM2A 系列，它有 STEP 及 SNXT 两条步进指令，可用以建立步进逻辑程序。步进控制程序如图 8-11 所示。

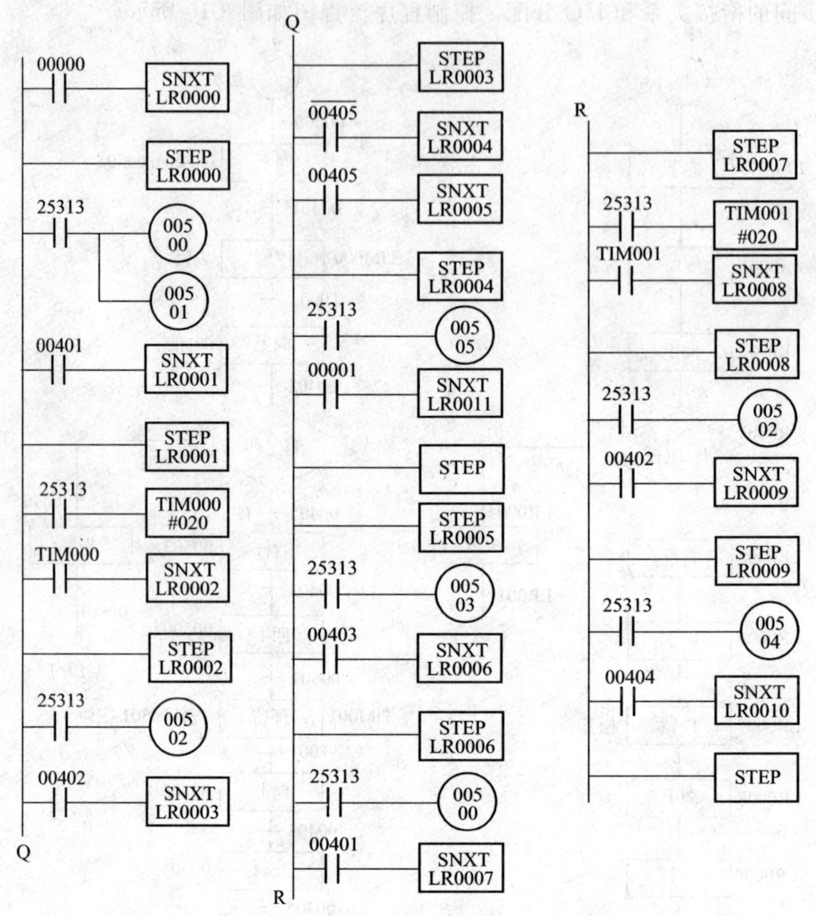

图 8-11　机械手步进控制程序图

④ 建立步与动作的逻辑关系　从图 8-11 知，它共有 9 步，即 STEP LR0000～LR0008。另外还有两个停止步，即不带标号的 STEP，分别处在 SNXT LR0011 及 SNXT LR0010 之后。这意味着只要执行这两条 SNXT，步进程序即行结束。

另外，这里的第四步，即 STEP LR0003 有两个分支，根据 00405 的 ON 或 OFF 区分。若 00405 ON（已夹住工件），则转为 STEP LR0005，机械手右移。若 00405 OFF（无工件），则转为 STEP LR0004，报警。此时若使 00001 ON，则报警停止，并使步进程序结束。

应当指出的是，步进程序可与别的程序并存。如果还有其他的控制要求，PLC 除执行步进控制之外，还可以同时进行其他的控制。

图 8-12 所示为控制机械手工作的另一种设计程序。程序的前半部分为步进逻辑，后半部分为输出组合。图中，从互锁指令到互锁清指令之间为步进逻辑。它随着输入条件的形成，一步一步地使 LR0000 到 LR0009 ON。LR0009 ON 后，若 00404 ON，即机械手返回到原位，则 LR0010 ON，它的常闭触点使 LR OFF，整个电路复位。此外，LR0003 ON 时，出现程序分支，依 00405（是否夹到工件）为条件，下一步可能是 LR0005 ON（有工件），也可能是 LR0004 ON（无工件）。

输出组合则依条件进行。读者可对照控制要求，自行分析。

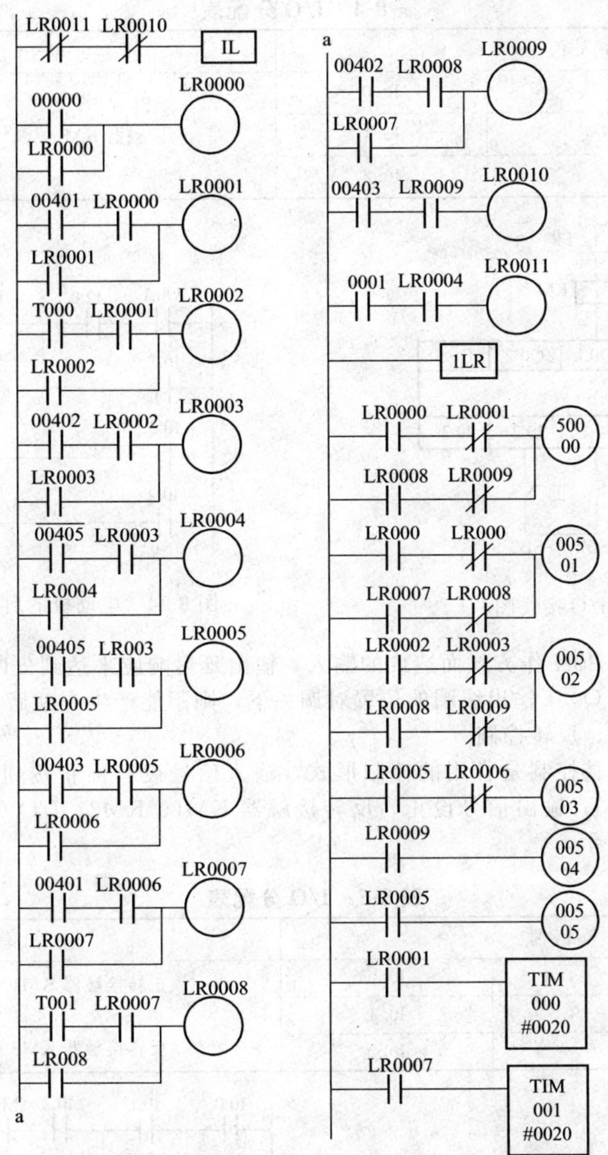

图 8-12 机械手控制程序图

8.2 西门子 S7-200 PLC 在工业控制中的应用

8.2.1 三相异步电动机的 PLC 控制

（1）三相异步电动机启动、停止、点动控制

三相异步电动机启动、停止是最常见的控制，而有些设备的运动部件的位置常常需要进行调整，这就要用到点动调整功能，所以通常需要设置启动按钮、停止按钮和点动按钮，I/O 分配表如表 8-4 所示。PLC 的 I/O 接线图如图 8-13 所示。

在继电器控制中，点动的控制是采用复合按钮实现的，即利用常开、常闭触点的先断后合的特点实现的。而 PLC 梯形图中的“软继电器”常开触点和常闭触点的状态转换是同时发生的，可采用图 8-14 所示的位存储器 M2.0 及其常闭触点来模拟先断后合型电器的特性。该程序中利

表 8-4 I/O分配表

输入信号		输出信号	
停止按钮 SB1	I0.0	接触器 KM	Q0.1
启动按钮 SB2	I0.1		
点动按钮 SB3	I0.2		

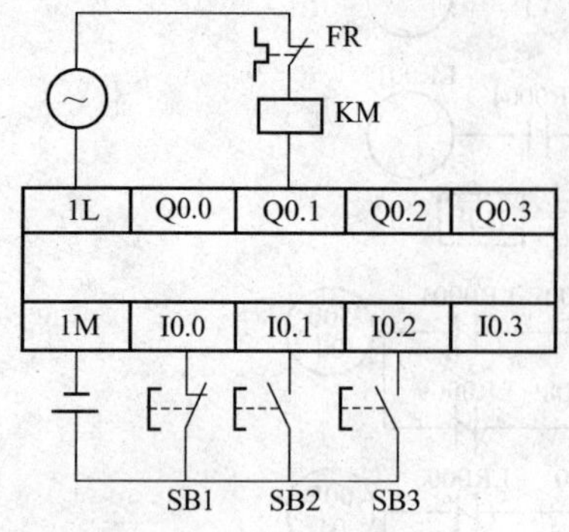

图 8-13 I/O 接线图

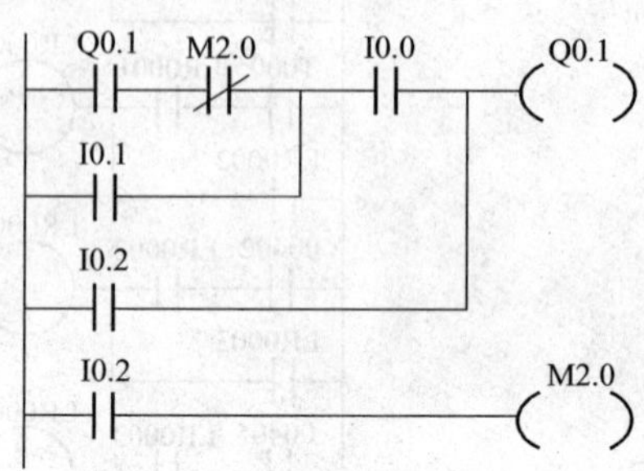

图 8-14 电动机的启、停、点动控制

用了 PLC 的周期循环扫描工作方式而造成的输入、输出延迟响应来达到先断后合的效果。注意：若将 M2.0 内部线圈与 Q0.1 输出线圈的位置对调一下，则不能产生先断后合的效果。

（2）电动机的正转、反转控制

电动机的正转、反转控制是常用的控制形式，输入信号设有停止按钮 SB1、正向启动按钮 SB2、反向启动按钮 SB3，输出信号设正、反转接触器 KM1、KM2，I/O 分配表如表 8-5 所示。I/O 接线图如图 8-15 所示。

表 8-5 I/O分配表

输入信号		输出信号	
停止按钮 SB1	I0.0	正转接触器 KM1	Q0.1
正向启动按钮 SB2	I0.1	反转接触器 KM2	Q0.2
反向启动按钮 SB3	I0.2		

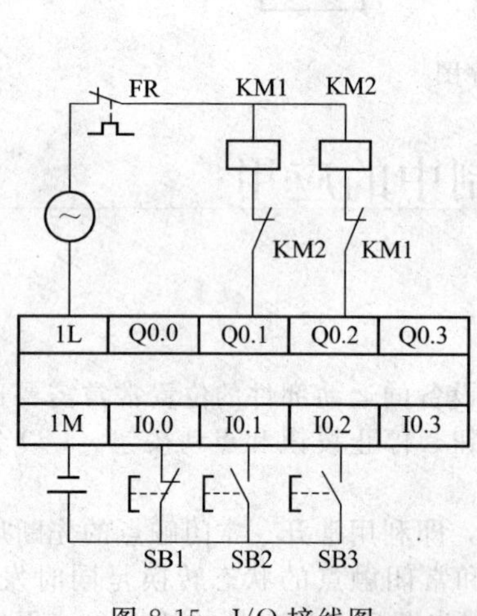

图 8-15 I/O 接线图

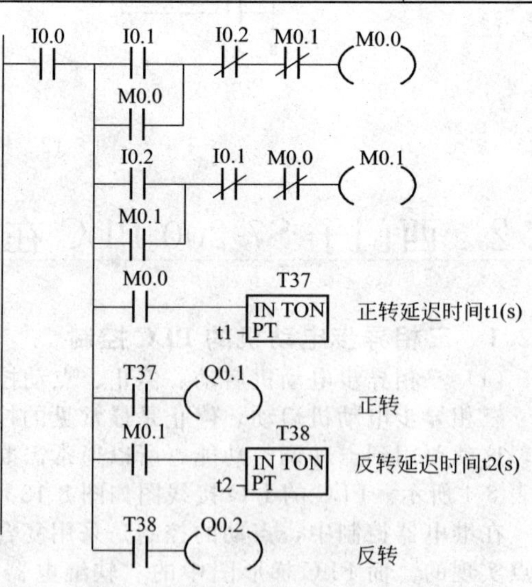

图 8-16 电动机的控制正转、反转梯形图

电动机可逆运行方向的切换是通过两个接触器 KM1、KM2 的切换来实现的。切换时要改变电源的相序。在设计程序时，必须防止由于电源换相所引起的短路事故。例如，由正向运转切换到反向运转时，当正转接触器 KM1 断开时，由于其主触点内瞬时产生的电弧使这个触点仍处于接通状态，如果这时使反转接触器 KM2 闭合，就会使电源短路。因此必须在完全没有电弧的情况下才能使反转的接触器闭合。图 8-16 所示梯形图中，采用定时器 T37、T38 分别作为正转、反转切换的延迟时间，从而防止了切换时发生电源短路事故发生。

(3) 三相异步电动机的星形-三角形启动控制

大功率电动机的星形-三角形降压启动控制的主电路中，电动机由接触器 KM1、KM2、KM3 控制，其中 KM3 将电动机绕组连接成星形，KM2 将电动机绕组连接成三角形。KM2 与 KM3 不能同时吸合，否则将产生电源短路。在程序设计过程中，应充分考虑由星形向三角形切换的时间，即当电动机绕组从星形切换到三角形时，由 KM3 完全断开（包括灭弧时间）到 KM2 接通这段时间应锁定住，以防电源短路。设置停止按钮 SB1，启动按钮 SB2，接触器 KM1、KM2、KM3。I/O 分配表如表 8-6 所示，I/O 接线图如图 8-17 所示。

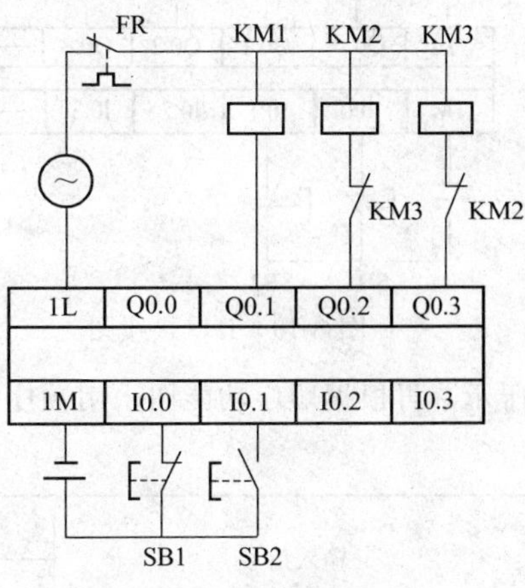

图 8-17 I/O 接线图

表 8-6 I/O 分配表

输入信号		输出信号	
停止按钮 SB1	I0.0	接触器 KM1	Q0.1
启动按钮 SB2	I0.1	接触器 KM2	Q0.2
		接触器 KM3	Q0.3

图 8-18 所示为异步电动机星形-三角形启动控制梯形图，图中用 T38 定时器使 KM3 断电 t2 后再让 KM2 通电，保证 KM3、KM2 不同时接通，避免电源相间短路。定时器 T37、T38、T39

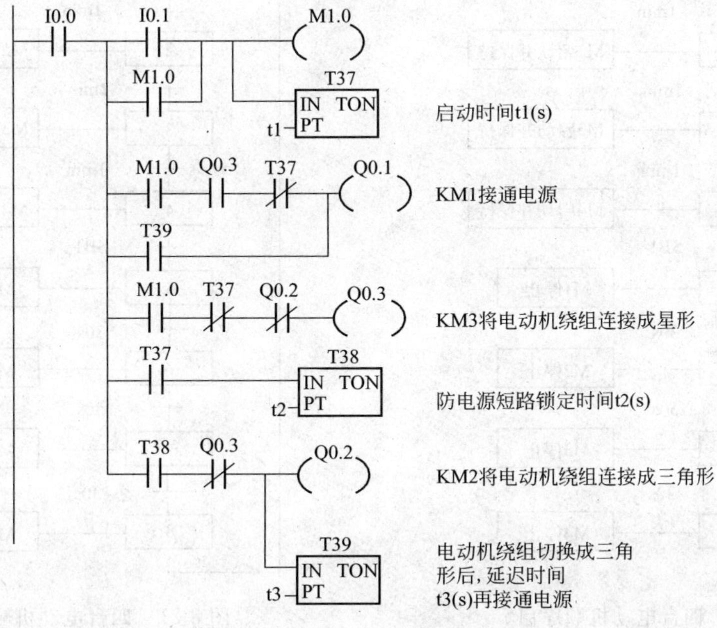

图 8-18 电动机星-三角启动控制梯形图

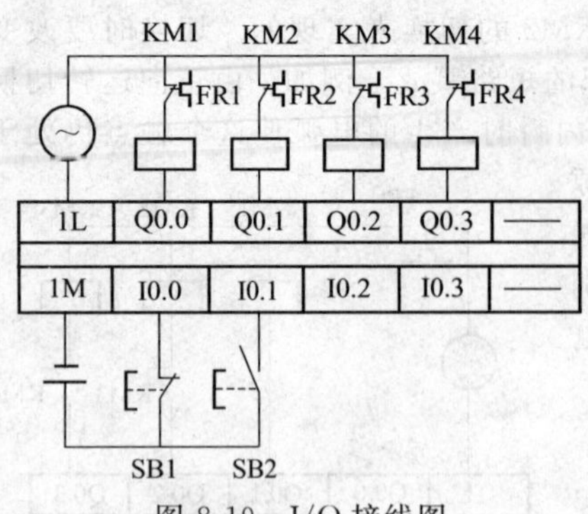

图 8-19 I/O 接线图

的延时时间 t1、t2、t3 可根据电动机启动电流的大小，所用接触器的型号，通过实验调整，选定合适的数值。t1、t2、t3 的值过长或过短均对电动机启动不利。

（4）四台电动机的顺序启、停控制

① 要求四台电动机 M1、M2、M3、M4 顺序启动和顺序停车。启、停的顺序为 M1→M2→M3→M4。顺序启动时的时间间隔为 1min，顺序停车时的时间间隔为 30s。

可选用 S7-200（CPU222）进行控制。I/O 分配表如表 8-7 所示。PLC 的 I/O 接线图如图 8-19 所示。先设计四台电动机顺序启动、停止控制的顺序功能图如图 8-20 所示。再根据顺序功能图，用顺序控制继电器指令（SCR）设计梯形图，如图 8-22 所示。

表 8-7 I/O 分配表

输入信号	停止按钮 SB1	I0.0
	启动按钮 SB2	I0.1
输出信号	接触器 KM1	Q0.0
	接触器 KM2	Q0.1
	接触器 KM3	Q0.2
	接触器 KM4	Q0.3

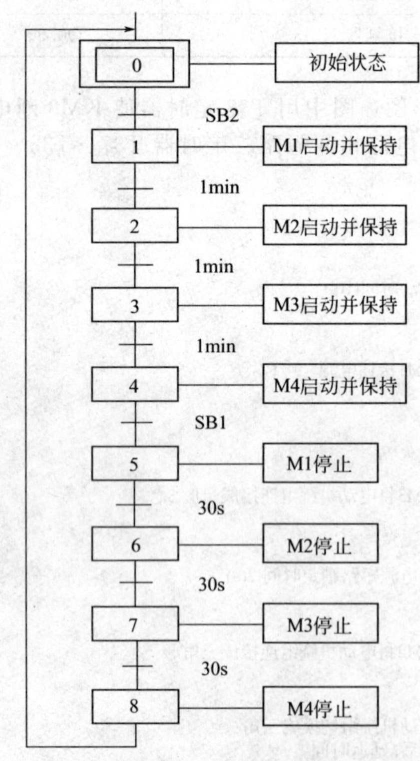

图 8-20 四台电动机顺序启、停控制①顺序功能图

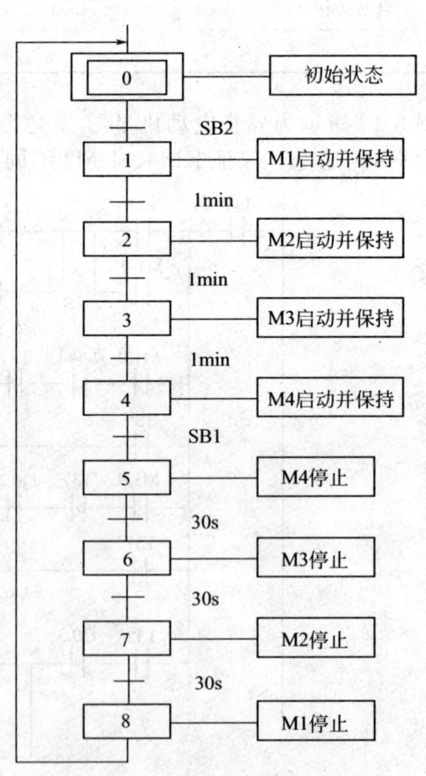

图 8-21 四台电动机顺序启、停控制②顺序功能图

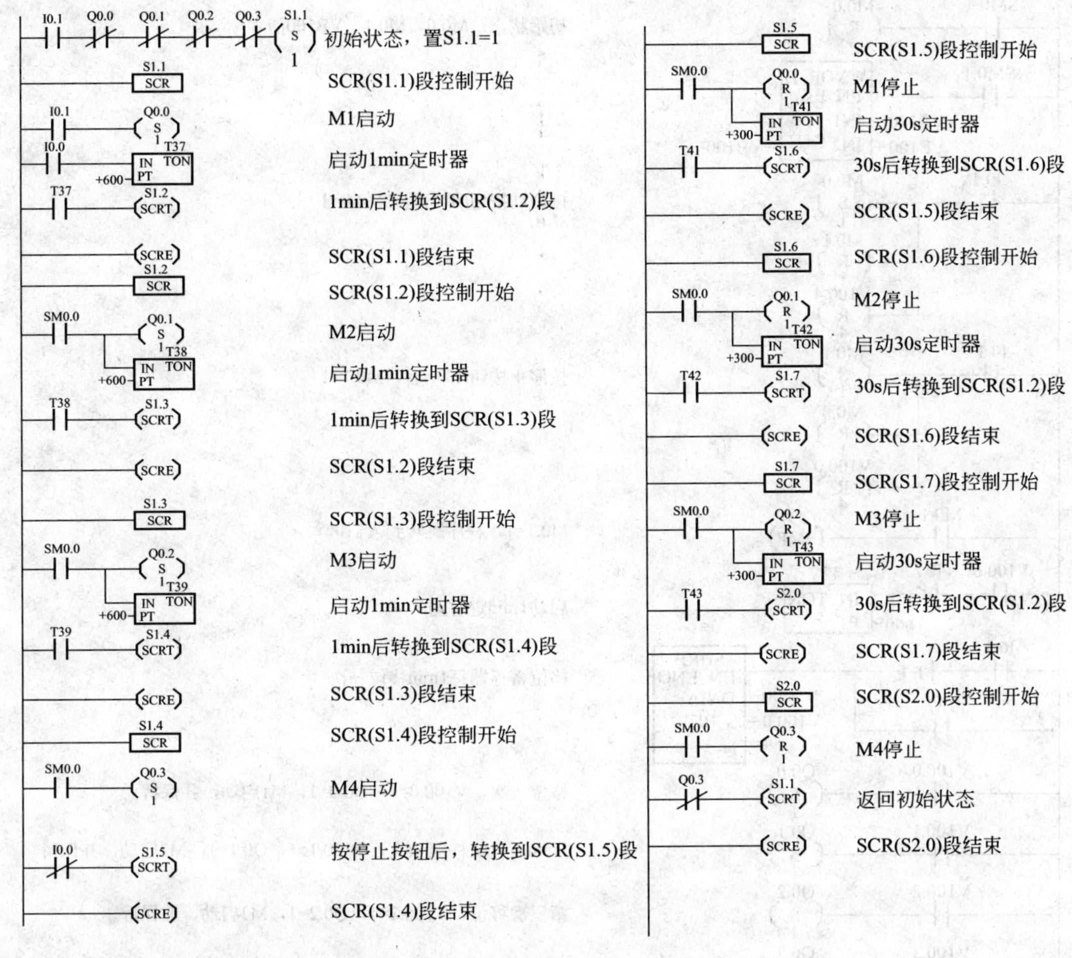

图 8-22 四台电动机顺序启、停控制①梯形图

② 要求四台电动机 M1、M2、M3、M4 顺序启动和顺序停车。启动时的顺序为 M1→M2→M3→M4，时间间隔为 1min。停车时的顺序为 M4→M3→M2→M1，时间间隔为 30s。

可选用 S7-200（CPU222）进行控制。I/O 分配表如表 8-7 所示。PLC 的 I/O 接线图如图 8-19 所示。四台电动机顺序启、停控制的顺序功能图如图 8-21 所示。根据顺序功能图，用移位寄存器（SHRB）指令设计梯形图。四台电动机顺序启动、停止控制的梯形图如图 8-23 所示。

8.2.2 深孔钻组合机床的 PLC 控制

8.2.2.1 深孔钻组合机床的工作情况

深孔钻组合机床进行深孔钻削时，为利于钻头排屑和冷却，需要周期性地从工件中退出钻头，刀具进退与行程开关示意图如图 8-24 所示。

在起始位置 O 点时，行程开关 SQ1 被压合，按启动按钮 SB2，电动机正转启动，刀具前进。退刀由行程开关控制，当动力头依次压在 SQ3、SQ4、SQ5 上时电动机反转，刀具会自动退刀，退刀到起始位置时，SQ1 被压合，退刀结束，又自动进刀，直到三个过程全部结束。

8.2.2.2 系统配置

（1）机型选择

① I/O 点数统计：输入 8 点（SB1、SB2、SB3、SB4、SQ1、SQ3、SQ4、SQ5）；输出 2 点（KM1、KM2），控制电动机的正转、反转。SB3 为正向调整点动按钮，SB4 为反向调整点动按钮，SB1 为停止按钮。

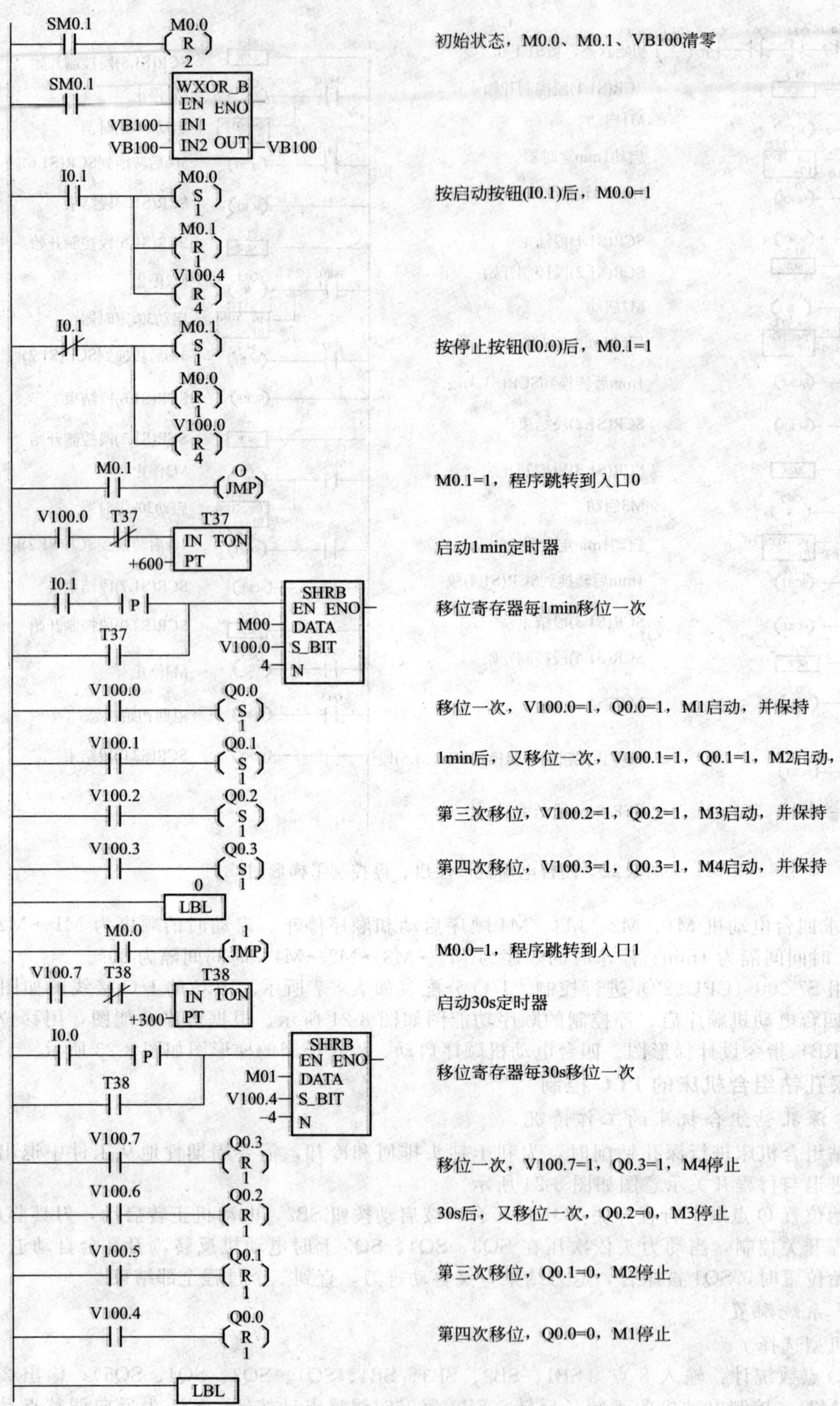

图 8-23 四台电动机顺序启、停控制②梯形图

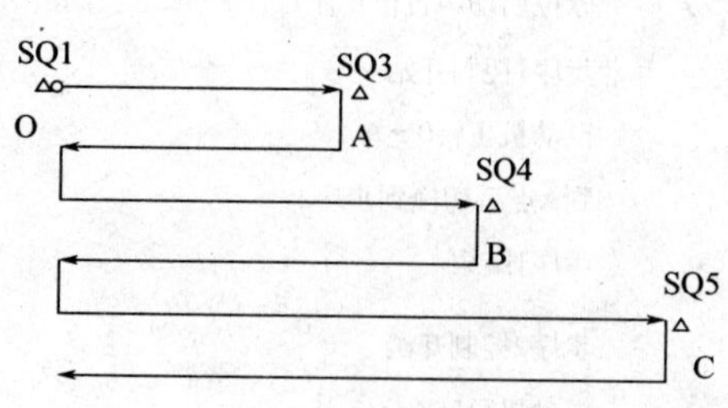

图 8-24 深孔钻组合机床工作示意图

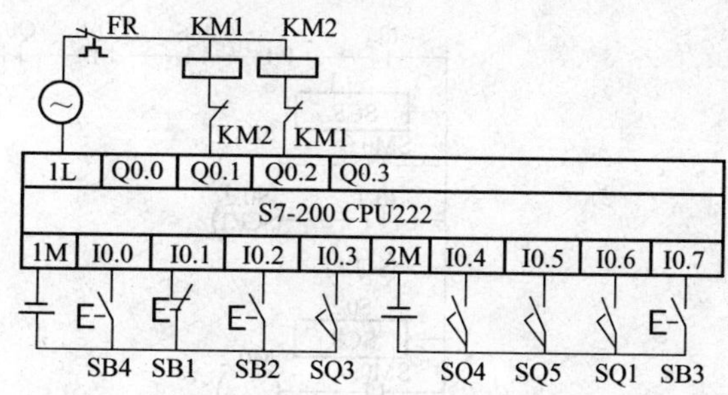

图 8-25 深孔钻组合机床 I/O 接线图

② 估算 PLC 用户程序长度：约为 I/O 总点数的 10～20 倍，大约 135 字节，选用 S7-200 CPU222 AC/DC 继电器输出的 PLC 即能满足要求。

(2) 系统配置

S7-200 CPU222 集成 8 输入/6 输出共 14 个数字量 I/O 点，选用 AC/DC/DC 继电器输出的主机，构成一个独立的单机控制系统，该系统完全能够满足上述控制要求。

8.2.2.3 I/O 接线图

I/O 分配表如表 8-8 所示，I/O 接线图如图 8-25 所示。

表 8-8 I/O 分配表

输入信号	SB1 停止按钮	I0.1
	SB2 启动按钮	I0.2
	SQ1 原始位置行程开关	I0.6
	SQ3 退刀行程开关	I0.3
	SQ4 退刀行程开关	I0.4
	SQ5 退刀行程开关	I0.5
	SB3 正向调整点动按钮	I0.7
	SB4 反向调整点动按钮	I0.0
输出信号	KM1 钻头前进接触器	Q0.0
	KM2 钻头后退接触器	Q0.1

8.2.2.4 画出顺序功能图

根据深孔钻工作示意图，可画出顺序功能图如图 8-26 所示。

8.2.2.5 由顺序功能图设计梯形图

由顺序功能图所设计的梯形图如图 8-27 所示。注意：钻头进刀和退刀是由电动机正转和反转实现的。电动机的正转、反转切换使用两个接触器 KM1（正转）、KM2（反转）切换三相电源中的任意两相实现。在设计时，为防止由于电源换相引起的短路事故，减少换相对电动机的冲击，软件上采用了换相延时措施，梯形图中的 T33、T34 的延时时间通常设定为 0.1～0.5s。同时在硬件电路上也采取了互锁措施。I/O 接线图中的 FR 用于过载保护。为便于调整，程序中具有点动控制功能。

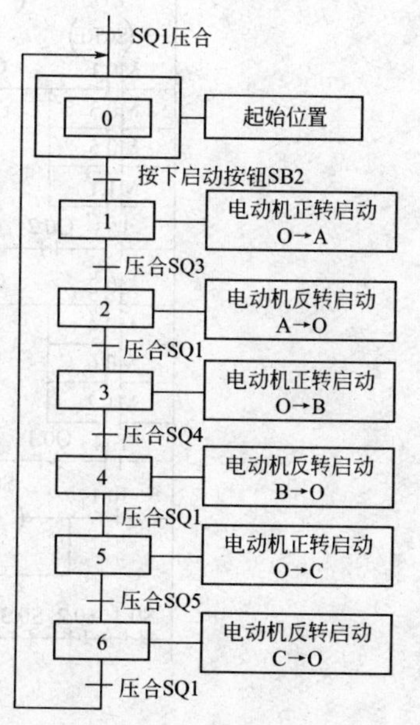

图 8-26 深孔钻顺序功能图

8.2.3 变频恒压供水控制系统设计

8.2.3.1 工艺过程

PLC 控制的恒压无塔供水系统是一种新的供水方式。恒压供水包括生活用水的恒压控制和消防用水的恒压控制——双恒压供水系统，如图 8-28 所示。

由图 8-28 可见市网来水用高低水位控制器 EQ 来控制注水

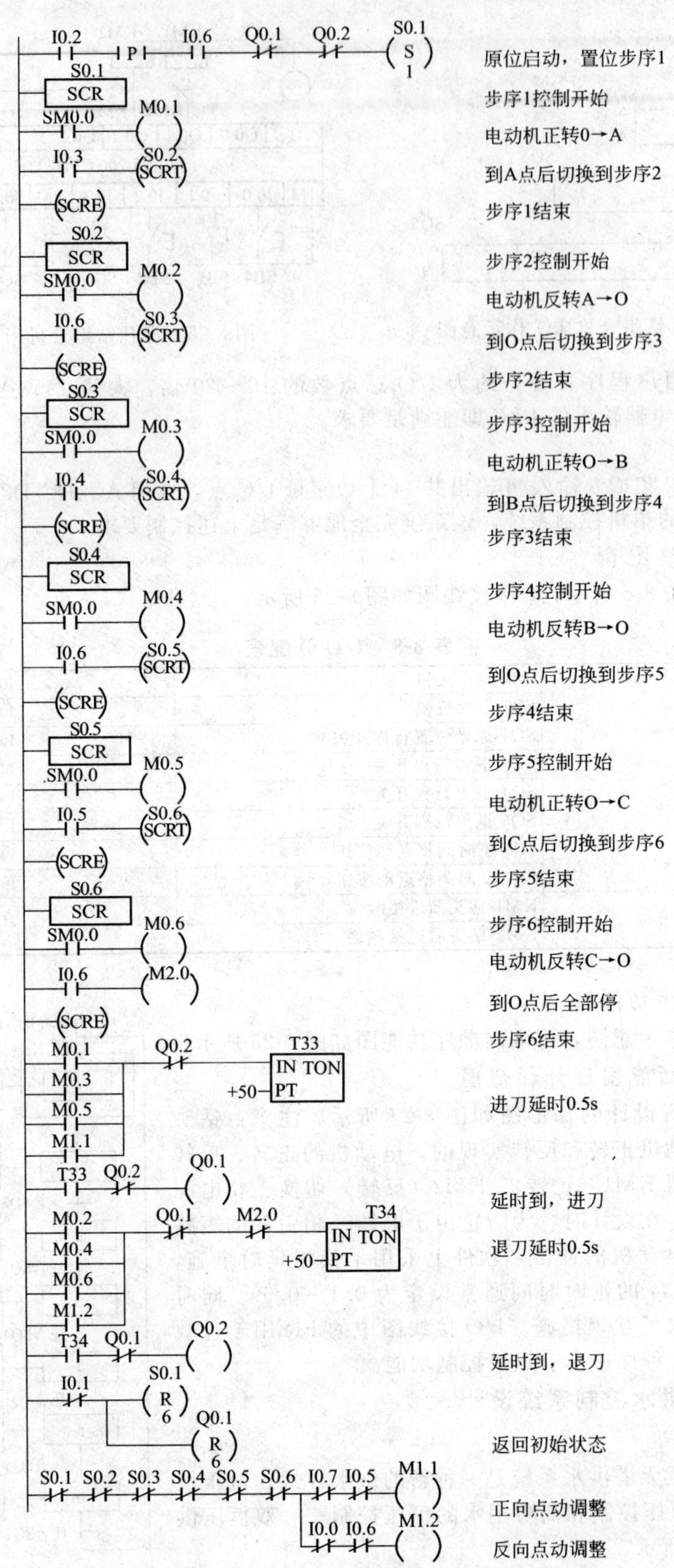

图 8-27　深孔钻控制梯形图

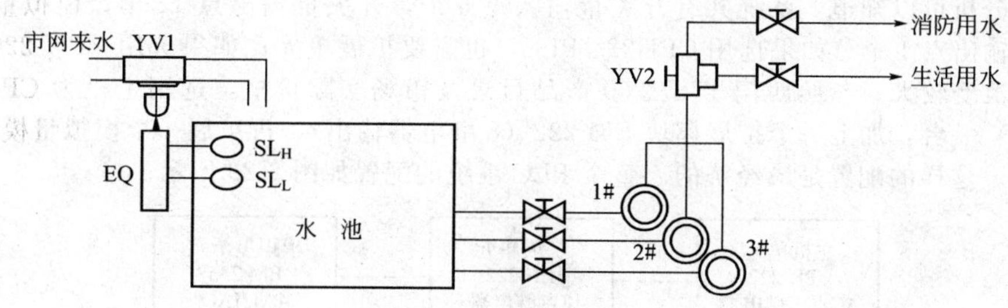

图 8-28 双恒压供水系统

阀 YV1，它们自动把水注满储水池，只要水位低于高水位，则自动往水箱中注水。水池的高/低水位信号也直接送给 PLC 作为低水位报警用。为了保证供水的连续性，水位上下限传感器高低距离相差不是很大。生活用水和消防用水共用三台泵，平时电磁阀 YV2 处于失电状态，关闭消防管网，三台泵根据生活用水的多少，按一定的控制逻辑运行，使生活供水在恒压状态（生活用水低恒压值）下进行。当有火灾发生时，电磁阀 YV2 得电，关闭生活用水管网，三台泵供消防用水使用，并根据用水量的大小，使消防供水也在恒压状态（消防用水高恒压值）下进行。火灾结束后，三台泵再改为生活供水使用。对生活/消防双恒压供水系统的基本要求是：

① 生活供水时，系统应低恒压值运行，消防供水时系统应高恒压值运行；

② 三台泵根据恒压的需要，采取"先开后停"的原则接入和退出；

③ 在用水量小的情况下，如果一台泵连续运行时间超过 3h，则要切换到下系统，具有"倒泵功能"，避免某一台泵工作时间过长；

④ 三台泵在启动时要有软启动功能；

⑤ 要有完善的报警功能；

⑥ 对泵的操作要有手动控制功能，手动只在应急或检修时临时使用。

8.2.3.2 控制系统的 I/O 点及地址分配

控制系统的输入/输出信号的代码、名称及地址编号如表 8-9 所示。水位上下限信号分别为 I0.1、I0.2，它们在水淹没时为 0，露出时为 1。

表 8-9 I/O 信号的代码、名称及地址分配表

	代 码	名 称	地 址
输入信号	SA1	手动和自动消防信号	I0.0
	SL_L	水池水位下限信号	I0.1
	SL_H	水池水位上限信号	I0.2
	S_U	变频器报警信号	I0.3
	SB9	消铃按钮	I0.4
	SB10	试灯按钮	I0.5
	U_P	远程压力表模拟量电压值	AIW0
输出信号	KM1,HL1	1# 泵工频运行接触器及指示灯	Q0.0
	KM2,HL2	1# 泵变频运行接触器及指示灯	Q0.1
	KM3,HL3	2# 泵工频运行接触器及指示灯	Q0.2
	KM4,HL4	2# 泵变频运行接触器及指示灯	Q0.3
	KM5,HL5	3# 泵工频运行接触器及指示灯	Q0.4
	KM6,HL6	3# 泵变频运行接触器及指示灯	Q0.5
	YV2	生活/消防供水转换电磁阀	Q1.0
	HL7	水池水位下限报警指示灯	Q1.1
	HL8	变频器故障报警指示灯	Q1.2
	HL9	火灾报警指示灯	Q1.3
	HA	报警电铃	Q1.4
	KA(EMG)	变频器频率复位控制	Q1.5
	V_f	控制变频器频率电压信号	AQW0

从上面分析可以知道，系统共有开关量输入点 6 个，开关量输出点 12 个；模拟量输入点 1 个，模拟量输出点 1 个。如果选用 CPU224 PLC，也需要扩展单元；如果选用 CPU 226PLC，则价格较高，浪费较大。参照西门子 S7-200 产品目录及市场实际价格，选用主机为 CPU222(8/6 继电器输出）一台，加上一个扩展模块 EM 222（8 继电器输出），再扩展一个模拟量模块 EM235（4AI/1AO）。这样的配置是最经济的。整个 PLC 系统的配置如图 8-29 所示。

图 8-29 PLC 系统配置图

8.2.3.3 电气控制系统原理图

电气控制系统原理图包括主电路图、控制电路图及 PLC 接线图。

（1）主电路图

主电路图如图 8-30 所示。三台电动机分别为 M1、M2、M3。接触器 KM1、KM3、KM5 分别控制 M1、M2、M3 的工频运行；接触器 KM2、KM4、KM6 分别控制 M1、M2、M3 的变频运行；FR1、FR2、FR3 分别为三台水泵电动机过载保护用的热继电器；QF1、QF2、QF3、QF4 分别为变频器和三台水泵电动机主电路的隔离开关。FU1 为主电路的熔断器，VVVF 为一般的变频器。

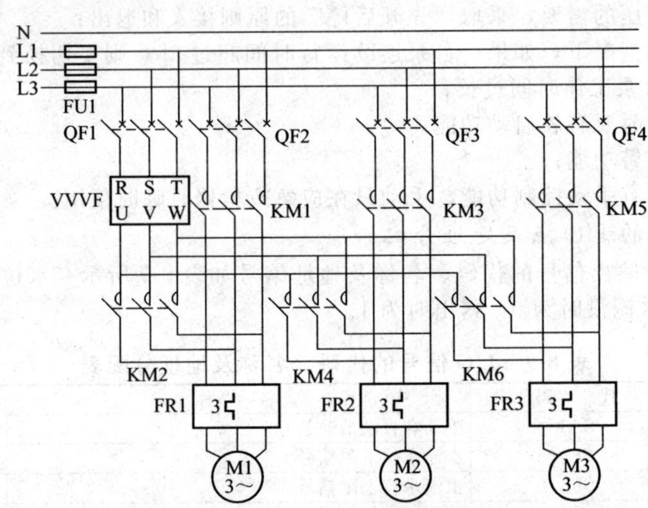

图 8-30 主电路原理图

（2）控制电路图

控制电路图如图 8-31 所示。图中 SA 为手动/自动转换开关，SA 打在“1”的位置为手动控制状态，打在“2”的位置为自动控制状态。手动运行时，可用按钮 SB1～SB8 控制台泵的启/停和电磁阀 YV2 的通/断；自动运行时，系统在 PLC 程序控制下运行。由于电磁阀 YV2 没有触点，所以要使用一个中间断电器 KA1 间接控制 YV2，来实现 YV2 的手动自锁功能。图中的 HL10 为自动运行状态电源指示灯。对变频器频率进行复位时只提供一个控制信号，由于 PLC 的 4 个输出点为一组，共用一个 COM 端，而本系统又没有剩下单独的 COM 端输出组，所以通过一个中间继电器 KA 的触点对变频器进行复频控制。图中的 Q0.0～Q0.5 及 Q1.0～Q1.5 为 PLC 的输出继电器触点，它们旁边的 4、6、8 等数字为接线编号。

（3）PLC 接线图

PLC 及扩展模块外围接线图如图 8-32 所示。火灾时，火灾信号 SA1 被触动，I0.0 为 1。本例只是一个教学例子，实际使用时还必须考虑许多其他因素，包括直流电源的容量、电源方面的

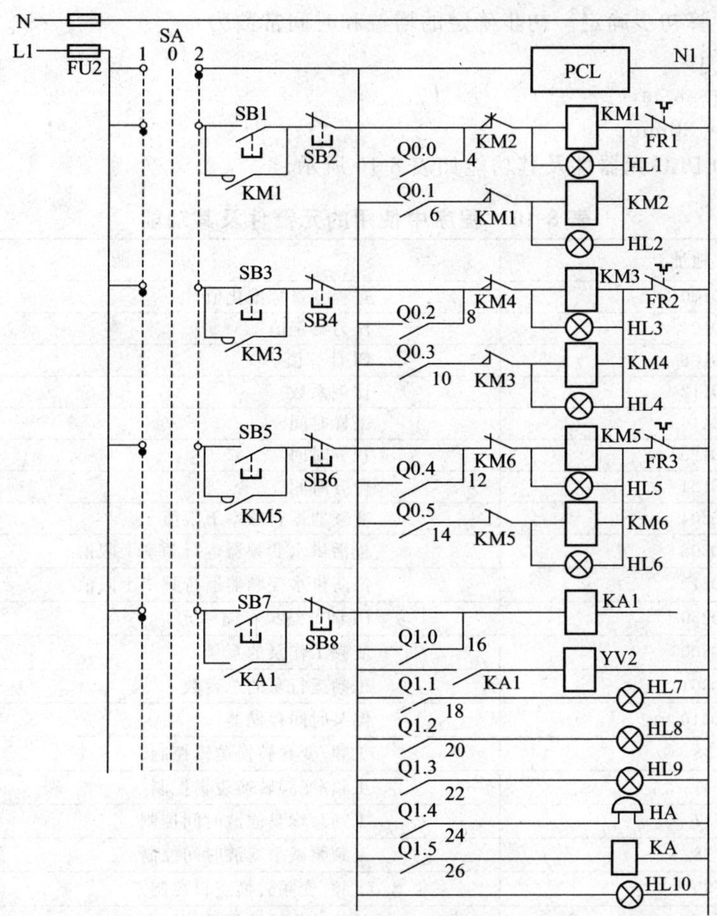

图 8-31 控制电路原理图

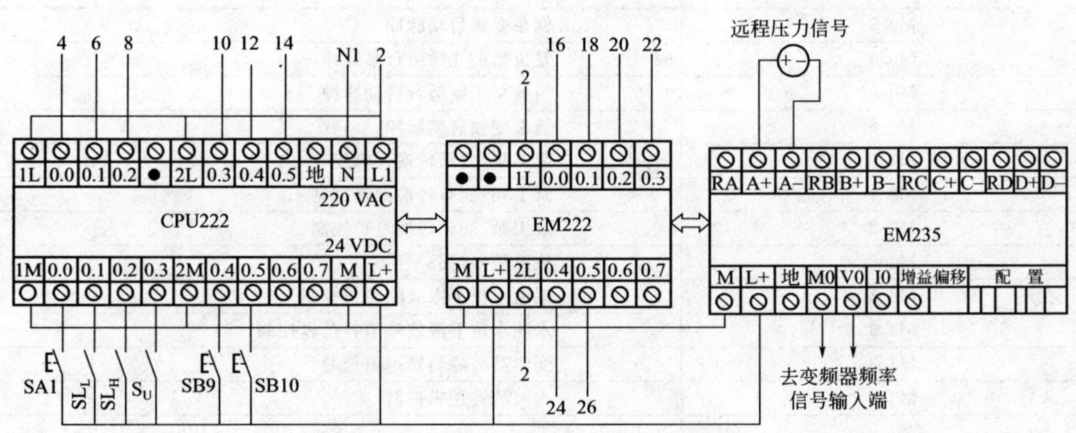

图 8-32 PLC 及扩展模块外围接线图

抗干扰措施、输出方面的保护措施及系统保护措施等。

（4）系统程序设计

本程序分为三部分：主程序、子程序和中断程序。逻辑运算及报警处理等放在主程序。系统初始化的一些工作放在初始化子程序中完成，这样可节省扫描时间。利用定时器中断功能实现PID控制的定时采样及输出控制。生活供水时，系统设定值为满量程的70％；消防供水时，系统设定值为满量程的90％。在本系统中，只是用比例（P）和积分（I）控制，其回路增益和时间常数可通过工程计算初步确定。初步确定的增益和时间常数为：

增益 $K=0.25$；

采样时间 $T_s=0.2s$；

积分时间 $T_i=30min$。

程序中使用的PLC元器件及其功能如表8-10所示。

表8-10 程序中使用的元器件及其功能

器件地址	功 能
VD100	过程变量标准化值
VD104	压力给定值
VD108	PI计算值
VD112	比例系数
VD116	采样时间
VD120	积分时间
VD124	微分时间
VD204	变频器运行频率下限值
VD208	生活供水变频器运行频率上限值
VD212	消防供水变频器运行频率上限值
VD250	PI调节结果存储单元
VD300	变频工作泵的泵号
VD301	工频运行泵的总台数
VD310	倒泵时间存储器
T33	工频/变频转换逻辑控制
T34	工频/变频转换逻辑控制
T37	工频泵增泵滤波时间控制
T38	工频泵减泵滤波时间控制
T39	工频/变频转换逻辑控制
M0.0	故障结束脉冲信号
M0.1	泵变频启动脉冲
M0.3	倒泵变频启动脉冲
M0.4	复位当前变频运行泵脉冲
M0.5	当前泵工频运行启动脉冲
M0.6	新泵变频启动脉冲
M2.0	泵工频/变频转换逻辑控制
M2.1	泵工频/变频转换逻辑控制
M2.2	泵工频/变频转换逻辑控制
M3.0	故障信号汇总
M3.1	水池水位下限故障逻辑控制
M3.2	水池水位下限故障消铃逻辑控制
M3.3	变频器故障消铃逻辑控制
M3.4	火灾消铃逻辑控制
—	—

双恒压供水系统的梯形图程序及程序注释如图8-33到图8-37所示。

对该程序有几点说明：

① 因为程序较长，所以读图时应按网络标号的顺序进行；

② 本程序的控制逻辑设计针对的是较少泵数的供水系统；

③ 本程序不是最优设计；

④ 本程序已做过大量简化，不能作为实际使用。

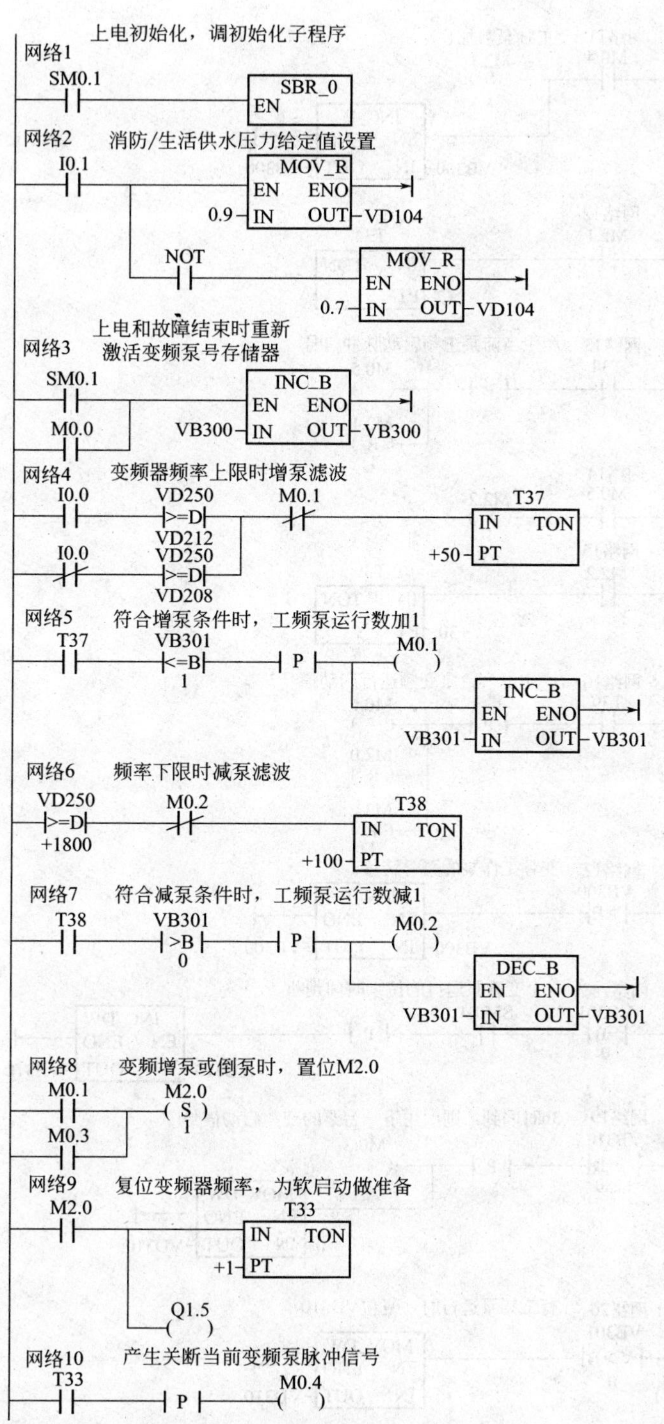

图 8-33 双恒压供水系统梯形图（1）

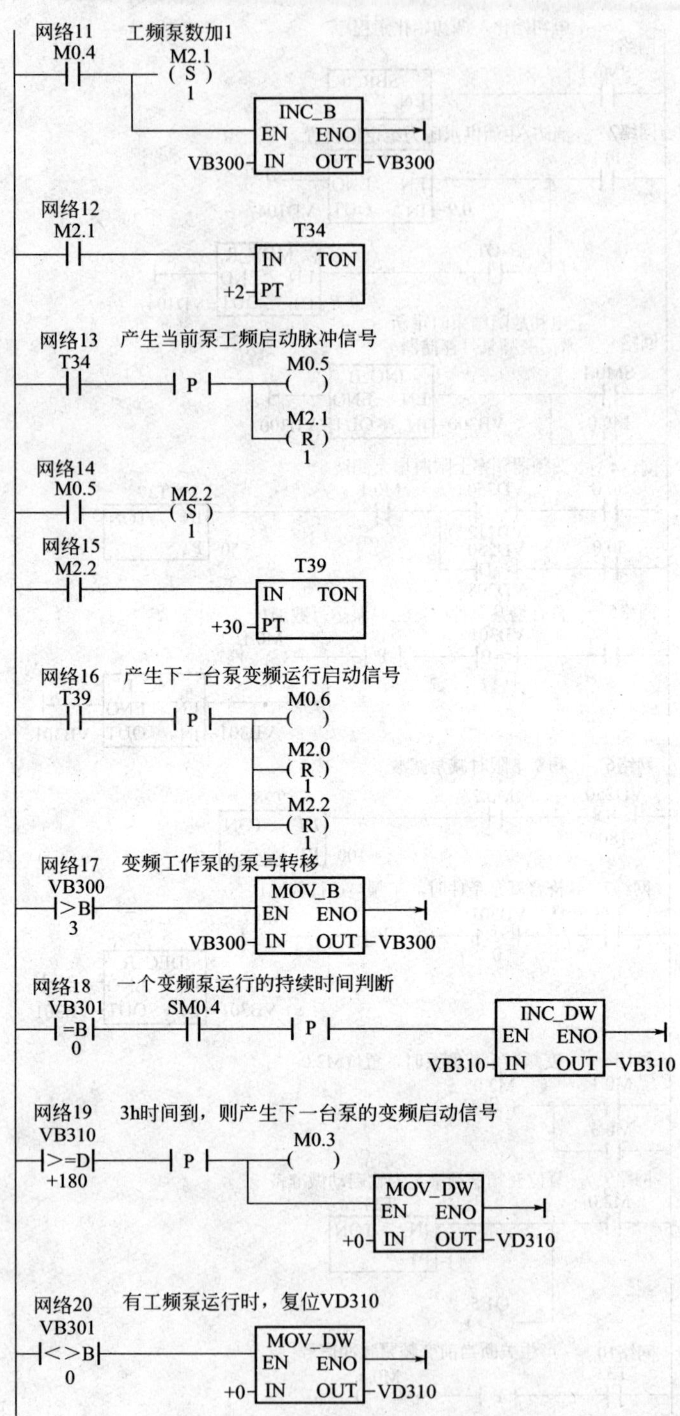

图 8-34 双恒压供水系统梯形图（2）

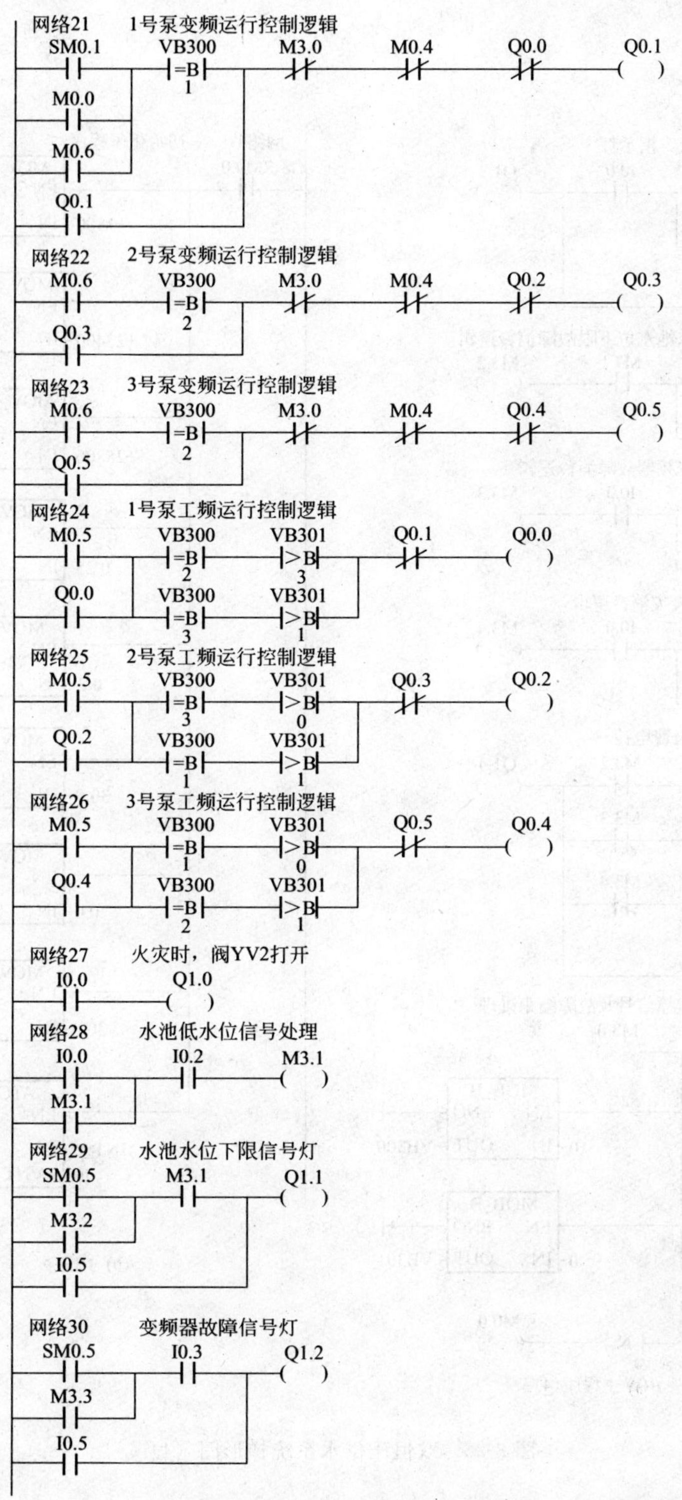

图 8-35 双恒压供水系统梯形图（3）

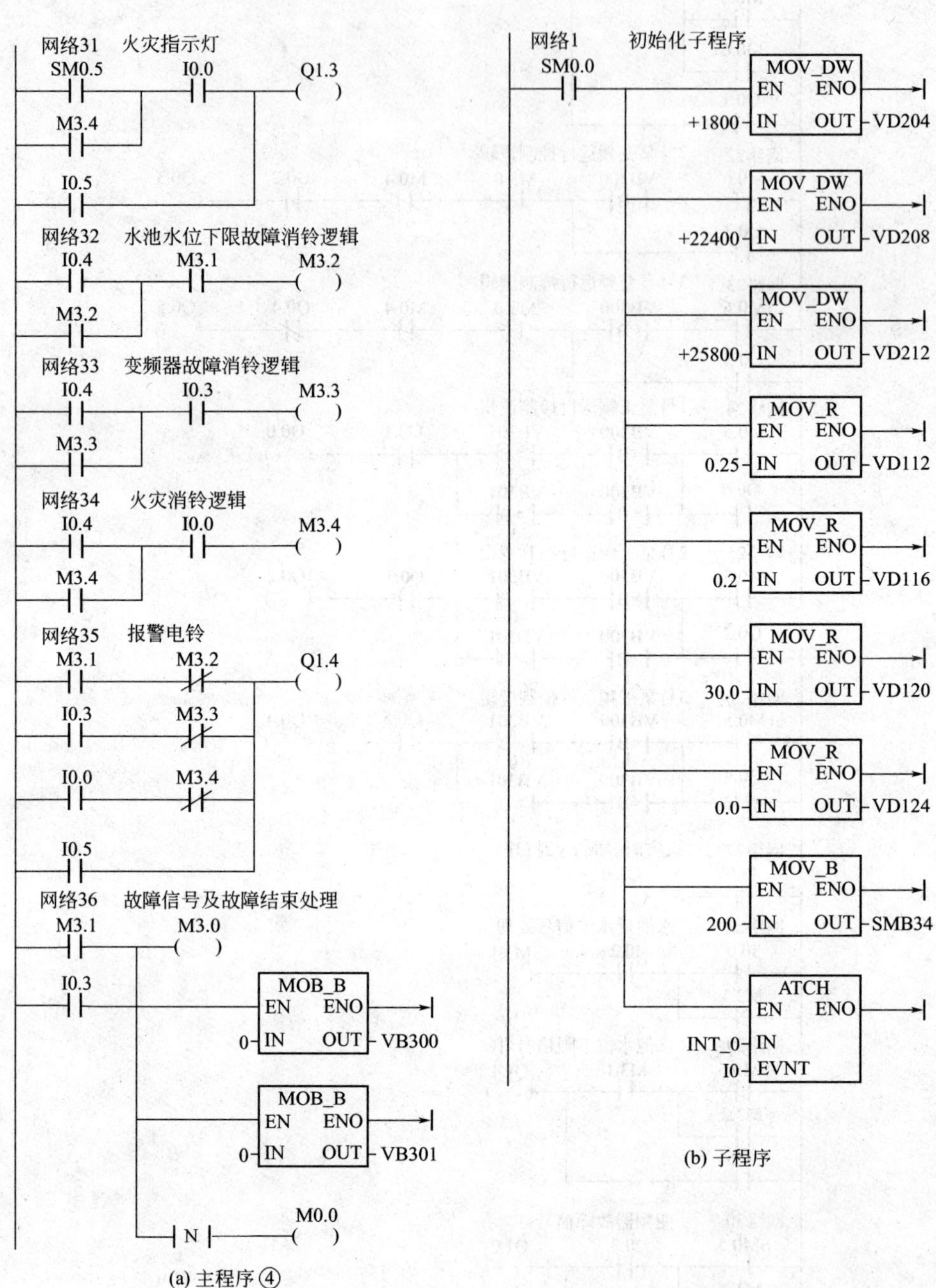

图 8-36 双恒压供水系统梯形图（4）

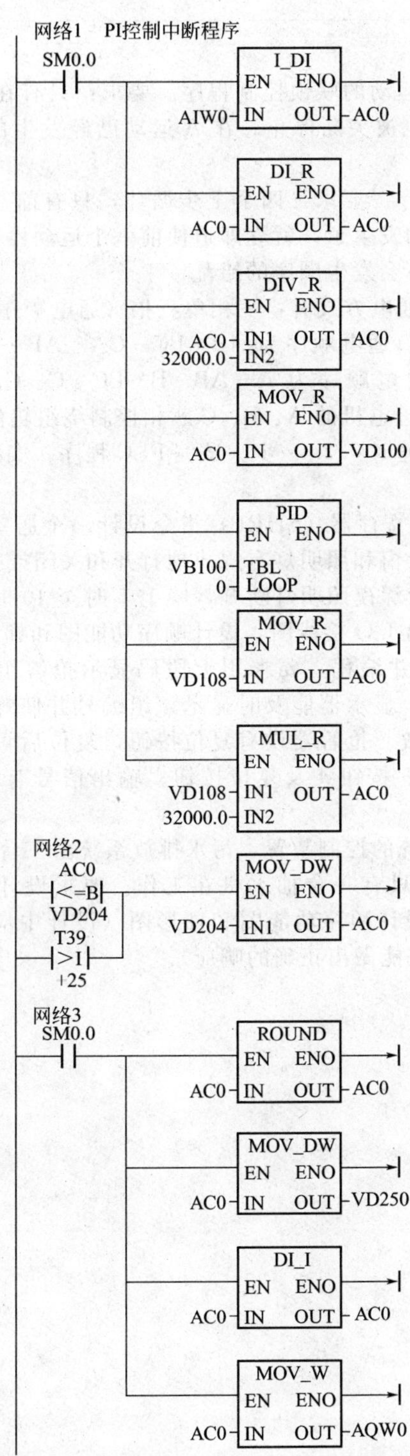

图 8-37 双恒压供水系统梯形图（5）

习题 8

8-1 设计互为发生条件的运动的联锁控制程序。要求：只有在A运动发生后，才允许B运动发生，A运动停止后B运动也被关断停止。在A运动已经发生的条件下，B运动可以自行启动和停止。

8-2 设计顺序步进控制程序。要求：四个工步循环，只有前一个运动发生了，才允许后一个运动发生，而一旦后一个运动发生了，就立即迫使前一个运动停止。实现各运动严格地依预定顺序逐步地发生和转换，保证不会发生顺序的错乱。

8-3 某三相六极步进电机通电方式有：三相单三拍（通电顺序为A—B—C—A…正转，A—C—B—A…反转），三相双三拍（通电顺序为AB—BC—CA—AB…正转，AC—CB—BA— AC…为反转），三相单、双六拍（通电顺序为A—AB—B—BC—C—CA—A…正转，A—AC— C—CB—B—BA—A…为反转）。步进电机的A、B、C三相控制绕组轮流通直流电，每拍步进电机转动一步。快速时0.1s一步，慢速时0.2s一步。试编PLC程序，实现不同通电方式下的快慢速和正反转控制。

8-4 用S7-200 PLC的移位寄存器（SHRB）指令设计一个居室安全系统的控制程序，使户主在度假期间，四个居室的百叶窗和照明灯有规律地打开和关闭或接通和断开。要求白天百叶窗打开，晚上百叶窗关闭；白天及深夜照明灯断开，晚上6时至10时使四个居室照明灯轮流接通1h。要求列出I/O分配表，画出I/O接线图，设计顺序功能图和梯形图。

8-5 设计一个抢答器系统并编程，要求用七段码显示抢答组号。具体控制要求：一个四组抢答器，一组先按下按键后，显示器能及时显示该组编号并使蜂鸣器发出响声，同时锁住抢答器，使其他组按下的按键无效。抢答器设有复位按钮，复位后可重新抢答（提示：输入信号主要有按钮1、按钮2、按钮3、按钮4及复位按钮；输出信号有蜂鸣器、七段码a、b、c、d、e、f、g）。

8-6 设计一个污水排放系统的控制装置，污水排放系统由三台抽水机按次序自动轮流抽水，轮换时间间隔为4h，同一时刻只有一台抽水机在工作。要求设计该控制系统的主电路，选择PLC机型，画出I/O接线图、设计顺序功能图和梯形图（设计中应有必要的保护措施，确保系统在各种正常和异常的情况下都能做出正确的响应）。

参考文献

[1] 张进秋等．可编程控制器原理及应用实例．北京：机械工业出版社，2004.

[2] 宫淑贞等．可编程控制器原理及应用．北京：人民邮电出版社，2002.

[3] 吴中俊，黄永红．可编程序控制器原理及应用．北京：机械工业出版社，2004.

[4] 汤以范．电气与可编程序控制器技术．北京：电子工业出版社，2004.

[5] 胡学林．可编程序控制器教程．北京：电子工业出版社，2003.

[6] 殷洪义．可编程序控制器选择设计与维护．北京：机械工业出版社，2004.

[7] 杨公源．可编程控制器原理与应用．北京：电子工业出版社，2004.

[8] 吴晓君．电气控制与可编程控制器应用．北京：中国建材工业出版社，2004.

[9] 高钦和编著．可编程控制器应用技术与设计实例．北京：人民邮电出版社，2004.

[10] 周万珍、高鸿斌编著．PLC 分析与设计应用．北京：电子工业出版社，2004.

[11] 芮延年，姚寿广．机电传动控制．北京：机械工业出版社，2006.

[12] 张凤珊，祖龙起．电气控制及可编程序控制器．北京：中国轻工业出版社，2003.

[13] 毛臣健等编．电器控制与 PLC 原理及应用．第 2 版．北京：电子工业出版社，2006.

[14] 高钦和主编．可编程控制器应用与设计实例．北京：人民邮电出版社，2005.

相关图书链接

可编程控制器原理及应用技巧（第三版）

何衍庆、黄海燕、黎冰　编著　2010年2月　32.0元

本书介绍可编程控制器的基本原理、标准编程语言、工程设计技术和通信系统。标准编程语言介绍应用广泛的梯形图和功能块图等两种图形类编程语言及顺序功能表图编程语言。全书附有100多道选择题和习题，便于读者了解和掌握可编程控制器的基本概念、编程语言、工程设计、使用和有关的应用方法，并提供了习题解答。

从实用性和普及与提高相结合出发，本书有的放矢地介绍标准编程语言，结合工业应用，提供大量示例进行分析和讨论，便于读者自学。

本书是自动化和仪表专业本、专科学生的专业课教材，也可作为相关专业大学本专科学生的教材和课外参考书；还可作为工矿企业、科研单位工程技术人员的参考书或继续教育的教材，也可作为设计部门技术人员的设计资料。

电气控制与可编程控制器技术（第三版）

史国生主编　2010年7月　39.8元

本书依据高等院校相关课程的教学大纲，从基础理论与工程应用的角度出发，系统地介绍了电气控制中常用低压电器、基本环节、电气典型控制线路分析和电气控制系统设计方法，日本三菱公司FX2N可编程序控制器的系统组成、工作原理、指令系统、编程方法、PLC控制系统实例分析和设计方法。

本书注重内容的先进性和实用性，阐述简明扼要，并图文并茂，通俗易懂，每章附有适量的习题，便于组织教学和读者自学；在理论联系实际方面，本书有实训教程相配套，以突出工程应用能力的训练和培养；在内容的安排上，第一篇电气控制技术与第二篇可编程控制器技术之间既相互关联，又相互独立，方便在教学中根据专业的需要，有选择地开设某部分的内容。

本书可作为高等院校本、专科生产过程自动化和电气工程及其自动化，机械设计制造及其自动化等专业的教材，也可作为相关工程技术人员的电气控制技术应用参考书。

电气控制与可编程控制器技术实训教程

史国生、鞠勇　编著　2010年1月　28.0元

本书是教材《电气控制与可编程控制器技术》的姊妹篇。本书立足于本科应用型人才培养目标，在理论教学的基础上，集实验、工程实训、设计、调试于一体，突出应用能力、工程设计能力和创新开发能力的培养。

本书共分四篇八章，基础实验篇三章，内容包括电气控制、PLC编程软件GX Developer使用和简单的PLC实验；工程实践篇两章，内容包括电动机的PLC控制和中、小型PLC控制系统模块的实训；工程综合阅读训练与设计篇两章，内容包括机床电气PLC控制程序的阅读训练和各种PLC控制系统的综合设计；特殊功能模块应用篇，介绍各种（教材以外）常用特殊功能模块及应用。

本书突出理论与实践的结合，集电气控制与PLC控制技术的应用能力、工程设计能力和创新开发能力培养于一体，可作为工科电气、机电一体、机械工程及其自动化等相关专业的电气控制与PLC控制课程的实训教材，也可供相关工程技术人员参考。

可编程控制器使用指南

吉敬华、赵文祥、杨东　主编　2009年2月　38.0元

本书以西门子S7-200系列和三菱FX2N系列小型PLC为背景机，对PLC的使用进行了全面和系统地介绍。在介绍指令系统时，将两种PLC从编程元件、数据类型、地址表达方式以及指令形式等多方面进行了并行比较。

全书内容包括：PLC的基础知识，PLC在开关量控制系统中的使用，PLC在模拟量控制系统中的使用及相应的模拟量模块和PID指令，S7-200 PLC网络与通信，人机界面、变频器和旋转编码器在PLC控制系统中的使用，PLC控制系统设计及综合应用，PLC控制系统安装维护及故障诊断。

本书可作为从事PLC应用工程技术人员的参考资料，也可作为大中专院校相关专业教材以及学生课程设计的参考书。